Objekte, Differenzen und Konjunkturen

Objekte, Differenzen und Konjunkturen

Experimentalsysteme im historischen Kontext

Herausgegeben von Michael Hagner,
Hans-Jörg Rheinberger und Bettina Wahrig-Schmidt

Akademie Verlag

Gedruckt mit Unterstützung des Ministeriums für Wissenschaft, Forschung und Kultur des Landes Schleswig-Holstein, der Gottfried Roder-Stiftung, Lübeck, der Karl Mayer Stiftung, Vaduz, und der Possehl-Stiftung, Lübeck

Titelbild: M. C. Escher, „Möbius strip II" (Holzschnitt, 1963)

Die Deutsche Bibliothek – CIP-Einheitsaufnahme

Objekte – Differenzen – Konjunkturen : Experimentalsysteme im historischen Kontext / hrsg. von Michael Hagner … [Mit Beitr. von: Klaus Amann …]. – Berlin : Akad. Verl., 1994
ISBN 3-05-002585-9
NE: Hagner, Michael [Hrsg.]

Der Akademie Verlag ist ein Unternehmen der VCH-Verlagsgruppe.

Gedruckt auf chlorfrei gebleichtem Papier.
Das eingesetzte Papier entspricht der amerikanischen Norm ANSI Z.39.48 – 1984 bzw. der europäischen Norm ISO TC 46.

Lektorat: Peter Heyl
Satz: deutsch-türkischer fotosatz, Berlin
Druck: GAM Media GmbH, Berlin
Bindung: Dieter Mikolai, Berlin
Einbandgestaltung: Ralf Michaelis

Printed in the Federal Republic of Germany

Inhalt

Michael Hagner/Hans-Jörg Rheinberger/Bettina Wahrig-Schmidt

Objekte, Differenzen, Konjunkturen

Als einer der möglichen Zugänge zur „Wissenschaft im Machen“ und damit zu Forschungsprozessen hat sich die Beschäftigung mit jenen empirisch-wissenschaftlichen Arbeitseinheiten erwiesen, die in der Umgangssprache der biologischen und medizinischen Wissenschaften *Experimentalsysteme* genannt werden.[1] Im Gegensatz zu ihrer für Laborwissenschaftler rein operationalen und heuristischen Bedeutung gehen wir davon aus, daß Experimentalsysteme sowohl eine epistemische als auch eine kulturell und sozial wirksame Ordnungsfunktion innehaben. Sie stellen gewissermaßen ein „Parlament der Dinge“ dar, in dem wissenschaftliche Konstitutionen und Verordnungen geschrieben und umgeschrieben, neu konfiguriert und reflektiert, verhandelt und novelliert werden. Aus historischer Perspektive betrachtet, haben einzelne Experimentalsysteme nicht nur neue Forschungsräume geöffnet und drastische Veränderungen in wissenschaftlichen Problemhorizonten bedingt, sie haben auch zur Bildung einzelner wissenschaftlicher Disziplinen beigetragen. Daneben sind sie immer wieder der Ort gewesen, von dem aus klassisch gewordene Fächergrenzen überschritten, durchbrochen, verschoben und wieder aufgelöst worden sind. Andererseits ist die Herausbildung von Experimentalsystemen kein autonomer Prozeß, sondern durch Instrumente, Apparaturen, technische Verfahrensweisen, vorhandene Materialien und Objekte auf der einen, lokale Fähigkeiten, Forschungstraditionen und Interessen auf der anderen Seite bestimmt. Die entscheidende Frage ist dann, wie sich diese einzelnen Segmente zu einer *dichten Packung* zusammenfügen und eine Dynamik entwickeln, die nicht aus jenen Segmenten allein herauszulesen ist, und die immer wieder neue, unabsehbar gewesene Wissensschübe auslöst. Wenn es richtig ist, daß die Analyse einzelner Bestandteile eines Experimentalsystems eine notwendige, aber nicht hinreichende Bedingung für das Verständnis von dessen Dynamik ist, drängt sich die Frage nach den relevanten Eigenschaften und Prozessen auf, die ein solches Ensemble als Ganzes charakterisieren. Im folgenden wollen wir uns thesenartig auf drei Begriffe konzentrieren,

1 Vgl. Rheinberger 1992; Rheinberger/Hagner 1993.

anhand derer die verschiedenen Wirkmechanismen, Wirkmächtigkeiten und Dispositionen von Experimentalsystemen genauer untersucht werden können.

Objekte

Wissenschaftsgeschichte ist immer auch die Geschichte von Dingen. In diesem Zusammenhang ist in der jüngeren Vergangenheit mehrfach darauf hingewiesen worden, daß die Wahl der Untersuchungsgegenstände in den Wissenschaften vom Leben seit jeher einen ausgezeichneten Platz beansprucht hat. Einzelne Organismen wurden zu Kristallisationspunkten für wissenschaftliche Probleme, deren Struktur sie wesentlich mitbestimmten. So wurden im späten 18. Jahrhundert die Debatten um Existenz und Wirksamkeit des Bildungstriebs am Beispiel des Süßwasserpolypen Hydra geführt. Fragen der Bio-Elektrizität sowie – in einem allgemeineren Sinne – der Nerven- und Muskelphysiologie kaprizierten sich im späten 18. und im 19. Jahrhundert hauptsächlich auf den Frosch. Schon anhand dieser beiden Beispiele ließe sich zeigen, daß die Benutzung und die wissenschaftliche Karriere bestimmter Klassen von Lebewesen und Objekte durch einen komplexen *Rand* von Bedingungen eingegrenzt wird, die von ethischen und finanziellen Gesichtspunkten über praktische Verfügbarkeit und Laborausstattung bis hin zur bequemen Manipulierbarkeit der Organismen reichen. An diesem Punkt verknoten sich soziale und epistemologische Aspekte des wissenschaftlichen Geschehens, und wenn auch die Wissenschaftsfähigkeit eines Objekts wesentlich davon abhängt, wie es in einem Experimentalsystem technisch verfügbar gemacht werden kann, so zeigt die Wissenschaftsgeschichte doch immer wieder, daß diese Eigenschaft durch bestimmte lokale Bedingungen überlagert werden kann und die Forschungsanordnung in eine andere Richtung lenkt. Damit ist noch nicht entschieden, ob eine solche Anordnung ein innovatives Potential zu entfalten vermag. In diesem Zusammenhang geht es auch nicht darum, das Ausmaß ökonomischer Steuerungsmöglichkeiten im historischen Rückblick zu verfestigen, sondern die Bedingungen zu rekonstruieren, die für die Umwandlung von Gegenständen in Wissenschaftsobjekte relevant sind. Aus historischer Sicht ist festzustellen, daß revolutionierende biologisch-medizinische Techniken und Repräsentationen sowohl durch hochkomplizierte Apparaturen als auch durch minimalen apparativen Aufwand erreicht wurden. Entscheidend ist in beiden Fällen, daß das Objekt in diesen Zusammenhang eingefügt werden kann.

Ein wie auch immer geartetes natürliches Objekt bedarf somit eines spezifischen Repräsentationsraumes, um wissenschaftlich wirksam zu werden, kann umgekehrt aber auch an der Konstituierung eines solchen Raumes einen entscheidenden Anteil haben. Wie bereits für das 18. und 19. Jahrhundert festgestellt, haben sich ganze Experimentalsysteme und damit auch Forschungszweige um bestimmte Tiere, Pflanzen oder Zellkulturen herum organisiert. Diese Situation hat sich im 20. Jahrhundert noch akzentuiert. Insbesondere Historiker der Molekularbiologie konnten zeigen, daß die Wahl eines geeigneten Objekts den Vorhang für ganze Forschungsrichtungen geöffnet und geschlossen hat.[2] Bakteriophagen, die Schnecke Aplysia, E. coli-Bakterien, die Drosophila-Fliege, die Weaver-Mutante einer Maus – all diese Objekte haben die Laborforschung in der Molekulargenetik, Neurophysiologie, Immunologie, Virologie und Krebsforschung zu einem erheblichen Teil mitbestimmt. Das heißt jedoch nicht, daß diese Organismen mit Experimentalsystemen identisch wären. Sie stellen allenfalls Subsysteme mit einem hohen Konfigurationspotential dar. Zweifellos ist die technologische, irreversible Umwandlung von einem natürlichen Objekt in ein wissenschaftsfähiges Modellobjekt eine der signifikanten Prozeduren in den Experimentalwissenschaften, und es sollte in jedem Falle rekonstruktionswürdig sein, wie dieser Umwandlungsprozeß in spezifischen Laborsituationen vonstatten geht. Doch ein ausschließliches Augenmerk darauf verstellt den Blick für Apparaturen, Aufschreibesysteme, Visualisierungstechniken, Inskriptionsprozesse, die auf etwas ganz anderes zielen als das Objekt selbst. Solche Objekte wären sonst keine Modelle. Sie erfüllen nur dann ihren Zweck, wenn sie beladen werden können, d. h., wenn sie als wissenschaftsfähige Entitäten die materielle Basis abgeben für die Konstruktion epistemischer Dinge. Fliegen, Mäuse oder Bakterien sind keineswegs selbst epistemische Dinge, sondern sie sind die Matrizen, in die epistemische Dinge wie z. B. Gedächtnis, Krebsgene, Messenger-RNA, Hirnzentren etc. im Prozeß des Experimentierens eingeschrieben werden. Genau an diesem Punkt steht Bachelards Begriff des modernen Wissenschaftswirklichen zur Debatte – als „théorème réifié", als „Epigraphie der Materie".[3] Wenn Objekte nicht die *Natur da draußen* darstellen, sondern immer schon als bestimmten Manipulationen unterworfen betrachtet werden müssen, die sie zum Teil weit von jener Natur entfernen; und wenn es schließlich zur Be-Schreibung dieser Objekte kommt, dann stellt sich notwendig die Frage, wie die Spuren und Inskriptionen beschaffen sind, mit denen das Wissenschaftswirkliche historisch jeweils installiert und inszeniert wird.

2 Siehe hierzu den Band von Clarke/Fujimura 1992 sowie die von Muriel Lederman und Richard Burian herausgegebene Sammlung von Studien unter dem Titel *The Right Organism for the Job* in Heft 2 des Journal of the History of Biology 26, 1993. Vgl. auch Kohler 1991.

3 Siehe Bachelard 1988, 168; Vgl. auch ebenda, 11.

Differenzen

Es gehört zu den zentralen Anforderungen des modernen Wissenschaftsbetriebs an experimentelle Anordnungen, daß sie eine ausreichende reproduktive Kohärenz aufweisen. Die Erzeugung von Stabilität ist eines der Fundamente für die Autorität, mit der Wissenschaftler den Geltungsanspruch ihres Tuns verteidigen. Das war bis zur Mitte des 19. Jahrhunderts durchaus nicht selbstverständlich. Andererseits haben Harry Collins und Trevor Pinch kürzlich überzeugend dargelegt, daß auch bei zentralen wissenschaftlichen Ereignissen des 20. Jahrhunderts experimentelle Bestätigungen von Hypothesen oder Theorien, Reproduzierbarkeit und Kohärenz keineswegs die allein entscheidenden Kriterien waren, sondern in einem komplexen System von Beziehungen standen und verhandelt wurden.[4] Während Collins und Pinch vom Gesichtspunkt der (Eigen- und Fremd-)Bewertung der Forschungsresultate aus argumentieren, gehen wir davon aus, daß es gerade die Attraktivität und damit auch die Geschichtsmächtigkeit von Experimentalsystemen ausmacht, daß sie differieren. Differenzen – neue Befunde – müssen allerdings laufend in den reproduktiven Hintergrund des Systems eingeschlossen werden, denn sonst würde es sich um eine permanente Produktion von Divergenzen handeln, die zwangsläufig zur Sprengung des Systems führt. Trotz der im nachhinein oft evident erscheinenden Unterschiede zwischen Differenz und Divergenz ist hier einer der Orte anzunehmen, an dem Wissenschaft verhandelt, debattiert und nicht selten erbittert ausgefochten wird. Die Produktion von Differenzen wurde häufig genug als Artefakt, Rauschen oder Epiphänomen bezeichnet und damit disqualifiziert; oder sie wurde als „Entdeckungszusammenhang“ der epistemologischen Bewertung entzogen. Dennoch manifestiert sich die Binsenweisheit, wonach Wissenschaft stets das Neue produziert, in der experimentellen Wirklichkeit immer als ein Oszillieren zwischen Stabilität und Zusammenbruch. Ebenso wie Objekte epistemische Dinge verkörpern, die ihnen erst eingeschrieben werden müssen, bringen Experimentalsysteme ständig Dinge hervor, die ihrer eigenen Installierung nicht zugrunde gelegen haben.

4 Collins/Pinch 1993.

Konjunkturen

Man könnte die bisherigen Überlegungen ohne Schwierigkeiten als ein konzentrisches Schichtenmodell von zunehmender experimenteller Komplexität und Ausdehnung bezeichnen. Experimentalsysteme sind zwar in bestimmten Sequenzen ihrer Geschichte funktionell autonom, aber weder grundsätzlich noch auf Dauer. Sie sind im Gegenteil stets vernetzungsfähig wie auch vernetzungsbedürftig. Zwischen ihnen ereignen sich Konjunkturen. Dabei handelt es sich um unvorwegnehmbare Ereignisse in Form von Kooperationen und Übertragungen, die gegebene Experimentalsysteme in einem neuen Licht erscheinen lassen. Damit ist einerseits auf jenen Rahmen verwiesen, der zu einem gegebenen Zeitpunkt das Feld möglicher wissenschaftlicher Kooperation absteckt, andererseits ist hier wiederum ein Ort für die Verhandlung von wissenschaftlichen Interessen; oder auch für den taktischen Einsatz von Apparaturen, Materialien und *Knowhow*, der sich in einem ganz anderen Kontext als dem seiner Herkunft als nützlich erweisen kann. Konjunkturen bilden die Knotenpunkte für jene immer wieder spontan entstehenden informellen Wissenschaftlergruppen, welche Vermittlung von Erfahrung und überhaupt das Spiel des Möglichen jenseits von institutionell geronnenen Grenzverläufen erlauben. In epistemischer Hinsicht gehören Konjunkturen in die gleiche Kategorie wie Objekte und Differenzen: Sie produzieren unvorhergesehene Neuigkeiten, oft sogar epistemische Großbetriebe, die sich ihre soziale Realität als Forschungsschwerpunkte, Sonderforschungsbereiche und in institutionalisierter Form etwa als Max-Planck-Institute verschaffen können.

Die Beiträge

Die Beiträge dieses Bandes sind zur einen Hälfte um (psycho-)physiologische Forschungen im späten 19. Jahrhundert, zur anderen Hälfte um molekularbiologische Themen aus der Mitte und der zweiten Hälfte des 20. Jahrhunderts gruppiert. Diese Schwerpunktwahl basiert auf der Überzeugung, daß Physiologie, Hirnforschung und Molekularbiologie zentrale Knoten in dem großen Feld der Wissenschaften vom Leben darstellen und daß ihr Handlungs- und Erkenntnispotential in Zukunft von noch größerer Bedeutung sein wird.

Über diesen Aspekt einer *Geschichte der Zukunft* hinaus sind wir aber auch der Ansicht, daß historische Untersuchungen der angemessene Ort für die Behandlung epistemologischer Fragen zur Praxis des Experimentierens sind. Dabei nehmen wir in Kauf, daß die einzelnen Beiträge sich in ganz unterschiedlicher, zum

Teil kritischer Weise an Experimentalsysteme und ihr Umfeld annähern. Beim momentanen Stand der wissenschaftshistorischen Forschung, die gerade im deutschen Sprachraum die jüngere Geschichte der Wissenschaften vom Leben über ihre unmittelbaren welthistorischen Verstrickungen hinaus erst zu entdecken beginnt, konnte es weniger um eine strikte methodologische Einheitlichkeit gehen als vielmehr um jene minimale Kohärenz in der historischen Aufarbeitung von wissenschaftlichen Entwicklungen und Forschungszusammenhängen, die helfen soll, den Blick auf das Innere von Experimentalkulturen freizulegen.

Die Zellenlehre Theodor Schwanns und Matthias Jakob Schleidens sowie die daran anschließende Zellularpathologie Rudolf Virchows zählen seit langem zum historischen Bestand der wissenschaftlichen Großereignisse des 19. Jahrhunderts. Doch wäre es eine jener retrospektiven Verkürzungen anzunehmen, der Siegeszug der Zelle als Wissenschaftsding sei völlig reibungslos abgelaufen. Das läßt sich besonders gut anhand der Diskussionen um jene Zellen verfolgen, die sich bei mikroskopischer Betrachtung augenscheinlich bewegten, denn an diesem Phänomen geriet die bereits erworbene Seherfahrung immer wieder an ihre Grenzen. In ihrer Analyse geht Bettina Wahrig-Schmidt der Frage nach, wie Sehanweisungen, optische Techniken, Innovationen und Variationen der Versuchsanordnung unter den Histologen, Pathologen und Biologen der Zeit diskutiert wurden. Dabei stellt sich heraus, daß die Zelle als *Objekt* der Mikroskopie auch nach der Zellularpathologie alles andere als ein wohldefinierter Gegenstand war. Eigenschaften und Bestandteile dieses Objekts wurden so unterschiedlich aufgefaßt, daß die Zellen, die der eine Forscher untersucht hatte, oft kaum etwas mit den von einem anderen untersuchten gemeinsam hatten. Einen bedeutenden Einfluß auf die Forschungsdynamik übten neben den Färbe- und Präparationsmethoden besonders die Wahl der zu beobachtenden Gewebe sowie das für sie geschaffene Milieu aus. Somit entwickelte sich zwischen der Zelle, ihrer Umgebung, dem Auge und dem Mikroskop ein Konglomerat von praktischen und theoretischen Sehanleitungen, deren Motiv häufig das Bemühen war, allzu weitreichende Konsequenzen des Gesehenen abzuwehren und dieses trotzdem in die jeweils favorisierten Konzepte der Zelle und des Lebens einzuschreiben. Die Entwicklung von Beobachtungsregeln und immer komplizierteren Präparationstechniken offenbart zugleich die Tendenz, die Grenzen des Sichtbaren nach unten zu erweitern: Die Sichtbarmachung von Zellbestandteilen (Kern, Granula) und die Beobachtung von Zellteilungsvorgängen trugen dazu bei, daß sich schließlich das Interesse von der Zelle in Bewegung zur Bewegung in der Zelle verschob.

Die (Grenze der) Vergleichbarkeit von ähnlichen Forschungsinteressen in unterschiedlichen Forschungseinrichtungen ist auch das Thema von Godelieve van Heteren. Anhand des Problems der Akkommodation des Auges in der niederländischen physiologischen Optik um 1850 stellt sie die Frage, ob der wichtigste

Parameter für die Dynamik des Experiments nicht weniger in seiner „differentiellen Reproduktion" liege, als vielmehr in der Konsolidierung und Stabilisierung eines spezifischen sozialen Umfeldes zu suchen sei. Bei dem führenden niederländischen Ophthalmologen F. C. Donders und seinen Mitarbeitern in Utrecht spielten zwei Motive eine entscheidende Rolle für das Interesse an der Akkommodation: erstens eine an medizinischen Bedürfnissen ausgerichtete physiologische Arbeitsweise, die dazu führte, daß physiologische Fragestellungen institutionell und inhaltlich mit Ausbildungs- und klinischen Problemen gekoppelt waren. Zweitens hoffte Donders aber auch, im Phänomen der Akkommodation einen Schlüssel für das Verständnis grundlegender Lebensprozesse zu finden. Diese Verbindung von institutionellen und theoretischen Interessen als Ausgangspunkt für die Entwicklung von praktisch-experimentellen Aktivitäten führte indes nicht zu den erhofften weiterführenden Ergebnissen. Van Heteren schließt aus ihrer Fallstudie, daß die Utrechter Arbeiten zur Akkommodation letztlich der Untermauerung einer wissenschaftspolitisch und ideologisch opportunen Position im niederländischen Universitätssystem dienten. Dieser Umstand trug zwar zu ihrer Legitimierung bei, wirkte sich jedoch nicht auf ihre Forschungsrelevanz aus.

Am Anfang der Karriere des Psychiaters Emil Kraepelin stand ein auf den ersten Blick ganz untypisches Forschungsinteresse, insbesondere weil die meisten deutschen Psychiater der 80er Jahre des 19. Jahrhunderts sich vornehmlich mit der Anatomie des Gehirns beschäftigten. Kraepelin dagegen setzte nicht auf die Anatomie oder klinische Psychiatrie, sondern – so zeigt die Analyse von A. H. A. C. van Bakel – auf die experimentelle Psychologie, was bereits in seiner Leipziger Zusammenarbeit mit Wilhelm Wundt zum Ausdruck kam. Später entwickelte Kraepelin sein eigenes Forschungsprogramm, das van Bakel durch den Übergang von der Psychophysik zur Psychotechnik gekennzeichnet sieht. Anstelle von Experimenten zu Reaktionszeiten und den psychophysischen Bedingungen der Wahrnehmung konzipierte Kraepelin Experimente zur Gedächtnisleistung und anderen meßbaren und standardisierbaren Aspekten *geistiger Arbeit.* Mit dieser Experimentalisierung des Geistes, wie man es nennen könnte, bahnte er sich – vergleichbar den Gedächtnisforschern in Andreas Hartmanns Studie – den Weg zum psychologischen Test und schließlich zur Anwendung experimenteller Verfahren in der Psychiatrie. Kraepelins Programm verfolgte zwei Ziele: 1. das Verhalten der Geisteskranken in der Gesellschaft abschätzbar und berechenbar zu machen; 2. die Abweichungen von der Norm in den Rang eines Gegenstandes technisch verfeinerter psychologischer Forschung zu erheben. Mit dieser Art der Verwissenschaftlichung der Psychiatrie im Sinne des Bemühens um standardisierbare Tests gehört Kraepelin zu den Vermittlern zwischen experimentell verstandener Forschung und *social engineering.*

Am Beispiel der experimentalpsychologischen Gedächtnisforschung im späten 19. Jahrhundert demonstriert Andreas Hartmann, daß zwei Bedingungen notwendig waren, ein so schwer faßbares Phänomen wie das menschliche Gedächtnis naturwissenschaftsfähig zu machen. Der erste Schritt bestand darin, es sämtlicher sozialer, kultureller und biographischer Kontexte zu entkleiden, um es in einem künstlichen und reduzierten Versuchsmilieu anzusiedeln. Hermann Ebbinghaus, der Pionier dieses Projekts einer Ökonomie der Erinnerung, konstruierte ein solches Milieu mit seinen berühmten sinnlosen Silben, womit er idealerweise ein „semantisches Vakuum" schuf. Diese Evakuierung jeglicher Bedeutungszusammenhänge des Gedächtnisses führte zu einer Art Protosemantik der reinen Wiederholung. Komplementär zu dieser Entfernung von der Lebenswelt waren zum anderen die strengen Verhaltensmaßregeln für den Auto-Experimentator selbst. Verschärft wurde diese Unter-Ordnung in den Experimenten von Georg Elias Müller: Trennung von Versuchsperson und Versuchsleiter, apparativ gesteuerte Präsentation der Silben, weitgehende Konstanthaltung sämtlicher Versuchsbedingungen. Experimentalisierung bedeutete also, vordergründige individuelle Varianzen auszuschalten. Zugleich kann Hartmann zeigen und durch Abbildungen eindrucksvoll belegen, daß diese durch ein Arsenal von Apparaturen vermittelte Objektivierung eine radikale Form von Vereinzelung, von Subjektizität schlechthin erzeugt: das Subjekt als Subjectum. Jede kulturell konkretisierte Gedächtnistätigkeit erscheint so vor dem Hintergrund dieser Unterwerfung.

Von einer anderen Perspektive aus als dem Versuch einer Standardisierung psychischer Qualitäten versuchten Hirnanatomen und -physiologen das geistige Leben des Menschen in naturwissenschaftlichen Kategorien zu fassen. Zwischen 1870 und 1900 setzte sich in der Hirnforschung zunehmend der Gedanke durch, daß die geistigen Fähigkeiten im Gehirn lokalisiert seien. Dieser Prozeß stellte das Ergebnis einer gegenseitigen Stabilisierung von klinischen Untersuchungen, experimentalphysiologischen und anatomischen Studien dar. Das Modell, das sich in diesem Prozeß zunächst durchsetzte, war das „senso-motorische Reflexmodell" von Carl Wernicke. Erst als um 1900 Kritik am Lokalisationsgedanken laut wurde, begann das Modell an Bedeutung zu verlieren. Bei der historischen Einordnung der cytoarchitektonischen Analyse der Hirnrinde, die sich als anatomische Fundierung des Lokalisationsgedankens verstand, geht Michael Hagner von der Hypothese aus, daß das Reflexmodell hier keine Rolle mehr spielte. Die spezifischen Methoden zur Sichtbarmachung von Zellstrukturen sollten eine Abgrenzung von funktionalen Arealen ermöglichen, die genauer war als bisherige Versuche und Darstellungsverfahren. Entscheidend ist, die unterschiedlichen Anwendungs- bzw. Gültigkeitsbereiche der verschiedenen Techniken nicht unter den Vorzeichen von *richtig* oder *falsch* zu verstehen, sondern unter dem

Aspekt dessen, was experimentell machbar und vernetzungsfähig mit anderen Experimentaltechniken ist. So entschied die gegenseitige Abstützung von Architektonik und elektrischer Stimulation der Hirnrinde im wesentlichen über deren genauere Kartographierung. Das Modellieren lief letztlich darauf hinaus, eine funktionelle Landkarte der Hirnrinde zu erstellen: der Problemhorizont Lokalisation blieb – wenn auch mit Abwandlungen – erhalten, der Darstellungsraum war jedoch ein anderer geworden.

Es ist eine Banalität, daß Wissenschaftsgeschichte nicht faktisch unabhängig von aktuellen wissenschaftlichen Entwicklungen betrieben werden kann und auch nicht betrieben werden sollte. Das Genomprojekt allerdings öffnet nicht zuletzt auch für Historiker eine neue Dimension: es dürfte sich um das erste Forschungsprojekt in den Wissenschaften vom Leben handeln, das bereits lange vor seinem Abschluß das Interesse der Historiker beansprucht.[5] Lily Kay geht es um die Einführung der Rede von der Textualität in die Molekularbiologie, deren erste informationswissenschaftliche Schritte in der Biologie um 1950 sie untersucht. Ihre These besteht darin, daß die Wende zum Informationsdenken in den Lebenswissenschaften, die zur Formulierung des genetischen Codes führte, weniger eine Konsequenz der molekularbiologischen Forschung selbst als vielmehr der Kybernetik gewesen ist. Bereits Norbert Wiener spekulierte im Rahmen seines Modells für Rückkopplungs- und Kontrollprozesse in Maschinen und in Organismen, daß der Reproduktionsmechanismus von Genen unter informationstheoretischen Gesichtspunkten bearbeitbare Konturen gewinnen würde. Dementsprechend mußte es prinzipiell möglich sein, das „Buch des Lebens" als einen desemantisierten Text zu schreiben. In diesem Schritt sieht Kay nicht bloß die Öffnung eines neuen diskursiven Raumes, in den sich die weiteren Prozeduren der Molekularbiologie einschreiben, sondern auch eine skripturale Kritik am logozentrischen Weltbild, eine Entwertung von Begriffen wie „Seele", „Leben" und „Wert". Was Derridas Begriff der Schrift für eine Kritik der abendländischen Metaphysik bedeutet, findet sein Komplement in Wieners Kybernetik. Die Entschlüsselung des genetischen Codes und des Genoms sind dann nichts anderes als die Vollendung einer gewaltigen Repräsentationsmaschine, die am Ende nichts darstellt als sich selbst in ihrer geschriebenen Verfaßtheit.

Soraya de Chadarevian versucht am Beispiel der Geschichte der Molekularbiologie am Cavendish in Cambridge zu zeigen, wie lokale, politische, soziale und kognitive Faktoren bei der Formierung einer biologischen Disziplin ineinandergreifen. Ihre Ausgangshypothese besteht darin, daß Experimentalsysteme zwar Referenzpunkte wissenschaftshistorischer Forschung darstellen, daß es aber für das Verständnis ihrer Dynamik wesentlich ist, die individuellen Akteure und die

5 Siehe z. B. den Sammelband Kevles/Hood 1993.

lokalen institutionellen Bedingungen im Sinne einer Co-Produktion wissenschaftspolitischer Optionen, persönlicher Interessen der Wissenschaftler und materieller Arbeitsressourcen in die Rekonstruktion einzubeziehen. Den Aufbau des *Laboratory for Molecular Biology* in Cambridge zwischen 1958 und 1962 beschreibt sie als eine Art pragmatischer *bricolage* zwischen diesen Elementen. Dabei dominierte die Strukturanalyse biologischer Moleküle als Schlüssel zum Verständnis von deren Funktion. De Chadarevian betont, daß die *föderierten* Experimentalsysteme, etwa Max Perutz' Röntgenstrukturanalyse des Hämoglobins oder Fred Sangers System zur Sequenzanalyse von Proteinen mit ihrem jeweiligen technischen Bestand ein *Eigenleben* beibehielten. Andererseits führte ihre räumliche Koordination dazu, Übersetzungsstrategien zu entwickeln, auf deren Basis es zu einem Fluß von Kristallen, Sequenzen, Modellen und Forschern zwischen den verschiedenen Abteilungen und zur Installierung gemeinsamer Projekte kam.

Während de Chadarevian als Perspektive ein einzelnes, in seiner Bedeutung für die Etablierung der Molekularbiologie überragendes Forschungsinstitut wählt und einen synchronen Schnitt anlegt, entwickelt Hans-Jörg Rheinberger in einer diachronen Ereigniskette die Geschichte der Entschlüsselung des genetischen Codes. Rheinberger zufolge sind Experimentalsysteme durch mehr oder weniger komplexe Repräsentationsräume charakterisiert, in denen sich Wissenschaftsobjekte oder epistemische Dinge als Artikulation von Spuren oder Graphemen konstituieren. Solche Systeme haben zwar eine – immer fragil bleibende – reproduktive Kohärenz, aber grundsätzlich einen offenen Rand. Offene Ränder erlauben sowohl das Auftreten interner unvorwegnehmbarer Ereignisse (Differenzen) wie auch die Vernetzung von Experimentalsystemen durch materiellen Austausch von Spuren, also durch das Auftreten externer unvorwegnehmbarer Ereignisse (Konjunkturen). In diesem Begriffsnetz siedelt Rheinberger die Entwicklung des *in vitro*-Systems der Proteinbiosynthese an, in dem Mitte der 50er Jahre eine lösliche RNA identifiziert wurde, über die – als Transfer-RNA – dieses zunächst rein biochemische System eine molekularbiologische Reorientierung erfuhr. Zu einer veritablen Konjunktur kam es Anfang der 60er Jahre, als die zunächst in einem anderen Experimentalsystem zur Darstellung gebrachte Messenger-RNA in das Proteinbiosynthese-System inkorporiert wurde und damit eine die ganze Gemeinschaft der Molekularbiologen überraschende Entschlüsselung des genetischen Codes erlaubte.

Jean-Paul Gaudillière geht es um den Nachweis, daß die Onkogen-Forschung der 70er und frühen 80er Jahre zu einer Verstrebung zwischen Molekularbiologie und Krebsforschung führte, die sich aus dem Management einer Reihe von komplexen Experimentalsystemen heraus entwickelte. Das kristallisierende Ereignis war die Beobachtung unerwarteter Differenzen zwischen normalen Zellen und

Krebszellen, in deren Gefolge die Untersuchung zellulärer Onkogene diejenige viraler Onkogene ersetzte und die Technik der Transfektion mit derjenigen der Rekombination von DNA vernetzt wurde. Diese neue Klasse biomedizinischer Objekte – die zellulären Onkogene –, führte zu einer neuen, gleichzeitig metaphorischen und praktischen Konjunktur zwischen biologischer Grundlagenforschung und präklinischer Diagnostik. Die Verklammerung verschiedener Techniken ging einher mit der Reorganisation lokaler Laborkulturen. Gaudillière betont mit Nachdruck, daß dergleichen komplexe Experimentalsysteme sich nicht quasi von selbst entwickeln, sondern einer Artikulation von Entscheidungsprozessen zu verdanken sind, die man als lokales und kollektives Management von *Ungewißheit* bezeichnen kann. Die dabei befolgte Strategie kann mit dem Ausmessen einer Experimentallandschaft verglichen werden, was Gaudillière im Anschluß an Susan Leigh Star als Triangulation bezeichnet. Das Ausscheiden traditioneller und das Einführen neuer Techniken führt dabei zu so etwas wie kritischen Punkten im Forschungsverlauf; die Wahl zwischen Alternativen an solchen Scheidewegen wird durch einen Komplex von technischen, forschungsprogrammatischen, lokalen, sozialen, kulturellen und politischen Faktoren bestimmt, die historisch für jeden Einzelfall gesondert zu untersuchen sind.

Klaus Amann schließlich macht seine soziologische Analyse molekularbiologischer Laboratorien am Begriff des experimentellen Modellsystems fest. Als Beobachter molekularbiologischer Wissensproduktion, so Amann, werde man penetrant und unausweichlich mit einer Art von Materialität des Forschungsprozesses konfrontiert, welche die gängigen erkenntnistheoretischen, soziologischen und historiographischen Unterscheidungen (Personen, Ideen, Disziplinen, Institutionen) verwische. Wenn man die Erkenntnispraxis des Molekularbiologen vom Begriff des experimentellen Modellsystems als flexibler Einheit der Wissensproduktion her fasse, so werde der *prima facie* einleuchtende Unterschied zwischen Lebewesen als – natürlichen – Gegenständen der Analyse einerseits und technischen Artefakten wie Apparaturen und Maschinen andererseits obsolet. Biologische Objekte werden in solchen Systemen selbst zu Technofakten transformiert, deren Eigenschaften eher auf die Bedingungen des Systems zu beziehen sind als auf eine durch diese Bedingungen gerade ausgeschaltete *natürliche Natur.* Am Beispiel der Maus erläutert Amann seine Thesen. Die lebensweltliche Hausmaus und die genetisch reingezüchtete Labormaus stellen im Grunde inkompatible Objekte dar – hier alltägliche Organismen, dort epistemische Dinge –, die ebenso inkompatible epistemische Räume bevölkern. Das Labor ist für Amann ein autonomer Ort, der sich unerreichbar weit von der Lebenswelt entfernt hat.

Rudolf Stichweh konzentriert sich in seinem Kommentar auf eine Analyse der zentralen Begriffe Objekt, Differenz und Konjunktur und stellt sie in ein systemtheoretisches Beziehungsgeflecht. Das Bemerkenswerte an Experimentalsystemen sieht er in einer Aufhebung der klassischen ontischen Differenz von Erkenntnis und Gegenstand, indem beide auf der Ebene von Techniken ineinander übergehen. Wenn solche Techniken die Dynamik von Experimentalsystemen jedoch erst ermöglichen, drängen sich für Stichweh zwei Fragen auf: zum einen müsse geklärt werden, wann bestimmte Experimentalsysteme historisch entstanden sind und in welchem disziplinären Kontext sie stehen; zum anderen stellt sich, im Anschluß an eine System-Umwelt-Differenzierung, die Frage nach den Umweltbeziehungen von Experimentalsystemen. Mit diesen Fragen ist das Problem eines Anschlusses an andere wissenschaftstheoretische, -soziologische und -historische Konzepte benannt. Obwohl Stichweh konzediert, daß anhand von Begriffen wie Differenz und Konjunktur eine solche Beziehung hergestellt werden kann, hebt er doch auch mit Nachdruck heraus, daß sie unterbestimmt bleibt, solange nicht ein Modell der Makroumwelt als eines gleichsam übergeordneten Wissenschaftsraumes entworfen wird, der von Werten, Problemhorizonten, Konzepten, Theorien und Hypothesen bevölkert ist, deren sich eine Theorie der Experimentalsysteme nicht entledigen kann.

Auch für Michael Wetzels Kommentar bilden die Technizität und die Materialität der Maschinen in den Naturwissenschaften seit dem 19. Jahrhundert den Ausgangspunkt. Doch gegen den positivistisch verstandenen Triumph des Wirklichen, in dem der *pencil of nature* sich selbst in die Erkenntnisfolien der Wissenschaftler einschreibt, argumentiert Wetzel im Anschluß an McLuhan, daß die Medien selbst die Geschichten schreiben. Das beginnt mit den mikroskopischen Exerzitien des 19. Jahrhunderts und führt hin zu den Visualisierungsapparaturen in der gegenwärtigen medizinischen Alltagspraxis, die als autonome transzendentale Bedingung für die Möglichkeit von Erkenntnis fungieren, welche keine externen Referenten im eigentlichen Sinne mehr kennen, sondern ihre Existenz dadurch garantieren, daß sie stets neue medientechnische Zusammenhänge eröffnen. Nimmt man den „medialen Komplex" in seiner ganzen Wirkungsbreite ernst, reicht es nach Wetzel nicht aus, sich auf die sukzessive Auflösungs- und Repräsentationsfähigkeit der Apparate zu beschränken. Denn Repräsentation von epistemischen Dingen bedeutet Spurensicherung von Dagewesenem im Sinne seiner Absenz: Es werden faktisch Daten aufgezeichnet, die sich in ihrer medialen Vermittlung als virtuell konstituiert erweisen. Was sichtbar wird, ist niemals in unmittelbarer Evidenz gegeben, sondern ist immer hergestelltes Zeichen. Um überhaupt zu einer Konstruktion von Wirklichkeit zu gelangen, müssen sich gemeinsam mit den Apparaturen und Materialien die Codes der Interpretation zu einer Trias formieren. An diesem Punkt von *wirklicher* Erkenntnismöglichkeit geht der entgrenzte Selbstbezug des „medialen Dispositivs" in einen totalitären Erkenntnis- und Leistungsanspruch über. Wenn alles sichtbar gemacht werden soll, wie es *wirklich* ist, ist irgendwann der Zustand von Ununterscheidbarkeit erreicht. Wetzel versucht somit, das Konzept von Experimentalsystemen und deren Funktionsmechanismen medienanalytisch umzuschreiben. Damit fällt auch die Produktion von Differenzen und Konjunkturen unter den Systemzwang genau jener Ressourcen, die diese Innovationen überhaupt erst ermöglichen.

Aus ihrer gewissermaßen transterritorialen Stellung heraus weisen beide Kommentatoren auf Desiderate in der Bestimmung von Experimentalsystemen hin, die auch in den unterschiedlichen Zugängen der einzelnen Fallstudien sichtbar werden. Daß die historische und theoretische Charakterisierung von Experimentalsystemen einer Kontextualisierung bedarf, damit ihre Rolle im Prozeß der Wissenschaft als einem übergeordneten System verortbar wird, ist Stichwehs Resümee und wird auch in van Heterens Beitrag eingefordert. Beide haben jedoch ganz unterschiedliche Vorstellungen darüber, wie diese Einbettung zu realisieren sei. Während van Heterens Kontextualisierung sich auf eine sozialkonstruktivistische Wissenschaftsgeschichte und eine Anmahnung von Akteuren, Interessen, lokalen Voraussetzungen, Entscheidungen und Strategien bezieht, worin sie sich mit van Bakel, de Chadarevian und Gaudillière trifft, plädiert Stichweh letztlich für die Eröffnung einer evolutionären Mikro- und ökologischen Makroperspektive, die er in der Verfaßtheit von Experimentalsystemen und ihrer epistemischen Dynamik angelegt sieht.

Wetzel seinerseits macht ein Defizit an Reflexivität und Methodenbewußtsein sichtbar, das dem immer noch über weite Strecken positivistischen Diskurs wissenschaftshistorischer Fallstudien trotz oder gerade in ihren Kontextualisierungsbemühungen anhaftet. Dieses Defizit zu beheben scheint eine Voraussetzung dafür zu sein, die für die Wissenschaftshistoriographie dringend notwendige Auseinandersetzung mit Medien-, Kunst- und Literaturgeschichte sowie der Geschichtstheorie und Kulturanthropologie herbeizuführen. Das setzt allerdings voraus, daß semiologische, medientheoretische, narrative und ethnologische Analyse-Instrumente auf seiten der Wissenschaftsgeschichte ernst bzw. überhaupt erst einmal zur Kenntnis genommen werden. Solche disziplinenübergreifende Sensibilisierung dürfte einen wichtigen Anstoß für die zukünftige wissenschaftshistorische Forschung bedeuten, denn dadurch gerät sie auf fruchtbare Weise *zwischen* die traditionellen historiographischen Verfahren (Institutionengeschichte, Disziplinengeschichte, Sozialgeschichte, Ideengeschichte, Begriffsgeschichte, Biographie). Das sollte es ermöglichen, verfestigte Dichotomien (soziale vs. wissenschaftsimmanente Entwicklungsfaktoren, Grundlagenforschung vs. technische Anwendung, biographische vs. historische Rekonstruktion usw.) unter neuen Gesichtspunkten in Fluß zu bringen oder auch überflüssig zu machen.

Sämtliche Beiträge und die beiden Kommentare weisen in zwei Richtungen, in denen die weitere Analyse von Experimentalsystemen erfolgen könnte. Die einen legen das Schwergewicht auf soziale Repräsentationsräume, die durch technologische Möglichkeiten, Apparate, Interessen, Disziplinen, ökonomische Konstellationen oder politische Allianzen gestaltet sind. Die anderen setzen eher auf epistemisch konfigurierte Repräsentationsräume, die durch Textualität, Codierung, Bricolage und Spurensicherung ausgezeichnet sind. Beide Richtungen treffen sich darin, daß sie die eigenartige Materialität wissenschaftlicher Dynamik thematisieren.

Objekte, Differenzen und Konjunkturen sollten in der exemplarischen Untersuchung von Experimentalsystemen und Forschungsprozessen näher beleuchtet werden. Dabei handelt es sich gleichsam um Stichworte für die Eigenart epistemischer Dinge, ihr prekäres Dasein zwischen Repetition und Differenz, ihre synchronen Verknüpfungen und diachronen Ketten. Die hier versammelten Beiträge stellen selbst ein wissenschaftshistorisches Ensemble dar, quasi einen kleinen historiographischen Experimentalraum, der im günstigsten Falle seinerseits Objekte, Differenzen und Konjunkturen sichtbar macht, die Anlaß zu weiterer Arbeit geben.

Die Wissenschaftsgeschichte befindet sich in methodischer Hinsicht in einem Zustand produktiver Verunsicherung. Es ist nicht von der Hand zu weisen, daß diese Verunsicherung weniger als Defizit denn im Zusammenhang mit einem weit umfassenderen Wandel im Historizitäts-Regime der Moderne zu sehen ist, dessen Verursacher und Zeugen wir sind. Globalisierung auf der einen, Kontingenz, Nachträglichkeit und Fragmentierung auf der anderen Seite sind seine Elemente, ohne daß wir bereits imstande wären, seine Konturen schärfer auszuleuchten. Jedenfalls verwischen sich zunehmend die tradierten Grenzen zwischen Wissenschaftsgeschichte, Kultur-, Sozial-, Kunst- und Mediengeschichte. Horizontale Diskursverläufe geraten in den Blick, Modi der Erzählung und Strategien der Objektivierung werden in Frage gestellt, neue, zumeist transdisziplinäre Fragestellungen bilden sich heraus. Einer dieser Problemkomplexe kreist um das Konzept der *Repräsentationsräume in den Wissenschaften.* Ihm wird ein weiterer, das Projekt *Experimentalsysteme* vorerst abschließender Band vorbehalten sein, der für 1995 in Vorbereitung ist. Der erste Band dieser Reihe, *Die Experimentalisierung des Lebens,* ist 1993 erschienen.

Bei den hier vorliegenden Studien handelt es sich um die überarbeiteten Fassungen von Vorträgen, die im November 1992 beim zweiten Lübecker Symposium über „Experimentalsysteme in den biologisch-medizinischen Wissenschaften" gehalten wurden. Dieses Symposium wurde ermöglicht durch die großzügige Förderung der Deutschen Forschungsgemeinschaft, der wir hiermit unseren Dank aussprechen möchten. Dietrich von Engelhardt, dem Direktor des Lübekker Instituts für Medizin- und Wissenschaftsgeschichte, danken wir für seine generöse Unterstützung, Katrin Hoffmann und Evi Österreich für ihre Hilfe bei der Organisation und Durchführung des Symposiums, den Autoren und dem Akademie Verlag für ihre Kooperationsbereitschaft und zügige Redaktion der Manuskripte, sowie dem Ministerium für Wissenschaft und Bildung der Schleswig-Holsteinschen Landesregierung, der Possehl-Stiftung (Lübeck), der Gottfried Roder-Stiftung (Lübeck) und der Karl-Mayer-Stiftung (Triesen) für die Gewährung von Druckkostenbeihilfen.

Literatur

Bachelard, Gaston (1988): Der neue wissenschaftliche Geist, Frankfurt a. M.

Clarke, Adele E./Fujimura, Joan H. (eds.) (1992): The Right Tools for the Job: At Work in Twentieth-century Life Sciences, Princeton.

Collins, Harry/Pinch, Trevor (1993): The Golem: What Everyone Should Know About Science, Cambridge.

Kevles, Daniel J./Hood, Leroy (Hrsg.) (1993): Der Supercode. Die genetische Karte des Menschen, München.

Kohler, Robert (1991): Systems of Production: Drosophila, Neurospora, and Biochemical Genetics. Historical Studies in Physical and Biological Sciences 22, 87–130.

Lederman, Muriel/Burian, Richard M. (eds.) (1993): The Right Organism for the Job. Journal of the History of Biology 26, 233–367.

Rheinberger, Hans-Jörg (1992): Experiment – Differenz – Schrift. Zur Geschichte epistemischer Dinge, Marburg.

Rheinberger, Hans-Jörg/Michael Hagner (1993): Experimentalsysteme, in: dies. (Hrsg.), Die Experimentalisierung des Lebens. Experimentalsysteme in den biologischen Wissenschaften 1850/1950, Berlin, 7–27.

Bettina Wahrig-Schmidt

Das „geistige Auge" des Beobachters und die Bewegungen der vorherrschenden Gedankendinge

Beobachtungen an Beobachtungen von Zellen in Bewegung zwischen 1860 und 1885

> Sehr hübsche und instructive Abbildungen zieren das Buch. Schon auf dem Titelblatt treten uns stattliche Zellen entgegen, die sich dann wieder im Texte finden und wieder in Hrn. Prof. Virchow's Archiv XIII. Taf. I. reproducirt sind, als Abbildung der „formativen Reizung". Wir wünschen aufrichtig, dass diese hübschen Zellen – auch wirkliche Zellen sein möchten.[1]

Mit dieser bissigen Bemerkung endet Wilhelm Griesingers Rezension der „Cellularpathologie". Der Getroffene mußte sich nicht nur einmal[2] zur Wehr setzen, da der scharfzüngige Schwabe, diesmal anonym, in den „Medicinischen Gesprächen aus dem alten Hellas"[3] seinen Spott über das neue ‚Objekt' der mikroskopierenden Pathologen in literarischer Form wiederholte.[4]

In Absehung von ihrer polemischen Zuspitzung lassen sich Griesingers kritische Fragen an Virchow so formulieren: 1. Garantiert die wiederholte Abbildung von etwas, das man unter dem Mikroskop gesehen hat, dessen Wirklichkeit? 2. Sind Gegenstände des Sehens eine hinreichende Basis für die Bildung des zentralen Begriffs einer neuen Disziplin in der Medizin? – Nachbesserungen kamen von Virchow selbst, aber auch – mit anderer Akzentuierung – z. B. von Brücke[5] und Schultze[6]. Die mangelnde Vergleichbarkeit der mikroskopischen Beobachtungen an Zellen war den Mikroskopierenden selbst nur allzu bewußt. Daß jemand wie Griesinger, dessen Arbeitsgebiet nicht in der Histopathologie lag, implizit die Berechtigung des gesamten Unternehmens anzweifelte, war nur ein Symptom dafür, wie anfällig die von seinen Veranstaltern erzielten Ergebnisse waren und wie schwer es ihnen fiel, die Zellen des einen zur Kommunikation mit den Zellen des anderen zu bewegen.

1 Griesinger 1872, II, 148.
2 Vgl. Virchow 1860a.
3 Griesinger 1859.
4 Virchow hielt Wunderlich für den Autor, wie aus seiner Erwiderung hervorgeht: Virchow 1860b.
5 Brücke 1861.
6 Schultze 1861; 1865.

Ich möchte im folgenden anhand einiger Zeitschriftenaufsätze zwischen 1860 und 1884 das Verhältnis zwischen dem Auge des Beobachters, der Zelle und dem Mikroskop untersuchen. Meine Frage an diese Veröffentlichungen ist, welche Strategien benutzt werden, um den Inhalt der mikroskopischen Beobachtungen so zu transformieren und zu stabilisieren, daß er sich in den Kontext der makroskopischen Pathologie auf der einen und der experimentellen Physiologie auf der anderen Seite einfügt. Dabei habe ich mich auf Arbeiten konzentriert, deren Autoren eigene mikroskopische Beobachtungen beschreiben, und zwar vorzugsweise solche, die sich auf Zellen beziehen, welche einer irgendwie gearteten Dynamik unterliegen – sei es, daß sie wandern, daß sie sich kontrahieren, sich verformen oder sich aus anderen entwickeln. Die Perspektive dieser Studie ist somit sehr weit; es kommt mir zunächst weniger auf die Unterschiede der Stabilisierungsstrategien, z. B. in Abhängigkeit vom instrumentellen Setting, als auf Gemeinsamkeiten an. Anfang der 60er Jahre des 19. Jahrhunderts waren die verschiedenen Bewegungsformen noch nicht klar voneinander geschieden; eine zu starke Untergliederung des Problems würde gerade die Zusammenhänge, auf die es mir hier ankommt, unsichtbar machen.

Mit der Konstitution des Labors als Gegenstand der Wissenschaftsgeschichte ist nicht nur das Tun der Forscher ins Blickfeld gerückt, sondern gleichzeitig auch die Frage nach der Vermittlung von Fähigkeiten an den wissenschaftlichen Nachwuchs.[7] Für die Mikroskopie insbesondere ist auf Zusammenhänge zwischen der sozialen Pazifizierung der Unterschichten und der Disziplinierung des Blicks hingewiesen worden.[8] Die Erziehung zur Akuratesse und zur Enthaltsamkeit gegenüber voreiligen Schlüssen, verbunden mit dem Versprechen, zum Lohn für solche Askese durch das mikroskopische Objekt einen unmittelbaren Kontakt zur Natur zu gewinnen, war, so Gooday, das Ziel von Trainingsprogrammen für Schullehrer in South Kensington zwischen 1860 und 1880. – Im 20. Jahrhundert sollte dann der Objektträger zum privilegierten Tatort der kollektiven Konstruktion von Artefakten werden, in einer Geschichte, die mittlerweile zum mythologischen Bestand des Sozialkonstruktivismus gehört.[9]

Es liegt auf der Hand, daß Sehanweisungen, die sozusagen von oben nach unten gegeben werden, zumindest partiell anderen Gesetzmäßigkeiten unterliegen als solche, die implizit, zusammen mit noch nicht allgemein anerkannten Beobachtungen, in Zeitschriftenaufsätzen ausgetauscht werden. Das Objekt ist hier nicht vollständig vorgegeben, nicht einheitlich vorpräpariert oder womöglich fest montiert wie in den Kursen von Huxley, sondern es muß erst allgemein

7 Lyotard 1986, bes. 79–83; Knorr-Cetina 1984, bes. 126–174; Chadarevian 1994.

8 Brown et al. 1986; Gooday 1991.

9 Fleck 1983.

werden. Über seine Grenzen, seine Teile und Existenzbedingungen wird verhandelt. Versuche, es zu verstetigen, implizieren – wie zu zeigen sein wird – gerade Variationen in den Versuchsanordnungen.

Anhand der Äußerungen von Schleiden und der Diskussionen um sie über die „Kunst des Sehens“ hat Soraya de Chadarevian gezeigt, wie sich institutionelle Ansprüche, theoretische Vorgaben und praktisches Lernen auf die Etablierung der mikroskopischen Botanik um die Mitte des 19. Jahrhunderts ausgewirkt haben.[10] – Die Debatte über *bewegliche* Zellen geht quer durch die Disziplinen und schließt Botaniker, Physiologen und mikroskopierende Pathologen ein. Zellen in Bewegung zu beschreiben ist ein doppelt anspruchsvolles Unterfangen, da sich zu den üblichen Schwierigkeiten der Stabilisierung mikroskopischer Beobachtungen noch diejenige gesellt, daß das zu Stabilisierende, die Definition und Untersuchung der Bewegung, etwas Instabiles ist. In den Beschreibungen von Zellen in Bewegung scheinen deshalb die Konzepte, die den Beobachtungen einen Leitfaden geben können, besonders deutlich durch. Ich möchte im folgenden deutlich machen, wie in dieser Debatte implizite und explizite Aussagen über die ‚Gesetze des Lebendigen‘ aufgestellt werden und wie in den Verhandlungen über die Tatsächlichkeit des Gesehenen dieses gleichzeitig in einen begrifflichen „Rahmen“ eingefügt wird, der häufig genug den Anschein einer Schultzeschen Amöbe erweckt. Das Mikroskop als Instrument der Sichtbarmachung von Zellen steht mit seinen Möglichkeiten und Grenzen genauso zur Debatte wie die Zellen selbst, deren begriffliches Erbe keineswegs im Kanada-Balsam zur letzten Ruhe gekommen ist.

I. Die Zelle, der Begriff und das Artefakt

> Die natürliche Folge einer solchen Auffassung ist die Nothwendigkeit einer gewissen Personification der Zellen. Wenn selbst die niederste Pflanze, das niederste Thier eine Art von Person ist, so kann man diesen Charakter auch der einzelnen lebenden Zelle eines zusammengesetzten Organismus nicht bestreiten.
>
> Rudolf Virchow[11]

1. Rudolf Virchow wußte, daß das Instrument, welches notwendig ins Zentrum einer von der Zellularpathologie ausgehenden Medizin rücken mußte – das Mikroskop –, seine Tücken hatte. So war für ihn der Übergang von der Faser-

10 Chadarevian 1994.
11 Virchow 1885, 3.

lehre Hallers zur naturphilosophischen Orientierung auf das Kügelchen als Gewebeelement ein Koprodukt von Spekulation und optischen Täuschungen: Eine doppelte Vor-Spiegelung ermöglichte, daß man in den von Haller und anderen beschriebenen Fasern Ketten von Kügelchen sah: „Die schlechte Methode, welche während des ganzen vorigen Jahrhunderts und eines Theiles des gegenwärtigen bestand, dass man im vollen Sonnen-Licht beobachtete, brachte fast in alle mikroskopischen Objecte eine gewisse Dispersion des Lichtes, und der Beobachter bekam den Eindruck, als sähe er weiter nichts, als Kügelchen."[12] Der wichtigste Unterschied zwischen den Kügelchen und seinen Zellen ist der Stammbaum: „Wo eine Zelle entsteht, da muss eine Zelle vorausgegangen sein", und er postuliert, „dass in der ganzen Reihe alles Lebendigen, dies mögen nun ganze Pflanzen oder thierische Organismen oder integrirende Theile derselben sein, ein ewiges Gesetz der *continuirlichen Entwicklung* besteht".[13] Von diesem Fixpunkt aus muß seiner Meinung nach jeder Streit um die Zellennatur bestimmter Gebilde im Körper entschieden werden. Die roten Blutkörperchen, denen beim Menschen mit dem Kern ein wesentliches Merkmal fehlt, sind dennoch Zellen, da sie kernhaltige Großeltern und Vettern haben.[14]

In einer Gegenkritik zu seiner Cellularpathologie sichert er deren Begrifflichkeit nochmals ab: „Der letzte Gedanke meiner Pathologie ist nicht die Zelle, sondern das Leben der einzelnen Theile."[15] Mit dieser Absicherung ist das Unternehmen recht lebensfähig geworden, aber die Zellen und ihre Strukturen müssen, ebenso wie ihre Begriffe, entsprechend Virchows Anspruch, die neue Disziplin nicht als Dogmengebäude, sondern als Forschungsprogramm zu betreiben, an das Milieu der mikroskopierenden Augen immer neu angepaßt werden.

Virchow nennt drei Bestandteile der Zellen, die er für mehr oder weniger konstant hält: Den Kern, den Zellinhalt und die Membran, wobei Membran und Kern „die Zelle gewissermaassen in ihrer abstracten Form darstellen".[16] Hier wird mit dem Adjektiv „abstract" eine Sehanweisung verbunden. Die Zelle als – im Mikroskop – sichtbares Korrelat des „Lebens der einzelnen Theile" (siehe oben) hat etwas, das man wahrnehmen kann. Neben dieser und anderen verbalen Instruktionen enthält die „Cellularpathologie" natürlich Sehanweisungen in den Abbildungen.

12 Virchow 1858, 23; 27 Jahre später wiederholt sich die Problematik anläßlich der Diskussion über Bakterien und andere Krankheitserreger. Die Mikroskope sind jetzt so gut geworden, daß sie die Zellen unsichtbar machen können und nur noch die Bakterien übriglassen: vgl. Virchow 1885, 9.

13 Virchow 1858, 25.

14 Vgl. ebenda, 10.

15 Virchow 1860a, 10.

16 Virchow 1858, 11f.; vgl. Lohff 1978.

2. Aber die drei Konstanten, die Virchow in die mikroskopische Erscheinung der Zelle eintrug, machten den Histologen Schwierigkeiten. So konnten gewisse Lebensumstände der Zellen zum Verlust des Kerns führen. Andere Bedingungen wiederum machten die Zellmembran unsichtbar. Zusätzlich störte die Frage, wie die Interzellularsubstanz zuzuordnen war. Und was sollte man zu den Muskelfasern sagen, in denen die Zellen anscheinend lückenlos ineinander übergingen? Sie waren doch offensichtlich „keinerlei abgeschlossene körperliche Gebilde“.[17] Max Schultze stellt fest: „Es ist ein unbehaglicher Zustand hier wie in manchen anderen Capiteln der Gewebelehre.“[18] Auch er versucht wie Virchow, mittels des Entwicklungsgedankens eine Brücke von der Beobachtung zum Konzept zu schlagen. Seine Einzelbeobachtungen werden im Text zu einer Erzählung, welche die Entwicklung von der Embryonalzelle zur fertigen Muskelzelle schildert. Die Hauptrolle spielt dabei für ihn das Protoplasma, jene Substanz im Innern der Zelle, die seiner Meinung nach für die Bildung der Fibrillen verantwortlich ist. Das Wachstum der Muskelfaser wird für ihn zum Modell für die Tätigkeit der Zellen überhaupt: Obwohl sich die Zellen ausdifferenzieren, bleibt immer ein kleiner Rest dieser Substanz übrig. Sie ist allerdings so „verschwindend gering, daß das Mikroskop sie kaum zeigt“.[19] Mit anderen Worten: Während der Ausdifferenzierung der Zellen gibt es ein Wechselspiel zwischen einer Art von formender und einer Art von geformter Substanz. Die erstere wird von ihm als „Protoplasma“ bezeichnet und muß nun in das Schema der Zelle eingefügt werden. Zu diesem Zwecke bestreitet er zunächst den Flüssigkeitscharakter des Zellinhaltes[20] und argumentiert dann wieder mit dem Entwicklungsgedanken. Diejenigen Zellen, welche „eine umumschränkte Macht in Betreff der Gewebebildung“[21] haben, sind die Keimzellen. Sie sind „das wahre Urbild von Zellen“[22] und die Horte des Protoplasmas. Schultze zählt die Bestandteile der Keimzellen auf: „Der Kern ist umgeben von der eigentlichen Zellsubstanz, einem zähflüssigen Protoplasma, undurchsichtig wegen der dasselbe dicht erfüllenden Körnchen eiweissartiger und fettiger Natur, *zerlegbar in eine glasartig durchsichtige Grundsubstanz,* welche die zähflüssige Beschaffenheit hat, die dem Protoplasma als Ganzem zukommt, *und in die zahlreich eingebetteten Körnchen.*“[23] Er kommt zu dem Schluß, daß diese Zellen – und mit ihnen dem Wesen nach alle anderen

17 Schultze 1861, 1.

18 Ebenda. – In bezug auf die weißen Blutkörperchen konstatiert er, daß „überhaupt jeder Anschein einer Membran auf der Oberfläche dieser farblosen Blutkörperchen fehlt“ (1865, 14).

19 Ebenda, 3.

20 Ebenda, 8.

21 Ebenda.

22 Ebenda, 9.

23 Ebenda.

„hüllenlose Klümpchen Protoplasma mit Kern“ sind.[24] Schultze hält sich einerseits an Virchows Prinzip, die Zelle zur grundlegenden Einheit des Lebendigen zu erklären, versucht aber andererseits, für deren Selbständigkeit ein nicht nur abstraktes Substrat zu finden. Die Eigendynamik des Protoplasmas vermittelt Ortsbewegung, Stoffaustausch, Bildung und Dynamik von Zellverbänden. Das Protoplasma zieht, z. B. in Pflanzenzellen, Fäden, die deren einzelne Teile miteinander verbinden können. Man kann in der Keimzelle beinahe eine Amöbe erkennen, deren äußere Bewegungen nach innen umschlagen: das ist die Basis der Kontraktilität, aber auch aller anderen „zum Leben nöthigen Variationen des Stoffwechsels“.[25] Sogar die Gehirnzellen, die „wandlungslos“ sind, haben durch die Eigenschaft des Protoplasmas, in sich selbst zusammenzuhängen, eine ausreichende Konsistenz. Nach dem Tode – das weiß jeder Hirnanatom – geht diese rasch verloren, „aber während des Lebens braucht man um die nackten Dinger im Hirn nicht besorgt zu sein“.[26]

Wo eine Zellmembran vorkommt, verwandelt sich dagegen für Schultze die Zelle in eine geschlossene Anstalt. Er vertritt die These, „die Bildung einer chemisch differenten Membran auf der Oberfläche des Protoplasma sei ein Zeichen beginnenden Rückschrittes, die Zellmembran gehöre so wenig zum Begriff der Zelle, dass sie sogar als Zeichen herannahender Decrepidität [...] zu betrachten sei“[27]. An der Verknöcherung von Knorpel läßt sich die mögliche Meuterei der Eingesperrten verfolgen: „Weiss sich das Protoplasma aus dem engen Gefängniss der einschliessenden Membran wieder zu befreien, [...] dann geht das alte Leben wieder lustig los.“[28] Die Zelle mit Membran, das „gefangene Ungethüm“[29], hat die Potenz zur furchtbaren Fruchtbarkeit: Sobald die Hülle gesprengt oder resorbiert ist, wie bei der Zona pellucida des befruchteten Säugetiereis, wird „das entfesselte Protoplasma [...] zu Manches Schrecken von seiner Freiheit Gebrauch machen“[30]. Wenn Zellen mit Membran ins Altersheim gehören, dann bleibt den roten Blutkörperchen nur noch übrig, sich in den Hades befördern zu lassen: Ohne Kern, nur mit einer unwesentlichen Membran versehen, *können* sie kein Protoplasma haben: Sie enthalten statt dessen eine „in Wasser lösliche Inhaltssubstanz“.[31]

24 Ebenda.
25 Ebenda, 17.
26 Ebenda, 19.
27 Ebenda, 21.
28 Ebenda.
29 Ebenda.
30 Ebenda, 22.
31 Ebenda, 23, Anm. 1.

3. Ähnliche Probleme wie sie Schultze anhand der Struktur der Muskelzellen schildert, trifft Ernst Brücke an, der den Begriff der Zelle und den Katalog ihrer wesentlichen Bestandteile anhand des Verhaltens von Flimmerzellen diskutiert. Auch er versucht, das Schema „Kern (mit Kernkörperchen), Zellinhalt und Zellmembran“ aufzulösen.

„Die Literatur der Geweblehre ist eine wahre Musterkarte von mehr oder weniger gelungenen oder misslungenen Versuchen, diese Schwierigkeiten zu überwinden.“[32] Er nennt seine eigenen Vergrößerungsinstrumente und warnt davor, das heute Sichtbare mit dem überhaupt Vorhandenen zu verwechseln: „Was haben wir als Knaben von der Organisation der Quallen erkannt, die wir beim Baden fanden, die wir in der Hand hielten, drehten und wendeten, und von denen wir unsern blossen Augen grössere Netzhautbilder verschaffen konnten, als sie uns die besten Mikroskope von den Zellen geben?“[33]

Während Schultze und Virchow versuchen, das epistemische Ding „Zelle“ mit Begriffen in die Zange zu nehmen und ihre Anweisungen zum Sehen sozusagen um diesen begrifflichen Kern herumzugruppieren, ist der Ductus der Abhandlung von Brücke deutlich anders: Hier wird versucht, mittels einer kritischen Diskussion der Möglichkeiten und Grenzen des optischen Instruments den Mikroskopiker dazu zu bringen, sozusagen gutwillig auf überhöhte Ansprüche an das Instrument zu verzichten. Durch die Unterscheidung zwischen Struktur und Organisation öffnet Brücke der Phantasie ein ganzes Reich von zellulären Substrukturen, während er doch leugnet, daß sie – zumindest in absehbarer Zeit – dem Auge überhaupt zugänglich sein werden. Doch die Konsequenz ist weder die Rückkehr zur begrifflichen Konstruktion – die ist mit der genannten Unterscheidung schon vorher erfolgt –, noch die Absage an die Forschungsrichtung der Zellularbiologie, sondern die Aufforderung an die „microscopic community“, die Techniken und Instrumente der Beobachtung zu verfeinern. Brücke selbst schildert Manipulationsversuche an den Zellen durch Druck, Quetschung usw. Sein Haupt-„Instrument“ aber ist die mit Selbstkritik gepaarte Kombinationsfähigkeit des Beobachters: „So empfehlenswerth es nun auch ist, sich überall streng an das unmittelbar Beobachtete zu halten, so nothwendig ist es, das geistige Auge nicht gegen das zu verschliessen, was der Beobachtung unzugänglich ist, [. . .].“[34] Was wir im Mikroskop sehen, sind keine Gegenstände an sich, sondern Differenzen von Brechungsindices. „Wohl jeder Mikroskopiker wird sich beim Infiltrieren mikroskopischer Präparate mit Flüssigkeiten von verschiedener optischer Dichtigkeit hinreichend hiervon überzeugt haben [. . .]. Ich kann mir auch nicht

32 Brücke 1898, 56.
33 Ebenda, 57.
34 Ebenda, 58.

wohl denken, dass irgend ein Mikrograph im Ernste glaube, unsere mikroskopischen Bilder gäben eine auch nur annähernd vollständige Uebersicht über den Bau der Zellen, [...]."[35]

Brücke öffnet die Perspektive in zwei Richtungen: Zum einen leugnet er jede notwendige Verbindung zwischen der Komplexität der sichtbaren und derjenigen der unsichtbaren Strukturen. Indem er dem Beobachter aufträgt, die Grenzen seines Instruments zu erkennen, läßt er ihm auch die Freiheit, das Unsichtbare auf dem Bahnsteig des Sichtbaren abzuholen: „Welches Recht haben wir, anzunehmen, dass die contractile Substanz, welche hier den Zellenleib in allen Richtungen bis in seine entferntesten Ausläufer durchsetzt, einfacher gebaut sei, als der contractile Muskelinhalt." Dieses skeptische Argument ist Ausdruck eines Forschungsprogramms: „Haben wir doch bis jetzt keine Art von contractiler Substanz so weit erforscht, dass wir einen Zusammenhang kennten zwischen ihrer Structur und ihren physiologischen Eigenschaften."[36] Genau auf diesen Zusammenhang kommt es Brücke aber an, und mit ihm hängt auch die zweite Perspektive zusammen, die der Wiener Physiologe öffnet: Es ist möglich und für das Fortkommen der Zellforschung notwendig, daß die Instrumente und die Strategien der Beobachtung nicht nur kritisch reflektiert, sondern auch raffiniert werden. Soviel wissen wir schon über die Zellen, „dass sie einen höchst kunstvollen Bau darstellen, dessen wesentliche architektonische Elemente unseren Blicken bis jetzt vollständig entzogen sind"[37]. Fast wie ein absichtlich hinzugefügtes Anwendungsbeispiel liest sich die letzte Anmerkung, in der Brücke über Beobachtungen an den Brennhaaren der Nesseln berichtet; er bezeichnet die Bewegungen von in der Zelle gelegenen Körnchen als Resultat nicht etwa eines (passiven) Plasmastromes, sondern als Kontraktionserscheinungen. Die Beschreibung des Gesehenen ist detailliert und wird angereichert durch Vergleiche und Rezepte, die Täuschungsversuche von Instrument und „Objekt" zu überwinden.[38]

Von Virchow – der Zellen in Bewegung selbstverständlich kennt – zu Schultze und Brücke hat sich der Akzent zugunsten der Dynamik von Zellen verlagert. Brücke stellt fest: „Zellen in Gewebe eingeschlossen und Zellen frei in Flüssigkeit schwimmend wie die Lymphkörper von Wirbelthieren und die Blutkörper von Wirbellosen haben Bewegungen gezeigt."[39] Und er postuliert, „dass

35 Ebenda.

36 Ebenda, 76.

37 Ebenda, 78.

38 „Es ist freilich der Schein einer solchen fliessenden Bewegung vorhanden, aber dieser wird theils [...] durch Contractionsbewegungen im Protoplasma hervorgebracht, theils rührt es her von den Körnchen, welche sich nicht im deutlichen Sehen befinden." (Ebenda, 77, Anm.)

39 Ebenda, 76.

die Bewegung vom Protoplasma, mit anderen Worten, vom lebendigen Zellenleibe ausgeht“[40]. Vielleicht ist die Zelle ein „kleiner Organismus“[41].

Die Insistenz von Forschern wie Brücke und Schultze auf der selbstkritischen Reflexion und auf der vollständigen Offenlegung der angewandten Methoden ist keine bloße Attitüde – es geht vielmehr um die Vergleichbarkeit der Ergebnisse. Noch Bizzozero und Torre betonen dies: Die richtigen Tiere, die richtigen Reagentien und das richtige Milieu – „das sind die wesentlichen Bedingungen, um aus der Beobachtung befriedigende Resultate zu gewinnen. In der ungenügenden Beachtung dieser Erfordernisse liegt denn auch vielleicht der Grund, weshalb einige Beobachter Elemente gesehen haben, die wir nie zu Gesichte bekommen, und umgekehrt.“[42]

II. Zellen in Bewegung

1. Die neue Heimat

Um Zellen in Bewegung zu beobachten, ist es notwendig, lange vor dem Mikroskop zu sitzen.[43] Dem sind jedoch Grenzen gesetzt: Ein normales mikroskopisches Präparat ist nur kurze Zeit verwertbar, da die beobachteten Bewegungen aufgrund z. B. des Deckgläschendrucks und durch Austrocknung ziemlich schnell aufhören. Ein Mittel, dies zu verhindern, bietet die feuchte Kammer, die den Einfluß der Verdunstung stark verringert.[44] Den Geweben wird so ein Element ihrer vermuteten ursprünglichen Umgebung zurückgegeben, nämlich die Feuchtigkeit.

Eine andere Methode besteht darin, den Zellen ein Stück ihrer alten Heimat mitzugeben, indem z. B. mit Zupfpräparaten oder mit Schwimmhäuten bzw. Zungen von Fröschen gearbeitet wird.[45] Man kann, wenn sich die feuchte Kammer nicht eignet, die Präparate mit geeigneten Salzlösungen beträufeln – bei kleineren Tieren, besonders ist hier der Frosch zu nennen, kann man ein Organ, z. B. die Zunge oder das Mesenterium, unter Aufrechterhaltung der Verbindung zum Kreislauf herauspräparieren.

40 Ebenda.

41 Ebenda, 78.

42 Bizzozero/Torre 1884, 6.

43 „Die Zeit, welche die Blutkörper zu ihrem vollständigen Austritt gebrauchen, ist eine sehr verschiedene. Bald rücken dieselben nur langsam vor und es gehen mehrere, ja viele Stunden vorüber, ehe die Procedur beendet ist.“ (Arnold 1873, 212.)

44 Vgl. Recklinghausen 1863, 162.

45 Oft bleibt während des Versuchs das Tier am Leben; z. B. Arnold 1873.

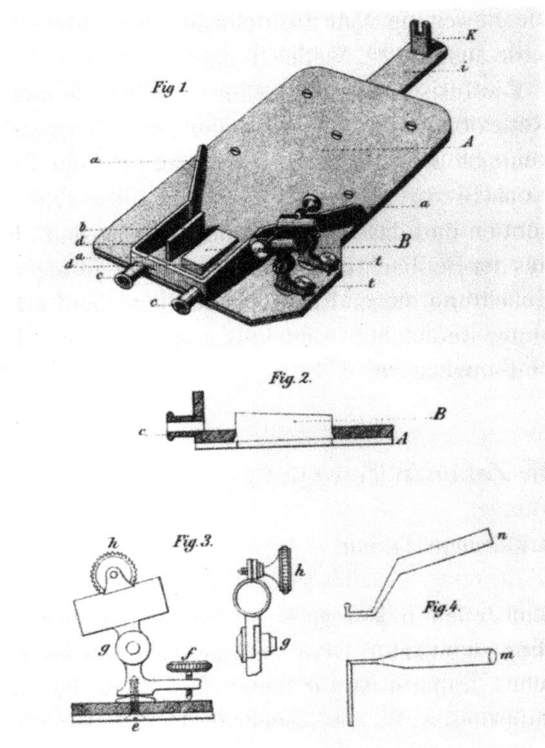

Abb. 1: Objektträger zur Beobachtung lebender Gewebe (Thoma 1875).

Gleichzeitig ist die technische Verbesserung der gängigen Objektträger notwendig, die sich besonders für das langfristige Beträufeln von Geweben mit Kochsalzlösungen bewährt. Thoma stellt sie vor und macht darauf aufmerksam, daß sich diese Vorrichtung nicht nur für das Konstanthalten des Milieus, sondern auch für dessen kontrollierte Veränderung eignet.[46]

2. Etagenheizung

Ein weiterer Fortschritt in der artgerechten Haltung der Zellen ist Max Schultzes heizbarer Objekttisch[47], den er 1864 zum ersten Mal beschreibt. Ein speziell zugeschnittenes Kupferblech auf dem Objektträger kann durch eine Flamme erwärmt werden. Die eingebaute Temperaturskala ist vom Okular aus abzulesen. Schon vorher hatte eine Reihe von Zellforschern versucht, die unter dem Mikroskop beobachteten Gewebe zu erwärmen. Unter ihnen war Schultzes Vater. Der Titel von dessen Arbeit sagt viel: „Mikroskopische Untersuchungen über des

46 Thoma 1875, 37.
47 Schultze, 1864; 1865.

Herrn Robert Brown Entdeckung lebender selbst im Feuer unzerstörbarer Theilchen in allen Körpern und über Erzeugung der Monaden“[48]. Daß Max Schultze vor der Beschäftigung mit tierischen amöboiden Zellen über Rhizopoden und Pflanzenzellen gearbeitet hat, gibt er selbst an. Das Modell ist da, aber das Milieu muß erst geschaffen werden, und in diesem verändert sich das Leben manchmal grundlegend: Aus trägen Ortsbewegungen der Amöben und weißen Blutkörperchen werden stürmische und aus geringen Verformungen bizarre.[49] Das Auftreten von Deformationen der roten Blutkörperchen dagegen kann nur als Eichmaß für die Temperatur des Objekttisches gebraucht werden.[50]

3. Orientierungen, Markierungen

Will man Zellen in Bewegung beobachten, so muß man verschiedene Regeln beachten. Die erste ist, daß man Ausdauer mitbringt. Je nachdem, ob es Entzündungen[51], amöboide Bewegungen[52], Wachstum, Zellteilung[53] oder Muskelkontraktionen[54] sind, die die Zellen in Bewegung bringen, nimmt die Beobachtung Zeiträume zwischen einigen Minuten und mehreren Stunden ein. Die erste Sorge hierbei ist, daß man dasselbe Individuum vor Augen hat – sonst sieht man am Ende eine Diapedese, wo keine ist oder umgekehrt. Das bedeutet: Man muß sich unablässig konzentrieren und darf dabei trotzdem nie vergessen, daß man Differenzen von Brechungsindizes und nicht die Zelle, wie sie an sich ist, sieht. Vor allem darf man nicht glauben, daß es das, was man nicht sieht, auch nicht gibt. Schultze formuliert in dieser Beziehung ganz ähnlich wie Brücke.[55] Doch die Zellen täuschen nicht nur aufgrund zu geringer Dichtedifferenzen, sie geben auch Orientierungshilfen, und die Kunst zu sehen hängt unter anderem davon ab, ob man den Blick dorthin richtet, wo es solche Hilfen gibt. So ist es z. B. Schultze zufolge viel lohnender, sich unter den weißen Blutkörperchen die grobgranulierten auszusuchen[56] als die feingranulierten, „zu deren einigermaassen befriedigenden Lösung es jedenfalls einer sehr günstigen Beleuchtung und einiger

48 C. A. S. Schultze 1828; der Sohn gibt den Hinweis in 1865, 1, Anm. 1.

49 Vgl. bes. die Abbildung zu Schultze 1865.

50 Zur Diskussion zwischen Nikolaus Friedreich (1867) und Schultze über die Frage, ob die Deformationen der roten Blutkörperchen mit den amöboiden Bewegungen oder mit der Zerstörung ihrer Substanz in Zusammenhang gebracht werden muß, vgl. Wahrig-Schmidt/Hildebrandt 1993.

51 Vgl. Cohnheim 1867; Rindfleisch 1861.

52 Vgl. Metschnikov 1884; Schultze 1865.

53 Vgl. Bizzozero/Torre 1884; Metschnikov 1867.

54 Vgl. Schultze 1865; Beale 1864.

55 Vgl. Schultze 1865, 14.

56 Ebenda, 15f.

Anstrengung der Augen bedarf"[57]. Nicht nur ist die Ortsbewegung leichter zu beobachten; auch die für sie verantwortlichen inneren Strukturen und deren Dynamik werden durch die Granula sichtbar gemacht. Es kann „während der Veränderungen in ihrer Gestalt zugleich die innere Bewegung der Körnchen deutlich verfolgt werden [...]. Das langsame Fliessen derselben, oder das plötzliche Nachstürzen bei schnell hervorgetriebenem breiten Fortsatz gewährt ein leichter übersichtliches Bild der Bewegungen, welche das Protoplasma dieser Zellen ausführt."[58]

Um Bewegungen zu beobachten, muß man die Geschwindigkeit der Veränderungen im Objekt in ein Gleichgewicht mit den eigenen Möglichkeiten bringen. Sind die Bewegungen zu langsam, erscheint, was Dynamik ist, als Stillstand, sind sie zu schnell, so entgehen dem Forscher wichtige Details. Zu großes Gedränge auf dem Bahnsteig des Sichtbaren kann zum einen die beobachtete Bewegung, noch viel mehr aber den Beobachter in seiner Tätigkeit hemmen. Das *juste milieu* von feuchter Kammer und heizbarem Objekttisch muß manchmal gestört werden, damit gesehen werden kann. Die feuchte Kammer ist für das Blut, das dazu neigt, zu klumpen, sowieso nur bedingt geeignet. Schultze diskutiert seine eigene Methode, eine sehr schwach konzentrierte Jodlösung zur Verdünnung des Blutes zu benutzen. Hier wird das Auge auch zur Herstellung des richtigen Konzentrationsgrades und zur Kontrolle der Lösung eingesetzt. Die Farbe des Jods darf „nicht dunkler als die des Urines" sein, und die der Lösung ausgesetzten roten Blutkörperchen dürfen nicht „zackig" werden.[59] Die „fremdartige Beimischung" muß jedoch mit Vorsicht angewendet werden. Ein geschickter Mikroskopiker kann ohne sie auskommen, wenn er den Blutfilm möglichst dünn auf den Objektträger bringen kann. Rindfleisch[60] stellt mittels Wachstropfen einen kapillaren Spalt zwischen dem Objektträger und dem Deckgläschen her und trägt dann erst den Blutstropfen auf. Das engt nach Schultze die Zellen zu sehr ein. Wenn die roten Blutkörperchen keine Möglichkeit mehr haben, „sich auf die Kante zu stellen", dann fühlen sich die weißen schon gar nicht heimisch. Es sei daher besser, das Deckgläschen mit einer Nadel ein wenig festzudrücken und die seitlich austretende Flüssigkeit mit einem Fließpapier aufzusaugen. Die Hände hel-

57 Ebenda, 16.

58 Ebenda.

59 Ebenda, 18. – Cohnheim (1867, 2) hat das „Schultze'sche Jodserum" verwendet. Noch Bizzozero und Torre kalibrieren das Milieu entsprechend seiner Wirkung auf die Blutkörperchen. Sie stehen vor der Aufgabe, Kochsalzlösungen für Zellen der unterschiedlichsten Tierarten herzustellen. Ihre Methode besteht darin, für jede Tierart Präparate mit verschiedenen Konzentrationen anzufertigen und dann zu kontrollieren, bei welchem die roten Blutkörpcherchen weder gezackt noch aufgequollen aussehen.

60 Schultze 1863, 21.

fen den Augen – vorausgesetzt, die technischen Voraussetzungen stimmen: „So erhalte ich, vorausgesetzt dass Objectträger und Deckglas ganz ebene geschliffene Flächen haben, untadelhafte Präparate.“[61]

Doch die Markierungspunkte, die die Zellen freiwillig anbieten, reichen nicht aus. Man kann sie künstlich vermehren, in dem man farblose Blutkörperchen „füttert“ – in erster Linie mit Farbstoffen, aber auch z. B. mit Milch. Rindfleisch[62] verwendet Indigo und Carmin zum Färben der Zellen. Schultze wiederholt diese Versuche, indem er jedoch die Präparate – wie oben beschrieben – anders herstellt.[63] Er probiert auch eine ganze Reihe anderer Farbstoffe aus. Zinnober ist feinkörniger und wird schneller aufgenommen als Carmin, so daß sich die amöboiden Bewegungen besser beobachten lassen. Der Fortschritt vom Indigo zum Anilinblau ist auch ästhetischer Natur: Es „hat in den feinsten Körnchen eine intensivere und weit schönere Farbe als der Indigo, lässt sich auch sehr gut im Blut fein vertheilen“.[64] Roberts, der mit Magenta färbt, spricht von dem „magnificent carbuncle red“ seiner roten Blutzellen.[65] Milieuveränderung durch Salzlösungen und Färbungen werden in zeitlicher Staffelung kombiniert. So beträufelt Arnold[66] lebendes Gewebe mit einer Kochsalzlösung und zusätzlich mit Silbersalzlösungen unterschiedlicher Konzentration; diese Behandlung wiederholt er nach dem Sichtbarwerden des Entzündungsprozesses im Gewebe. Dieselbe Färbesubstanz macht nacheinander also die normale und die pathologisch veränderte Struktur des Gewebes sichtbar. In der ersten seiner beiden Versuchsreihen beobachtet er Stadien; hier fixiert und färbt er gelegentlich zusätzlich mit Hämatoxylin. Eberth setzt zum Färben Goldsalze ein.[67] In einer anderen Versuchsreihe bedient sich Arnold der erwähnten Objektträger von Thoma[68] und entwickelt dessen Vorrichtung zur Irrigation lebender Gewebe weiter, um die Kittleisten der Endothelien zu färben. Er probiert unter anderem mit Erfolg indigoschwefelsaures Natron als Alternative zum Berlinerblau; besonders gute Ergebnisse erzielt er mit der Infusion von Kaliumeisencyanat ins Blut

61 Ebenda, 19.

62 Rindfleisch 1863; vgl. auch Recklinghausen 1863.

63 Aus seiner Diskussion der Methode von Rindfleisch geht hervor, daß durch den Wunsch, die Präparate zu färben, die Anforderungen an die Qualität des Ausstrichs gestiegen sind: „Es liegt auf der Hand, dass unter Umständen diese Methode [von Rindfleisch] einige Vortheile vor der gewöhnlichen zu bieten vermag, z. B. um das Eintreten grösserer Farbstoffklümpchen unter das Deckgläschen zu vermeiden.“ (Schultze 1865, 19.)

64 Ebenda, 19f.

65 Vgl. Roberts 1863, 171.

66 Vgl. Arnold 1878.

67 Vgl. Eberth 1876, 525.

68 Vgl. Arnold 1878, 253.

bei gleichzeitiger kontinuierlicher Beträufelung des vorgelagerten Gewebeteils mit niedrig konzentrierter Eisenchloridlösung; die Färbung entsteht erst durch die Reaktion mit diesem zweiten Bestandteil, und die Konzentration der Eisenchloridlösung kann so niedrig sein, daß „die Circulation nicht behindert" wird.[69]

Bizzozero und Torre färben die Kerne von roten Blutkörperchen im Knochenmark mit Methylviolett oder Gentianaviolett und lassen zusätzlich stark verdünnte Essigsäure[70] in das Präparat diffundieren. Dadurch wird das Plasma der Zellen entfärbt, und die violetten Kernfiguren der in „Cariokinesis" begriffenen Blutkörperchen werden deutlich sichtbar. Wirkt die Essigsäure weiter ein, so klumpen die Kernfiguren zusammen, aber ein geschickter Mikroskopiker kann sich den Umstand zunutze machen, daß die Säure nur langsam durch das Präparat hindurchdiffundiert und weitere Blutkörperchen betrachten. Der Moment, in welchem Färbung und Entfärbung sich so die Waage halten, daß in den Zellen für einen Augenblick das „Innere der Natur" sichtbar zu werden scheint, schiebt sich so gemächlich über den Objektträger, daß er wahrgenommen, festgehalten und zum Prozeß verlängert werden kann.[71]

Die Farbe kann den Prozeß auch unterbrechen, wenn man sie höher konzentriert. Eberth stellt auf diese Weise mit den Silbersalzen zu beliebigen Zeitpunkten Momentaufnahmen des Films her, der vor seinen Augen – langsam – abläuft.

Julius Arnold, der mit den Silbersalzen Fasern sichtbar macht, kann so die Durchtrittsstellen für Wanderzellen markieren. Eine erste Versuchsreihe dokumentiert verschiedene Stadien des Prozesses, sozusagen in Momentaufnahmen, in einer zweiten Anordnung, die dieselben Präparations- und Färbetechniken enthält, beobachtet er kontinuierlich. Das wird möglich, weil er die Konzentration des salpetersauren Silbers so auskalibriert hat, daß dieses einerseits keine Kreislaufstörung verursacht und andererseits doch an das einmal markierte Gewebe gebunden bleibt. Er illustriert seine Schilderungen mit einer Abbildungstafel, die wirklich wie eine Aneinanderreihung von Einzelbildern eines Films wirkt, während Lavdowsky nur Wanderpfade aufzeichnet.

Mit der Erwähnung der Arbeit von Bizzozero und Torre ist ein anderer Problemkreis ins Bildfeld gerückt: Derjenige der Beobachtung von Kernteilungen. Die italienischen Forscher machen sich die Erfahrungen vor allem der 70er Jahre zunutze, die mit in Teilung befindlichen Zellen gesammelt worden sind. Bereits Flemming hat die Wirkung von Säuren auf das Protoplasma zur Sichtbarmachung

69 Arnold 1876, 81.

70 Essigsäure: siehe z. B. Eberth 1876.

71 Bizzozero/Torre 1884.

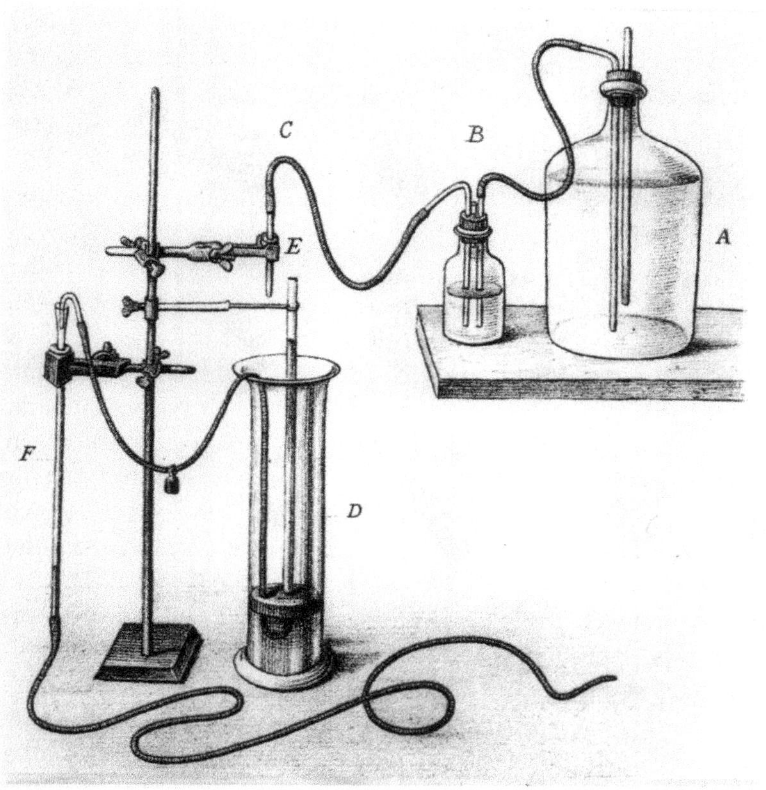

Abb. 2: Apparat zur Infusion von färbenden Substanzen ins Blut (Arnold 1876).

des Kerns demonstriert. Durch Erhöhung der Konzentration der vor ihm schon verwendeten Chromsäure macht er das Fadengerüst des ruhenden Kerns sichtbar und stellt damit ein Kontinuum zwischen dem Arbeitskern und den Kernteilungsfiguren her. Die Odyssee der Amöben scheint beendet: Aus den Zellen in Bewegung können nun Bewegungen in den Zellen werden.[72]

4. Treten Sie näher!

Gute achromatische mehrlinsige Mikroskope waren ab ca. 1820 verfügbar, wenn sie auch längst noch nicht allen mikroskopischen Arbeiten zugrunde lagen. Zwischen 1820 und 1850 vermehrte sich die Zahl der Hersteller und verbesserte sich

72 In den 80er Jahren verschiebt auch Julius Arnold seinen Forschungsschwerpunkt in diese Richtung. Vgl. Arnold 1883; 1884a und b. In dem erstgenannten Aufsatz referiert er u. a. Arbeiten von Bizzozero und Flemming zum Thema.

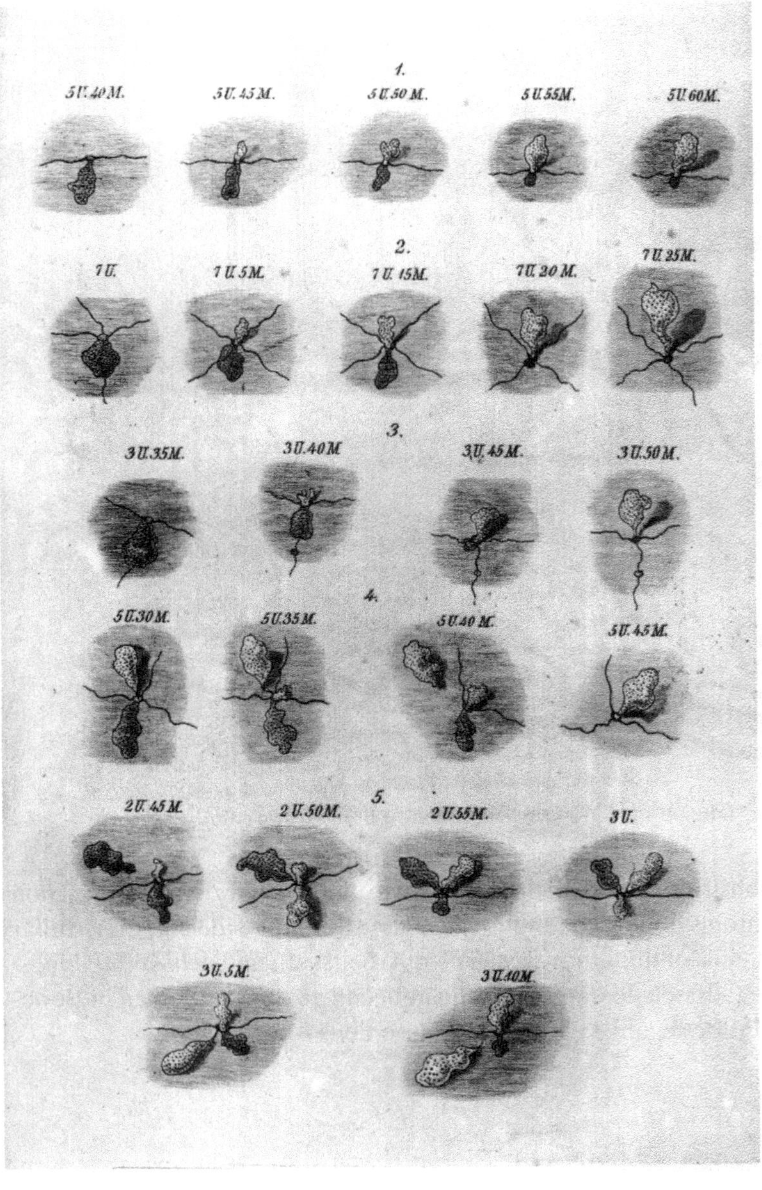

Abb. 3: Mit Uhrzeit gekennzeichnete Stadien des Durchtritts von Wanderzellen durch die Kittleisten von Endothelien (Arnold 1878).

die Verfügbarkeit guter Geräte[73]; andererseits wurde in der scientific community gezielt versucht, die ‚Verfügbarkeit‘ der *Beobachtungen* zu optimieren, indem Kurse abgehalten und Diskussionen über die Zuverlässigkeit eigener und fremder Ergebnisse geführt wurden.[74] Seit ca. 1850 war das Prinzip des Immersionsobjektivs bekannt.[75] Zunächst wurde das Objektiv in Wasser eingetaucht, was den durch das Deckglas bedingten Brechungsfehler verringerte. Brücke arbeitet 1861 mit einem Immersionssystem nach Hartnack, also wohl mit Wasserimmersion. Mit dieser Technik ist auch ein Teil der Ergebnisse von Eberth gewonnen worden. Bizzozero und Torre setzen die Ölimmersion ein, die sechs Jahre vor dem Erscheinen ihres Beitrags durch Ernst von Abbe entwickelt worden war. Die von Abbe geforderte Anpassung des Glases an die Bedürfnisse der Immersion ist jedoch erst 1886 zu einem ersten Abschluß gelangt.[76] Mit dem Einstieg von Zeiss in die Produktion von Mikroskopen beginnen sich die Hersteller mikroskopischer Optik von deren Benutzern zu trennen; es gibt jedoch zahlreiche technische Bindeglieder zwischen der Optik und dem Objekt, die in den Labors entstehen.[77] Die Kombination von Färbe- und Fixiermethoden ist ebenfalls Gegenstand des Ausprobierens; sie ist in der vorliegenden Studie jedoch insofern nur ein Randphänomen, als es vor allem um die Beobachtung lebenden Gewebes geht. Für diese Aufgabe gewinnt vor allem das langsame Diffundieren von Farbstoffen durch das Gewebe eine Bedeutung; daß die Farbe gleichzeitig ‚Milieu‘ ist, wenn es sich z. B. um Salze handelt, kann, wie in den Versuchen von Eberth, zum wertvollen Detail werden: Bei hoher Konzentration wird fixiert; bei niedriger ist nichts zu sehen; aber irgendwo in der Mitte liegt der Punkt, an dem die Prozesse im Gewebe unverändert ablaufen und doch sichtbar werden. Neben Lithographien, die diese Verläufe dann doch fixieren und vor allem vervielfältigen, tauchen in den 60er Jahren die ersten Photographien auf.[78]

73 Vgl. Gloede 1986.

74 Vgl. die Verweise am Anfang dieses Aufsatzes auf die Arbeiten von Gooday und Chadarevian. Vgl. auch Tuchman 1988. Auf den Zusammenhang zwischen Versuchsanordnung und technischen Voraussetzungen hatte bereits Johannes Müller hingewiesen: „Über die Form der Blutkörperchen sind die Angaben der Schriftsteller so verschieden, daß es mir unumgänglich nothwendig schien, diesen Gegenstand ganz von Neuem zu untersuchen. Hierzu dienten verschiedene optische Instrumente, namentlich ein kostbares *Frauenhofersches* Mikroskop.“ (Müller in Burdach 1832, 103f.; vgl. Mazumdar 1975).

75 Vgl. De Martin/De Martin 1983, 166.

76 Vgl. Gloede 1986, 150. – Parallel wurde die Ölimmersion auch durch De Amicis entwickelt.

77 Vgl. z. B. Schulze 1865, 1866; Stricker 1867.

78 Vgl. Damon 1863. – Es scheint sich jedoch um Photographien von Zeichnungen zu handeln. Um die Vervielfältigung der Beobachtung hat sich Lenhossék 1877 mit seinem „Polymikroskop“ bemüht, in dem bis zu 60 Präparaten in schneller Folge präsentiert werden konnten. Die Geschichte der Wahlverwandtschaften zwischen der Entwicklung des Films aus seriellen Reprä-

5. Wo kommen Sie eigentlich her?

Die Beobachtungen von Brücke erfolgen an Flimmerhaarzellen; Schultze geht von den Rhizopoden zu menschlichen Blutzellen über. Die Stammbaumforschung der Blutzellen umfaßt nicht nur menschliches Blut, sondern auch solches von leicht zugänglichen Embryonen und Larven. Bizzozero und Torre arbeiten unter anderem mit Hühnerembryonen und Froschlarven; Metschnikow[79] beobachtet und registriert die „Lebensgeschichte" roter Blutkörperchen von Hühnerembryonen. Virchow[80] sieht bewegliche Knorpelzellen in einem Enchondrom.

Die Experimente über Entzündung von Cohnheim und Recklinghausen[81] finden vor allem an Hornhaut, besonders an Froschhornhaut statt. Cohnheim hält es dabei für notwendig, die natürlichen Vorgänge zu verlangsamen, um die Stadien des an der Cornea ablaufenden Entzündungsprozesses genauer voneinander zu trennen. Er findet heraus: „Die Versuche geraten am sichersten und exactesten bei Winterfröschen", während die Verwendung von Sommerfröschen oder gar Kaninchen „leicht die Reinheit der Resultate trübt".[82] Arnold[83] setzt für seine Studien des Durchtritts von Wanderzellen durch seröse Häute Froschmesenterium ein, das mit dem Kreislauf verbunden bleibt. Bizzozero und Torre verwenden fast eine ganze Seite, um das Zustandekommen ihrer Gewebepräparate zu erklären. Da es ihnen um die Produktion der roten Blutkörperchen bzw. ihrer Vorstufen bei verschiedenen Tierarten geht, haben sie eine sehr differenzierte und aufwendige Versuchsanordnung.

1885 sieht Virchow rückblickend eine Verbindung zwischen der mikroskopischen Forschung an Einzellern, der Durchsetzung der Deszendenztheorie und der Etablierung der Zellularpathologie. Metschnikow hat, so Virchow, in seiner berühmten Studie über Phagozytose einmal mehr für eine schöne Verbindung zwischen dem Tier- und dem Pflanzenreich gesorgt: „Mit großem Geschick hat Herr Metschnikow seinen Ausgangspunkt von der Beobachtung kleiner Wasser-

sentationsverfahren und den medizinischen Abbildungen von Bewegungen wäre noch zu schreiben. Vgl. Chadarevian 1993.

79 Vgl. Metschnikow 1867.

80 Vgl. Virchow 1863.

81 Vgl. Cohnheim 1867; Recklinghausen 1863.

82 Recklinghausen 1867, 14.

83 Vgl. Arnold 1878.

Abb. 4: Lavdowsky erläutert selbst wie folgt: „1A, 2A, 3A, 4A und 5A sind die Anfangspunkte der fünf wandernden Leucocyten; 1E, 2E, 3E, 4E und 5E sind die Stationen derselben, bei denen die Beobachtung des Wanderns beendet ist. Die drei schwarzen Stellen entsprechen zufälligen Blutcoagulis im Präparate, von denen eines durch zwei wandernde Leucocaten (3 u. 4) durchbohrt wird.“ (Lavdowsky 1884, 97.)

thiere genommen."[84] Der Aufsatz, auf den sich Virchow bezieht,[85] stellt in der Tat eine Reihe von neuen „Teilnehmern" ins Rampenlicht des Objektträgers: Die Daphnien – zum Plankton gehörige Wasserflöhe –, sowie die Hefepilze, von denen sie befallen werden und ihre weißen Blutkörperchen.[86] Die Wasserflöhe haben, wie Metschnikow selbst bemerkt, den Vorteil, daß sie „als verhältnissmässig kleine und ziemlich durchsichtige Thiere [...] unbeschädigt mehrere Stunden lang ununterbrochen beobachtet und auch von Tag zu Tag weiter verfolgt werden können".[87] Damit hat Metschnikow eine Methode gefunden, die es ihm ermöglicht, Stadienbeobachtungen und direkte mikroskopische Beobachtung von Verläufen zu kombinieren. Er mußte also die Entwicklung nicht stoppen, um Bewegung festzustellen und nicht umgekehrt die Bewegung stoppen, um die Entwicklung festzustellen.

6. Die Unterzelle und das Ende der Republik

In einem Artikel mit dem Titel „Der Kampf der Zellen und der Bakterien" zitiert Virchow das „Journal médical quotidien", welches das Ende der Zellenrepublik und den Siegeszug der Bakterienstämme proklamiert. Er wendet ein: „Die armen kleinen Zellen! Sie waren in der That eine Zeit lang in Vergessenheit gerathen. Mancher, der vermittelst seines Abée-Zeiss'schen Instruments die Zel-

84 Virchow 1885, 12. – Im Laufe der Zeit mehren sich die Versuche, die Verläufe und die Stadien miteinander in Beziehung zu bringen. So unternimmt Arnold zwei Versuchsreihen, von denen eine aus einer Reihe fixierter und gefärbter Präparate, die andere aus kontinuierlicher Beobachtung beim lebenden, zu zwei Zeitpunkten gefärbten Präparat besteht. Eberth (1876) beobachtet Stadien, korreliert sie aber mit den Lebendbeobachtungen von Strassburger und Bütschli. Senftleben fertigt Schnitte an, um über das Verhalten der „corpusculären Elemente" im Entzündungsprozeß Aufschluß zu erlangen. Hierbei setzt er ein Mikrotom ein (1878, 544).

85 Vgl. Metschnikow 1884.

86 Interessanterweise war Metschnikow auf der Suche nach etwas anderem, als er sich der Daphnien annahm. Er wollte die amöbenähnlichen Erreger einer anderen Parasitenerkrankung der Wassertierchen untersuchen. Was er dann beobachtete, war das Verhalten beweglicher Zellen, die dem Wirtsorganismus angehörten. Daß seine Wasserflöhe durch Hefepilze befallen waren, gehörte nicht zur Versuchsplanung. Man könnte diskutieren, ob Metschnikows Veröffentlichung eine „Konjunktur" (nach Rheinberger 1992b, 32) markiert. Nun war die amöboide Beweglichkeit körpereigener Zellen schon lange vor ihm bekannt und wurde auch so bezeichnet. Neu ist die Beobachtung der Phagozytose als eines Mechanismus der Infektabwehr. Der Zufall, der in Ausdrücken wie „unvorwegnehmbares Ereignis" und „Konjunktur" impliziert scheint, ist auf sehr leisen Sohlen gekommen. Er hat, wie es Rheinberger für die Geschichte der Proteinbiosynthese herausgearbeitet hat, auch hier eine lange und komplexe Geschichte. Man könnte vermuten, daß diese biologische Sphärenharmonie erst unter einem Himmel möglich wurde, der in der Vorstellung der Wissenschaftler schon immer voller Konjunkturen hing.

87 Metschnikow 1884, 1.

len unsichtbar machte, wie wenn sie Tarnkappen angezogen hätten, und der schliesslich nur die gefärbten Mikroben erblickte, mochte wirklich glauben, die Zellen seien gar nicht mehr ‚in Betracht zu ziehen'."[88] Aber, abgesehen einmal davon, daß sie als Substrate der „Zellenthätigkeit" auch eine Zeitlang ohne Sichtbarkeitsbudget regieren können, sind sie, wie die Arbeiten von Metschnikow beweisen, wehrhaft. Sie fressen ihre epistemischen Rivalen einfach auf. Und es bleibt dabei: Wer Krankheiten „verstehen will, der muss etwas mehr lernen, als Bacillen färben".[89] Dabei sollte gerechtigkeitshalber bemerkt werden, daß Metschnikows Daphnien-Blutkörperchen zumeist große Schwierigkeiten hatten, ihre Objekte, die Pilzsprossen, zu verdauen.

Weder die Bakterien noch unerwartetes Verhalten der Zellen selbst können für Virchow der Zellentheorie etwas anhaben, auch wenn es nicht an Versuchen gefehlt hat, sie zu erschüttern: „Selbst so ausserordentlich lehrreiche und beweisende Thatsachen, wie die autonome Bewegung und die Wanderung der Zellen, sind als Einbrüche in die cellulare Theorie betrachtet worden, während sie vielmehr dieselbe glänzend bestätigten und erweiterten."[90] Die Zellularpathologie läßt sich nicht unterwandern.

III. Objekte, Differenzen, Konjunkturen[91]

Das Vorangehende sollte eine Reihe von Momenten aus der Mikroskopie von bewegten Zellen skizzieren. Es hat sicher auch die Problematik offensichtlich werden lassen, die darin liegt, überhaupt von *einem* Verhältnis „Auge/Zelle/Mikroskop" zu reden. Bei genauerem Hinsehen bildet jeder Forscher mit „seinem" Mikroskop, „seinen Zellen", „seinen" Geweben usw. eine Einheit, die jedoch keinesfalls unabhängig von den anderen gedacht werden kann. Der Austausch erfolgt durch persönliche Kontakte, durch Vergleich eigener Ergebnisse mit veröffentlichten, aber auch dadurch, daß sich das experimentelle Vorgehen ändert, indem z. B. andere Zellen beobachtet werden. Die Versuchsanordnungen tragen deutlich eine Tendenz zur Erweiterung in sich: man denke nur an den Weg von der Beobachtung amöboider weißer Blutkörperchen über deren Lagerung auf dem heizbaren Objekttisch zu ihrer Anfärbung mit verschiedenen Stoffen oder an das komplizierte Verfahren von Bizzozero und Torre, die ihr „Objekt" überhaupt nur dadurch zu Gesicht bekommen, daß die von ihnen infun-

88 Virchow 1885, 9.
89 Ebenda, 10.
90 Ebenda, 3.
91 Vgl. hierzu die Einleitung sowie Rheinberger 1992a.

dierten Flüssigkeiten die Bestandteile der Zellen mit unterschiedlicher Geschwindigkeit zerstören. Mit dieser Tendenz zur Erweiterung gehen jedoch stets auch Ausschlußversuche einher; z. B. sieht die Mehrzahl der Forscher die roten Blutkörperchen nicht als amöboid beweglich an, während Verwandtschaften zwischen Rhizopoden und weißen Blutzellen für zulässig gelten. Die vielfachen Warnungen vor Artefakten und die Hinweise auf die Unzuverlässigkeit von Korrelationen zwischen dem Gesehenen und dem Vorhandenen erscheinen in dieser Perspektive als ein fast ängstliches Bemühen, die Differenzen vor vorschnellen Konjunkturen zu retten.

Im Vorwort des vorliegenden Bandes wird auf Experimentalsysteme verwiesen. Rheinberger expliziert sie in „Experiment, Difference, and Writing" als „dynamische Differenzmaschinen". Die Teilnehmer[92] eines Experimentalsystems, seien sie Menschen, Gedanken, Dinge, Schriften, Graphen, Maschinen, Instrumente, Farbstoffe oder Teile von lebenden Körpern, kommen miteinander ins Gerede, modifizieren durch das, was sie tun oder was man mit ihnen tut, einander und das Ganze als ihre gedachte Einheit. Sie leben in einer Art von labilem Gleichgewicht, auf das die Devise aus dem „Gattopardo" passen würde: „Alles muß sich ändern, damit alles so bleibt, wie es ist."

Indem die Zellen im Titel meines Beitrags als „vorherrschende Gedankendinge" auftreten, sollen sie nicht etwa auf bloße Konzepte reduziert werden. Gleichzeitig sind sie mehr als ‚natürliche' Objekte. Gerade indem sie im *juste milieu* der feuchten Kammer oder berieselt von einer milden Silbernitratlösung existieren, sind sie abhängig von einer gedanklichen Arbeit, die ihre Odyssee über die Objektträger und lithographischen Tafeln begleitet und konturiert. Die Vermeidungsstrategien gegenüber Artefakten betten die lebenden Gewebe und ihre beweglichen Protagonisten erst recht in die „humanisierte Natur" ein. – Es ist klar, daß im 19. Jahrhundert auch der naivste Mikroskopiker sein eigenes Auge nicht als neutrales Medium betrachten kann, in dem sich das Faktische abbildet, was er nur noch – durch Zeichnung oder Text – abschreiben muß. Das Bewußtsein dieses Mangels an Neutralität erzeugt eben meiner Meinung nach die Versuche der Forscher selbst, dem Verhältnis zwischen dem Gesehenen und dem Aufgezeichneten zu einer größeren Konstanz zu verhelfen, ein Regelwerk und fast eine Ethik des mikroskopischen Sehens zu schaffen. Dabei bleibt trotz aller Selbstreflexion unbestimmt, *was* ihnen dazu verhilft, durch Ausschließen, Färben, Deformieren, Fixieren, nochmaliges Beobachten usw. das Sehen zu stabilisieren.

92 Ich beziehe mich mit diesem Ausdruck auf Latour 1988 und Latour/Woolgar 1986, die von „actors" sprechen und damit nicht nur menschliche Teilnehmer meinen, sondern gleichberechtigt technische Mittel, Material, geistige Produktionen und menschliches Tun.

Sicher können die hier untersuchten Aufsätze mit ihren Abbildungen als Unterhändler in multilateralen Verhandlungen gelesen werden; in Verhandlungen, die nie abgeschlossen werden, weil weder über ihren Gegenstand noch über die Anzahl der legitimen Teilnehmer an ihnen jemals Konsens erzielt wird und die doch fortlaufend Ergebnisse zeitigen, welche sich wiederum auf den Verlauf der Verhandlungen auswirken. Insofern ergibt der Blick auf mikroskopische Untersuchungen zwischen 1860 und 1885 ein Bild, das mit anderen „experimentalistischen“ historischen Untersuchungen vergleichbar ist.

Auf der anderen Seite geben die Bildtafeln und ihre Beschreibungen eine besondere Faszination preis, die vielleicht am besten aus den Sorgen der Autoren herauszuerkennen ist: Die Angst Huxleys vor dem undisziplinierten Blick kehrt wieder in den Ängsten Virchows und Brückes vor dem undisziplinierten Denken: Der Tisch wackelt, und ein Chimäre steht im Heft des zukünftigen Biologielehrers.[93] Ein paar Kügelchen zuviel, und schon haben wir die Auferstehung der gerade beerdigten ontologischen Pathologie zu befürchten.[94] Diese Angst ist aber der Preis für das Vordringen ins Reich des Unsichtbaren mit den Mitteln der Sichtbarmachung; sie ist das Loch im Schatten der List instrumentellen Handelns.

Literatur

Arnold, Julius (1873): Ueber Diapedesis. Eine experimentelle Studie. Archiv für pathologische Anatomie und Physiologie und für klinische Medicin (Virchows Archiv) 58, 203–253.

Arnold, Julius (1876): Ueber die Kittsubstanz der Endothelien. Virchows Archiv 66, 77–109.

Arnold, Julius (1878): Ueber die Durchtrittsstellen der Wanderzellen durch entzündete seröse Häute. Virchows Archiv 74, 245–267.

Arnold, Julius (1883): Beobachtungen über Kerne und Kerntheilungen in den Zellen des Knochenmarkes. Virchows Archiv 93, 1–38.

Arnold, Julius (1884a): Ueber Kern- und Zelltheilung bei acuter Hyperplasie der Lymphdrüsen und der Milz. Virchows Archiv 95, 46–69.

Arnold, Julius (1884b): Weitere Beobachtungen über die Theilungsvorgänge an den Knochenmarkzellen und weissen Blutkörperchen. Virchows Archiv 97, 107–131.

Beale, Lionel S. (1864): On „Contractility“ as Distinguished from Purely Vital Movements. Quarterly Journal of Microscopical Science, N. S. 4, 182–188.

Bizzozero, J./Torre, A. A. (1884): Ueber die Entstehung der rothen Blutkörperchen bei den verschiedenen Wirbelthierklassen. Virchows Archiv 95, 1–45.

Brown, Olivia/Butler, S./Nuttal, R. (1986): The Social History of the Microscope, Cambridge.

Brücke, Ernst von (1898): Die Elementarorganismen (1861), in: ders., Pflanzenphysiologische Abhandlungen, hrsg. von A. Fischer, Leipzig, 54–86.

93 Gooday 1991.

94 Virchow 1877.

Burdach, Karl Friedrich (1832): Die Physiologie als Erfahrungswissenschaft, Bd. 4, Leipzig.
Chadarevian, Soraya de (1993): Die „Methode der Kurven" in der Physiologie zwischen 1850 und 1900, in: Hans-Jörg Rheinberger/Michael Hagner (Hrsg.), Die Experimentalisierung des Lebens. Experimentalsysteme in den biologischen Wissenschaften 1850/1950, Berlin, 28–49.
Chadarevian, Soraya de (1994): The Art of Experimenting in Nineteenth-Century German Botany, in: David Gooding (ed.), Cognition and Sensation, Chicago (im Druck).
Cohnheim, Julius (1867): Ueber Entzündung und Eiterung. Virchows Archiv 41, 1–79.
Damon, Howard Franklin (1864): Leucocythemia: An Essay, to which was awarded the Boylton Medical Prize of Harvard University for 1863, Boston – London – Leipzig – Paris.
Eberth, Carl J. (1876): Ueber Kern- und Zelltheilung. Virchows Archiv, 523–541.
Fleck, Ludwik (1983): Wissenschaftstheoretische Probleme, in: ders., Erfahrung und Tatsache. Gesammelte Aufsätze. Mit einer Einleitung hrsg. von Lothar Schäfer und Thomas Schnelle, Frankfurt/M., 128–146.
Flemming, Walther (1879): Ueber das Verhalten des Kerns bei der Zelltheilung, und über die Bedeutung mehrkerniger Zellen. Virchows Archiv 77, 1–29.
Friedreich, Nikolaus (1867): Ein Beitrag zur Lebensgeschichte der rothen Blutkörperchen. Virchows Archiv 41, 395–411.
Gloede, Wolfgang (1986): Vom Lesestein zum Elektronenmikroskop, Berlin.
Gooday, Graeme (1991): 'Nature' in the Laboratory: Domestication and Discipline with the Microscope in Victorian Life Science. British Journal for the History of Science 24, 307–341.
Gooding, David/Pinch, Trevor/Schaffer, Simon (eds.) (1989): The Uses of Experiment. Studies in the Natural Sciences, Cambridge.
Griesinger, Wilhelm (1858): Medicinische Gespräche aus dem alten Hellas. Von einem Gelehrten, welcher nicht genannt sein will, entdeckt in einem Palimpsest einer Klosterbibliothek auf dem Berge Athos. Archiv für physiologische Heilkunde, N. F. 2, 567–570.
Griesinger, Wilhelm (1859): Rezension von Rudolf Virchow: Die Cellularpathologie in ihrer Begründung auf physiologische und pathologische Gewebelehre, Berlin 1858. Archiv für physiologische Heilkunde, N. F. 3, 1289–1298.
Hacking, Ian (1983): Representing and Intervening, Cambridge.
Jacyna, L. Stephen (1990): Romantic Thought and the Origins of Cell Theory, in: Andrew Cunningham/Nicholas Jardine (eds.), Romanticism and the Sciences, Cambridge, 161–168.
Knorr-Cetina, Karin (1984): Die Fabrikation von Erkenntnis. Zur Anthropologie der Naturwissenschaft, Frankfurt/M.
Latour, Bruno/Woolgar, Steve (1986): Laboratory Life. The Construction of Scientific Facts, 2. Aufl., Princeton – New Jersey.
Latour, Bruno (1988): The Pasteurization of France, Cambridge, MA.
Lavdowsky, Michail Dorimentow (1884): Mikroskopische Untersuchungen einiger Lebensvorgänge des Blutes (Erste Abhandlung). Virchows Archiv 96, 60–100.
Lenhossék, Joseph (1877): Ein Polymikroskop. Virchows Archiv 70, 268–290.
Lohff, Brigitte (1978): Johannes Müllers Rezeption der Zellenlehre in seinem „Handbuch der Physiologie des Menschen". Medizinhistorisches Journal 13, 247–288.
Lyotard, Jean-François (1986): Das postmoderne Wissen. Ein Bericht, Wien.
Martin, Hubert/Martin, Waltraud de (1983): Vier Jahrhunderte Mikroskop, Weilburg.
Mazumdar, Pauline M. H. (1975): Johannes Müller on the Blood, the Lymph, and the Chyle. Isis 66, 242–253.
Metschnikow, Elias (1867): Zur Entwickelungsgeschichte der rothen Blutkörperchen. Virchows Archiv 41, 523–525.

Metschnikow, Elias (1884): Ueber eine Sprosspilzkrankheit der Daphnien. Beitrag zur Lehre über den Kampf der Phagocyten gegen Krankheitserreger. Virchows Archiv 96, 177–195.

Rheinberger, Hans-Jörg (1992a): Experiment, Difference and Writing. I. Tracing Protein Synthesis. Studies in the History and Philosophy of Science 23, 305–331.

Rheinberger, Hans-Jörg (1992b): Experiment – Differenz – Schrift. Zur Geschichte epistemischer Dinge, Marburg.

Rindfleisch, Eduard (1861): In wiefern und auf welche Weise gestattet der Bau der verschiedenen Schleimhäute den Durchgang von Blutkörperchen und anderen kleinen Theilen und ihre Aufnahme in die Gefässe. (Preisschrift der Königlich Dänischen Gesellschaft der Wissenschaften). Virchows Archiv 22, 260–285.

Rindfleisch, Eduard (1863): Experimentalstudien über die Histologie des Blutes, Leipzig.

Roberts, William (1863): On Peculiar Appearances Exhibited by Blood-Corpuscles under the Influence of Solutions of Magenta and Tannin. Quarterly Journal of Microscopical Science, N. S. 3, 170–179.

Schultze, Carl August Sigismund (1828): Microscopische Untersuchungen über des Hrn. Robert Brown Entdeckung lebender, selbst im Feuer unzerstörbarer Theilchen in allen Körpern, und über Erzeugung der Monaden, Karlsruhe – Freiburg.

Schultze, Max (1861): Ueber Muskelkörperchen und das, was man eine Zelle zu nennen habe. Archiv für Anatomie, Physiologie und wissenschaftliche Medizin, 1–27.

Schultze, Max (1865): Ein heizbarer Objecttisch und seine Verwendung bei Untersuchungen des Blutes. Archiv für mikroskopische Anatomie 1, 1–42.

Schulze, Franz Eilhard (1866): Objectträger zur Beobachtung lebender Froschlarven. Archiv für mikroskopische Anatomie 2, 379–380.

Senftleben, Eduard (1878): Beiträge zur Lehre von der Entzündung und den dabei auftretenden corpusculären Elementen. Virchows Archiv 72, 542–581.

Stricker, Salomon (1867): Eine Gaskammer für mikroskopische Zwecke. Archiv für mikroskopische Anatomie 3, 366–370.

Thoma, Richard (1875): Beitrag zur mikroskopischen Technik. Virchows Archiv 65, 36–47.

Tuchman, Arleen M. (1988): From the Lecture to the Laboratory: The Institutionalization of Scientific Medicine at the University of Heidelberg, in: William Coleman/Frederic L. Holmes (eds.), The Investigative Enterprise. Experimental Physiology in Nineteenth-Century Medicine, Berkeley, 65–99.

Virchow, Rudolf (1858): Die Cellularpathologie in ihrer Begründung auf physiologische und pathologische Gewebelehre, Berlin.

Virchow, Rudolf (1860a): Die Kritiker der Cellularpathologie. Virchows Archiv 18, 1–14.

Virchow, Rudolf (1860b): Noch einmal das Archiv für physiologische Heilkunde. Virchows Archiv 18, 126–138.

Virchow, Rudolf (1863): Ueber bewegliche thierische Zellen. Virchows Archiv 28, 237–240.

Virchow, Rudolf (1877): Die Freiheit der Wissenschaft im modernen Staat. Rede gehalten in der dritten allgemeinen Sitzung der fünfzigsten Versammlung deutscher Naturforscher und Aerzte zu München am 22. September 1877, Berlin.

Virchow, Rudolf (1885): Der Kampf der Zellen und der Bakterien. Virchows Archiv 101, 1–13.

Wahrig-Schmidt, Bettina/Hildebrandt, Friedhelm (1993): Pathologische Erythrozytendeformation und renale Hämaturie. Fragmente aus dem Leben einer nicht gemachten Entdeckung, in: Hans-Jörg Rheinberger/Michael Hagner (Hrsg.), Die Experimentalisierung des Lebens. Experimentalsysteme in den biologischen Wissenschaften 1850/1950, Berlin, 74–96.

Godelieve van Heteren

Wirkmacht und Verläßlichkeit

Das Verhältnis von Menschen und Dingen in den Untersuchungen zur Akkommodation des Auges unter F. C. Donders

I. Neue Wege in der Historiographie medizinischer und wissenschaftlicher Praktiken und das Problem menschlichen Handelns

Die Frage nach den entscheidenden Triebkräften in der medizinischen und naturwissenschaftlichen Forschung zählt zu den sensibelsten Themen in den neueren Wissenschaftsstudien.[1] Insbesondere die Kritiker der gegenwärtigen Wissenschaftsszenerie gehen davon aus, daß die Problematisierung des menschlichen Handelns im alltäglichen Wissenschaftsbetrieb die Debatten um die Dehumanisierung der Wissenschaft bereichern und zu einer Kritik der Selbstdarstellung von Wissenschaft als *objektiver Repräsentation* beitragen kann. Auch wenn Begriffe wie Aktanten, Praktiken und Repräsentationen eine große Rolle in den neueren Wissenschaftsstudien spielen, ist die Marginalisierung des menschlichen Handelns in den hochtechnologischen Wissenschaftssystemen stets virulent. Von daher ist es verständlich, daß bei jeder methodologischen Neuorientierung in der Geschichte der bio-medizinischen Forschung der menschliche Faktor ein umstrittenes Thema bleiben wird.

Während heutzutage weitgehend Einigkeit darüber besteht, daß menschliche Akteure mehr tun als Erfahrungen zu machen und Sätze darüber zu äußern, ist doch unklar, wo eine breitere historische Analyse menschlichen Handelns überhaupt hinführen soll. So gibt es Historiker, die den hausgemachten Geschichten der Wissenschaftler und Ärzte grundsätzlich mißtrauen und für präzisere historische Rekonstruktionen plädieren. Deswegen legen sie ihr Hauptaugenmerk auf die einzelnen – häufig nicht exakt kalkulierten – Arbeitsschritte der Wissenschaftler im Labor und auf die Repräsentationsform der produzierten Resultate, wobei der menschliche Faktor im Mittelpunkt steht: denn nur der Mensch selektiert, unterscheidet, manipuliert, ist selbstreflexiv und legt sich Rechenschaft über die eigene Arbeit ab.

1 Vgl. Hacking 1983; Latour 1979, 1987; Gooding 1990, 1992.

Am anderen Ende des Spektrums gibt es eine wachsende Anzahl von Historikern, die auch Goodings Diktum im Verdacht haben, es schreibe den menschlichen Fähigkeiten, vergleichbar der Theorie in der theoriedominierten Wissenschaftsgeschichte, eine allzu prominente Erklärungsfunktion zu. Dadurch würde der wichtigste Aspekt moderner Wissenschaft vernachlässigt: der Wirkmacht von Dingen. Mit anderen Worten: Es soll das menschliche Handeln nur noch als ein Faktor unter anderen in einem dynamischen Feld komplexer Interaktionen behandelt werden, d. h., alle Bestandteile eines Netzwerks sollen im Prinzip den gleichen Stellenwert haben.[2]

1. Wirkmacht und Verläßlichkeit in Wissenschaft und Medizin

Die neueren Untersuchungen zur Entwicklung von Forschungsräumen und zu praktischen Aspekten des Wissenschaftsprozesses haben die alten strukturellen Erklärungsmuster für die Entwicklung von Medizin und Wissenschaft transformiert in Diskussionen über eine Vielzahl instrumenteller, organisatorischer, manipulativer und rhetorischer Praktiken, in denen Instrumente bisweilen die wichtigste Rolle spielen.[3] Seitdem suchen auch Historiker in ständig fluktuierenden Feldern praktischer Aktivitäten ein besseres Verständnis von Medizin bzw. Wissenschaft im Machen zu erreichen. Dabei hat sich das Experiment als zentrales Untersuchungsfeld erwiesen.

Forciert werden solche Tendenzen durch die Schwierigkeiten mit der Verknüpfung von makrosozialen Prozessen und der eigentlichen Produktion wissenschaftlicher Erkenntnis. Zwar ist die neuerliche Konzentration auf die Darstellung wissenschaftlicher Praktiken im Labor nicht ganz ohne Pikanterie, wenn man sich die dezidiert anti-internalistischen Ursprünge der ‚social studies of science' in Erinnerung ruft, doch wird die gegenwärtige Verabschiedung von makrosozialem Determinismus und Theoriedominanz mit der Versicherung schmackhaft gemacht, daß dadurch ein genaueres Verständnis der Feinstrukturen wissenschaftlicher Praxis erreicht werde. Man könnte fragen, welche neuen Einsichten dadurch zu erreichen sind. Die bislang interessanteste Antwort lautet, daß die Analyse der Details in den neueren Mikro-Studien viel eher die Wurzeln von Stabilität, Verläßlichkeit und Vertrauen in Wissenschaft und Medizin aufzudecken vermag als die Konzentration auf Theorien und Ideologien. Zudem wird uns versichert, daß das kritische Potential jener Studien darin liege, die vielfältigen und engen Beziehungen von Denken, Handeln und Sehen als Konstituenten wissenschaftlicher Praxis zu verstehen.

2 Vgl. Knorr-Cetina 1981; Latour 1987; Amann 1990; Pickering 1989, 1992; Hacking 1992.
3 Vgl. Bijker 1987.

In der politischen Philosophie wird die Frage des Vertrauens bzw. der Verläßlichkeit seit langem problematisiert. Angesichts des postmodernen Lobs der Vielfalt erhält die Frage, wie Vertrauen etabliert bzw. bewertet wird, auch in der politischen Praxis eine neue Bedeutung. Diejenigen, die eine radikale Netzwerk-Theorie sozialer Prozesse oder semiotische Ansätze vertreten und sich gegen die klassische Annahme von externen Ursachen und Referenzpunkten wenden, müssen sich gleichwohl die Frage gefallen lassen, warum bestimmte Verbindungen in einem solchen Netzwerk enger sind als andere, genauer gesagt: wie beeinflußt der jeweilige *Lokalkolorit* solche Verbindungsmuster, die die Dinge zusammenschweißen oder auch voneinander trennen; und welches Vokabular soll die klassische humanistische Begrifflichkeit ersetzen, wenn es um die Beschreibung solcher Verbindungsmuster geht?

2. *Die neue Sprache der ‚Produktion', die Produktion von Differenz und Verläßlichkeit*

Seitdem die Wissenschaftsforschung die Vertrauensbildung in der Wissenschaft weniger durch Logik und Rationalität als durch praktische Prozesse bedingt sieht, hat sich auch ihr Vokabular verändert. Traditionelle historische Unterscheidungen zwischen Beobachtung und Experiment oder zwischen Forschungsobjekt und -subjekt werden in Frage gestellt. Forschungssysteme werden dargestellt als Konstellationen, die eine ständige Rekonfiguration der natürlichen und sozialen Ordnung herbeiführen.[4] Dadurch werden einige alte Kategorien verwischt: Vor allem kritische Begriffe wie Forschungstriebkräfte, -objekte, -ressourcen, -vorgänge und -darstellungen erhalten eine Bedeutungserweiterung. Auch Forschungsraum und -zeit werden neu definiert, was weitreichende Konsequenzen für den Kern der historischen Erzählung („narrative") haben kann.

In der Beschreibung von Forschungsräumen wurde den strukturellen Besonderheiten spezifischer Orte der Erkenntnisproduktion lange Zeit Priorität eingeräumt. Zwar wird die grundsätzliche Betonung der ‚Produktion' im Rahmen der gegenwärtigen Revisionen nicht aufgegeben, doch ist nun von einer ‚Produktion von Differenzen' die Rede, die kaum an das bisherige Verständnis von Forschungsraum, -objekt und -betrieb anzuknüpfen scheint. In diesem Zusammenhang gelten ‚Veränderung' und ‚Zukunft' als die am höchsten bewerteten Kategorien. Durch die Arbeiten von Autoren wie Hans-Jörg Rheinberger wird deutlich, daß ‚differentielle Produktivität' von vielen als die dynamische Schlüsselfunktion moderner Forschung angesehen wird. In dem Versuch, eine systematische Sprache zu entwickeln, die den Funktionsweisen der Forschungspraxis in

4 Vgl. Knorr-Cetina 1981; Amann 1990.

Hinsicht auf neue räumliche Begrenzungen und zukünftige Produktionen gerecht wird, postuliert Rheinberger das Experimentalsystem als Basiseinheit, von der wissenschaftliches Denken ausgeht. Entscheidend nun ist nicht die Stabilisierung experimenteller Produkte, sondern die Hervorbringung von Differenzen. Sie sind das reproduktive Ziel der gesamten experimentellen Maschinerie, die nicht in ein bloßes technologisches System degenerieren sollte, das nur immer wieder dasselbe hervorbringt. All dies erfordert Aktivität: Das Experimentalsystem muß so organisiert werden, daß es weiterhin Überraschungen hervorbringt. Dieser Prozeß wird nicht länger ausschließlich durch menschliche Akteure in Gang gehalten, auch andere Aktanten spielen eine wichtige Rolle.[5]

Mir scheint, daß dieser Ansatz ganz im Sinne vieler Kulturhistoriker und ethnographisch interessierter Forscher ist. Es ist seit langem anerkannte historiographische Praxis, eine Vielzahl von Dimensionen zu berücksichtigen, die nun im oben genannten Sinne Forschungsräume genannt werden. Ebenso wird die Aufmerksamkeit längst nicht mehr auf Resultate, sondern auf intermediäre Aktivitäten und Produkte, auf Vorgänge, Wiederholungen und eine Vielzahl von Ressourcen gerichtet, die im Rahmen von Forschungspraktiken entwickelt und benutzt werden. Im Gegensatz zum traditionelleren Philosophen sind Kulturhistoriker und Ethnograph den Zwischenbereich hybrider Produkte seit langem gewöhnt, auch wenn sie diesen Ansatz noch nicht in einen breiteren theoretischen Zusammenhang gebracht haben.

Gleichwohl läßt sich Rheinbergers Versuch einer Trennung der Ebenen – das Oszillieren zwischen Stabilisierung und Destabilisierung in Experimentalsystemen, die Translation von experimentellen Produkten in repräsentative Ergebnisse und die Konjunkturen zwischen einzelnen Experimentalsystemen, die neue Forschungsräume öffnen – durchaus mit den sozialen Gesichtspunkten (Interessen, Diskussion, wissenschaftliche Reputation, Macht etc.) in Verbindung bringen. Auch David Goodings Versuche, experimentelle Repräsentationen in die Praxis einzubetten, werden von Historikern als eine willkommene philosophische Annäherung an die Wissenschaftspraxis akzeptiert. Gooding ordnet wissenschaftliche Repräsentationen in einem Schema an, das von lokalen Gesichtspunkten und spezifischen Praktiken bis hin zu allgemeineren, theoretisch bedeutsamen Diskussionen reicht. Seine Einteilung wissenschaftlicher Quellen nach der wachsenden zeitlichen und rhetorischen Distanz zur ursprünglichen experimentellen Praxis beginnt mit ‚Echtzeit'-Quellen wie Labornotizen und endet bei wissenschaftlichen Textbüchern. Damit hat Gooding einen komparativen Aspekt im Auge, denn die Darstellung verschiedener wissenschaftlicher Repräsentationsaktivitäten soll deutlichere Unterscheidungen zwischen erkun-

5 Vgl. Rheinberger 1992a und b.

denden, entwickelnden, demonstrativen und rhetorischen Praktiken erlauben, zumal diese in je unterschiedlicher Weise mit dem Experiment zusammenhängen. Nur so, meint Gooding, kann man verschiedene experimentelle Anordnungen differenzieren, die zuvor allzu leichtfertig vermengt wurden.[6]

3. Historiographische Probleme mit der Frage der Triebkräfte in komplexen Praxisfeldern: konventionelle Distanzen, Praxiseinheiten und die Durchlässigkeit praktischer Grenzen

Historiker, die sich an den oben dargestellten Diskussionen beteiligen, sehen sich einigen prinzipiellen Schwierigkeiten ausgesetzt, die in der Literatur zwar durchaus anerkannt werden,[7] aber längst nicht gelöst sind. Erstens besteht das Problem der historischen Quellen. Häufig finden sich für die Zeit vor 1900 nur Quellen, die Philosophen und Soziologen Beschreibungen zweiter und dritter Ordnung nennen würden, nämlich publizierte Texte. Naheliegenderweise hatten die Autoren solcher Quellen genügend Zeit, ihre ursprünglichen praktischen Erfahrungen zu selektieren und ihre Experimente in einen größeren Rechtfertigungsrahmen einzubetten. Dadurch wurden historisch relevante praktische Probleme verdeckt bzw. eliminiert. Man mag das als ernsthafte Einschränkung beklagen, wodurch die detailliertere Untersuchung der praktischen Prozesse schnell an ihre Grenzen stößt. Jedoch ist nicht unbedingt gesagt, daß Schematisierungen à la Gooding zutreffend sind, denn ein bestimmter zeitlicher Abstand zwischen Echtzeitbeschreibungen und Quellen zweiter oder dritter Ordnung bedeutet nicht automatisch eine gleiche faktische Distanz zu den praktischen oder experimentellen Erscheinungen. Beschreibungen sind abhängig von Darstellungskonventionen. Repräsentationsdistanzen verändern sich, und hier liegt ein entscheidendes Problem. Für jede Situation sollten die jeweiligen Konventionen in Betracht gezogen werden. Warnungen wie die von Gooding, daß publizierte Darstellungen zweiter Ordnung häufig „langfristige, nicht-situative" und „langfristige theoretische" statt „kontextuell-praktischer Ziele" hervorheben, sollten mit Vorsicht behandelt werden. Das Potential der Darstellungskonventionen hat sich in den letzten 150 Jahren tiefgreifend verändert. Um 1850 z. B. waren detaillierte Auslassungen über methodische Mängel sehr viel eher Teil medizinischer Textbücher als heute.

Zweitens gibt es ein Problem der Grenzbestimmung von experimenteller Autonomie in konkreten Forschungszusammenhängen. Aus verschiedenen Gründen ist es nicht immer einfach, die kleinste Einheit einer (experimentellen)

6 Vgl. Gooding 1990, 327.
7 Vgl. Rheinberger/Hagner 1993.

Forschungspraxis in einem medizinischen Experiment des 19. Jahrhunderts zu definieren. Einwände gegen solche Definitionen rühren daher, daß Experimente fast immer Laboratorien, Spezialinstrumente und weitgehend *rekonfigurierte* Akteure voraussetzen.[8] Hinsichtlich der Vergangenheit stellt sich die Frage, was etwa „ein bestimmter Grad experimenteller Autonomie" im heutigen Sinne in einer physiologischen Versuchsanordnung um 1850 bedeutet: In welchem Ausmaß konnten bestimmte Interessen, die in einer eng definierten experimentellen Umgebung keine unmittelbar erkennbare Ausdrucksform fanden, diese Umgebung dennoch prägen? Inwiefern hat die zunehmende Bedeutung von Instrumenten im experimentellen Geschehen dieses beschränkt oder erweitert?

Unmittelbar hiermit verbunden ist die Frage, was gewonnen wird, wenn makrosoziologischer Determinismus ersetzt wird durch so etwas wie experimentalzentrierten Determinismus. Wir sind uns alle bewußt, daß die Forschungsräume der Medizin seit dem 19. Jahrhundert einige wichtige Transformationen durchgemacht haben, daß die Forschung weniger technisiert war, und daß die Beziehungen von menschlichen Akteuren etwa zu Instrumenten anders aussahen. Die Wände der Laborräume des 19. Jahrhunderts waren weniger hoch, und die Abstände zwischen den unterschiedlichen Forschungsräumen und klinischen und kulturellen Interessen waren vielleicht nicht so groß wie heute. Wie fest, flexibel oder durchlässig waren diese Grenzen zwischen experimentellen und anderen praktischen Forschungsaktivitäten? Welche praktischen Aktivitäten konstituierten diese Grenzen, oder welche rissen sie nieder? Folgt man dem Wissenschaftler des 19. Jahrhunderts in die verschiedenen Räume, wo Forschungspraktiken entwickelt wurden, so entdeckt man andere Aufbauten als die des modernen Labors, denn der Grad der Arbeitsteilung und Spezialisierung sowie die Bedeutung von Instrumenten waren ganz anders gelagert. Längst nicht alle Forschung war experimentell, nicht alle Experimente waren innovativ.

Zusammenfassend scheint mir, daß Rheinbergers Postulat von der Erzeugung von Veränderung als Schlüsselaktivität des Experimentalsystems einiger Ausarbeitung bedarf, um historisch besser anwendbar zu sein. Insbesondere werden viel mehr dichte Beschreibungen von der Arbeitsteilung zwischen Hand, Verstand und Maschine erstellt werden müssen. Das Problem liegt darin, wie das Verhältnis zwischen der Produktion von Differenzen und der Produktion des Gleichen in einem Forschungszusammenhang bestimmt wird. Experimentelle Aktivitäten um die Mitte des 19. Jahrhunderts waren nicht selten der Bestätigung bestimmter Ergebnisse gewidmet. Solche Reproduktion des Alten durch wiederholtes Demonstrieren des Gleichen verdient daher vielleicht mehr Aufmerksamkeit. Wenn in jenen Experimenten Differenzen produziert wurden, betraf dies

8 Vgl. hierzu Knorr-Cetina 1981; Amann 1990.

oft die Infrastruktur des Experiments selbst. Zahlreiche Versuche sollten das Vertrauen in die Beziehungen zwischen den unterschiedlichen Elementen der experimentellen Anordnung erhöhen. In Rheinbergers Terminologie bedeutet dies: nicht das Endprodukt steht im Mittelpunkt der differenzierenden Aufmerksamkeit, sondern die Konstellation der technischen Elemente und Triebkräfte. Diese Beobachtung ist aber schon vor längerer Zeit im Hinblick auf methodische Innovationen im frühen 19. Jahrhundert gemacht worden. Zu jener Zeit wurde Vertrauen zumeist nicht durch das Finden neuer Produkte, sondern durch das Finden eines bekannten Produkts durch neue Mittel gebildet. Dieser erste Schritt ist von enormer Bedeutung, weil er die Vertrauensbildung in den neuen Beziehungen zwischen Menschen und Dingen in Medizin und Wissenschaft betrifft. Der Glaube an neue *Aktanten* innerhalb des Systems mußte etabliert werden, bevor neue Produkte als Ziel experimenteller Aktivität entstehen konnten.

Angesichts dieser Probleme ist es nicht unmittelbar einsichtig, wie weit bzw. wohin das Erklärungspotential jedweder historiographischer Mikrobeschreibungen von Forschungspraktiken des 19. Jahrhunderts reichen wird, wenn man auch einige weitergehende Fragen über Wissenschaft und Medizin beantworten möchte. Je unbestimmter die Grenzen eines bestimmten praktischen Forschungssystems sind – und das ist häufig im medizinischen Experiment um 1850 der Fall –, desto genauer muß man abwägen, welche Einflüsse relevant sind für das Verständnis der Vorgänge auf der Mikroebene der Forschung und was ihre weitere Bedeutung ist. Dem menschlichen Akteur in solch einer Untersuchung zu folgen, ist alles andere als ein diskreditierter historiographischer Ansatz. Im weiteren möchte ich die oben gemachten Anmerkungen verdeutlichen, indem ich eine kleine Anzahl menschlicher Akteure – einen niederländischen Physiologen und Kliniker und einige seiner Schüler – im Detail untersuche. Deren Forschungen konzentrierten sich auf ein Thema, das sich in ganz unterschiedliche Richtungen ausprägen sollte, nämlich den Prozeß der Akkommodation des Auges. Dabei versuche ich die Zusammenhänge zu rekonstruieren, in denen sich diese Wissenschaftler bewegten, und möchte zeigen, daß dabei Akkommodation in ganz unterschiedlicher Weise zum Forschungsgegenstand wurde.

II. An einem Ende beginnen: ein Textbuch knüpft Verbindungen

Im Jahr 1864 wurde durch die New Sydenham Society in London ein bedeutendes Werk herausgegeben unter dem Titel *On the Anomalies of Accommodation and Refraction of the Eye.* Der Autor war der Niederländer F. C. Donders (1818–1889), damals Professor für Physiologie und Ophthalmologie in Utrecht. Donders verfügte über zahlreiche Verbindungen in den rasch expandierenden

Feldern der klinischen Ophthalmologie und der experimentellen Physiologie. Die wichtigste Botschaft, die Donders' Handbuch enthielt, war eine praktische und theoretische Unterscheidung zwischen Störungen der Refraktion und Störungen der Akkommodation des Auges, wobei er auf die praktische Bedeutung eines gesonderten Konzeptes der Akkommodation hinwies. Da das Problem der Akkommodation zu jener Zeit in der Grauzone zwischen physiologischen und klinischen Interessen lag, ist es nicht überraschend, daß Donders' Werk in beiden Kreisen großes Interesse weckte.

On the Anomalies hat eine faszinierende Darstellungsform. Es vermischt mehrere medizinische und wissenschaftliche Genres – physiologische und dioptrische Ausführungen, klinische Fallstudien, Beschreibungen von Instrumenten sowie medizinhistorische und philosophische Überlegungen. In diesem breiten Geflecht stellt das Buch unzählige interessante Verbindungen her, etwa zwischen Wissenselementen und praktischen Erfahrungen ganz unterschiedlicher Bereiche. Historische Beispiele werden in den Text eingearbeitet, wobei die Postulierung von Vorläufern und Irrtümern dazu dient, bestimmte Argumentationen zu stützen und andere zu verwerfen.

On the Anomalies kann als umfassende öffentliche Stellungnahme von Donders' praktischen Interessen angesehen werden. Es zeigt seine besondere Vorliebe für eine bestimmte Ordnung, indem es bestimmte Verbindungsmuster zwischen Menschen und Maschinen in locker geknüpften Repräsentationsnetzen beschreibt.[9] Donders subsumiert in dem Buch eine Reihe früherer Untersuchungen, die unter seiner Leitung ausgeführt worden waren, und zelebriert sie als definitives Ergebnis, eben die Unterscheidung zwischen Refraktions- und Akkommodationsstörungen des Auges. Ständig weist er auf die weiteren disziplinären und medizinisch-philosophischen Implikationen dieser Unterscheidung hin. Im Vorwort etwa heißt es, daß in der langen Tradition der Refraktionsstudien des Auges dieses Organ allzu ausschließlich als zusammengesetztes dioptrisches System behandelt worden sei. Viele Jahre lang, so berichtet Donders, wurde die Refraktion mit der „Struktur" des Auges in Zusammenhang gebracht, so daß die Untersuchungen hauptsächlich physikalisch und anatomisch orientiert waren. Jetzt hingegen fungiere die Akkommodation endlich als physiologisches Gegenstück zur Refraktion: Es sei der Entwicklung physiologischer Praktiken zuzuschreiben, daß sie nun als physiologischer „Prozeß" angesehen werden könne.

Weiterhin galten Refraktion und Akkommodation als attraktive Forschungsbereiche wegen der engen Verbindungen zwischen physikalischen und physiologischen Forschungen und medizinischer Praxis: „In der Lehre der Anomalien von

9 Vgl. hierzu Hacking 1983; Lynch/Woolgar 1988.

Refraktion und Akkommodation [...] feiert die Wissenschaft ihren Triumph; denn durch sie hat dieser Zweig seinen exakten Charakter gewonnen, durch den sie die Aufmerksamkeit von Naturphilosophen und Physiologen verdient. [...] Es ist wahrlich befriedigend zu sehen, wie das System durch die genaue Unterteilung in Refraktion und Akkommodation des Auges gleichsam spontan eine elegante Einfachheit erlangt hat, und wie Ursache und Entstehungsweise so mancher obskurer Krankheitstypen ans Licht gelangt sind."[10]

Die medizinischen Praktiker freilich waren Donders' Hauptadressaten. Kaum zufällig wünschte er, „das Buch trotz seines großen Umfangs dem praktischen Arzt in allen seinen Teilen nützlich und leicht zugänglich zu machen".[11] Für den Praktiker war es nach Donders vielleicht von Vorteil, daß der Autor kein Mathematiker war. Donders erklärte seine Unfähigkeit, den Einzelheiten von Gauss' und Bessels Untersuchungen zur Dioptrik zu folgen und gab zu, daß das Studium von Helmholtz' dioptrischen Texten für ihn eine mühselige Übung gewesen sei. Seine Verweise auf physikalische Theorien waren von einem Astronomen überprüft worden. Doch keines dieser Probleme wurde als Nachteil für den wissenschaftlichen Wert des Buches angesehen.

Schließlich sah Donders die Attraktivität seines Themas in einer Verbindung zur praktischen Philosophie. Durch die Ausarbeitung der spezifischen Störungen von Akkommodation und Refraktion, so Donders, hätten medizinische Praxis und Wissenschaft die seltene Befriedigung, nicht nur „unfehlbare Grundsätze auf der Basis fester Regeln" formulieren zu können, sondern auch „von klaren Einsichten in die Prinzipien ihres Handelns" geleitet zu werden.[12]

Im folgenden werde ich versuchen, den praktischen Stabilisatoren nachzugehen, die durch die Utrechter Forschungen für die Akkommodation als physiologisches Konzept erzeugt wurden. Ich werde chronologisch vorgehen und dabei zeigen, daß auf jeder neuen Stufe das Netz von Verbindungen enger geknüpft wurde. Zuerst werde ich Donders kurz in seiner Rolle als Förderer eines neuen Forschungsprogramms der Physiologie und experimenteller wissenschaftlicher Methoden vorstellen. In dieser Rolle war Adaptionsfähigkeit eine notwendige soziale Überlebensstrategie: Donders mußte mehrere Publikumsgruppen in einer recht gemischten Umgebung von Universität und Fakultät *akkommodieren,* um akademisch erfolgreich zu sein. Danach werde ich mich der Frühphase praktischer Forschung zur Akkommodation des Auges in Utrecht zuwenden. Indem ich mich auf einige wichtige Projekte konzentriere, auf die sich Donders in *On the Anomalies* bezieht, werde ich zuerst solche Aktivitäten diskutieren, die

10 Donders 1864, viii.
11 Ebenda, vii.
12 Ebenda, ix.

Menschen und Dingen in den ursprünglichen Berichten zugeschrieben wurden. Ich möchte versuchen zu erklären, auf welche Weise das *Endprodukt,* nämlich ein unabhängiges Konzept der Akkommodation, so und nicht anders ausgearbeitet wurde. Besondere Aufmerksamkeit gilt dabei den Forschungszusammenhängen in Utrecht und der sich wandelnden Ordnung der Dinge, wodurch Akkommodation in unterschiedliche Forschungsstadien eingeteilt war.[13]

III. Einführung eines *Akkommodators* zwischen Forschung, Unterricht und Klinik

Der größere Teil von Donders' Karriere kann als Beispiel für die spezifische Kombination von Praktiken, sozialen Beziehungen und Haltungen dienen, die für ein niederländisches medizinisches Publikum des späten 19. Jahrhunderts als erfolgversprechend galt. Obwohl Donders schon recht früh eine bewunderte Person war, wurde seine Karriere seit den 80er Jahren als exemplarischer Erfolg im niederländischen medizinischen System hingestellt. Seitdem wurde er zu einem kulturellen Nationalhelden gemacht und galt als einer der wichtigsten Innovatoren der niederländischen Medizin des 19. Jahrhunderts.[14] Daneben kann er jedoch auch als *Akkommodator* angesehen werden – als jemand, der geschickter als andere reformorientierte Zeitgenossen, wie z. B. Jacob Moleschott, flexibel mit etablierten niederländischen akademischen Usancen umzugehen wußte.

1864 hatte Donders bereits einen langen Weg zurückgelegt, seit er seine Praxis als Militärarzt, als Schüler der niederländischen Medizinischen Militärschule in Utrecht und als Kritiker des nepotistischen und provinziellen niederländischen medizinischen Establishments begonnen hatte. Es gibt widersprüchliche Erklärungen, welche Aktivitäten seinen Aufstieg zu den höchsten Rängen des medizinischen Systems bedingten. Zeitgenössische Dokumente legen nahe, daß ihm am Anfang vor allem seine Fähigkeiten als Lehrer zum Vorteil gereichten. Die Be-

13 Meines Wissens existieren keine relevanten Labornotizen über die Utrechter Arbeit zur Akkommodation mehr. Die verfügbaren Quellen umfassen publizierte Laborberichte, ophthalmologische Berichte, Doktorarbeiten, verschiedene Redetexte und längere Zeitschriftenaufsätze zum Thema. Laborberichte und Doktorarbeiten geben recht detailliert Auskunft über die Prozeduren und Fehlschläge. Was anhand dieser Quellen in gewissem Ausmaß erkundet werden kann, ist die Entwicklung von Forschungsräumen, die Selbstbeschränkung in experimentellen Entwicklungen und die Durchlässigkeit bestimmter praktischer Grenzen, d. h. das Eindringen von Ideen, die nicht materiell sichtbar gemacht wurden, die jedoch in der Wahl der Ausgangsfragen und Folgeexperimente deutlich zum Tragen kamen.

14 Romein/Romein 1941.

zugnahme auf die pädagogische und klinische Relevanz von wissenschaftlichen Ideen war zu der Zeit ein sicherer Weg, um im niederländischen System zu reüssieren. Sowohl die Dozentur an der Utrechter medizinischen Militärschule als auch die außerordentliche Professur, die Donders 1847 an der Universität Utrecht angeboten wurde, beinhalteten vor allem Lehrtätigkeiten. Donders sollte seine Studenten über Histologie, Pathologie, Augenbewegungen, Gerichtsmedizin, Hygiene und medizinische Polizei unterrichten. Einen Aufstieg brachte der Beginn klinischer Lehrtätigkeit durch die Annahme der Professur für klinische Ophthalmologie im Jahre 1852. Donders fuhr fort, über eine große Anzahl von Themen zu lesen, bis er 1862 der erste Ordinarius für Physiologie in Utrecht wurde.

Seit 1849 führte er ein kleines universitäres Lehr- und Forschungslaboratorium für experimentelle Physiologie, über dessen Planung und inneren Aufbau er weitgehende Kontrolle hatte. Ein offizieller Bericht an das Ministerium im ersten Jahr liefert einen Eindruck von der Zusammensetzung des Labors: „Die Einrichtung für experimentelle Physiologie ist im allgemeinen ausreichend, um die Gelegenheit zur Ausführung einer großen Anzahl von Experimenten zu bieten. Etwa zehn Studenten können jeweils hier arbeiten. Die im allgemeinen wichtigsten Instrumente, wie z. B. verschiedene Sektions- und Vivisektionswerkzeuge, Injektionsapparate, Mikroskope, Waagen etc., sind vorhanden oder werden im Laufe des kommenden Jahres angeschafft. Darüber hinaus findet man alles Nötige für die physiologisch-chemische Forschung in der Physiologie; im chemischen Labor wird die physiologische Chemie als unabhängige Wissenschaft entwickelt. Schließlich besteht ausreichend Möglichkeit zur Unterbringung mehrerer Tiere, die jetzt oder in Zukunft zum Experimentieren benötigt werden. Selbstverständlich sind hier bislang nur wenige Instrumente vorhanden, die zu spezifischen Zwecken entwickelt worden sind. Sie müssen angeschafft werden, wann immer die Notwendigkeit entsteht. Da jedoch das Forschungsfeld noch weit offen steht, ist dieses Bedürfnis in den sechs Monaten, in denen diese Ausbildung gegeben worden ist, noch nicht aufgetreten. Je länger jedoch das Institut existieren und je intensiver es genutzt werden wird, desto stärker wird die Anzahl solcher spezieller materieller Vorrichtungen wachsen."[15]

Neben der kleinen physiologischen Abteilung führte Donders seit den frühen 50er Jahren des 19. Jahrhunderts eine private Poliklinik für Augenkrankheiten. Einigen späteren medizinischen Berichten zufolge diente diese Poliklinik teilweise der Entlastung des physiologischen Labors von den zahlreichen Patienten, die sich dort versammelten, nachdem Donders das Ophthalmoskop eingeführt

15 Rapport 1849, 167; Beukers 1987, 286.

hatte.[16] Die Poliklinik wurde 1858 Teil des ersten Nationalen Ophthalmologischen Hospitals, das eine private Einrichtung blieb, die unter der Leitung Donders' auf karitativer Basis arbeitete. Wiederum war es die Lehre in klinischer Ophthalmologie, die als Hauptargument diente, um das Interesse von Förderern und Akademikern zu wecken.

Pädagogische Motive wurden auch in Verbindung mit Donders' physiologischen Arbeiten betont. Obwohl er die Professur für Physiologie 1862 nur unter der Voraussetzung annahm, daß die Forschungseinrichtungen erweitert würden, betonte er zur Zufriedenstellung der Kuratoren vor allem das pädagogische Potential des Labors. Es wurde ein ambitiöser Plan für ein neues Labor entworfen, in dem den „praktischen Forschungsaktivitäten jedes Physiologen", d. h. Mikroskopie, physiologischer Chemie, physikalischer Physiologie und Vivisektion, mehr Raum gegeben werden konnte.[17] Die Vorbereitungen zogen sich jedoch hin und konnten erst abgeschlossen werden, nachdem das niederländische medizinische Gesetz von 1865 vorschrieb, daß an allen Universitäten Unterricht in experimenteller Physiologie obligat wurde. Donders' frühe Arbeit hatte ihren Platz in einem Umfeld, in dem Lehre und Klinik Vorrang eingeräumt wurde. Demgegenüber verbanden die späteren Generationen niederländischer medizinischer Kommentatoren und Historiker Donders' Erfolg vor allem mit der Öffnung von Forschungseinrichtungen in den schnell wachsenden disziplinären Bereichen experimenteller Physiologie und Ophthalmologie.

1. Fließende praktische Grenzen und das Problem der Disziplinen

An anderer Stelle habe ich beschrieben, wie Donders im chemischen Labor von G. Mulder (1802–1880) seine ersten Forschungen zum Metabolismus und zur chemischen Zusammensetzung von tierischem Gewebe durchführte.[18] Die Hauptaktivitäten des Labors galten der Entwicklung von histochemischen und mikroskopisch-analytischen Methoden zur Differenzierung von Gewebestrukturen.[19] Seine Nähe zu Mulder konfrontierte Donders mit Debatten über praktische Abgrenzungen, beispielsweise zwischen Chemikern und Physiologen. Doch je mehr Donders sich dann als Physiologe verstand und von Mulder entfernte, desto offener kritisierte er die chemische Analyse als Basis der biologischen Wissenschaften. Zwar setzte er im Labor weiterhin auf histochemische Techniken, doch darüber hinaus plädierte er für eine von der Chemie unabhängige

16 Vgl. Ringer 1932, xiv.
17 Donders 1872, iv.
18 Vgl. Van Heteren 1995.
19 Vgl. Donders 1843–50, 547ff.

physiologische Terminologie und Methodologie. Ähnlich problematisch war das Verhältnis zwischen Physiologen und Klinikern. Auch Donders war mit den ständigen Forderungen konfrontiert, die Physiologie für die Klinik fruchtbar zu machen und umgekehrt die Pathologie – die klinische Disziplin par excellence – in das Feld physiologischer Untersuchungen einzubringen.[20] Bedeutsam war deshalb Donders' Übersetzung des ophthalmologischen Handbuchs von C. Ruete, das er als herausragendes Beispiel eines neuartigen klinischen Handbuchs schätzte, nämlich rational, d. h. physiologisch fundiert.[21]

Nach 1860 dann wurden die Stimmen immer lauter, die wegen der divergierenden Orientierungen eine gegenseitige Befruchtung von Physiologie und klinischer (wissenschaftlicher) Praxis für immer unmöglicher hielten. Es schien mehr und mehr verbindende rhetorische Arbeit nötig zu werden, um physiologischen Aktivitäten klinische Relevanz zu verleihen. Eine genaue Untersuchung der Skala zeitgenössischer klinischer und physiologischer Praktiken enthüllt jedoch weit mehr Überschneidungspunkte, als die damalige Kritik vermuten läßt.

Donders' Forschung entwickelte sich in einem Milieu, in dem die Verbindungen zwischen klinischer Arbeit, Forschung und Lehre ständig neu definiert wurden. Diese Grenzverschiebungen werden auch an der Publikationspraxis der Utrechter Institute deutlich. Donders schrieb im Laufe seines Berufslebens über 350 Bücher und Aufsätze, wovon die Mehrzahl zuerst in Zeitschriften publiziert wurde, deren Gründungsherausgeber er war. Neben den klinisch orientierten Zeitschriften zielte eine kleine, aber bedeutsame Anzahl auf die Verbreitung niederländischer Arbeiten innerhalb der internationalen Gemeinschaft. Umgekehrt wurden auch relevante nationale und internationale physiologische Forschungen dem heimischen Publikum bekannt gemacht. Donders war Mittelsmann. Er war Gründer und Herausgeber einiger kurzlebiger Zeitschriften; über ein Jahrzehnt lang leitete er die *Nederlandsche Lancet* (1845–56), die als niederländisches Pendant zum deutschen *Archiv für physiologische Heilkunde* charakterisiert werden kann. Ab 1848/49 erschienen die *Berichte des Utrechter Physiologischen Labors*, nach 1860 gefolgt durch die *Jahresberichte des Niederländischen Ophthalmologischen Hospitals*. Zudem war er Gründungsmitherausgeber von *Graefes Archiv für Ophthalmologie*.

Es ist charakteristisch für die unscharfen disziplinären Grenzen, daß vor 1864 erhebliche inhaltliche Überschneidungen zwischen diesen Publikationsorganen bestanden. Es ist wichtig anzumerken, daß Donders seine Arbeiten kaum veränderte, wenn sie von physiologischen in klinische Zeitschriften übernommen wurden. Dies läßt auf einen relativ langsamen Prozeß der Ausdifferenzierung von

20 Vgl. Donders/Jansen 1843.
21 Vgl. Ruete 1846/47.

disziplinären Zeitschriften und Publikumsgruppen im niederländischen Zusammenhang schließen.

2. *Akkommodationspraktiken: Vertrauen in Annahmen und Verbindungen mit programmatischen Ansprüchen*

Wie für viele andere Physiologen der Jahrhundertmitte war auch für Donders die Distanz zwischen der Entwicklung physiologischer Experimente und physiologischen Programmentwürfen gering, ebenso wie die Distanz zwischen dem Experiment und der wachsenden Bedeutung von Instrumenten. Seine Reden und Laborberichte sind voll von programmatischen Aussagen über Physiologie, Lebensvorgänge und Methoden. Die Ideale zu Beginn seiner Zeit als Experimentator sind in der Utrechter Antrittsrede von 1848 festgehalten. Dort verband er ältere Modelle natürlicher Harmonie und Ordnung mit der neuen Suche nach physikalischen Gesetzmäßigkeiten. Der Titel *Die Harmonie des tierlichen Lebens, die Manifestation von Gesetzen* zeigt in jenem Revolutionsjahr 1848 Donders' Gespür für Ordnungszusammenhänge, denn er legte nahe, daß die Natur Harmonieprinzipien gehorcht, die es bloß aufzudecken galt. Seine rhetorische Betonung des harmonischen Zusammenhangs in der Natur war Ausdruck einer in den Niederlanden damals weit verbreiteten Vorstellung von Stabilität und Veränderung, der revolutionäre Gedanken zutiefst suspekt waren.[22]

Donders' Naturbild suggerierte ein organisches Ganzes, das durch die Weise, in der die Natur alle Lebewesen versorgte, zum Ausdruck kam. Die Natur gebot Ehrfurcht, doch das konnte nicht der letzte Schritt wissenschaftlicher Forschung sein. Gleich den Physikern sollten auch die biologisch orientierten Wissenschaftler die Naturgesetzlichkeiten erforschen. Neue Erkenntnisse in der Medizin würden nicht durch Ableugnen der natürlichen Harmonie und Anpassungsfähigkeit in der Natur erreicht, sondern indem das teleologische „wozu" durch ein „wie" ersetzt werde. Also: Wie laufen etwa Anpassungsprozesse in der Natur ab?

Donders wollte darauf hinaus, daß ein bestimmter Prozeß die harmonische Anpassung von Tieren an ihre Umgebung regelt, so daß Gewohnheit und Anpassung (Akkommodation), die von einigen Autoren zu Unrecht als zweite Natur bezeichnet worden waren, als eigentlich natürliche Vorgänge aufgefaßt werden konnten. Zur Untermauerung brachte Donders Beispiele aus seinen eigenen Forschungsbereichen: der Dioptrik (die konsensuelle Reaktion des Auges auf Licht), des Metabolismus (Reaktion des Organismus auf Nahrung) und der Erkenntnisse zur Reaktion von Lebewesen auf atmosphärischen Druck. Die positive Aufnahme von Donders' Rede läßt vermuten, daß die Mehrheit der

22 Vgl. Donders 1848.

niederländischen akademischen Gemeinschaft in diesem Revolutionsjahr dem Ideal von Harmonie und Akkommodation als natürlichem Ordnungsprinzip zustimmte. Naturgesetze waren eine solide Basis der Lebensprozesse, die adaptiven Prozesse galten als zentrale Eigenschaft der Dynamik des Lebens. Für Donders, den Disziplinenschaffenden, gehörte der Begriff Akkommodation zu einem Vokabular, das das Vertrauen in Naturgesetze verdeutlichte.

Was waren die praktischen Grundlagen für solche rhetorischen Manöver? Spielten die Bemühungen um den Aufbau einer Disziplin und die Entwürfe neuer Programme für medizinische Forschung eine Rolle für die Mikroebene der Forschung? Gewiß wurde Akkommodation ein Hauptproblem in Donders' Arbeit, indem er es zur zentralen Eigenschaft der Natur selber machte, doch wie formten experimentelle Praktiken die Fragen, die über Akkommodation gestellt wurden?

IV. Erste Versuche zur praktischen Akkommodationsforschung: Plausibilität und Vertrauen

Bevor Donders 1852 die ophthalmologische Professur antrat, verwies er nur selten auf das ungeklärte Problem der Akkommodation des Auges. Außerdem stützte er sich nicht auf eigene Forschungen, obwohl er durchaus klarmachte, welche Praktiken und Argumente er für vertrauenswürdig genug hielt, um sie sich zu eigen zu machen. So wies er auf den klinischen Nutzen des sogenannten Purkyně-Sanson-Tests hin, der von Purkyně ursprünglich als physiologischer Test entworfen worden war und in dem auf der Hornhaut und auf der Linse durch Kerzenlicht Spiegelbilder produziert werden.[23] Kurz darauf machte Donders eine weitere Beschreibung des Tests durch den Chirurgen Max Langenbeck bekannt. Donders hielt dessen Befund, daß das Spiegelbild während der Nah-Akkommodation größer würde, weil die Linse konvexer wurde, für klinisch äußerst wichtig. Zwar räumte er ein, Langenbecks Beobachtungen nicht überprüft zu haben, doch er schenkte ihnen Vertrauen. Ein wichtiger Grund dafür war die Tatsache, daß der hochgeachtete Physiologe Ernst Brücke kurz zuvor den musculus tensor chorioideae „entdeckt" hatte. Dadurch wurde es plausibel, daß die Akkommodation von einer durch Muskelaktivität verursachten Wölbungsveränderung der Linse abhing.[24] Die frühen Verweise auf Akkommodation zeigen die große Faszination, die dieser Mechanismus in physiologischer Hinsicht auf Donders ausübte. Dagegen stießen Argumente, die ausschließlich auf der

23 Vgl. Donders 1848/49.

24 Donders hatte sich persönlich von der Existenz des Muskels überzeugt. Vgl. Donders 1849/50.

Anatomie toter Körperteile basierten, in Donders' Umgebung auf wachsenden Widerstand.

1850 schreibt Donders: „Hinsichtlich des Akkommodations-Mechanismus tappen wir noch immer im dunkeln. Trotzdem sehe ich hinreichenden Grund zu der Annahme, daß die Ursache der Akkommodation im Auge selbst zu suchen ist."[25] Zu jener Zeit beruhten seine Annahmen auf eigenen Beobachtungen mit Patienten sowie auf dem Umstand, daß zuverlässige Forscher verschiedene Erklärungsgründe für Ursache und Mechanismus der Akkommodation bereits ausgeschlossen hatten. Doch als kurz danach A. Cramer (1822–1855) aus Groningen und Hermann von Helmholtz annähernd gleichzeitig den Zusammenhang zwischen Akkommodation und Formveränderung der Linse u. a. mit Hilfe des Purkyně-Sanson-Tests überzeugend darlegten,[26] reagierte Donders etwas indigniert und verwies darauf, daß er Langenbecks Beobachtungen längst berücksichtigt und eigene, leider nicht erfolgreiche Experimente durchgeführt habe.[27] Zwei Jahre später veröffentlichte er eine kritische Übersicht über die neueren Arbeiten zur Akkommodation und deutete damit an, daß für ihn das Thema jetzt ein physiologischer Gegenstand geworden war.[28]

Damit verschoben sich Donders' Beziehungen zur Akkommodationsthematik, und er vergab verschiedene Dissertationsprojekte zur Refraktion und Akkommodation des Auges. Die mehr oder weniger experimentellen Verfahrensweisen in diesen Arbeiten waren nicht besonders kompliziert. Mal konzentrierte man sich auf die praktische Verwendbarkeit des Ophthalmoskops, mal testete man Atropin oder die Anwendung unterschiedlicher Kunstlinsen oder erforschte die Möglichkeit einer apparativen Bestimmung der Formveränderungen im lebendigen Auge. Im folgenden werde ich aus diesen Forschungen drei repräsentative Projekte genauer untersuchen, in denen methodologische Fragen, Forschungsverfahren und produzierte Ergebnisse in besonderer Wechselwirkung standen. Weiterhin möchte ich illustrieren, daß Akkommodation in Donders' Forschungen vor 1864 vor allem klinisch-experimentell behandelt wurde, daß der Grad von Experimentalisierung jedoch sehr unterschiedlich war.

25 Donders 1850/51, 600.

26 Vgl. Cramer 1851; Helmholtz 1853.

27 Vgl. Donders 1851/52a.

28 Donders 1853/54.

V. Die Beziehungen und Aktivitäten menschlicher (und nichtmenschlicher) Akteure: Vertrauen und Widerstand bei der Konstruktion von Akkommodation als physiologisch-klinischer Prozeß

1. *Die Suche nach einem* Akkommodationsapparat: *Triebkräfte in der Forschung struktureller Verbindungen in lebendigen und toten Geweben*

1855 verteidigte Donders' Schüler C. G. von Reeken seine Dissertation zur Anatomie des Akkommodationsapparates des Auges. Die Dissertation beginnt mit einer Würdigung von Cramers experimentellen Befunden. Nach von Reeken war es Cramer nicht entgangen, daß sich im Purkyně-Sanson-Test Ort und Größe der frontalen Spiegelbilder der Linse veränderten. Mangels besserer Instrumente war Cramer gezwungen, sich hauptsächlich mit den Ortsveränderungen der Spiegelbilder während der Akkommodation zu befassen und die Größenänderung zu vernachlässigen. Doch genau diese instrumentell bedingte Restriktion lenkte den Untersuchungsgang in die richtige Richtung: Donders konnte die Experimente mit gutem Erfolg wiederholen.

Von Reekens Beschreibung verschafft einen detaillierten Einblick in das Netz von Wissenschaftlern, mit welchem die Utrechter Gruppe in Verbindung stand. Helmholtz beispielsweise war im Gegensatz zu Cramer sehr wohl in der Lage, die Größe der Spiegelbilder zu untersuchen. Helmholtz hatte, von Reeken zufolge, die Wissenschaft auf eine Art und Weise bereichert, von der es schwierig war zu entscheiden, „was mehr zu bewundern sei: die Schönheit der beschriebenen Forschungsmethoden oder die Gründlichkeit der thematischen Behandlung“.[29]

Das zentrale Hilfsmittel für Helmholtz war ein von ihm selbst entworfenes Instrument, mit dem er bestimmte Berechnungen anstellte. Von Reeken charakterisierte dieses Ophthalmometer als „ein Gerät, mit dem man die Größe kleiner Dinge berechnen kann, ohne ihren Abstand zu kennen. Die Wirkung des Instruments beruht auf der Abweichung der Lichtstrahlen von ihrer ursprünglichen Bahn, wenn sie durch zwei Glasplatten, die unter einem bestimmten Winkel aufgestellt sind, hindurchfallen. Aus dem Winkel, in dem man die zwei Glasplatten aufstellen muß, um eine Abweichung zu erreichen, die der Größe des Objekts entspricht, (in welchem Fall die Ränder der zwei Bilder einander berühren), kann man die Größe des Objekts berechnen. Dieses Instrument wird sich für die Wissenschaft von großem Nutzen erweisen.“[30]

29 Von Reeken 1855, 2.
30 Ebenda.

Dank dieser instrumentellen Hilfe war Helmholtz imstande, die Krümmungen der Hornhautvorderfläche und der Linse unter verschiedenen Akkommodationsgraden zu berechnen. Weitere Untersuchungen der Spiegelbilder mit dem Ophthalmometer hatten auch noch zu einer genauen Bestimmung der Abweichung der Sehachse von der Spitze der ellipsoiden Hornhaut geführt.

Statt diese physiologischen Versuche und instrumentellen Manipulationen weiterzuverfolgen, nahm von Reeken sich Donders' Hinweise zu Herzen und richtete seine Forschungsbemühungen auf eine mikroanatomische Untersuchung des Mechanismus der Formveränderung der Linse. Bezüglich des Akkommodationsapparats bemerkte von Reeken, daß Cramer den Akkommodationsmechanismus zu sehr mit einer gleichzeitigen Aktivität der zirkulären und radiären Muskelfasern der Iris, die auf der Vorderfläche der Linse einen gewissen Druck verursachte, in Zusammenhang gebracht hatte. Donders dagegen hatte die Aufmerksamkeit mehr auf den von Brücke entdeckten Ziliarmuskel gelenkt, und er wollte zeigen, daß dieser Muskel den Ansatz der Iris nach hinten rückte und deshalb für die Akkommodation ebenso notwendig war wie die Iris selbst. Von Reeken zufolge war Helmholtz im Prinzip mit Donders einverstanden, ohne allerdings diesen Mechanismus als ausreichend zur Erklärung der Formveränderungen der Linse anzusehen. Solange die Kontraktilität der Processus ciliares nicht bewiesen war, hielt Helmholtz die Iris, zusammen mit dem Ziliarmuskel, für das wichtigste Akkommodationsorgan, obwohl nach Helmholtz' Meinung der Ziliarmuskel nicht nur den Ansatz der Iris zurückzog, sondern auch die hinteren Teile der Linse nach vorne drängte, wofür unter Umständen die Processus ciliares verantwortlich sein konnten.

In den Utrechter Überlegungen wurde die Frage nach der aktiven Beteiligung der Muskeln als ein physiologisches Problem erster Ordnung betrachtet. Es ist deshalb nicht überraschend, daß von Reeken auch die mögliche Beteiligung der äußeren Augenmuskeln an der Akkommodation ansprach. Er verwies kurz auf einen Versuch, den der Ophthalmologe Albrecht von Graefe ausgeführt hatte, daß nämlich „nach Durchschneiden der Augenmuskeln der Flüssigkeitsdruck im Auge abnahm". Von Reeken hielt es für schwierig, einen Anteil der äußeren Augenmuskeln am Akkommodationsmechanismus zu widerlegen, jedoch sprachen verschiedene Befunde direkt oder indirekt gegen eine solche Beteiligung. Was für Befunde waren das, und inwieweit wurden sie als vertrauenswürdig beurteilt?

Am ausgeschnittenen Seehundauge hatte schon Cramer demonstriert, daß das Spiegelbild im Purkyně-Sanson-Test einen Stellungswechsel erfuhr, wenn die inneren Augenmuskeln mit einem intermittierenden galvanischen Strom gereizt wurden. Weitere Unterstützung leistete ein anderes Utrechter Experiment, in dem die äußeren Augenmuskeln eines Kaninchens durchgeschnitten und dann die Augen galvanisch gereizt wurden, was eine Krümmung der Linse zur Folge hatte. Auch dieses Experiment war von Donders und von Reeken wiederholt worden, so daß „fast kein Zweifel" blieb. Schließlich gab es noch pathologische Beweise. Einer von Donders' ophthalmologischen Patienten litt an einer schweren Akkommodationsschwäche, wiewohl seine äußeren Augenmuskeln völlig intakt waren. All diese Befunde sprachen dafür, daß die Bedeutung jener Muskeln für die Akkommodation gleich Null war. Darauf vertrauend wendete sich von Reeken den histologischen Verhältnissen derjenigen Strukturen zu, die für ein besseres Verständnis vom Akkommodationsmechanismus als wichtig anzusehen waren und über die noch „viel Unsicherheit" bestand: „In der Uvea befinden sich alle im Auge bekannten kontrahierenden Teile, nämlich die zirkulären und radiären Fasern der Iris und der von Brücke beschriebene M. tensor chorioideae. Diesen Teilen werden wir hier unsere Aufmerksamkeit schenken. Wir werden uns dabei nicht nur auf die kontrahierenden Teile beschränken, sondern auch ihre Beziehungen mit den sie umgebenden Teilen erforschen, vor allem mit denjenigen, die in enger Beziehung zur Linse stehen."[31]

Für unser Verständnis von wissenschaftlichen Veröffentlichungspraktiken in der Physiologie um 1850 ist es wichtig zu betonen, daß von Reeken seine methodischen Erörterungen eng mit detaillierten anatomischen Beschreibungen verknüpfte. Über die Herstellung hauchdünner Querschnitte heißt es: „Zunächst wurden die möglichst frischen Augen am Äquator durchschnitten; die Netzhaut wurde ebenso entfernt wie Zonula zinnii, Hyaloidea, Glaskörper und Linse. In der einen Hälfte wurden in Richtung der Meridiane dreieckige Teile ausgeschnitten, deren Spitze im Zentrum der Hornhaut gelegen war. Wir trockneten diese Teile auf einer hölzernen Platte, so daß im allgemeinen Sklera und Hornhaut genügend anklebten, um hieraus dünne Schnitte herzustellen. In solchen Querschnitten wurden die Beziehungen zwischen Hornhaut, Sklera, M. Brückianus, Chorioidea, Processus ciliares und Iris manifest. Letztere klebt an der Hornhaut, kann jedoch mit Hilfe von Nadeln einfach entfernt werden, nachdem man das Präparat in Wasser einweicht."[32]

Obwohl dieses Verfahren verschiedene anatomische Beziehungen sichtbar machte, gab es auch Strukturen, die gewissermaßen Widerstand leisteten. Beispielsweise konnten die Verbindungen zwischen Zonula zinnii, Hyaloidea und Linsenkapsel nicht beobachtet werden. Daß sich außerdem das Pigment der Processus ciliares ablöste und überall verteilte, so daß keine scharfen Begrenzungen mehr auszumachen waren, wurde versucht, „nur die Linse durch einen Schnitt in die Capsula lentis zu entfernen, und diese sowie Zonula zinnii in situ zu

31 Ebenda, 11.
32 Ebenda, 12.

lassen. Wir trafen unser Ziel noch besser, [...] wenn wir mit einem Kataraktmesser die Linse in der Gesamtbreite aufschnitten und das Vordersegment mit einer Schere in der Richtung des ersten Schnitts in zwei Teilen spalteten. Es gab keine Schwierigkeiten, als wir nur eine Hälfte der Linse aus ihrer capsula entfernten. [...] Auf diese Weise präparierten wir einige Schnitte, in denen die Beziehungen zwischen der Hornhaut, der Sklera, dem M. Descemetii, der Chorioidea, der Netzhaut, der Zonula zinnii und Capsula lentis unter der stärksten Vergrößerung beobachtet werden konnten. Ohne Entfernung der Linse wäre das nicht möglich gewesen, weil das Gewebe der getrockneten Linse viel zu fragil und widerspenstig ist, um nicht zu zerreißen oder zu brechen, wenn man es berührt."[33]

Trotz dieser Verbesserungen war es noch nicht möglich, die korrekten anatomischen Verhältnisse näher zu bestimmen, denn durch die Schnitte waren all diese Strukturen aus ihrer natürlichen Position verschoben. Deswegen rekurrierte von Reeken auf Cramers Methoden und benutzte gefrorene menschliche Augen, „was unerwartet schöne Querschnitte ergab, die wir in ein Gipsmodell einbetteten. Solange das Auge hartgefroren blieb, war es klar, daß die konkave Hinterseite der Iris die oben genannten Teile direkt berührte; erst als die Teile auftauten, zeigte der Querschnitt der Iris eine Tendenz, sich nach vorne zu beugen."[34]

Auch wenn abweichende Resultate die Vermutung nahelegten, daß keine „frischen" Augen benutzt worden waren, waren zusätzliche Beweise wie Experimente von Helmholtz und Donders' entoptische Selbstbeobachtungen ausgesprochen willkommen, denn von Reekens Probleme hingen auch damit zusammen, daß bestimmte relevante Strukturverhältnisse sich am toten Auge gar nicht untersuchen ließen. Sein Insistieren auf der Verwendung von frisch geschnittenen Augen diente einer möglichst weitgehenden Annäherung an die Verhältnisse des lebenden Auges.[35] Dagegen hatte Helmholtz seine Untersuchungen an lebenden Augen gemacht. Von Reeken mußte zugeben, daß er aus genau diesem Grunde nicht imstande war, den Grad von Akkuratesse, den Helmholtz „mit seinen Instrumenten und seinen Berechnungen" erreicht hatte, richtig beurteilen bzw. wiederholen zu können. Er war darauf angewiesen, die Abstände zwischen den verschiedenen Teilen unter einem Vergrößerungsglas zu bestimmen, was ihm eine Meßgenauigkeit bis auf „ein Fünfzigstel Millimeter" gestattete.

Von Reeken versuchte, seine mikroskopischen Befunde in einigen Zeichnungen wiederzugeben. Dazu machte er drei wichtige Bemerkungen. Er betonte erstens, daß nur sehr wenig Zeit verstrichen war zwischen dem Herstellen der

33 Ebenda, 13f.
34 Ebenda, 14f.
35 Ebenda, 19f.

Präparate und dem Verfertigen der Zeichnungen, „nur die Positionen der Iris, der Processus ciliares und der Linse mit ihren verschiedenen Beziehungen sind aus zusätzlichen Beobachtungen hergestellt worden". Er wies zweitens darauf hin, daß er möglichst naturgetreu gezeichnet habe und betonte, daß seine Zeichnungen sich schon beim ersten Anblick in hohem Maße von allen bisherigen unterschieden. „Exakte Differenzierungen" und „Beobachtungsgenauigkeit" waren für von Reeken die entscheidenden Kriterien.

Nach der allgemeinen Einleitung folgte drittens die detaillierte Beschreibung der wichtigsten am Akkommodationsmechanismus beteiligten Strukturen: der Descemetschen Membran und der elastischen Platten, in welche diese sich teilte, des Ziliarmuskels und der Iris. Von Reeken bemerkte, daß die Descemetsche Membran an der Oberfläche völlig strukturlos erschien, und erst nach einer sorgfältigen Behandlung mit unterschiedlichen Reagenzien einige Parallelstriche sichtbar wurden, aber nicht ohne Widerstand des Materials: „Wenn man versucht, die Membran im Querschnitt mit einer Nadel unter einem Vergrößerungsglas aufzuteilen, wird dies im Vorderteil der Hornhaut nicht gelingen. Erst in einem gewissen Abstand zum Ansatzpunkt des M. Brückianus, wo die Membran sich zu verdicken scheint und ihren strukturlosen Anblick verliert, kann man mühelos eine solche Spaltung ausführen. Hier könnten wir 6 bis 8 unterschiedliche Platten isolieren."[36] Vor allem nach Behandlung mit Essigsäure tauchten auf einigen Platten verschiedene kleine Punkte auf, die sich als stärker lichtbrechende Fasern in der strukturlosen Membran erwiesen. In einer detaillierten Beschreibung des Verlaufs der Platten deutete er an, daß sich an einer bestimmten Entfernung von dem Punkt, wo die Membran sich in Platten aufzuteilen begann, einige kernige Körperchen ohne erkennbare Zellkörperformen befanden. Schon vor der Stelle, wo die Platten fibrös erschienen, akkumulierten diese Körperchen und hatten eine ovale Form. Die deutschen Anatomen Hassall, Henle and Kölliker hatten diese Körperchen als Verdickungen der Descemetschen Membran angesehen, aber nach Donders und von Reeken sollten sie eher als Metamorphosen kerniger Körper, die das Epithel ersetzten, betrachtet werden.

Eine Prioritätsfrage war der Anlaß, daß von Reeken diese Membranteilung in ungewöhnlicher Detailliertheit darstellte. Donders hatte nämlich gedacht, die Membranteilung als erster wahrgenommen zu haben. Die Platten waren aber schon vorher von Henle beobachtet, jedoch nicht als Teilungen der Descemetschen Membran angesehen worden; und er hatte sich nach von Reeken auch geirrt, wenn er die inneren Schichten der Platten als bindegewebig betrachtete. Donders' Schnitte boten dazu hinreichend Gegenbeweise: „Was Henle als Kerne

36 Ebenda, 30.

in Netzen von Bindgewebebündeln ansieht, scheinen uns Fortsetzungen des Epithels zu sein. Und wenn man die von Professor Donders präparierten Schnitte vor sich hat, in welchen man die umgestülpte Descemetsche Membran von der Stelle, wo sie ganz strukturlos ist, bis zum Anfang der Teilung ihrer Platten genau verfolgen kann, wird es fast unmöglich, die Bedeutung der kernigen Körperchen als Fortsetzungen des Epithels anzuzweifeln."[37]

Um diese Auffassung, die zu einer ganz anderen Vorstellung vom Akkommodationsmechanismus führte, weiter zu konsolidieren, deutete von Reeken auch an, daß es verschiedene Visualisierungsstrategien gab, womit die Teilung der Membran sichtbar gemacht werden könnte. „Wenn man einen Teil der Iris in der Nähe ihres Ursprungs mit einer flachen Pinzette nimmt, kann man sie mit den Processus ciliares und den inneren Schichten der Chorioidea losreißen, während die inneren Schichten des M. Brückianus an den Processus ciliares hängen bleiben. Wenn man die Außenseite dieses Präparats unter einem Mikroskop untersucht, sieht man nacheinander die Iris, die Fasern der Descemetschen Membran (die teils mit der Peripherie der Iris, teils mit den Muskelbündeln des M. Brückianus zusammenhängen), das große, zirkuläre Blutgefäß, die Bündel des M. Brükkianus und die inneren Lagen der Chorioidea, während die Processus ciliares durch die obersten Bündel durchschimmern."[38]

Die Schnitte wurden noch instruktiver, wenn man „die äußersten Platten der Chorioidea, die auf der Sklera verblieben sind, zusammen mit den äußersten Muskelbündeln des M. Brückianus direkt an ihren Ursprüngen an den Platten der Descemetschen Membran anfaßte".[39] Dadurch nämlich wurden die strukturlosen Teile der Descemetschen Membran, die kolloidalen Körperchen, der Ursprung der inneren Platten und die äußeren Bündel des Ziliarmuskels darstellbar. Somit wurden die Schnitte zu einem schlagenden Beweis für die Richtigkeit der physiologischen Annahmen.

Die letzten Paragraphen der Dissertation galten dem Ziliarmuskel und der Iris. Während der Untersuchungen war von Reeken klar geworden, daß die Ansatzpunkte des Muskels sich nicht leicht nachweisen ließen. Auch mußte er erkennen, daß die einzelnen Muskelfasern nicht einfach zu trennen waren und daß man dieses Problem nicht mit aggressiven Prozeduren lösen konnte, sondern besser frische Augen ohne Reagenzien oder Kochprozeduren benutzte, obwohl man die charakteristischen Kerne immer noch besser nach einer Behandlung mit verdünnter Essigsäure untersuchen konnte.

Was die Iris anbelangte, meinte von Reeken, den bestehenden Kenntnissen

37 Ebenda, 35.
38 Ebenda, 36.
39 Ebenda, 37.

über die zirkulären Bündel nicht viel hinzufügen zu können, während er die radiären Bündel ungeachtet verschiedener Bemerkungen von anatomischen Autoritäten für höchst problematisch hielt: „Wir dürfen mit Gewißheit behaupten, radiär geordnete Bündel von Faserzellen beobachtet zu haben, die nicht zu den Gefaßwänden gehören, [...] aber wir geben gerne zu, daß Kölliker und Budge in ihren Beschreibungen und Zeichnungen ausdrücklich etliche Einzelheiten angedeutet haben, die wir nicht wahrnehmen konnten. Selbst bei weißen Kaninchen, deren Iris für diese Art von Untersuchung doch sehr geeignet ist, ist der Verlauf der radiären Bündel uns nicht deutlich geworden. [...] Mittels sorgfältiger Spaltung eines ausgeschnittenen Iristeilchens in radiärer Richtung haben wir zwischen den Blutgefäßen einige Faserbündel gesehen, aber weder ihre Beziehung zum M. sphincter pupillae [...] noch ihren Ursprung oder ihre Enden an der Peripherie der Iris haben wir deutlich genug gesehen, um uns an eine weitere Beschreibung heranzuwagen."[40]

Von Reekens Schlußbemerkungen gelten der grundsätzlichen Vertrauenswürdigkeit von anatomischen Praktiken. Im Hinblick auf die Arbeiten Köllikers heißt es: „Wir möchten beinahe vermuten, daß auch Kölliker mit den Resultaten seiner anatomischen Untersuchungen nicht ganz zufrieden ist. Jedenfalls hielt er es für nötig, die Existenz des Musculus dilatator pupillae durch zusätzliche physiologische Beweise zu untermauern. Sein ingeniöses Experiment, womit er sich durch Stimulation des Nervus sympathicus von der Erweiterung der Pupille überzeugte, nachdem er den Musculus sphincter pupillae durchgeschnitten hatte, scheint – mehr noch als de Ruiters Forschung – beweisend zu sein."[41]

Dieses erste Beispiel Utrechter Akkommodationsforschung aus einer Periode, in welcher man mit dem Experimentieren gerade erst angefangen hatte, zeigt die Wichtigkeit der histologischen Untersuchungen für die Physiologie. Aufgrund seiner anatomischen Untersuchungen konnte von Reeken nur wenige Resultate *absichern;* zudem hielt er nur wenige Befunde für originell. Die meisten waren seiner Meinung nach nur Bestätigungen der Helmholtzschen Forschungen; und „nur durch zusätzliche vergleichend anatomische und experimentalphysiologische Untersuchungen können weitere Aufschlüsse erwartet werden".[42]

Von Reekens Dissertation bietet einen guten Einblick in die Probleme, die sich im Verlauf der Forschung ergaben, d. h. (später) als solche dargestellt wurden. Wenn der Prozeß ins Stocken kam, wurden *Lösungen* in anatomischen und mikrochemischen Praktiken gesucht. Gefrorene Querschnitte, Lupen, Nadeln, Scheren und Reagenzien konstituierten die Mikroszene und leisteten Hilfe in der

40 Ebenda, 43.
41 Ebenda, 44. – De Ruiter untersuchte 1853 den Effekt von Belladonna auf die Iris.
42 Ebenda, 48.

Not. Es ging also um ein Geflecht praktischer Beziehungen zwischen verschiedenen Akteuren, die Auswahl geeigneter Instrumente und Schnitte, die Herstellung und Erhaltung bestimmter struktureller Beziehungen sowie den Umgang mit der wachsenden Überzeugung, daß Untersuchungen an lebendigen Augen aussagekräftiger waren als an toten, auch wenn sie frisch gefroren waren. Mehrmals verwies von Reeken auf die Autorität von Wissenschaftlern, aber diese Autorität wurde allmählich mit derjenigen der Instrumente vermischt. Von Reekens womöglich wichtigste Endprodukte, seine Zeichnungen, wurden als originalgetreu und zeitlich nahe an den ursprünglichen Praktiken hingestellt. Insgesamt jedoch beanspruchte er keineswegs eine völlige Revision der Theorie des Akkommodationsmechanismus zu bieten, sondern er hielt die Aussagekraft seiner Befunde für viel begrenzter. Er meinte, daß „in letzter Zeit der Akkommodationsmechanismus von so vielen Physiologen in so vielen, mehr oder weniger unterschiedlichen Gestalten dargestellt worden ist, daß wahrscheinlich für weitere Versuche, diesen Mechanismus zu erklären, kein Interesse mehr besteht, solange kein direkter Beweis erbracht werden kann. Solange die anatomische Forschung sich nicht auch auf Vertebraten erstreckt, kann sie das Problem nicht ein für alle mal lösen."[43]

2. *Berechenbare Akkommodationsgröße: physiologisch-klinische Untersuchungen der Akkommodation an lebendigen Augen*

Als Theodore H. MacGillavry (1835–1921) 1858 seine Dissertation abschloß, war das Problem der Akkommodation noch immer nicht befriedigend geklärt. Zwar nahm man an, daß eine vermehrte Linsenkrümmung die Hauptursache der Akkommodation war, doch beklagte MacGillavry, daß die Faktoren, die die Krümmung auslösen, immer noch z. T. im dunkeln lägen.[44] Darüber hinaus stimmte er Donders zu, daß merkwürdigerweise eines der naheliegendsten und auch für die Klinik relevantesten Probleme, nämlich die quantitative Messung der Akkommodationsbreite, noch weitgehend unbearbeitet war. MacGillavry wollte dem von Donders vorgezeichneten Weg folgen und einen Maßstab finden, „mit dem wir die Akkommodation bei verschiedenen Individuen berechnen können".[45] Im nachhinein betrachtet, unterschied MacGillavry in seinen Forschungsaktivitäten vier praktische Dimensionen: die Auswahl eines Optometers, die Entwicklung eines Akkommodationsmeßverfahrens, die Berücksichtigung

43 Ebenda, 46.
44 Vgl. MacGillavry 1858, 1.
45 Ebenda, 2.

der Umstände, die die Akkommodationsbreite beeinflussen können, und die Untersuchung der Akkommodation bei pathologisch veränderten Augen. All diese Untersuchungen betrafen klinische Belange und wurden dementsprechend wenigstens teilweise an Patienten der Utrechter ophthalmologischen Klinik durchgeführt.

Zunächst mußte eine Methode entwickelt werden, um den nächsten und den fernsten Punkt, an den sich das Auge akkommodieren konnte, festzustellen. Seit der Mitte des 18. Jahrhunderts waren sog. Optometer in Gebrauch, um derartige Abstände zu messen. MacGillavry verwies auf die Beschreibung eines Optometers durch Thomas Young aus dem Jahre 1807. Leider waren diese Optometer nach MacGillavry nicht in der Lage, die Akkommodationsbreite zu bestimmen. Am besten waren sie dazu geeignet, den mittleren Abstand, an den sich das Auge akkommodieren konnte, festzustellen.

Die Ophthalmologen Ruete und von Graefe hatten kurz zuvor einige instrumentelle Modifikationen des Optometers beschrieben; von Graefes Gerät wurde für MacGillavry der Ausgangspunkt seiner Untersuchungen. Um größere Genauigkeit und Bedienungsvereinfachungen zu erreichen, war dieses Instrument leicht verändert worden: Das Brett wurde auf einem Sockel befestigt, so daß es hoch und herunter gefahren werden konnte. An dem einen Ende des Bretts wurden zwei Seitenstücke angebracht, zwischen denen die Versuchspersonen ihren Kopf positionieren sollten. Die Seitenstücke trugen Visiere, welche den Nullpunkt einer Skala bildeten. Die Unterteilung der Skala wurde empirisch bestimmt. In einer Längsrille des Bretts befestigte man einen kupfernen Sockel, worauf das Optometer stand – ein kleiner Metallrahmen, in den einige feine Fäden gespannt wurden. Die Versuchspersonen bzw. die Patienten, da die Untersuchungen in der ophthalmologischen Klinik stattfanden, sollten ihre Wangenknochen an zwei kleine Latten drücken, so daß der Pol an der Vorderseite der Linse immer mit dem Nullpunkt der optometrischen Skala korrespondierte.

Trotz dieser Modifikationen war es immer noch nicht möglich, den fernsten Akkommodationspunkt genau zu bestimmen. Dieses Problem wurde mit Hilfe von Linsen zu lösen versucht, wobei ein Auge abgedeckt werden mußte: „Zuerst untersuchten wir, ob eine Person große, schwarze Buchstaben vor einem weißen Hintergrund in einer beträchtlichen Entfernung erkennen konnte, oder ob sie positive oder negative Linsen benötigte. Dann prüften wir, welche positiven Linsen ohne Beeinträchtigung der Sehschärfe akzeptiert wurden. Zunächst wurde die Fokaldistanz der benötigten Linsen und Linsenkombinationen festgestellt. Beim Weitsehen sind die Sehachsen parallel, d. h., der Konvergenzwinkel dieser Achsen ist Null; ebenso müssen die Lichtstrahlen, die von fixierten Objekten ausgesandt werden, als parallel betrachtet werden. Wenn eine positive Linse für scharfe Weitsicht benötigt wurde, dann ergab die Fokaldistanz dieser Linse minus dem Abstand von der Vorderseite der Augenlinse den fernsten Akkommodationspunkt. Wenn umgekehrt negative Linsen benötigt wurden, mußten die Größen [...] addiert werden, um den fernsten Akkommodationspunkt zu bestimmen."[46]

Als noch viel schwieriger erwies es sich, den nächsten Akkommodationspunkt zu bestimmen. „Betreffs der Akkommodation für nahegelegene Objekte lassen sich zwei Möglichkeiten denken: entweder erhöht sich die Brechkraft des Systems oder die Sehachse des Auges wird länger. [...] Es ist jedoch bekannt, daß die Akkommodation auf einer Formänderung der Linse beruht. Wenn man den beobachteten Fakten treu bleiben will, dann verdient nur die erste Möglichkeit, eine Erhöhung der Brechkraft des Auges, unsere Aufmerksamkeit."[47]

Konsequenterweise konzentrierte sich MacGillavry auf die Analogie von physikalisch-optischen Systemen und dem Auge: „Stellt man sich ein Auge vor, das auf den fernsten Punkt akkommodiert, dann könnte man diesem Auge auch eine Linse mit einer positiven Fokaldistanz hinzufügen, die die Lichtstrahlen von einem Objekt am nächsten Akkommodationspunkt so bricht, als gingen sie vom fernsten Punkt aus. Die Fokaldistanz einer solchen Linse könnte als Maß dienen, um die Akkommodation der Augen untereinander zu vergleichen. Diese Fokaldistanz ist aus der Formel: $1/a = 1/p + 1/r$, in welcher p die Distanz des nächsten, und r die des fernsten Akkommodationspunkts ist, einfach berechenbar."[48]

Das Problem war nur, daß diese ideale, aus artifiziellen optischen Systemen abgeleitete Formel für das Auge nicht exakt zutraf. Die Formel zur Berechnung der Akkommodationsbreite war jedoch brauchbar für „die praktischen Ziele, die uns hier vorschweben, [d. h.] welche Brillen wir myopischen und hyperpresbyopischen Patienten verordnen sollen".[49]

Wie aber konnte man den optometrischen Befunden Vertrauen schenken, wenn es klar war, daß sie für die Bestimmung der absoluten physiologischen Akkommodationsgröße und -breite viel zu ungenau waren? MacGillavry meinte, daß die Anwendung der Optometrie zusammen mit den artifiziellen Linsen ein erster, aber notwendiger Schritt war und daß sich zudem die Forschungsansprüche der Kliniker von denjenigen der Physiologen erheblich unterschieden. Für letztere galt es, die absolute Größe der Akkommodation herauszufinden, während „man (mit der oben erwähnten Methode) in der ophthalmo-

46 Ebenda, 9f.
47 Ebenda, 12.
48 Ebenda, 12f.
49 Ebenda, 13f.

logischen Praxis – mit einem minimalen Zeitverlust – den nächsten Akkommodationspunkt aller Augen bestimmen kann".[50]

Da MacGillavry aber auch einen Beitrag zur Bestimmung der physiologischen Akkommodationsbreite leisten wollte, war es zunächst wichtig zu bestimmen, inwieweit die Konvergenz der Sehachsen die Sehschärfe beim Weit- und Nahsehen beeinflußte. Dazu hielt er es für notwendig, größere Versuchsgruppen durchzumessen; damit wurde auch die individuelle Variabilität zwischen den Versuchspersonen zu einem Problem. MacGillavry gab keine Auskunft über seine Auswahlprinzipien, außer daß die Probanden „intelligent genug" sein sollten, um ihre Selbstbeobachtungen „wahrheitsgetreu" darzustellen. Der fernste Akkommodationspunkt wurde, bei einem stets größer werdenden Konvergenzwinkel, mit Hilfe von Optometer und Linsen genau bestimmt. Bei kurzsichtigen Patienten war dieser Fernpunkt nicht schwierig zu finden. Wenn man diese Resultate mit dem fernsten Punkt bei nichtkonvergierenden Sehachsen verglich, konnte der *Betrag* an Akkommodation während der Konvergenz berechnet werden. MacGillavry erprobte noch ein alternatives Verfahren. Vor jedes Auge stellte er ein Prisma, das „den Sehachsen einen Konvergenzwinkel auferlegte". Bei dieser Prozedur erwies sich der Grad von Ungenauigkeit bei der Bestimmung des Fernpunkts des Scharfsehens zwar als sehr gering, aber beim Nahpunkt war er immer noch zu groß.

Mehrere Faktoren verkomplizierten diese Untersuchungen. Am wichtigsten war die Tatsache, daß MacGillavrys Forschungsanordnung und seine Befunde in sehr starkem Maße von der Zuverlässigkeit der Patienten abhingen. Eigentlich müßten die Teilnehmer, so MacGillavry, erst „ausgebildet" werden, um sich an Optometer und Linsen zu gewöhnen. Vor allem bei kurzsichtigen Patienten erwies es sich als schwierig, den Nahpunkt der Akkommodation festzustellen. Das Lebensalter war ein weiteres Problem. Insbesondere bei älteren, stark weitsichtigen Patienten, die ihr Akkommodationsvermögen verloren zu haben schienen, waren die meisten Messungen wertlos.

Trotz dieser Schwierigkeiten bot MacGillavry seinen Lesern eine Tabelle als *Endprodukt* an, in der er die methodischen Kriterien zusammenstellte, die sich in seinen Untersuchungen ergeben hatten: Dazu zählten Lebensalter, Gesamtakkommodation, Fernpunkt des Scharfsehens bei parallelen Gesichtsachsen, Konvergenzwinkel und Ausmaß der Akkommodation. Während seiner Untersuchungen war MacGillavry „zu der Überzeugung gelangt", daß eine bestimmte Differenz im Konvergenzgrad nicht immer einer analogen Differenz im Einfluß auf den Akkommodationsgrad entsprach. Ein physiologischer Parameter hatte für ihn mehr als alle anderen an Bedeutung gewonnen: das Lebensalter.

50 Ebenda, 15f.

In seinen Schlußbemerkungen unterstrich MacGillavry, daß seiner Meinung nach die unmittelbare Relevanz der von ihm und Donders entwickelten Verfahren darin lag, durch eine akkurate Bestimmungsmethode des Fern- und Nahpunkts der Akkommodation die richtigen Grundlagen für eine Bestimmung der Refraktions- und Akkommodationsanomalien des Auges mitgeschaffen zu haben. Von der Physiologie hatte sich damit eine Perspektivenverschiebung hin zur Pathologie ergeben.

3. *Die Untersuchung der Refraktions- und Akkommodationsanomalien: neues Vertrauen in neue Kasuistiken*

Donders' Interesse für die Akkommodation blieb physiologisch und klinisch-pathologisch orientiert. Er veröffentlichte eine Arbeit über die Abweichungen der Akkommodationsbreite und die Wahl der richtigen Brille in der *Nederlandsch Tijdschrift voor Geneeskunde,* und auch ein Übersichtsaufsatz über das Refraktionssystem weist in dieselbe Richtung. In diesem Aufsatz präsentierte Donders Messungen zur Hornhautkrümmung bei emmetropischen, myopischen und hypermetropischen Augen, die mit Hilfe von Helmholtz' Ophthalmometer in der Utrechter Augenklinik stattgefunden hatten.

Donders' Beschreibung des Instruments folgt dem Beitrag von Helmholtz aus dem Jahre 1855 bis in die mathematischen Formeln und die Holzschnitte. Bemerkenswert ist aber die Art und Weise, in der Donders seine Wiederholungen der Messungen rechtfertigt: Obwohl Helmholtz' Experimente „in bezug auf ihre methodische Akkuratesse fast nichts zu wünschen übrig ließen", war Donders der Ansicht, daß das Ophthalmometer auch eingesetzt werden müßte, um die Beziehungen zwischen der Hornhautkrümmung und physiologischen Faktoren wie Geschlecht und Lebensalter einerseits, und Abweichungen wie Kurz- oder Weitsichtigkeit andererseits zu bestimmen: „Es existieren viele Meinungen hierüber, die von Buch zu Buch weitergegeben werden, ohne richtig überprüft worden zu sein."[51]

Für die großen Reihenuntersuchungen, die Donders plante, waren die individuellen Berechnungen das größte Problem, so daß zunächst ein empirischer ophthalmometrischer Standard entwickelt wurde, bevor der Versuchsaufbau für den Vergleich der Hornhautkrümmungen bei gesunden und kranken Augen stattfand. Bei den folgenden Untersuchungen fand dann eine interessante Umkehrung statt, denn die Resultate erbrachten auch für die Physiologie einige Überraschungen: „[...] ein ganz unerwartetes Ergebnis stellte sich heraus: Myopiker haben nicht nur eine weniger konvexe Hornhaut als Emmetropiker, son-

51 Donders 1861, 42.

dern die am schlimmsten Kurzsichtigen haben auch die allerflachste Hornhaut.“[52]

Natürlich führten diese Forschungen auch zu neuen Dissertationen. Zum Beispiel wurden in H. de Brieders 1861 abgeschlossener primär klinisch orientierter Arbeit über *Die Funktionsstörungen der Akkommodation des Auges* manche der oben erwähnten Probleme bereits als feststehende Tatsachen hingestellt. „Die gesamte Refraktion und die Physiologie der Akkommodation sind heutzutage beinahe völlig verstanden.“[53] Dies galt freilich nicht für Akkommodationsanomalien. Deswegen widmete sich de Brieder klinischen Untersuchungen verschiedener „Krankenfälle“. Aus einem Patientengut von insgesamt 30 stellte er 12 „Fallstudien“ im Detail vor.

Nur weil es jetzt ein „richtiges Verständnis über die Grundlagen der Akkommodationskraft“ gab und „die praktische Bestimmung der Akkommodationsbreite“ möglich war, gab es die Chance für ein besseres Verständnis der Akkommodationspathologie.[54] Es war inzwischen ohne weiteres akzeptiert, daß die inneren Augenmuskeln für die Akkommodation verantwortlich seien, und mit von Graefe war de Brieder überzeugt, daß „diese Muskeln denselben Funktionsstörungen zum Opfer fallen können wie alle anderen Muskeln“.[55] In seinen Kasuistiken präsentierte er etliche Messungen, die aus den neuen klinisch-physiologischen Untersuchungen stammten. Mit enormer Geschwindigkeit waren diese in Utrecht zu Standardverfahren geworden. Es wurde ein neues Ensemble von diagnostischen Standarduntersuchungen aufgebaut, das sogleich als Basis für eine Neubeschreibung der Pathologie diente, wie einer von de Brieders Fällen illustriert: „Fall VI. Akkommodationsparese beider Augen. Hypermetropie. Junger Mann H., 17 Jahre alt, kam im August 1860 wegen Akkommodationsparese beider Augen in Behandlung. Patient klagte, daß er von nahe die Dinge nicht richtig sehen konnte. Linke Pupille weiter als rechte: nachdem wir von 4' Abstand ein helles Licht in das Auge geworfen hatten, wurde der Umfang der linken Pupille 6 3/4'", der rechten 5 1/4'". Die Akkommodations- und Refraktionsbewegungen wurden in beiden Augen sichtbar, sind aber etwas vermindert; der linke Pupillenreflex ist sehr träge. Vor der artifiziell ausgelösten Mydriasis brauchte das linke Auge eine Kunstlinse von 1/14, um auf Distanz scharf sehen zu können; die Hypermetropie, gemessen mit Hilfe eines Lichtpünktchens, ehe die Mydriatica verabreicht wurden, war 1/18. Der Nahpunkt konnte ohne Linse nicht festgestellt werden; der Nahpunkt war 11" mit einer Linse von 1/10; der Fern-

52 Ebenda, 49.
53 De Brieder 1861, 71.
54 Ebenda, 85.
55 Ebenda, 86.

punkt war 27" mit derselben Linse. Nach Verabreichung der Augentropfen war die Hypermetropie, gemessen mit dem Lichtpunkt, 1/10. Das rechte Auge benötigte keine Linse, um auf Distanz scharf sehen zu können. [...] Die Akkommodationsbreite des linken Auges, festgestellt mit einer 1/10 Linse, war deshalb 1/11 − 1/27 = etwa 1/18; die Breite des rechten Auges etwa 1/7 ohne extra Linse, und 1/6 − 1/18 − 1/9 mit einer von 1/10. Die Krankheit hat ziemlich plötzlich angefangen. Der Patient klagte nicht über Kopf- oder Supraorbitalschmerzen. Es gab keine Angina. Seine Eltern waren emmetropisch."[56]

Dieses Beispiel mag illustrieren, daß die Transformation der Akkommodation von einem anatomischen zu einem physiologischen und pathologischen Praxisgegenstand in Utrecht schnell und anscheinend ohne große Widerstände gelang.

VI. Schluß

Im Vorangehenden habe ich zu zeigen versucht, daß es bei der Untersuchung der Interaktionen zwischen Menschen, Apparaten und Prozeduren im Forschungsbetrieb lohnenswert ist, die Erzeugung und Stabilisierung von Vertrauen in experimentelle Verfahrensweisen stärker zu beachten. Neben der wissenschaftshistorischen Relevanz scheint mir das auch im Hinblick auf die Fin de siècle-Debatten unserer postmodernen liberalen Gesellschaft insofern angemessen zu sein, als es gilt, Festigkeit und Laschheit von Verbindungen zu untersuchen, da die traditionellen externen Ursachen und Referenzpunkte so sehr in Verruf geraten sind.

Darüber hinaus habe ich anzudeuten versucht, daß Repräsentationsweisen um 1850 in ihrem Verhältnis zur Praxis nur bedingt mit dem späten 20. Jahrhundert vergleichbar sind. Selbst wenn wir annehmen, daß Forschungsanordnungen und -methoden, Forschungsprobleme und -produkte andauernd eine Art Melange bilden, bleiben wir mit der historischen Frage konfrontiert, warum in einer Periode der Nachdruck mehr auf Forschungsanordnung und -methode, in einer anderen Periode jedoch mehr auf Resultate gelegt wird.

Die Entscheidungen, die in Utrecht hinsichtlich Refraktion und Akkommodation getroffen wurden, und die Anzahl ganz unterschiedlicher Aktivitäten sollten verdeutlichen, wie verschieden der Grad von Experimentalismus in unterschiedlichen Forschungsumgebungen um 1850 noch war. Es scheint mir, daß solche Variationen in den Forschungspraktiken nur dann richtig verstanden werden können, wenn in den Beschreibungen der Mikroumgebung des Labors die größeren institutionellen Zusammenhänge und die wechselnden Interessenten an Forschungsprodukten nicht aus dem Auge verloren werden. Dabei bieten sich

56 Ebenda.

Aspekte wie die Stabilisierung von Vertrauen bzw. der Umgang mit Widerständen an, um den Mikro- und den Makrobereich wieder einander anzunähern.

Mehrere Aspekte der oben erzählten Geschichte sind längst bekannt: Man kennt nur zu gut die Erfolgsgeschichte eines einzelnen Wissenschaftlers oder die Streitigkeiten bei der Disziplinenbildung. Man weiß auch, daß es um 1850 große Fortschritte in der experimentellen Physiologie gab; daß die Versuche zur Förderung der experimentellen Forschung noch meistens in Umgebungen stattfanden, wo klinische und Unterrichtspraktiken mehr Ansehen genossen; und daß – wie in Utrecht der Fall – physiologische und klinische Aktivitäten von einer kleinen Gruppe von Wissenschaftlern mit ziemlich großer Autorität via die klinische Praxis installiert wurden.

Dabei ist es wichtig zu betonen, daß nur sehr wenige Forschungsprojekte und -verfahren in Utrecht originell waren. Doch die enge Verbindung von klinischen, physiologischen und pathologischen Praktiken verschob und verstärkte das Vertrauen zwischen Menschen und Dingen. Letztere bevölkerten zunehmend die Forschungslandschaft: die Linsen, die Mikroskope und Ophthalmoskope, die Ophthalmometer und Vergrößerungsgläser, die Phacoidoskope und Optometer. Sie dienten der Darstellung, Messung, Vergrößerung, Behandlung und dem Test. Durch diese Interaktion wurden manche neuen *Produkte* erzeugt – von Zeichnungen anatomisch-struktureller Beziehungen bis hin zu Graphen der Akkommodationsbreiten. Damit veränderten sich langsam auch die Autoritätsmuster am Labortisch und darüber hinaus. So wurde z. B. bestimmten Muskeln als Forschungsteilnehmern und Linsen als klinischen Teilnehmern ein neuer funktioneller Status gegeben.

Als Donders dann 1864 sein *On the Anomalies* veröffentlichte, konnte er sich auf etliche neue und vertrauenswürdige Beziehungen stützen. Die spezifische Ausdehnung seines Netzwerks von Physiologie und Klinik hatte vor allem dazu beigetragen, daß die Translation physikalischer Praktiken über physiologisch-klinische Verfahren in klinische Routineuntersuchungen gefördert, die klinische Kasuistik transformiert und vorher getrennte Interessengruppen vereinigt wurden. Wie Donders selbst sagte, wurden sie besser „akkommodiert".

(Ich danke Andreas Broeckmann und Michael Hagner für ihre Mitarbeit bei der Erstellung der deutschen Fassung.)

Literatur

Amann, Klaus (1990): Natürliche Expertise und künstliche Intelligenz: Eine mikrosoziologische Untersuchung von Naturwissenschaftlern. PhD, Universität Bielefeld.

Beukers, Harm (1986): Een nieuwe werkplaats in de geneeskunde: de opkomst van laboratoria in de geneeskundige faculteiten. Tijdschrift voor Geschiedenis der Geneeskunde, Natuurwetenschappen, Wiskunde en Techniek 9, nr. 4, 266–277.

Brieder, H. de (1861): De Stoornissen der Accommodatie van het Oog (MD these). Tweede Jaarlijksch Verslag betrekkelijk de verpleging en 't onderwijs in het Nederlandsch Gasthuis voor Ooglijders, II, 711–742.

Bijker, Wiebe E./Hughes, Thomas P./Pinch, Trevor (eds.) (1987): The Social Construction of Technological: New Directions in the Sociology and History of Technology, Cambridge, MA.

Cramer, A. (1851/1853): Het accomodatie-vermogen der oogen, physiologisch toegelicht, Haarlem.

Donders, Franciscus Cornelis/Jansen, J. H. (Übersetzer) (1843): Verhandeling over ontsteking en hare uitgangen door Julius Vogel te Göttingen.

Donders, Franciscus Cornelis (1843–1850): Microchemische onderzoekingen van dierlijke weefsels, in: Gerrit-Jan Mulder, Proeve eener algemeene physiologische scheikunde, Rotterdam, 547ff.

Donders, Franciscus Cornelis (1845/46): Grondvormen en weefsels. Nederl. Lancet, 2. Serie, 1, 567–592.

Donders, Franciscus Cornelis (1846/47): Over het verband tusschen het convergeeren der gezichtsassen en de accommodatietoestand der oogen. Nederlandsche Lancet, 2. Serie, 2, 603–604.

Donders, Franciscus Cornelis (1848): De Harmonie van het dierlijk leven, de openbaring der wetten, Utrecht.

Donders, Franciscus Cornelis (1848/49): Een Woord over de aanwendingswijze der proef van Sanson. Nederlandsche Lancet, 2. Serie, 4, 211–217.

Donders, Franciscus Cornelis (1849/50): Reflexieproef van Purkinje en Sanson en accommodatie van het oog naar Max Langenbeck. Nederlandsche Lancet, 2. Serie, 5, 132–147.

Donders, Franciscus Cornelis (1850/51): Ophthalmologische Aanteekeningen V. Accommodatievermogen. Nederlandsche Lancet, 2. Serie, 6, 600–612.

Donders, Franciscus Cornelis/Bauduin, A. F. (1851): Handleiding tot de natuurkunde van den gezonden mensch, ten gebruike bij het onderwijs aan 's Rijks Kweekschool voor militaire geneeskundigen I, Utrecht.

Donders, Franciscus Cornelis (1851/52): Cramer's ontdekking van den grond des accommodatievermogens van het oog. Nederlandsche Lancet, 3. Serie, 1, 529–532.

Donders, Franciscus Cornelis (1853/54): Kritische beschouwingen van Cramer's leer omtrent het accommodatievermogen der oogen. Onderzoekingen uit het Physiologisch Laboratorium der Hoogeschool Utrecht 6, 35ff.

Donders, Franciscus Cornelis (1858): Over de afwijkingen in de grenzen der accommodatie, met toepassing op het gebruik en de keuze van brillen. Nederlandsche Tijdschrift voor Geneeskunde 2, 465–475.

Donders, Franciscus Cornelis (1860): Ametropie en hare gevolgen. Eerste Jaarlijksch Verslag betrekkelijk de verpleging en 't onderwijs in het Nederlandsch Gasthuis voor Ooglijders I, 73–203.

Donders, Franciscus Cornelis (1861): Het lichtbrekend stelsel van het menschelijk oog in gezonden en ziekelijken toestand. Tweede Jaarlijksch Verslag betrekkelijk de Verpleging en 't Onderwijs in het Nederlandsch Gasthuis voor Ooglijders, Utrecht, 25–67.

Donders, Franciscus Cornelis (1862): Astigmatisme en cilindrische glazen, Utrecht.

Donders, Franciscus Cornelis (1864): On the Anomalies of Accommodation and Refraction of the Eye. With a Preliminary Essay on Physiological Dioptrics, London.

Donders, Franciscus Cornelis (1872): Het Physiologische Laboratorium der Utrechtsche Hoogeschool. Onderzoekingen uit het Physiologisch Laboratorium der Hoogeschool Utrecht. 3. Serie, I, i–xii.

Gooding, David (1990): Experiment and the Making of Meaning. Human Agency in Scientific Observation and Experiment (Science and Philosophy, vol. 5), Dordrecht – Boston – London.

Gooding, David (1992): Putting Agency Back into Experiment, in: Andrew Pickering (ed.), Science as Practice and Culture, Chicago – London, 65–112.

Hacking, Ian (1983): Representing and Intervening: Introductory Topics in the Philosophy of Natural Science, Cambridge.

Hacking, Ian (1992): The Self-Vindication of the Laboratory Sciences, in: Andrew Pickering (ed.), Science as Practice and Culture, Chicago – London, 29–64.

Helmholtz, Hermann von (1853): Über eine bisher unbekannte Veränderung am menschlichen Auge bei veränderter Accommodation. Monatsberichte der Akademie der Wissenschaften zu Berlin, 3. Feb. 1853, 137–139.

Helmholtz, Hermann (1855): Ueber die Accommodation des Auges. Gräfes Archiv für Ophthalmologie 1, 2. Abt., 1–74.

Heteren, Godelieve van (1995): Colour Theory and Research Regarding Colour Vision under F. C. Donders, Rotterdam (in Vorbereitung).

Knorr-Cetina, Karin (1981): The Manufacture of Knowledge: An Essay on the Constructivist and Contextual Nature of Science, Oxford – New York.

Latour, Bruno (1979): Laboratory Life: The Social Construction of Scientific Facts, Beverly Hills.

Latour, Bruno (1987): Science in Action. How to Follow Scientists and Engineers Through Society, Milton Keynes.

Latour, Bruno (1988): Drawing Things Together, in: Michael Lynch/Steve Woolgar (eds.), Representation in Scientific Practice, Cambridge, MA, 19–68.

Lynch, Michael/Woolgar, Steve (1988): Introduction: Sociological Orientations to Representational Practice in Science, in: Michael Lynch/Steve Woolgar (eds.), Representation in Scientific Practice, Cambridge, MA, 1–18.

MacGillavry, Theodore H. (1858): Onderzoekingen over de Hoegrootheid der Accommodatie. Proefschrift ter verkrijging van den graad van doctor in de geneeskunde aan de Utrechtsche Hoogeschool, Utrecht.

Pickering, Andrew (1989): Living in the Material World: On Realism and Experimental Practice, in: David Gooding/Trevor Pinch/Simon Schaffer (eds.), The Uses of Experiment: Studies in the Natural Sciences, Cambridge, MA, 275–297.

Pickering, Andrew (1992): From Science as Knowledge to Science as Practice, in: Andrew Pickering (ed.), Science as Practice and Culture, Chicago – London, 1–26.

Rapport betrekkelijk den toestand der hulpmiddelen voor het natuurgeneeskundig onderwijs enz. enz. aan de Hoogeschool te Utrecht aanwezig aan Zijne Excellentie den Minister van Binnenlandsche Zaken aangeboden door Curatoren der evengemelde Hoogeschool (1849), Utrecht.

Reeken, Gerard Christiaan von (1855): Ontleedkundig Onderzoek van den Toestel voor Accommodatie van het Oog. Proefschrift ter verkrijging van den graad van Doctor in de geneeskunde aan de Utrechtsche Hoogeschool, Utrecht.

Rheinberger, Hans-Jörg (1992a): Experiment, Difference, and Writing. I. Tracing Protein Synthesis. II. The Laboratory Production of Transfer RNA. Studies in the History and Philosophy of Science 23, 305–331, 389–422.

Rheinberger, Hans-Jörg (1992b): Experiment – Differenz – Schrift. Zur Geschichte epistemischer Dinge, Marburg.

Rheinberger, Hans-Jörg/Hagner, Michael (1993): Experimentalsysteme, in: dies. (Hrsg.), Die Experimentalisierung des Lebens. Experimentalsysteme in den biologischen Wissenschaften 1850/1950, Berlin, 7–27.

Ringer, Wilhelm Eduard (1932): Kort overzicht van de voornaamste gebeurtenissen uit Donders' Leven, in: E. C. van Leersum (ed.): Het Levenswerk van Franciscus Cornelis Donders, Haarlem, VIII–XVI.

Romein, Jan/Romein, Annie (1941): Franciscus Cornelis Donders specialist tegen wil en dank, in: dies., Erflaters van onze beschaving. XIXe eeuw, Amsterdam, 44–77.

Ruete, Christian Georg Theodor (1846/47): Leerboek der Ophthalmologie, in het Nederduitsch bewerkt en met aanteekeningen voorzien door Professor Donders, Utrecht – Amsterdam.

A. H. A. C. van Bakel

„Ueber die Dauer einfacher psychischer Vorgänge"

Emil Kraepelins Versuch einer Anwendung der Psychophysik im Bereich der Psychiatrie

I. Einleitung

Der Haupttitel des vorliegenden Aufsatzes ist ein Zitat. 1882 veröffentlichte der junge Psychiater Emil Kraepelin (1856–1926) im *Biologischen Centralblatt* unter diesem Titel seinen ersten Artikel im Rahmen einer neuartigen psychologischen Disziplin, die Namen trug wie z. B. „physiologische Psychologie", „naturwissenschaftliche Psychologie" oder „Psychophysik". Diese neue Psychologie unterschied sich unter anderem von ihren Vorgängerinnen durch die Ausrichtung aufs Experiment. Daß ein Psychiater sich mit wissenschaftlicher Psychologie befaßte, war damals eher unüblich. In den frühen 80er Jahren des 19. Jahrhunderts stand die Psychiatrie immer noch fest auf dem Boden der Neuroanatomie; die Blütezeit der „Gehirnpsychiatrie" war noch nicht vorüber. Kraepelins psychiatrische Ausbildung hatte im Zeichen eines der wichtigsten Vertreter dieser Richtung, des Münchner Professors Bernhard von Gudden (1824–1886), gestanden, jedoch hatten sich seine eigenen Interessen in eine ganz andere Richtung entwickelt. Seine zweite, wichtigere Leitfigur war der Leipziger Professor Wilhelm Wundt (1832–1920). Kraepelin war stark von Wundts „physiologischer Psychologie" beeindruckt, und der Nutzen ihrer Anwendung in der Psychiatrie stand für ihn fest. „Die klinischen Bestrebungen der Psychiatrie können somit nur dann von Erfolg sein, wenn derselben durch eine wissenschaftliche Psychologie eine exakte Analyse der psychischen Elementarerscheinungen und eine fest begründete Kenntniss der fundamentalen psychischen Funktionen an die Hand gegeben wird", schreibt Kraepelin in seinem *Compendium der Psychiatrie* von 1883.[1]

Psychologiehistorisch gesehen darf Kraepelins Vorgehensweise verstanden werden als einer der ersten Versuche, die psychologische Wissenschaft auf einen anderen, praktischen Bereich *anzuwenden*. Der Psychologie wird der Status – in Kraepelins Worten – einer „Hülfswissenschaft" zugewiesen, d. h. einer Wissen-

1 Kraepelin 1883b, 12.

schaft, deren Funktion durch Ziele definiert wird, welche außerhalb ihrer selbst liegen. Es geht mir nicht um die Frage der Originalität; wichtiger ist, die Dynamik dieses Anwendungsversuchs näher zu beleuchten. Hier würde man erwarten, daß Kraepelin durch seine doppelte Zugehörigkeit – er ist ein Forscher, der gleichzeitig aktiv wissenschaftlich-psychologisch arbeitet *und* dafür plädiert, diese Wissenschaft auf einem anderen Gebiet, mit dessen Methoden er ebenfalls vertraut ist, anzuwenden – allzu schematische Konjekturen vermieden haben dürfte. Die im vorigen Absatz zitierte Aussage aus dem *Compendium* soll daher nicht bloß als eine Hypothese, sondern als ein Glaubenssatz verstanden werden. Nichtsdestoweniger muß Kraepelins originäres Programm einer Anwendung der typisch Wundtschen Psychologie im Bereich der Psychiatrie schon zehn Jahre, nachdem diese Aussage publiziert wurde, als überholt angesehen werden. In den frühen 90er Jahren widmet sich Kraepelin nicht mehr der Psychologie Wundts, sondern bemüht sich vielmehr, die Psychiatrie zu verbinden mit der von ihm selbst geschaffenen „Arbeitspsychologie". Eine wichtige Frage ist die nach dem Grund dieses Wandels. Für ihre Beantwortung ist ein Vergleich zwischen den Strukturen der beiden Praktiken, d. h. der wissenschaftlichen Praxis der experimentellen Psychologie und der Praxis der Psychiatrie, von großer Bedeutung. Besonders wichtig ist eine Erläuterung der Rolle des psychologischen Experiments in beiden.

Wenden wir uns zunächst der psychologischen Praxis à la Wundt zu. Kraepelins bevorzugter Name für dieses neue Fach ist Psychophysik. Wundts berühmtes Leipziger Labor heißt bei ihm z. B. meist „psychophysisches Labor". Der Ausdruck Psychophysik ist mehr als bloße Redensart. Er impliziert eine bestimmte Sichtweise der Wirklichkeit, eine spezifische Auffassung von der Natur des Forschungsgegenstandes, die mit den im Wissenschaftsprozeß entstehenden Abstraktionen sowie mit den verwendeten Modellen und Metaphern zusammenhängt. Es liegt auf der Hand zu behaupten, daß die von einer wissenschaftlichen Praxis geschaffene Wirklichkeit, um für andere, außerdisziplinäre Bereiche akzeptierbar zu sein, in gewissem Sinne mit den Wirklichkeitsauffassungen anderer Gebiete harmonieren muß. Die Frage ist, ob eine solche Korrespondenz zwischen Psychophysik und Psychiatrie tatsächlich vorhanden ist.

Um diese Frage zu beantworten, werden wir zunächst zu den Anfängen des psychophysischen Modells zurückgehen, d. h. zum Werk Gustav Th. Fechners (1801–1887). Sodann wird die für Kraepelin wichtige Erweiterung von Fechners Modell durch Wilhelm Wundt besprochen. Zum Schluß folgt die Analyse des Versuches einer Anwendung der Psychophysik, was für Kraepelin in erster Instanz die Anwendung der psychophysischen Theorie bedeutet. Die Übernahme des experimentellen Verfahrens, von Kraepelin nur an zweiter Stelle vorgesehen, wird sich jedoch dabei als das für die Zukunft des Anwendungsversuchs entscheidende Moment erweisen.

II. Experimentelle Psychologie in Fechnerschem und Wundtschem Kontext

Mitte des 19. Jahrhunderts entstand die experimentelle Psychologie aus der Philosophie und der Sinnesphysiologie.[2] Korrespondierend dazu wurde experimentelle Psychologie mit ganz unterschiedlichen Intentionen betrieben, was Hermann von Helmholtz (1821–1894) und Gustav Th. Fechner, zwei Gründungsväter der experimentellen Psychologie, exemplarisch verdeutlichten. Helmholtz war mehr Experimentator, Fechner mehr Philosoph; obwohl man behaupten kann, daß beide Psychophysik betrieben haben, verfolgten sie damit ganz verschiedene Ziele. Für Fechner lag – im Gegensatz zu Helmholtz – das eigentliche Ziel der Psychophysik außerhalb dieser experimentellen Praxis, so wie das später auch für Kraepelin der Fall sein würde. Sie war nur Element einer mehr umfassenden Praxis. Im folgenden wird das veranschaulicht werden.

1. Fechners Psychophysik

Fechner war Arzt, Physiologe, Physiker und Philosoph. Vor allem gilt er heute als Begründer der experimentellen Wissenschaft mit dem Namen Psychophysik. In seinem wissenschaftlichen Hauptwerk *Elemente der Psychophysik* definiert er sie als „eine exacte Lehre von den functionellen oder Abhängigkeitsbeziehungen zwischen Körper und Seele, allgemeiner zwischen körperlicher und geistiger, physischer und psychischer, Welt".[3] Diese knappe Definition weist auf die Struktur seines Denkens hin. Fechner möchte sich nicht prinzipiell auf klassische Forschungsgegenstände wie z. B. den (menschlichen) Körper und die (menschliche) Seele beschränken, ob nun in wissenschaftlicher oder philosophischer Perspektive; er spricht lieber von physischer und geistiger *Welt,* die nicht notwendig mit dem Leben des Menschen oder dem der Tiere verbunden ist. Ganz am Ende seines Unternehmens steht das Ideal einer *panpsychischen* Wirklichkeitssicht. Nach Fechner ist die Verbindung zwischen physischen und geistigen Vorgängen nicht begrenzt auf bestimmte Formen des Lebens – sie ist die Struktur der Wirklichkeit selbst! Da jedoch das Gebiet des Psychischen am besten vom menschlichen Leben aus zugänglich wird, sollte dieses zum Ausgangspunkt gewählt werden: „Wir werden die Gesetze der Psychophysik am Menschen erforschen und werden sie auf die Welt übertragen können."[4] Diese Erforschung der psychophysischen Beziehungen beim Menschen ist das Hauptziel der *Elemente.*

2 Siehe z. B. Boring 1957, xvii–xviii.
3 Fechner 1860a, 8.
4 Fechner 1860b, 547.

Die Forschungen, die Fechner 1860 in den *Elementen der Psychophysik* veröffentlichte, wurden durch frühere Einsichten des Autors geleitet. 1851 hatte er sein philosophisches Hauptwerk, *Zend-Avesta,* veröffentlicht, in dem er das Programm einer experimentellen Psychophysik auf dem Hintergrund einer dezidiert philosophischen Weltanschauung entwirft. Forschungsgegenstand aller Psychophysik, und somit auch der experimentellen, sind „psychophysische Thätigkeiten", d. h. „physische Thätigkeiten, welche Träger oder Unterlage von psychischen sind, mithin in directer functioneller Beziehung dazu stehen".[5] Die Ausdrücke „Träger" und „Unterlage" sollten nicht zu wörtlich genommen werden. Für Fechner sind das Physische und das Geistige gleichermaßen ursprünglich; sie repräsentieren zwei parallele Aspekte ein und desselben Vorgangs. Nur der Perspektivenunterschied bewirkt, daß dieser eine Prozeß scheinbar in zwei verschiedene Arten von Prozessen zerfällt. „Was dir auf innerem Standpuncte als dein Geist erscheint, der du selbst dieser Geist bist, erscheint auf äusserem Standpuncte dagegen als dieses Geistes körperliche Unterlage. [...] Da erscheint ganz Verschiedenes; aber der Standpunct ist auch ganz verschieden, dort ein innerer, hier ein äusserer."[6]

Ziel der *Elemente* ist es, „eine exacte Lehre" des Verhältnisses zwischen beiden parallelen Aspekten des psychophysischen Prozesses beim Menschen zu unterbreiten. „Exakt" heißt hier quantitativ und durch experimentelle Forschung unterstützt. Fechner beschränkt sich hauptsächlich auf das, was er „äussere Psychophysik" nennt, d. h. auf das Verhältnis zwischen physischen Reizen und den geistigen Reaktionen auf sie. Bevor er mit seinen Versuchen anfing, hatte Fechner schon die Form dieses Verhältnisses vor Augen. Als die Grundeinheit der seelischen Energie sieht er die kleinste perzeptible Differenz zwischen zwei Wahrnehmungen einer bestimmten Art. Der Anstieg physischer Energie, der benötigt wurde, um die seelische Energie um eine Einheit steigen zu lassen, wurde als der Größe des ursprünglichen physischen Reizes proportional angesehen. Nach einigen Umänderungen las sich die psychophysische „Massformel" so: $S = k \log R$ (S = physischer Reiz, R = seelische Reaktion).

Erst nach der Formulierung dieser Gleichung entwarf Fechner Versuche zum Beweis der Maßformel. Er faßt die Experimente im achten Kapitel der *Elemente* zusammen. Das erste ist die bekannte „Methode der eben merklichen Unterschiede", die darin besteht, die gerade noch merkbare Differenz z. B. zwischen zwei Gewichten zu bestimmen. Fechner rät, die Versuche einmal mit steigenden und einmal mit fallenden Unterschieden im Gewicht durchzuführen und danach den Mittelwert beider Reihen zu errechnen. Experimente dieser Art führte

5 Fechner 1860a, 10.

6 Ebenda, 4.

bereits der Physiologe Ernst H. Weber (1795–1878) durch, der schon vor Fechner das Verhältnis zwischen physischem Reiz und seelischer Reaktion bestimmt hatte, wenn auch nicht so tiefschürfend: „Weber's Law is an empirical statement about discrimination, while Fechner's Law is a theoretical statement about sensory magnitude which can be derived mathematically from Weber's Law."[7] Trotzdem erkennt Fechner den größten Teil der Ehre Weber zu,[8] was dazu beigetragen haben mag, daß man nach 1860 meist vom „Weber'schen Gesetz" sprach.

Die anderen beiden Versuche hat Fechner selbst konzipiert. Den ersten von ihnen nennt er die „Methode der richtigen und falschen Fälle". Hier ist der Unterschied zwischen zwei Reizen relativ gering, und die Versuchsperson wird gebeten zu entscheiden, welcher von beiden der stärkere ist. Das Verhältnis der richtigen zu den falschen Angaben wird bestimmt. Im letzten Experiment, der „Methode der mittleren Fehler", wird ein Reiz immer geringer, bis er gefühlsmäßig einem anderen, dem Standard-Reiz, gleicht. Meist wird hier ein Fehler gemacht. Ein sog. mittlerer Fehler wird aus dem Durchschnitt der Abweichungen errechnet. „Die Empfindlichkeit für Gewichtsunterschiede wird der Grösse des mittleren Fehlers, den man so erhält, reciprok zu setzen sein."[9]

Diese experimentelle Psychophysik ist wie gesagt aber nur Teil eines größeren Projektes. Der nächste Schritt wird in den späteren, mehr philosophischen Kapiteln der *Elemente* unternommen. Dort wird eine sog. innere Psychophysik entwickelt, deren Gegenstand das Verhältnis zwischen dem Geistigen und der „körperlichen Innenwelt" (dem Gehirn) ist. „Es ist aber, wie ich früher geltend gemacht habe, die äussere Psychophysik nur die Unterlage und Vorbereitung für die tiefer führende innere Psychophysik."[10] Letzten Endes sah Fechner die Bedeutung seiner eigenen experimentellen Forschung darin, daß sie als Beweis für seinen philosophischen Panpsychismus dienen könne.[11] Seine wissenschaftliche Psychophysik diente einer bestimmten philosophischen Ontologie, einem speziellen Modell der Wirklichkeit. Die Praxis der Psychophysik kann daher nicht einfach von diesem Modell abgelöst werden; sie hat es sozusagen einverleibt. Sie wird dadurch ziemlich refraktär, und ihre mögliche zukünftige Rolle kann als weitgehend festgelegt gelten. Wenn sie mit einem anderen Gebiet in Verbindung gebracht wird, muß ihr Modell von Wirklichkeit mit den Wirklichkeitskonzeptionen zusammenpassen, die dieses andere Gebiet beherrschen.

7 Murray/Ross 1988, 79.
8 Siehe z. B. Fechner 1860a, VIII; Fechner 1860b, 548.
9 Fechner 1860a, 72.
10 Fechner 1860b, 377.
11 Für eine detailliertere Analyse siehe auch Jaeger 1988.

2. *Wundts physiologische Psychologie*

Drei Jahre nach dem Erscheinen von Fechners *Elementen der Psychophysik* veröffentlichte Wilhelm Wundt sein Werk *Vorlesungen über die Menschen- und Thierseele*. Wundt hatte schon etliche Jahre als Physiologe gearbeitet. Ab 1858 hatte er sich als Assistent in Helmholtz' Heidelberger physiologischem Labor ein solides sinnesphysiologisches Wissen erworben. Mehr und mehr hatte sich Wundt jedoch für die andere Seite der sinnesphysiologischen Medaille interessiert: für das Gebiet des Geistigen. Seine *Vorlesungen* markieren den Anfang einer neuen Karriere: Wundt sieht sich nun als Psychologe, und er plädiert dafür, geistige Phänomene mit den in der Physiologie üblichen Methoden zu untersuchen. Das erklärt, warum sein Hauptwerk über experimentelle Psychologie, dessen erste Auflage 1874 erschien, den Titel *Grundzüge der physiologischen Psychologie* trug.

Während sich Fechner mit seinen quantitativen Forschungen auf das Gebiet der psychophysischen Beziehung im engeren Sinn beschränkt hatte, geht Wundt einen Schritt weiter, indem er geistige Phänomene unabhängig von ihrer Verflechtung mit den physiologischen Vorgängen erforschen möchte. In diesem Zusammenhang betont er den Unterschied zwischen Fechners „Psychophysik" und der von ihm selbst betriebenen „experimentellen Psychologie". Trotzdem betrachtet er Fechners Werk als direktes Vorspiel seiner eigenen Studien: „Die Psychophysik ist aus der Physiologie der Sinne hervorgegangen, und aus der Psychophysik hat sich durch die Ausdehnung der von ihr gefundenen Methoden und Betrachtungsweisen auf weitere psychologische Probleme die experimentelle Psychologie entwickelt."[12] Dieser psychophysische Ursprung der experimentellen Psychologie wird z. B. aus Wundts Übernahme von Fechners Doppelaspekt-Modell des Menschen deutlich: „mechanische und logische Nothwendigkeit [sind] nicht dem Wesen, sondern nur der Betrachtungsweise nach verschieden [...]. Was uns die psychologische Zergliederung als eine Kontinuität von Schlüssen hinstellt, das ergiebt sich aus der physikalischen Zergliederung als eine Kontinuität von Kraftwirkungen. [...] *Denn Mechanismus und Logik sind identisch*. Beide sind nur Formen für einen in seinem Wesen gleichartigen Inhalt."[13] Ähnlich wie Fechner neigt Wundt, auch in seinen späteren Jahren, dazu, den Parallelismus zwischen physischen und geistigen Vorgängen über den Bereich des Menschlichen und Tierischen hinaus auszudehnen. So heißt es z. B. in der zweiten Auflage der *Grundzüge* von 1880, als Wundt mit seinem Labor bereits zum weltweit berühmten experimentellen Psychologen avanciert ist: „In der That

12 Wundt 1893, 450.
13 Wundt 1863, 200.

scheinen nun manche Erscheinungen des Pflanzenlebens darauf hinzuweisen, dass sie einer psychischen Grundlage nicht ganz entbehren. [...] Die psychische Entwicklung könnte bei ihnen in einer frühen Lebensperiode stillgestanden sein und zu fest bleibenden Residuen ursprünglicher Triebhandlungen geführt haben."[14] – Wundt akzeptiert die Basis von Fechners Ontologie, verfolgt aber andere Ziele. Wenn Wundt sagt: „So wird die Psychophysik für Fechner zu einem induktiven Beweissystem für seine Philosophie",[15] dann meint er gleichzeitig, daß dies für seine eigene experimentelle Psychologie nicht zutrifft. Aber trotz dieser Unterschiede bleibt Fechners ontologisches Modell erhalten. Indem er seine eigene experimentelle Psychologie entwickelt, erreicht Wundt, wie er selbst feststellt, nur eine „Ausdehnung der Psychophysik"; es ist nicht notwendig, das Modell zu wechseln.[16]

Wie sieht diese Ausdehnung aus? Zunächst entwickelt Wundt, der sich als genuiner Psychologe sieht, eine Theorie der geistigen Kausalität analog zur Theorie der mechanischen Kausalität, die für die Körperwelt zuständig ist. Schon in seinen *Vorlesungen* von 1863 gebraucht er das Wort „Logik" als Gegensatz zu „Mechanismus". In der ersten Auflage seiner *Grundzüge* von 1874 ist „Logik" durch „Apperception" ersetzt worden. Nach Wundts Auffassung mußte das Prinzip, das geistige Vorgänge steuerte, von dem in der physischen Welt wirksamen verschieden sein. Deshalb konnte das erste nicht mit „Association" gleichgesetzt werden, die in letzter Instanz nur ein Derivat des Begriffs der physischen Kausalität war.

Im geistigen Leben gab es zwar Assoziationen, aber *spezifisch* für dieses war ein anderer Vorgang, nämlich die Apperzeption. Wundt hatte den Ausdruck nicht erfunden: der Begriff hatte damals bereits eine lange Geschichte, die mit dem Werk von Gottfried Wilhelm Leibniz (1646–1716) begann. Wundt führt ihn wie folgt ein: „Da sich aber entschieden das Bedürfniss geltend macht, neben dem einfachen Bewusstwerden der Vorstellung, der Perception, die Erfassung derselben durch die Aufmerksamkeit mit einem besonderen Namen zu belegen, so sei es mir gestattet, den Ausdruck ‚Apperception' in diesem erweiterten Sinne zu gebrauchen."[17] Indem Wundt Apperzeption als einen Willensakt betrachtet, rückt er seine Theorie in die Nähe des Voluntarismus. Murray und Ross haben hervorgehoben, daß Fechner den Wundtschen Begriff der

14 Wundt 1880, 458.

15 Wundt 1913, 302.

16 Später, als Wundt seine eigene Philosophie entwickelt, kehrt er den explizit ontologischen Ansprüchen der Fechnerschen Doppelaspekt-Theorie den Rücken und wendet sich statt dessen dem Phänomenalismus zu. Trotz dieser Bekehrung zum ontologischen Agnostizismus hält er doch am Parallelismus fest. So bleibt die strukturelle Basis seiner experimentellen Forschung erhalten.

17 Wundt 1874, 718.

Apperzeption als Erklärung für die Form psychologischen Geschehens nicht gebilligt hat.[18]

Außerdem mußten Versuche gefunden werden, die die Erforschung geistiger Prozesse einschließlich der sie steuernden Apperzeption erlaubten. Wundt sah solche Versuche in den Messungen von Reaktionszeiten, welche in der Sinnesphysiologie und in der Astronomie seit einigen Jahren praktiziert wurden. In der Physiologie hatte Helmholtz ab 1850 Reaktionszeiten gemessen, um die Übertragungsgeschwindigkeit von Nervenimpulsen zu bestimmen. Auch in der Astronomie führte man ab 1854 Reaktionszeitmessungen durch. Die Messungen dienten als Test für die sogenannte „persönliche Differenz". Man brauchte ein Kriterium für die Unterschiede zwischen verschiedenen Beobachtern bei der Lokalisierung eines Sterns oder Planeten zu einem bestimmten Zeitpunkt (der durch den Schlag eines Pendels angezeigt wurde). Dieser „persönlichen Differenz" hatte sich Wundt schon in den *Vorlesungen* von 1863 gewidmet. Er erklärt das Phänomen dadurch, daß „zwei gleichzeitige Vorstellungen sich bei Abschluß aller sonstigen ablenkenden Eindrücke, zum Bewußtsein drängen".[19] Wundt stellt sich den Vorgang so vor: „Wahrscheinlich hört der Astronom in den meisten Fällen zuerst den Schlag des Pendels, auf den ja seine ganze Aufmerksamkeit gerichtet ist. Dabei hat nun in der Zeit, die von der Auffassung des Schalls bis zur Auffassung des Gesichtseindrucks vergeht, der Stern eine gewisse Wegstrecke zurückgelegt."[20] Eine kleine Verzögerung ist somit in jeder Beobachtung enthalten, ein bestimmtes Zeitquantum wird benötigt, um von einer „Auffassung" zur anderen zu kommen, aber zusätzlich gibt es Unterschiede zwischen den Beobachtern, was das Ausmaß dieser Verzögerung betrifft. In der Astronomie mußte es darum gehen, diese Unterschiede so klein wie möglich zu halten und ihre Auswirkung auf die Registrierung der Ergebnisse zu minimieren. Eine Möglichkeit, dies zu tun, war, die Reaktionszeiten der verschiedenen Beobachter zu messen und sie zur Korrektur von deren Beobachtungen zu benutzen. Das erste Instrument, das es ermöglichte, nicht nur verschiedene Beobachter untereinander zu vergleichen, sondern den absoluten Wert der Verzögerung anzugeben, ein elektrischer Chronograph, war ab 1854 verfügbar. 1862 wurde das wesentlich genauere „Hipp'sche Chronoskop" eingeführt.

Für Wundt bieten Reaktionszeitmessungen die Möglichkeit, geistige Prozesse wissenschaftlich, d. h. quantitativ und experimentell zu erforschen. Der „Auffassung eines Eindrucks", die ab 1874 „Apperception" genannt wird, kann offensichtlich eine bestimmte Zeitspanne zugeordnet werden; die Vorgänge des geisti-

18 Vgl. Murray/Ross 1988, 85.
19 Wundt 1863, 366.
20 Ebenda, 368.

gen Lebens sind daher meßbar. In der ersten Auflage der *Grundzüge* analysiert Wundt, was während einer „einfachen Reaction“ vorgeht. „Der ganze Vorgang, dessen Dauer auf diese Weise gemessen wird, setzt sich nun aus folgenden einzelnen Vorgängen zusammen: 1) aus der Leitung vom Sinnesorgan bis in das Gehirn, 2) aus dem Eintritt in das Blickfeld des Bewusstseins oder der Perception, 3) aus dem Eintritt in den Blickpunkt der Aufmerksamkeit oder der Apperception, 4) aus der Willenszeit, welche erfordert wird um im Centralorgane die registrirende Bewegung auszulösen, und 5) aus der Leitung der so entstandenen motorischen Erregung bis zu den Muskeln und dem Anwachsen der Energie in denselben.“[21] Die Zeit für den ersten und den letzten Vorgang, welche „rein physiologischer Art“ sind, wird als konstant und ziemlich kurz angenommen. Der größte Teil der Gesamtzeit, die für eine einfache Reaktion benötigt wird, verstreicht während der mittleren Vorgänge, „[die wir] als psychophysische bezeichnen dürfen, insofern sie gleichzeitig eine psychologische und eine physiologische Seite haben“.[22] Das Messen von Reaktionszeiten, das in der Physiologie ab 1868 auch zur Feststellung der Dauer *zentraler* physiologischer Prozesse angewandt worden war, speziell durch den niederländischen Physiologen Frans Donders (1818–1898), konnte mit Hilfe von Fechners psychophysischem Modell interpretiert werden als das Messen der Dauer von „psychischen Zeiten“.

Wundt erforscht die quantitative Seite geistiger Prozesse auf verschiedenen Wegen. Er vergleicht mittels des Hippschen Chronoskops gemessene Reaktionszeiten für verschiedene Stimuli (0,167 Sekunden für akustische vs. 0,222 Sekunden für Lichtreize); er variiert die Intensität der Reize, um wiederum die Wirkung auf die Reaktionszeit herauszufinden (der Unterschied zwischen einem visuellen und einem akustischen Stimulus verschwindet, wenn in beiden Fällen gerade noch wahrnehmbare Reize gegeben werden: 0,331 vs. 0,337 Sekunden); und er untersucht den Einfluß der Disposition (z. B. „willkürliche Spannung der Aufmerksamkeit“, „Uebung“, „Ermüdung“, „Intoxicationen“) auf die Reaktion. In allen Fällen schließt Wundt, daß „die gefundenen Unterschiede jedenfalls zu ihrem wesentlichsten Theile auf Rechnung der psycho-physischen Zeiträume zu schreiben sind“,[23] d. h. mit anderen Worten, daß sie auf quantitative Unterschiede im Prozeß der Apperzeption zurückzuführen sind. Außer mit „einfachen Reactionszeiten“ beschäftigt sich Wundt auch mit den komplexeren Vorgängen der „Unterscheidung“ und der „Wahl“. Bei der ersteren muß eine Versuchsperson zwischen zwei Reizen diskriminieren; z. B. werden schwarze und weiße Felder gezeigt, und die Reaktion soll nur erfolgen, wenn ein schwarzes

21 Wundt 1874, 727.
22 Wundt 1880, 221.
23 Ebenda, 225.

Feld zu sehen ist. Die Differenz zwischen der Zeit, die für eine solche Reaktion benötigt wird und der Zeit für die „einfache Reaction“ wird „Unterscheidungszeit“ genannt (für die Unterscheidung zwischen schwarz und weiß beträgt sie z. B. 0,079 Sekunden). Wiederum wird ein Apperzeptionsvorgang zur Erklärung herangezogen. Dasselbe gilt für die Wahl zwischen zwei möglichen Reaktionen, was die Errechnung der „Wahlzeit“ ermöglicht.

Während Fechner Überkreuzungen erforschte (ein physischer Reiz und eine geistige Reaktion, die zum selben Zeitpunkt auftreten), konzentrierte sich Wundt auf lineare Vorgänge (die Zeit, die ein physischer Stimulus braucht, um eine physische Reaktion hervorzubringen). Trotz dieses Unterschiedes benutzten beide dasselbe psychophysische Modell. Ohne es hätte Wundt seine Reaktionszeitmessungen, die über geistige Prozesse Aufschluß geben sollten, gar nicht interpretieren können. Am Fechnerschen Modell war daher für Wundts experimentelle Psychologie keine Veränderung notwendig: Diese hängt sogar völlig von dem Modell ab. Anders formuliert: Die Wundtsche experimentelle Psychologie kann gesehen werden als Ausdehnung der Fechnerschen Psychophysik in Richtung einer Theorie mentaler Prozesse. Sowohl Psychophysik als auch experimentelle Psychologie ruhen auf der Voraussetzung eines Parallelismus zwischen geistigen und physiologischen Vorgängen. Für beide Forscher ist diese Annahme konstitutiv: für Fechner, weil die Psychophysik innerhalb des Kontextes einer panpsychischen Auffassung der Wirklichkeit praktiziert wird, und für Wundt, weil sie die einzige Rechtfertigung seines Projekts einer wissenschaftlichen Psychologie abgibt.

III. Kraepelin und die Psychophysik

Kraepelin hat sehr früh Bekanntschaft mit dem Werk Wundts gemacht. Glaubt man seinen Memoiren, so hatte er schon in jungen Jahren Interesse an Psychologie und las Wundts *Vorlesungen über die Menschen- und Thierseele,* die ihm ein Freund seines Vaters geliehen hatte, bereits in der Gymnasialzeit. Er erinnert sich, daß die *Vorlesungen* „zwar meinem Verständnisse noch nicht recht zugänglich waren, mich aber doch mächtig anregten“.[24] Kraepelin wandelte seine vorher gefällte Entscheidung für den Arztberuf ab. Er wollte nun Psychiater werden, „weil so die einzige Möglichkeit gegeben schien, psychologisches Arbeiten mit einem nährenden Berufe zu verbinden“.[25] Als Medizinstudent in Würzburg liest er Wundts gerade erschienene *Grundzüge der physiologischen Psychologie.*

24 Kraepelin 1983, 3.
25 Ebenda.

Anscheinend veranlaßt ihn diese Lektüre, nach Leipzig zu gehen, wo Wundt gerade zum Professor ernannt worden ist, um dort dessen neue experimentelle Psychologie zu lernen. Aufgrund verschiedener Umstände muß Kraepelin aber Leipzig ziemlich bald wieder verlassen und es gelingt ihm vorerst nicht, seinen Plan zu verwirklichen.

Später, als Assistent in der Psychiatrie in München, versucht Kraepelin immer noch intensiv, den Kontakt zu Wundt und zur experimentellen Psychologie aufrechtzuerhalten. Dieses Bemühen hängt offensichtlich mit seiner Auffassung von Psychiatrie zusammen. Wiederholt betont er, daß die beiden Disziplinen im Zusammenhang verstanden werden sollten. So schreibt er in der *Allgemeinen Zeitschrift für Psychiatrie* eine ausführliche Rezension von Wundts in zweiter Auflage erschienenen *Grundzügen,* nicht ohne auf den Nutzen der physiologischen Psychologie für die Psychiatrie hinzuweisen. Er bemerkt gleich zu Anfang, „dass uns in dem vorliegenden Werke nicht blos eine Darstellung psychologischer Thatsachen und Lehrmeinungen, sondern zugleich eine das Ganze durchdringende, auf breitester inductiver Basis erwachsene, einheitliche Weltanschauung entgegentritt".[26] Diese einheitliche Weltanschauung oder, wie es einige Seiten später heißt, der „psychophysische Standpunkt", wird durch Kraepelin vorbehaltlos akzeptiert; er möchte ihn wegen seiner Universalität auch auf die Psychiatrie angewendet sehen.

Eine wichtige Frage im Kontext dieses Aufsatzes ist, was diese Anwendung der Psychophysik auf die Psychiatrie genau heißt. Im Gegensatz zur Fechnerschen Psychophysik und zu Wundts experimenteller Psychologie ist Psychiatrie (auch) eine praktische Disziplin. Psychiater müssen handeln, sie müssen Patienten versorgen und behandeln. Kraepelin hat anscheinend zweierlei im Sinn. Die Psychiatrie soll mit der physiologischen Psychologie verbunden werden, erstens, um die psychophysische Theorie auf anomale psychophysische Prozesse auszudehnen und zweitens, um auf der Basis einer so entstandenen „Patho-Psychophysik" die Psychiatrie auch in Verfolgung ihrer praktischen Ziele zu unterstützen.

1. „Differentielle Psychophysik" und „Pharmako-Psychophysik" als Grundlagen einer wissenschaftlichen psychiatrischen Nosologie

Nach Kraepelin sollte die Psychiatrie erstens bemüht sein, in der Sprache der Psychophysik zu reden. Ein bestimmtes psychiatrisches Symptom muß als ein „psychophysischer Endeffekt" angesehen werden. Das impliziert, daß die Psychiatrie nicht nur anatomisch-physiologische Aspekte von abweichendem Verhalten erforschen soll, wie es im allgemeinen um 1880 üblich war, sondern auch

26 Kraepelin 1882b, 112.

psychologische. „Aus dieser unabweisbaren Ueberlegung ergiebt sich mit Nothwendigkeit die Forderung, das psychiatrische Forschungsgebiet *von zwei verschiedenen Seiten her* in Angriff zu nehmen, indem man einmal die körperlichen Grundlagen des krankhaften Seelenlebens, dann aber die Erscheinungen dieses letzteren selbst mit den Hülfsmitteln und Methoden der Erfahrungswissenschaften zu studiren sucht."[27] Ohne Kenntnis des zweiten Gebietes, das Kraepelin „Psychopathologie" nennt, ist die psychiatrische Theorie nicht vollständig. Seiner Meinung nach war die „Hirnpathologie" um 1880 ans Ende ihrer Möglichkeiten gekommen; mit den damals verfügbaren Methoden konnte kein nennenswerter Erkenntnisgewinn erzielt werden. Auf der anderen Seite war – dank der Bemühungen Wundts – die Psychopathologie zu einem Fach geworden, das große Fortschritte versprach. Eine solche Psychopathologie sollte zunächst „die Auflösung der gegebenen Symptome in ihre letzten Componenten und die Zurückführung der so gewonnenen elementaren Alterationen des psychischen Geschehens auf allgemeinere krankhafte Veränderungen der psychischen Grundfunktionen"[28] in Angriff nehmen. Die wichtigste Grundfunktion ist natürlich die Apperzeption. Im Idealfall wäre daher die Psychiatrie in der Lage, alle Symptome pathologischen Verhaltens als apperzeptive Dysfunktionen zu erklären. Diese „Apperceptionspathologie" wiederum sollte, wenn bessere Forschungstechniken für das Reich des Organischen verfügbar würden, ergänzt werden zu einer vollständigen „Patho-Psychophysik".[29]

Die zweite Auflage der Wundtschen *Grundzüge* enthält einen neuen Abschnitt über „Geistige Störung"; dort heißt es, daß „Veränderungen in dem Verlauf der Vorstellungen" die wichtigsten psychologischen Grundlagen geistiger Störungen sind. „Der Grundzug dieser Veränderungen, aus dem sich auch alle weiteren Erscheinungen erklären, besteht in dem Uebergewicht, welches in fortschreitendem Masse die successiven Associationen über die apperceptiven Verbindungen der Vorstellungen gewinnen."[30] Kraepelin begrüßt in seiner Rezension diesen Abschnitt natürlich stürmisch. Daß er nur vier Seiten (von insgesamt tausend) lang ist, enttäuscht jedoch den Rezensenten. Aber „wie wir hoffen, wird sich durch die Wiederannäherung der Psychiatrie und der heutigen Psychologie in nicht zu ferner Zeit dieser Abschnitt zu einem der bedeutendsten des ganzen

27 Kraepelin 1883b, 3.

28 Ebenda, 12.

29 Kraepelin selbst sollte später die Erforschung der organischen Grundlagen psychiatrischer Störungen stimulieren, indem er 1917 die Deutsche Forschungsanstalt für Psychiatrie in München aufbaute. Damals hatten seine Theorien jedoch die Ebene der Psychophysik bereits verlassen (siehe III. 3.). Zur Geschichte dieser „Forschungsanstalt" siehe Weber 1991.

30 Wundt 1880, 380.

Werkes umgestalten".[31] Wundt sah das offensichtlich anders: In der letzten, sechsten Auflage der *Grundzüge* von 1908–1911 sind nur sechs Seiten von 2300 der „Geistesstörung" gewidmet. Doch Kraepelin wartete erst gar nicht ab, ob Wundt persönlich an dieser Verschiebung der Gewichte arbeiten würde, sondern machte sich selbst an die Integration von experimenteller Psychologie und Psychiatrie.

In einem Brief an Kraepelin vom 23. Januar 1881 antwortet Wundt wie folgt auf Kraepelins Frage, ob die Durchführung einer experimentellen Psychopathologie unter den Voraussetzungen der damaligen Psychologie möglich sei: „Ich wage es nicht, diese Frage mit Ja zu beantworten, weil ich überhaupt ungewiß darüber bin, ob jemals psycho-physische experimentelle Methoden psychiatrisch verwertbar, d. h. in weiterem Umfange für Versuche an Kranken verwertbar sind. [...] Ein paar Versuche, Tastversuche, auch Zeitmessungen (von Obersteiner, Burckhardt) – sind ja, wie Sie wissen werden, gemacht; sie sind aber zu unvollkommen, als daß sich mit Bestimmtheit auf sie eine Schätzung des Werthes solcher Experimente oder des Werthes, den sie in Zukunft einmal haben können, gründen ließe."[32] Der Wiener Psychiater Heinrich Obersteiner hatte tatsächlich 1873 einen Aufsatz über Messungen von Reaktionszeiten Geisteskranker veröffentlicht, dem 1879 ein zweiter folgte.[33] Wundt selbst wird in diesen Aufsätzen nicht erwähnt; sein Begriff der Apperzeption, der ja erst in den *Grundzügen,* also 1874, auftaucht, kommt auch in der späteren Publikation nicht vor. Obersteiners Versuche basieren hauptsächlich auf Forschungen, die die Physiologen Frans Donders und Sigmund Exner (1846–1926) durchgeführt hatten. Der spezielle psychologische Begriff, den er benutzt, ist „Aufmerksamkeit", die vergleichbar ist mit Wundts Begriff der Apperzeption, wie wir gesehen haben. Obersteiner redet auch von „psychophysischen Vorgängen". Trotz dieser Ähnlichkeiten mit Wundts Werk scheint sich Kraepelin nicht sehr für Obersteiners Arbeiten interessiert zu haben. Viel größere Aufmerksamkeit widmet er einigen italienischen Psychologen, von denen Gabriele Buccola (ca. 1855–1885) besonders erwähnt werden muß. In seinem ersten Artikel über experimentelle Psychologie, dem bereits erwähnten Aufsatz „Ueber die Dauer einfacher psychischer Vorgänge" – ein Überblick über die Geschichte und die aktuelle Literatur auf diesem Gebiet – betont Kraepelin die Wichtigkeit von Forschungen über die „individuelle psychophysische Disposition" (mit anderen Worten: die Bedeutung seines eigenen Projekts der experimentellen Psychopathologie) und nennt Buccola als denjenigen,

31 Kraepelin 1882b, 118.

32 Universitätsarchiv der Universität Leipzig, Wundt-Nachlaß, Brief 298.

33 Vgl. Obersteiner 1873 und 1879.

der bisher auf diesem Gebiet die wichtigste Forschungsarbeit geleistet hat.[34] Kraepelin konnte damals noch kein eigenes Werk präsentieren, was sich jedoch schnell ändern sollte.

1882 wechselt Kraepelin wieder nach Leipzig. Hauptgrund ist diesmal, daß der Psychiater Paul Flechsig (1847–1929) ihm die Gelegenheit zur Habilitation bietet. Kraepelin beginnt nun, selbst experimentelle psychologische Forschung zu treiben. Er stellt fest: „Es kam mir darauf an, die Veränderungen der psychischen Zeiten zu untersuchen, die durch äußere Störungen, zunächst durch Gifte, herbeigeführt würden. Um recht handgreifliche Wirkungen zu erzielen, begann ich mit der Untersuchung der Äther- und Chloroformnarkose sowie der Benommenheit, die durch das merkwürdige Amylnitrit herbeigeführt wird. Weiterhin führte ich Versuche mit Alkohol, Paraldehyd, Chloralhydrat, später auch mit Morphium, Tee und Koffein aus."[35] Einen Teil seiner Versuche macht er in Wundts Labor, einen Teil in Flechsigs Klinik.[36] Die Ergebnisse veröffentlicht er in dem Artikel „Ueber die Einwirkung einiger medicamentöser Stoffe auf die Dauer einfacher psychischer Vorgänge", der ihm als Habilitationsarbeit dienen wird. Seine Versuche ähneln denjenigen Wundts: Er untersucht die Wirkung jeder einzelnen Substanz auf „einfache Reactionen", auf „Unterscheidungsreactionen" und auf „Wahlreactionen". Nach der Verabreichung des Wirkstoffes werden die Reaktionszeiten über einen längeren Zeitraum in regelmäßigen Abständen gemessen. „Meist wurden die Versuche mit ganz kurzen Unterbrechungen so lange fortgesetzt, bis für die allerdings nur flüchtige Beurtheilung die Zahlen zur Norm zurückgekehrt zu sein schienen, und bis der Reagirende subjectiv keinerlei Nachwirkung des angewandten Stoffes mehr empfand."[37] Es zeigt sich, daß die Reaktionszeiten eine für jeden Stoff spezifische diachronische Kurve haben. Nach Kraepelin sind diese Wirkungen auf „toxische Störungen der Apperception" zurückzuführen.

Wir sehen, daß Kraepelin im Unterschied z. B. zu Buccola nicht die psychophysischen *Unterschiede* zwischen psychiatrischen Patienten und Normalen

34 Zwischen 1879 und seinem Tode im Jahre 1885 publiziert Buccola fast dreißig Aufsätze über experimentelle Psychologie, alle in italienischen Zeitschriften. Von den Aufsätzen über die experimentelle Psychologie Geisteskranker seien hier die folgenden genannt: Buccola 1881 und 1882.

35 Kraepelin 1983, 22.

36 Vgl. Kraepelin 1883a, 419. – Obwohl Flechsig selbst Anatom war, hatte er Kraepelin die Aufgabe übertragen, ein psychologisches Labor in seiner Klinik einzurichten (Kraepelin 1983, 22). Auch nach Kraepelins 1883 erfolgten Weggang aus Leipzig wurden in Flechsigs Klinik weiter psychologische Forschungen getrieben. So bedankt sich W. von Tschisch bei Flechsig „für seine Rathschläge und die Erlaubniss, in seiner Klinik [psychologisch] zu arbeiten" (Tschisch 1885, 219).

37 Kraepelin 1883a, 428.

untersucht (was als „differentielle Psychophysik“[38] bezeichnet werden könnte), sondern daß er – nur bei normalen Versuchspersonen – eine Art „Pharmako-Psychophysik“ betreibt. Diese sieht er selbst jedoch auch als Teil der experimentellen Psychopathologie. Kraepelin ist der Meinung, daß die von ihm untersuchten Substanzen Ursache geistiger Störungen sein können. Ihre Verabreichung führt zu einer „künstlichen Geistesstörung“. Während die Forschungen von Obersteiner und Buccola sich auf die Symptomatologie von Geisteskrankheiten beschränken, möchte Kraepelin einen Schritt weitergehen und die Symptomatologie in Abhängigkeit von ihren Ursachen untersuchen.

„Differentielle Psychophysik“ und „Pharmako-Psychophysik“ können beide als Erweiterung der Wundtschen experimentellen Psychologie in Richtung der Psychopathologie, als integrale Bestandteile einer zukünftigen Patho-Psychophysik angesehen werden. Diese sollte nach Kraepelins Meinung ihre Komplettierung in der Errichtung einer psychiatrischen Nosologie finden, einer Klassifikation der Geisteskrankheiten auf rein psychophysischer Grundlage. Seinen ersten Versuch, dieses Programm auszuführen, legt Kraepelin bereits 1882 in seinem Artikel „Ueber psychische Schwäche“ vor. Ausgehend von zwei verschiedenen Arten von Apperzeptionsstörungen unterscheidet er zwei Typen von „psychischer Schwäche“: eine „anergetische“, die durch einen vollständigen oder teilweisen Mangel der apperzeptiven Funktionen charakterisiert ist, und eine „erethische“, bei der die Apperzeption in einer Weise gestört ist, daß die betroffene Person leicht abgelenkt wird. Am Ende des Aufsatzes stellt Kraepelin jedoch fest, daß seine Studie zu einseitig angelegt war. Er hat das Gebiet abnormen Verhaltens nur nach den Kategorien der Apperzeptionspsychologie unterteilt. Für die Errichtung einer wahren Krankheitslehre müssen jedoch beide Seiten der psychophysischen Medaille bekannt sein: „In ihnen [den Typen der psychischen Schwäche, van B.] [würde] erst dann der Ausdruck wirklicher Krankheitszustände gesehen werden können, sobald es gelänge, ihren Zusammenhang mit präcis definirbaren Zustandsveränderungen des nervösen Substrates der psychischen Functionen nachzuweisen. Zu einem solchen Fortschritte unserer psychiatrischen Erkenntniss ist nun allerdings vor der Hand wenig Hoffnung.“[39]

Die Betonung des Begriffs „psychische Schwäche“, die im Zusammenhang mit der voluntaristischen Natur der Apperzeptionspsychologie gesehen werden muß, kehrt in Kraepelins *Compendium der Psychiatrie* von 1883 wieder. Er erstrebt

38 Psychologische Studien, die sich auf die Unterschiede zwischen Individuen konzentrierten und nicht auf universelle Merkmale, hießen ab 1900 „differentielle Psychologie“. Dieser Ausdruck wurde von William Stern (1871–1938) geprägt (Stern 1900).

39 Kraepelin 1882c, 425.

hier „eine gewisse Selbständigkeit der Darstellung [...] auf dem Boden der grundlegenden Arbeiten Wilhelm Wundt's",[40] wobei wiederum die „psychischen Schwächezustände" eine wichtige Kategorie sind. Auch hier wird jedoch betont, daß „dieses [symptomatisch-psychologische] Prinzip der Klassifikation ein durchaus unvollkommenes ist und seine grossen Mängel hat. Was es uns bietet, sind nicht etwa Krankheiten, sondern lediglich Symptomenkomplexe. Eine tiefere pathologische Begründung werden diese letzteren erst dann gewinnen, wenn es gelingt, ihre gesetzmässige Abhängigkeit von krankhaften Störungen der Hirnfunktionen im Einzelnen nachzuweisen."[41] Obwohl der Weg dahin lang und schwierig ist, glaubt Kraepelin, daß eine solche Nosologie erstellt werden muß: Sie ist der einzige Weg zu einem wahren Verständnis der Geisteskrankheiten.

Kraepelins Projekt einer Patho-Psychophysik, das nun die konkrete Form einer psychiatrischen Nosologie angenommen hat, muß als Erweiterung der Fechnerschen und Wundtschen Psychophysik angesehen werden. Wie Fechner und Wundt ist Kraepelin Anhänger der Doppelaspekt-Theorie (so hat für ihn der Forschungsgegenstand der Psychiatrie eine „Janusnatur"[42], d. h., er ist eine Einheit, die zwei nicht aufeinander reduzierbare Aspekte besitzt), und er befürwortet den Parallelismus. Diesen benötigt er, weil er die Wechselbeziehungen zwischen den verschiedenen Teilen seines Forschungsprojekts (psychologische Forschung – symptomatisch wie ätiologisch – und anatomisch-physiologische Forschung) aufzeigen will. Durch die Annahme des Parallelismus kann man zu dem Punkt kommen, „an welchem auch der scheinbare Widerstreit der einzelnen Forschungsrichtungen sich in gegenseitiger Unterstützung und Förderung lösen wird, an welchem alle jene auseinandergehenden Bahnen sich wieder vereinigen werden zur Erreichung des einen gemeinsamen Zieles eines naturwissenschaftlichen Verständnisses der psychischen Krankheiten".[43]

Eine Frage bleibt jedoch noch zu beantworten: Was bedeutet die „Patho-Psychophysik" für die Praxis der Psychiatrie? Kraepelin scheint folgendes behaupten zu wollen: Nachdem bis zu einem gewissen Grad eine naturwissenschaftliche Auffassung psychiatrischer Erkrankungen erreicht worden ist, sollte nun eine zweite Phase beginnen. Dieselbe Methode, mittels derer das nosologische Schema konstruiert worden ist – das Messen von Reaktionszeiten – könnte nun als Test benutzt werden, um jeden einzelnen Patienten einer spezifischen nosologischen Kategorie zuzuordnen. Auf diese Weise würden nicht nur die nosologischen Klassen einen naturwissenschaftlichen Status bekommen, sondern

40 Kraepelin 1883b, VIII.
41 Ebenda, 189.
42 Kraepelin 1887, 4.
43 Ebenda, 22.

auch das Vorgehen, mittels dessen Patienten diesen Klassen zugewiesen und je nach Äthiologie behandelt werden. So entstünde ein schönes Vorbild einer angewandten Wissenschaft. Die Frage ist jedoch, ob diese Repräsentation wirklichkeitsgetreu ist. Der nächste Abschnitt wird zeigen, daß noch eine andere Repräsentation des Verhältnisses zwischen den beiden Praktiken möglich ist. In der letzteren ist die Anwendung der Theorie viel unbedeutender als die der experimentellen Mittel.

2. *Das gesellschaftliche Ziel der Psychiatrie: „Schutz und Besserung"*

„Psychiatrie ist die Lehre von den psychischen Krankheiten und deren Behandlung",[44] stellt Kraepelin in seinem *Compendium* fest. „Behandlung" bedeutet hier, Ende des 19. Jahrhunderts, jedoch weniger die Zuwendung zu hilfsbedürftigen Personen, sondern hat viel eher etwas mit der Aufrechterhaltung der Integrität der Gesellschaft zu tun. Psychiatrische Versorgung soll primär verstanden werden als der Versuch, Personen mit abweichendem Verhalten wo möglich wieder zu einem vollwertigen Mitglied der Gesellschaft zu machen, d. h., Individuen zu *disziplinieren* und die Gesellschaft stabil zu halten. Kraepelin versucht, diesen disziplinierenden Zug akzeptabel zu machen, indem er der Psychiatrie die Erscheinung wissenschaftlicher Korrektheit verschafft. Weil er am Begriff einer „einheitlichen Weltanschauung" festhält, hängt der Korrektheitsanspruch für ihn unmittelbar mit dem Kontext der Psychophysik zusammen.

Wesentliches Ziel ist für Kraepelin die Aufrechterhaltung der sozialen Strukturen. Als Anhänger der Evolutionstheorie ist er davon überzeugt, daß alle Lebewesen, einschließlich der Menschen, in einen „Kampf ums Dasein" verwickelt sind. Die Evolution des Menschen ist durch eine wachsende Fähigkeit der menschlichen Individuen gekennzeichnet, in diesem Kampf zu überleben, was vor allem mit der Entwicklung bestimmter gesellschaftlicher Strukturen zusammenhängt. Wenn die Menschen ihre ursprüngliche Neigung aufgeben, nur eigennützig zu agieren und andere menschliche Wesen auf eine, sagen wir, humanitäre Art zu behandeln beginnen, so werden die Überlebenschancen jedes einzelnen Menschen bedeutend erhöht. Das Ergebnis dieser Entwicklung ist die menschliche Gesellschaft. Das System von Verhaltensregeln, das eine Gesellschaft impliziert, heißt Moral. Nach Kraepelins Meinung hat die Moral also eine bestimmte Funktion: Wenn sich eine Person „sittlich" verhält, so erhöht sie gleichzeitig die Chancen der gesamten Gesellschaft, sie selbst eingeschlossen, zu überleben.

Wie Wundt sieht Kraepelin eine direkte Beziehung zwischen der moralischen

44 Kraepelin 1883b, 1.

Sensibilität eines Menschen und seinen psychophysischen Merkmalen. Moralisches Erleben besteht für ihn aus einer Art „intellectueller Gefühle": Diese sind „alle diejenigen Gemüthsvorstellungen [...], welche die apperceptiven Verbindungen der Vorstellungen begleiten. Zu den letzteren verhalten sie sich ähnlich wie die Affecte zu den Associationen, namentlich insofern als sie einerseits als die Producte bestimmter Apperceptionsprocesse erscheinen, anderseits aber in den Verlauf derselben bestimmend eingreifen."[45] Dysfunktionen der Apperzeptionsprozesse müssen sich folglich automatisch auf das moralische Verhalten der betreffenden Person auswirken. Psychiatrische Krankheiten, die meistens auf apperzeptiver Dysfunktion beruhen, prädisponieren daher zu „unsittlichem Benehmen", zu Verhalten, das den moralischen Erfordernissen der jeweiligen Zivilisation zu einem bestimmten Zeitpunkt nicht genügt.

Weil „unsittliches Benehmen" nicht nur das Gefühl moralischer Ablehnung erzeugt, sondern auch die Integrität der Gesellschaft gefährdet, hat diese nach Kraepelin das Recht, die Gefahr zu beseitigen, und zwar entsprechend dem Grundsatz „Schutz und Besserung". Dieses Prinzip entwickelt Kraepelin in seiner ersten Publikation, einer Arbeit über das Strafrecht.[46] Es besteht im wesentlichen darin, ein „schädliches" Individuum, z. B. einen Verbrecher, zuallererst aus der Gesellschaft herauszunehmen, um dann auf sein Verhalten einzuwirken. Nur bei struktureller Besserung kann es einem Individuum erlaubt werden, in die Gesellschaft zurückzukehren. Obwohl das Prinzip „Schutz und Besserung" in Kraepelins psychiatrischen Schriften niemals explizit verwendet wird, sind wir wegen des gesellschaftlichen Zieles, das in seiner Perspektive der Psychiatrie anhaftet, berechtigt anzunehmen, daß es auch auf sie anwendbar ist. Nach Kraepelins Meinung soll also die psychiatrische Behandlung primär als „Besserung" im oben erwähnten Sinne verstanden werden. Im Unterschied aber zu Verbrechern sind psychiatrische Patienten nicht unterschiedslos schädlich für die Gesellschaft. Deshalb müssen sie auch nicht samt und sonders aus ihr entfernt werden, bis die Heilung erreicht ist, zumal sich diese oft leichter einstellt, wenn der Patient in seiner eigenen Umgebung lebt. Trotzdem bleibt es notwendig, auf die möglichen Wirkungen einer Geisteskrankheit gefaßt zu sein: Die „Sittlichkeit" ist in Gefahr und somit das Wohlergehen der Gesellschaft.

Individuen, die möglicherweise geisteskrank werden und folglich eine Bedrohung für die Gesellschaft darstellen könnten, müssen sorgfältig beobachtet werden. In diesem Zusammenhang avanciert dasjenige Werkzeug der Patho-Psycho-

45 Wundt 1880, 347.

46 Kraepelin 1880. – Diese Arbeit soll zeigen, daß das System der Rechtsprechung um 1880 immer noch weit von einer wahren, evolutionären Perspektive auf die menschliche Gesellschaft entfernt ist. Für ihn ist es damit zugleich „inhuman".

physik, mittels dessen eine zuverlässige psychiatrische Nosologie konstruiert werden soll, nämlich die Messung der Reaktionszeiten, zu einem Mittel, welches erlaubt, die psychophysische Disposition eines Individuums abzuschätzen, d. h., es wird zu einem *Testverfahren*. Oben wurde dieses Verfahren, in Übereinstimmung mit Kraepelins eigenen Vorstellungen, eingeordnet in die zweite Phase seines Versuches einer Anwendung der Psychophysik im Bereich der Psychiatrie. Hier kann es zusätzlich, aus der Perspektive des Prinzips „Schutz und Besserung", als ein wichtiges Moment der Disziplinierung des psychiatrischen Patienten beschrieben werden. Obwohl der Übergang von der reinen Theorie zu ihrer Anwendung, wie Kraepelin ihn sich vorstellt, ganz harmonisch zu sein scheint, sollten uns bestimmte Inkongruenzen doch nicht entgehen. So haben Themen, die in der Psychophysik zentral sind, wie der Parallelismus und die Notwendigkeit, ihn zu vermitteln, offensichtlich wenig Nutzen für das Prinzip „Schutz und Besserung". Aus der Perspektive des Disziplinierens heraus sind die Unterschiede zwischen den geistigen und den physischen Aspekten des Individuums unwichtig; es kommt allein auf die Differenzen zwischen den Individuen an, d. h. darauf, ob eine bestimmte Person den „sittlichen" Erfordernissen genügt oder nicht. Der Parallelismus widerspricht den disziplinierenden Absichten nicht, aber er nutzt ihnen auch nichts.

Das wirft aber die Frage auf, ob die psychophysische Theorie in unserem Zusammenhang überhaupt eine Funktion hat. Vielleicht besteht deren Rolle nur darin, die wissenschaftliche Legitimität jener diskriminierenden und disziplinierenden Praxis zu begründen, die Psychiatrie heißt. Denn für Disziplinierungszwecke allein genügte schon das Testen, ohne Hinweis auf eine ausgearbeitete und weitgespannte Theorie. – Vergleichen wir diesen Fall mit der vorher diskutierten Beziehung zwischen dem Testen in der Astronomie und Wundts experimenteller psychologischer Wissenschaft. Wundts Ziel war die Entwicklung einer wissenschaftlichen Theorie, die Intention der Astronomen war es dagegen, wie eine neuere Studie deutlich gemacht hat, „den Beobachter zu disziplinieren"[47]. Die Astronomen warteten keineswegs darauf, daß jemand eine physiologische Psychologie entwickeln würde, die erklären könnte, was sie taten. Das wußten sie bereits: Sie organisierten ihre Beobachtungspraxis. Und als Wundt seine Psychologie entwickelt hatte, fanden sie es auch nicht notwendig, ihre Praxis in psychologischer Terminologie zu reformulieren.

Genau dasselbe, nur in umgekehrter Richtung, kann für die Psychiatrie gesagt werden. Auch Kraepelins Psychiatrie ist eine organisierende, disziplinierende Praxis, genau wie die Astronomie, wenn auch in viel stärkerem Ausmaß als diese. Um die menschliche Gesellschaft zu organisieren, hätte auch für den Psychiater

47 Schaffer 1988, 119ff.

Kraepelin ein Testverfahren gereicht. Verwirrend wirkt zunächst die historische Tatsache, daß die Psychophysik existierte, bevor Psychiater mittels ihres Instrumentariums Reaktionszeiten zu messen begannen und, noch mehr, daß Kraepelin die Psychophysik bereits auf das Gebiet der Pathologie ausgeweitet hatte. So erscheint die Messung von Reaktionszeiten in der Psychiatrie lediglich als Anwendung einer bereits verfügbaren Theorie. Das ist jedoch nicht der Fall. Patho-Psychophysik und das Testen psychiatrischer Patienten müssen, obwohl beide Male Reaktionszeiten gemessen werden, als zwei voneinander unabhängige Praktiken angesehen werden. Daß Kraepelin trotzdem beide miteinander verbindet, macht nur auf dem Hintergrund seines Bestrebens einen Sinn, seine disziplinäre Praxis wissenschaftlich zu legitimieren.

3. Das Ende der Patho-Psychophysik

Die Illusion einer angewandten Wissenschaft hätte vielleicht noch länger existiert, wenn die Reaktionszeitmessungen gehalten hätten, was sie versprachen. Im Gegensatz zu der Situation in der Astronomie waren in der Psychiatrie diese Tests aber weit entfernt von derjenigen Wirklichkeit, auf die sie angewendet werden sollten. In der Astronomie gab es einen unmittelbaren Zusammenhang zwischen dem Test und seiner praktischen Funktion. Gerade dieser Konnex fehlt aber in der Psychiatrie: Aus dem Ergebnis eines Reaktionszeittests konnte nicht auf das soziale Verhalten der Versuchsperson geschlossen werden. Daß beide miteinander verbunden wurden, war zum größten Teil die Konsequenz aus Kraepelins Interesse für die Psychophysik, gemischt mit evolutionstheoretischen Elementen. Die disziplinierende Praxis der Psychiatrie selbst hätte sich vielleicht nie zur Messung der Reaktionszeiten gewendet. Außerdem erwies es sich als fast unmöglich, Reaktionszeitmessungen an psychiatrischen Patienten in größerem Maßstab durchzuführen: Für einen erfolgreich durchgeführten Test mußte die Person eine wohldefinierte Aufgabe erfüllen. Gerade die hierfür notwendige Fähigkeit zum Verstehen, zur Konzentration und zur Selbstkontrolle fehlte den psychiatrischen Patienten.

Recht bald begann Kraepelin, nach anderen Methoden zu suchen. Die erste findet er bereits 1885 im Gedächtnistest von Hermann Ebbinghaus (1850–1909).[48] Noch interessanter für Kraepelins Zwecke war ein Test, der darin besteht, eine Versuchsperson ständig kurzschrittige Aufgaben lösen zu lassen, wie zum Beispiel die Ausführung von Additionen, und die Anzahl der während einer bestimmten Zeitspanne (z. B. fünf Minuten) ausgeführten Operationen zu bestimmen. Kraepelin nennt dies die Messung von „geistiger Arbeit". Gleichzei-

48 Vgl. den Beitrag von Andreas Hartmann in diesem Band.

tig begannen die Reaktionszeitmessungen aus seiner Praxis wie auch aus seinen wissenschaftlichen Arbeiten zu verschwinden. In einem Vortrag auf der Jahresversammlung des Vereins der deutschen Irrenärzte 1889 rekapituliert er: „diese Versuche [über psychische Zeitmessungen] erfordern einen schwer zu handhabenden technischen Apparat und bergen sehr viele Fehlerquellen in sich, so dass die bisher an Geisteskranken angestellten Beobachtungen mit geringen Ausnahmen thatsächlich als nahezu unbrauchbar angesehen werden müssen. [Ich] ging daher unter Anlehnung an gewisse Vorarbeiten Anderer darauf aus, continuirliche Reihen gleichartiger, gut definirbarer Einzelaufgaben von [...] Versuchspersonen lösen und in gleichmässigen periodischen Intervallen [...] das Quantum inzwischen geleisteter Arbeit markiren zu lassen. Die benutzten Aufgaben, die sich ganz an die practischen Verhältnisse des täglichen Lebens anschliessen, bestehen im Zählen von Buchstaben, Auswendiglernen von Zahlenreihen und sinnlosen Silbencombinationen, [und] im Addiren einstelliger Zahlen."[49] Wichtig ist hier Kraepelins Bemerkung, daß die neuen Tests etwas zu tun haben mit den „practischen Verhältnissen des täglichen Lebens". So werden der Versuch und die Zwecke, denen er dient, miteinander verzahnt.

Interessanterweise ändert sich mit den Versuchen auch die psychologische Theorie. Kraepelin beginnt, eine „Arbeitspsychologie" zu entwickeln, in deren Zentrum nicht mehr die – ontologisch fundierte – Apperzeption steht; funktionelle Begriffe wie „Arbeitsfähigkeit", „Ermüdbarkeit" und „Übungsfähigkeit" werden jetzt verwendet. Im Gegensatz zur Psychophysik muß die Arbeitspsychologie keinen Anschluß für eine dualistische Ontologie bieten. Die psychologischen Fähigkeiten und die geistigen Prozesse sollen nicht auf einer Seite der psychophysischen Demarkationslinie stattfinden; sondern sie werden aus übergreifenden Vorgängen heraus begriffen. Eine Entsprechung zwischen Psychophysik und Arbeitspsychologie besteht allerdings darin, daß auch die „Arbeitspsychologie" auf das Gebiet der Pathologie ausgedehnt und damit zu einer Art „Arbeitspathopsychologie" erweitert wird. Auch die neue disziplinäre Praxis wird durch eine wissenschaftliche Theorie unterstützt, die sich jedoch eines neuen Modells von Wirklichkeit bedient. Eine neue Metapher ist ins Leben gerufen worden, die des „Motor-Menschen"[50]. Das Modell der Psychophysik hat für Kraepelin ausgedient; gleiches gilt für die Patho-Psychophysik und für deren „Anwendung" in der Psychiatrie. In anderen Bereichen bleibt die Psychophysik jedoch aktuell.

49 Kraepelin 1890, 522.

50 Dieser Ausdruck wurde von Anson Rabinbach geprägt. Siehe dessen Ausführungen über Kraepelin: Rabinbach 1990, 150–152, 189–195.

IV. Schluß

Die Anwendung der Psychophysik im Bereich der Psychiatrie verlief für Kraepelin nicht wunschgemäß. Aus ihrer „simplen“ Ausweitung zur Patho-Psychophysik ergaben sich keine Anschlußmöglichkeiten für die Bedürfnisse der klinischen Psychiatrie. Das hatte vor allem damit zu tun, daß das Hauptinstrument der Psychophysik, nämlich das Messen von Reaktionszeiten, sich als unfähig erwies, dieses Gebiet zu erschließen. Wenn die Reaktionszeitmessungen nicht zu einem Erfolg in der Disziplinierung psychiatrischer Patienten führen konnten, so mußte auch die Theorie scheitern, der die Messungen als Vehikel dienten. Mit den neuen Versuchen kam eine neue Theorie auf, die Arbeitspsychologie. Die Tatsache, daß diese durch eine pathologische Variante ergänzt wurde, sollte uns jedoch nicht dazu verführen, in ihr ein wahres Beispiel einer angewandten Wissenschaft zu sehen. Was angewandt wurde, war nur der Versuch. Die Theorie konnte lediglich überleben, weil sie in der Lage war, das disziplinäre Feld theoretisch so zu organisieren, daß die disziplinäre Praxis als wissenschaftlich legitim erscheinen konnte. Was als die Wahrheit präsentiert wurde, hing daher nur von dem Instrument ab, welches die anstehende Aufgabe am besten erfüllen konnte.

(Übersetzung: Bettina Wahrig-Schmidt)

Literatur

Boring, Edwin G. (1957): A History of Experimental Psychology, 2. Aufl., New York.

Buccola, Gabriele (1881): Sul tempo di reazione in un caso di demenza paralitica. Archivio di psichiatria 2, 170–173.

Buccola, Gabriele (1882): I deliri sistematizzati primitivi. Nota di psicologia patologica. Rivista sperimentale di freniatria 8, 93–108.

Fechner, Gustav Th. (1860a): Elemente der Psychophysik, Bd. 1, Leipzig.

Fechner, Gustav Th. (1860b): Elemente der Psychophysik, Bd. 2, Leipzig.

Jaeger, Siegfried (1988): Fechners Psychophysik im Kontext seiner Weltanschauung, in: Josef Brozek/Horst Gundlach (eds.), G. T. Fechner and Psychology, Passau, 49–59.

Kraepelin, Emil (1880): Die Abschaffung des Strafmaßes. Ein Vorschlag zur Reform der heutigen Strafrechtspflege, Stuttgart.

Kraepelin, Emil (1882a): Ueber die Dauer einfacher psychischer Vorgänge. Biologisches Centralblatt 1, 654–672, 721–733, 751–766.

Kraepelin, Emil (1882b): Besprechung von: Wilhelm Wundt (1880): Grundzüge der physiologischen Psychologie. 2. Aufl., Leipzig. Allgemeine Zeitschrift für Psychiatrie 38, 111–121.

Kraepelin, Emil (1882c): Ueber psychische Schwäche. Eine Studie. Archiv für Psychiatrie und Nervenkrankheiten 13, 382–426.

Kraepelin, Emil (1883a): Ueber die Einwirkung einiger medicamentöser Stoffe auf die Dauer einfacher psychischer Vorgänge. Philosophische Studien 1, 417–462, 573–605.

Kraepelin, Emil (1883b): Compendium der Psychiatrie. Zum Gebrauche für Studirende und Aerzte, Leipzig.

Kraepelin, Emil (1887): Die Richtungen der psychiatrischen Forschung. Vortrag, gehalten bei Uebernahme des Lehramtes an der Kaiserlichen Universität Dorpat, Leipzig.

Kraepelin, Emil (1890): Ueber psychische Functionsstörungen. Allgemeine Zeitschrift für Psychiatrie 46, 522–524.

Kraepelin, Emil (1983): Lebenserinnerungen, Berlin etc.

Murray, David J./Ross, Helen E. (1988): E. H. Weber and Fechner's Psychophysics, in: Josef Brozek/ Horst Gundlach (eds.), G. T. Fechner and Psychology, Passau, 79–86.

Obersteiner, Heinrich (1873): Ueber eine neue einfache Methode zur Bestimmung der psychischen Leistungsfähigkeit des Gehirnes Geisteskranker. Virchow's Archiv für Pathologische Anatomie 59, 427–458.

Obersteiner, Heinrich (1879): Experimental Researches on Attention. Brain 1, 439–453.

Rabinbach, Anson (1990): The Human Motor. Energy, Fatigue, and the Origins of Modernity, New York.

Schaffer, Simon (1988): Astronomers Mark Time: Discipline and the Personal Equation. Science in Context 2, 115–145.

Stern, William (1900): Über Psychologie der individuellen Differenzen. (Ideen zu einer „differentiellen Psychologie"), Leipzig.

Tschisch, W. von (1885): Ueber die Zeitdauer der einfachen psychischen Vorgänge bei Geisteskranken. Neurologisches Centralblatt 3, 217–219.

Weber, Matthias (1991): „Ein Forschungsinstitut für Psychiatrie ...". Die Entwicklung der Deutschen Forschungsanstalt für Psychiatrie in München zwischen 1917 und 1945. Sudhoffs Archiv 75, 74–89.

Wundt, Wilhelm (1863): Vorlesungen über die Menschen- und Thierseele, Bd. 1, Leipzig.

Wundt, Wilhelm (1874): Grundzüge der physiologischen Psychologie, Leipzig.

Wundt, Wilhelm (1880): Grundzüge der physiologischen Psychologie, Bd. 2, 2. Aufl., Leipzig.

Wundt, Wilhelm (1893): Psychophysik und experimentelle Psychologie, in: Die deutschen Universitäten, Bd. 1, Berlin, 450–457.

Wundt, Wilhelm (1913): Gustav Theodor Fechner. Rede zur Feier seines hundertjährigen Geburtstages, in: ders., Reden und Aufsätze, Leipzig, 254–343.

Andreas Hartmann

Die Fiktion vom semantischen Vakuum

Zum psychologischen Gedächtnisexperiment der Jahrhundertwende

Im Jahre 1885 veröffentlichte Hermann Ebbinghaus die Ergebnisse seiner psychologischen Untersuchungen *Über das Gedächtnis*, die er im Sinne einer exakten Naturforschung, durch Experiment und Zählung, an seiner eigenen Person angestellt hatte. Damit führte er die Methoden der experimentellen Psychologie in die Gedächtnisforschung ein und gab dem Diskurs über das Einprägen und das Behalten, über die Assoziation und die Reproduktion von Vorstellungen eine neue, nachhaltige Wendung. Ebbinghaus behandelte das Gedächtnis als eine Art von Black box, als ein System, dessen innerer Aufbau zwar unsichtbar bleibt, der sich aber dennoch erschließen läßt: „Man sucht den Komplex von Bedingungen, die sich für das Zustandekommen eines gewissen Effekts als maßgebend erwiesen haben, konstant zu erhalten, variiert eine dieser Bedingungen isoliert von den übrigen und in numerisch fixierbarer Weise und konstatiert dann auf der Seite des Effekts wiederum in einer Messung oder Zählung die begleitende Veränderung."[1] Indem er also die Versuchsbedingungen, d. h. die Eingabe von Sinnesreizen in quantifizierbarer Weise abänderte, um sodann die Veränderung der Effekte auszurechnen, wollte er zu „Einsichten in die innere Struktur von Kausalbeziehungen"[2] gelangen, ohne zugleich das gesamte psychophysische Feld aufzurollen, das sich zwischen der Wahrnehmung und ihrer Reproduktion auftut. In diesem Feld siedelte sich ein weit verzweigtes, schillerndes Wissen an, das sich dem Scharfsinn, aber auch der Spekulationslust von Anatomen, Ärzten, Philosophen und Psychologen verdankte. Den zeitgenössischen Vorstellungen über die körperlichen Grundlagen des Gedächtnisses etwa erteilte Ebbinghaus eine knappe, eindeutige Absage: Hier „bedienen wir uns verschiedener Metaphern, von aufgespeicherten Vorstellungen, eingegrabenen Bildern, ausgefahrenen Geleisen usw., von denen nur das eine ganz sicher ist, daß sie nicht zutreffen".[3]

Das numerisch belegbare Wissen durfte nur dann Gültigkeit beanspruchen,

1 Ebbinghaus 1985, 6.
2 Ebenda, 6.
3 Ebenda, 4.

wenn die Bedingungen, aus denen es hervorging, konstant gehalten werden konnten. Erst dadurch wurde dieses Wissen überprüfbar, erst dadurch ließen sich Gesetzmäßigkeiten ableiten, erst unter dieser Voraussetzung war es sinnvoll, einzelne Parameter zu isolieren und zu variieren. Gegen beides, zahlenmäßige Erfassung wie konstante Verhältnisse, schien sich der komplexe, empfindliche Apparat des Gedächtnisses seiner Natur nach zu widersetzen. Denn die alltägliche Erfahrung zeigte, daß sich seine Leistung, abgesehen von den offensichtlichen individuellen Differenzen, bei jedem einzelnen unablässig verändert, und zwar in Abhängigkeit vom Lebensalter, von der Tageszeit, dem Gesundheitszustand, der Gemütslage, dem Interesse, der Übung usw. Außerdem herrschte längst Konsens darüber, daß das Schwanken des Gedächtnisses mit der unterschiedlichen Beschaffenheit und Bekanntheitsqualität des Materials zusammenhängt, das ihm in permanentem Zustrom in Gestalt äußerer Eindrücke und innerer Vorstellungsbilder zur Aufbewahrung und Verarbeitung offeriert wird.

Düfte, Melodien, Gesichter, taktile und geschmackliche Eindrücke, Schul- und Alltagswissen, Gesten und Gewohnheiten, sprachliche Elemente wie Pronomina, Verben, Adjektive und Substantive, Gattungsbezeichnungen und Eigennamen: all diese heterogenen, keinem augenfälligen, gemeinsamen Klassifikationsschema zugehörigen und doch vielfach miteinander assoziierten Erinnerungsinhalte waren hauptsächlich vor dem Hintergrund klinischer Beobachtungen auf die jeweilige Festigkeit ihres Haftens im Gedächtnis sowie auf ihren Bewußtseinsgrad befragt und in eine hierarchisch gedachte Ordnung gebracht worden. Eigennamen sind flüchtig und bewußt, Marotten halten sich hartnäckig und äußern sich oft unbewußt. Bis dato waren es in erster Linie die empirischen Befunde über das kranke Gedächtnis, von denen man sich nachweisbaren Aufschluß über das gesunde versprach. Hierzu hatte z. B. Théodule Ribot eine auch in Deuschland viel beachtete Referenzstudie vorgelegt.[4] Gegen eine Herleitung vom Psychopathologischen wandte Ebbinghaus zweierlei ein. Erstens: „Unsere an gewissen frappierenden Erfahrungen gebildeten Begriffe vermögen wir in der Masse der mit jenen gleichartigen, aber minder auffallenden Erfahrungen nicht verwirklicht zu finden." Und umgekehrt zweitens: „Manche Begriffe, die uns zum Eindringen in das Detail der Tatsachen und zur theoretischen Beherrschung derselben dienlich und unentbehrlich sein würden, haben wir vermutlich noch nicht gebildet."[5] Das gesunde, in seinem Erscheinungsbild unspektakuläre Gedächtnis stellte demnach einen eigenständigen Forschungsgegenstand dar, dessen innere Organisation spezifischen Kriterien gehorcht. Man mußte sich also diesem ‚normal' funktionierenden Gedächtnis, das es hinter dem Dickicht patho-

4 Vgl. Ribot 1882.
5 Ebbinghaus 1985, 4.

logischer Befunde[6] erst wieder zu entdecken galt, selbst zuwenden, um es in seinen Einzelheiten zu verstehen. Doch ganz und gar dem fortwährenden, wechselhaften Zeichenfluß und den Belangen der Lebenswelt ausgesetzt, war es in ständiger Metamorphose begriffen und bot innerhalb seines natürlichen Milieus keinen Zugang für eine naturwissenschaftliche Analyse, die auf der Grundlage eines stabilen Bezugssystems zählend, messend und vergleichend zu operieren hatte. So lag es schon aus erkenntnistechnischen Gründen nahe, die Gedächtnistätigkeit seiner kulturellen, sozialen, biographischen – und in Abkehr von der Aphasieforschung[7] – psychophysischen Kontexte zu berauben und sie in einen künstlichen, kargen, einförmigen und vor allem willkürlich manipulierbaren Experimentierraum hineinzustellen.

Angesichts dieser Erfordernis kam Ebbinghaus auf den Gedanken, mit völlig sinnlosem Material zu arbeiten, das er eigens für seine Versuche herstellte: „Aus den einfachen Konsonanten des Alphabets und unseren elf Vokalen und Diphthongen wurden alle überhaupt möglichen Silben einer bestimmten Art gebildet, und zwar alle auf die Weise, daß ein Vokallaut in der Mitte steht und zwei Konsonanten ihn umgeben. Diese Silben, ca. 2 300 an der Zahl, wurden durcheinandergemengt und dann, wie der Zufall sie in die Hand führte, zu Reihen von verschiedener Länge zusammengesetzt, deren mehrere jedesmal das Objekt eines Versuchs bildeten."[8] Die Silbenreihen wurden so oft, jeweils in ihrer ganzen Länge, laut durchgelesen, bis sie willkürlich reproduziert werden konnten. Bei 16 Reihengliedern etwa ergab sich z. B. die folgende Sequenz: daul-hüp-rin-tasch-gum-beich-sep-nat-lök-duf-lir-heit-feum-päs-wun-kit.

Bemerkenswert sind die beinahe klösterlich strengen Maßnahmen, die der Psychologe ergriff, um möglichst gleichbleibende Versuchsumstände zu gewährleisten. Sie betrafen zunächst das Erlernen der Silbenreihen, welche immer auf die exakt gleiche Weise auszusprechen waren: nämlich im Takt von 150 Schlägen pro Minute, angezeigt nicht etwa durch das störende Schlagwerk eines Metronoms, sondern durch das dezente Ticken einer Taschenuhr, deren Echappementsvorrichtung 300mal in der Minute pendelte. Jede dritte oder vierte Silbe wurde „mit einem mäßigen Iktus versehen. Sonstige Erhebungen der Stimme wurden möglichst vermieden."[9] Nach Erlernung einer Reihe verordnete sich Ebbinghaus eine Pause von 15 Sekunden, die der Aufzeichnung der Resultate

6 Das Aufhäufen psychopathologischer Befunde nahm bei aller Divergenz in den Forschungsansätzen weiter zu (vgl. etwa Ranschburg 1911 oder Freud 1990).

7 Auf die Ebbinghausschen Gedächtnisexperimente sowie auf ihren untergründigen Bezug zur zeitgenössischen Aphasieforschung und weiterhin auf ihren Ort im Feld der Aphasien hat Friedrich Kittler aufmerksam gemacht (Kittler 1985, 211–234).

8 Ebbinghaus 1985, 19.

9 Ebenda, 21.

vorbehalten war. Doch nicht nur die Lernvorschriften waren streng geregelt, auch der Forscher selbst unterwarf seinen Geist und seinen Leib einem Regiment, das sich wie die säkulare Variante einer frommen Übung ausnahm. Es umfaßte die Forderung nach selbstloser, konzentrierter Hingabe an den Memorierstoff, nach einer Unermüdlichkeit, die sich abgeschieden vom Lärm der Welt zu bewähren hatte, und nicht zuletzt verlangte es eine zurückhaltende, regelmäßige Lebensweise.

Anno 1879, im Alter von 29 Jahren, begab sich Ebbinghaus zu seiner ersten Versuchsperiode in Klausur, vermutlich zu Hause, denn damals war er ohne universitäre oder anderweitige akademische Einbindung.[10] Die Experimente erstreckten sich über reichlich ein Jahr. Später, 1883, wandte er sich erneut für ein gutes Jahr seinen Gedächtnisversuchen zu, die er, bis auf geringfügige Veränderungen, nach dem gleichen Reglement durchführte. Diesmal begnügte er sich mit der einmaligen fehlerfreien Wiederholung einer Silbenreihe (zuvor hatte er sich noch zwei solche Reproduktionen auferlegt), und er widmete sich jetzt ausschließlich in der Zeit zwischen 1 und 3 Uhr mittags seinen Lernübungen, die er in der ersten Periode auf die Vormittags- und die frühen Abendstunden verteilt hatte. Die Versuche dieser zweiten Periode boten ihm zum einen die Gelegenheit, die früheren Ergebnisse zu überprüfen, zum anderen gestatteten sie es ihm, auf diesen aufzubauen. Aus der Studie von 1885 geht unmittelbar hervor, daß er all seine Befunde ständig für Kritik und Revision offenhielt (so gab er neben den Mittelwerten und Durchschnittszahlen immer auch die Abweichungen an) und daß er in bezug auf die Signifikanz seiner Daten lieber zweimal zur Vorsicht riet als ihnen enthusiastisch Glauben zu schenken. Dieser durchgängige Zweifel und diese äußerste Bedachtsamkeit beim Folgern sind als Bestandteile seines Ringens um naturwissenschaftlich begründete Erkenntnis zu werten. Sie gehören notwendig zu seinem methodologischen und theoretischen Inventar, und sie sind zugleich der unmißverständliche Ausdruck einer Abgrenzung vom zeitgenössischen, vielfach in unkritischem Glaubenseifer geführten Diskurs über das Gedächtnis.

Ebbinghaus handelte in seiner Untersuchung die folgenden Korrelationen ab: Die „Schnelligkeit des Lernens von Silbenreihen als Funktion der Länge derselben" (Kap. V, S. 39–43), „Das Behalten als Funktion der Anzahl der Wiederholungen" (Kap. VI, S. 44–52), „Das Behalten und Vergessen als Funktion der Zeit" (Kap. VII, S. 53–69), „Das Behalten als Funktion des wiederholten Erlernens" (Kap. VIII, S. 70–78), und „als Funktion der Aufeinanderfolge der Reihenglieder" (Kap. IX, S. 79–109). Um Behalten und Vergessen sowie um die Assoziationskräfte, welche die einzelnen Reihenglieder aufeinander ausüben, in

10 Vgl. Boring 1950, 386–392, hier 387f.

meßbare Einheiten zu übersetzen, entwickelte er die sog. Ersparnismethode. Ein Quotient bezeichnete die Arbeitsersparnis, welche sich beim Erlernen einer Silbenreihe einstellte, die man – in identischer oder aber in variierter Gestalt – zu einem früheren Zeitpunkt schon einmal auswendig gelernt hatte. Insgesamt konnte Ebbinghaus etliche, seit Johann Friedrich Herbart längst bekannte Lehrsätze experimentell bestätigen, wie etwa jenen, der besagt, daß das Vergessen zunächst schnell einsetzt und sodann immer langsamer fortschreitet, oder auch jenen, der behauptet, daß ein Reihenglied am stärksten mit dem ihm folgenden verknüpft ist, in schwächerem Grade mit dem übernächsten und in noch weit geringerem Maße mit dem dritten usw. Seine Arbeit ging allerdings insofern über den Stand dieser Lehrsätze hinaus, als sie den Experimenten nicht axiomatisch zugrunde lagen, sondern ihr Existenzrecht erst durch positives Wissen legitimieren mußten. Damit forderte Ebbinghaus empirisch überprüfbare Innenansichten der psychologischen Gesetze ein, die unter dem Anschein, Fragen zu beantworten, notwendige, bis dahin ungestellte Fragen nach infrastrukturellen Aspekten des Gedächtnisses aus dem Blickfeld verbannt hatten: Wie z. B. verläuft die Vergessenskurve im einzelnen oder wie lassen sich die Bindungskräfte zwischen den verschiedenen Reihengliedern in ihrer Abstufung numerisch fassen? In seinen Augen lag der qualitative Erkenntniszuwachs genau darin begründet, daß man das unpräzise und deshalb kaum brauchbare Wissen quantifizierend präzisierte. Die zu Zahlenreihen kondensierten Ergebnisse bezogen sich auf die Person des zu seinem eigenen Objekt präparierten Forschers selbst. Betrafen sie somit zwar nur ein einziges Individuum, so sollten sie doch für dieses möglichst generell gültig sein und außerdem auch allgemeine, über den einzelnen hinaus wirksame Gesetzmäßigkeiten durchscheinen lassen.

Ihrem Ideal nach bewegte sich die einsame Selbstbeobachtung des Hermann Ebbinghaus in einem semantischen Vakuum. Die Versuchsanordnung war derartig beschaffen, daß sich die Aufmerksamkeit im Gegensatz zur alltäglichen Memorierpraxis nicht auf die Sinnhaftigkeit von Zeichen beziehen konnte, sondern sie galt allein dem Sinn der Reproduktion selbst. Mit anderen Worten: Das desemantisierte Sprachmaterial transportierte zwar keine sprachlichen Botschaften mehr, es hatte aber dennoch ein Signifikat, das es in all seinen Zufallskombinationen ständig von neuem bezeichnete. Dieses Signifikat war das Experiment. Die Trockenlegung des Zeichenflusses, die Destruktion der Sinnhaftigkeit zog eine Konsequenz nach sich, die hinsichtlich der Natur des empirischen Wissens von erheblicher Tragweite war. Denn genau dadurch, daß die Gedächtnistätigkeit von ihren kulturellen und sozialen Funktionen abgekoppelt wurde, präsentierten sich die Befunde als eine Ontologie des Gedächtnisses. Befreit vom Gestrüpp der Geschichten, die das Gedächtnis in seinem Alltagsmilieu fortwährend zu produzieren genötigt ist, sollte es sein reines, natürliches Wesen offenbaren. Der semantisch leere Raum sollte den Menschen in seiner psychischen Grundausstattung sichtbar werden lassen und die Möglichkeit eröffnen, diese Disposition als ein konstantes System universell gültiger Kausalbeziehungen numerisch zu begreifen. Wann immer das Gedächtnis im Kontext der Kultur eine Rolle übernehmen würde, müßte dieses System im Sinne einer anthropologischen Grundkonstante tätig sein. Die Bestimmung des Menschen vermittels einer Analyse der Elemente und der Mechanismen seines psychischen Apparates stieß indessen auch auf Kritik, die in Wilhelm Diltheys *Ideen über eine beschreibende und zergliedernde Psychologie* eine pointierte Ausarbeitung fand[11] und die außer etwa in der Gestaltpsychologie z. B. in der personalen Psychologie des durch Ebbinghaus wie auch durch Dilthey initiierten William Stern[12] produktiv werden sollte.

Die Schlüsselstudie von Hermann Ebbinghaus erfuhr in den Arbeiten des Göttinger Psychologen Georg Elias Müller und seiner Mitarbeiter eine Fortschreibung. Gemeinsam mit Friedrich Schumann veröffentlichte er 1893 eine Schrift mit dem Titel *Experimentelle Beiträge zur Untersuchung des Gedächtnisses.* In der Absicht, „uns durch eigene Versuche mit der Leistungsfähigkeit der von Ebbinghaus eingeführten Methoden bekannt zu machen und womöglich einen kleinen Beitrag zur weiteren Fortbildung, Schärfung und Erweiterung derselben zu liefern, haben wir gemeinsam zu verschiedenen Zeiten der Jahre 1887–92 unter gütiger Mitwirkung einiger Herren, denen wir hierdurch nochmals unseren Dank aussprechen, eine Anzahl von Versuchsreihen über das Gedächtnis angestellt".[13] Für die Experimente wurde eine Reihe von Vorkehrungen getroffen, die das Unternehmen von Ebbinghaus im nachhinein als recht ungenau erscheinen lassen mußten. Um ein höheres Maß an Objektivität zu gewährleisten, wurde grundsätzlich ein Versuchsleiter eingesetzt, der die Untersuchung nach festen Regeln zu überwachen hatte: Er stellte die Silbenreihen zusammen, kontrollierte die Richtigkeit der Reproduktionen, notierte die Resultate und beobachtete „an der Versuchsperson mancherlei Eigentümlichkeiten und Einzelheiten (Fälle charakteristischen Sichversprechens, eigentümlicher Betonungsweise u. dergl.)".[14] Größter Bedacht wurde auf die Präsentation der Silben genommen. Nach etlichen, wenig befriedigenden Versuchen mit einem geliehenen Mareyschen Kymographion, welches mit Hilfe einer gleichmäßig rotierenden Trommel die Silben der Reihe nach einzeln vor Augen führte, ließen sie sich von dem Mechaniker Baltzar in Leipzig einen neuen Rotationsapparat

11 Vgl. Dilthey 1894.
12 Vgl. Stern 1950.
13 Müller/Schumann 1893, 1.
14 Ebenda, 16.

anfertigen. Die Umdrehungsgeschwindigkeit seiner Trommel ließ sich innerhalb weiter Grenzen beliebig variieren und „wurde mittelst einer Uhr, welche Fünftelsekunden angab, in der Weise reguliert, daß die Zwischenzeiten zwischen den unmittelbar aufeinanderfolgenden Silben so kurz waren, daß die Versuchsperson während derselben sich nicht gut irgend eine der vorangegangenen Silben nochmals vergegenwärtigen konnte, auch nicht nach einer mnemonischen Hülfsvorstellung suchen konnte".[15] Allerdings hatte auch dieser Apparat noch seine Schwächen. Erstens: da die Rotationsgeschwindigkeit mit der Zimmertemperatur schwankte, mußte diese z. B. nach kalten Winternächten bereits stundenlang vor Beginn der Versuche kontrolliert werden. Zweitens lösten die sukzessiv sich vorbeibewegenden Silben bei einigen Personen zum Teil unerträgliche Schwindelgefühle und Augenflimmern aus: „Wir haben verschiedene opferwillige und sonst sehr geeignete Versuchspersonen nur deshalb nicht benutzen können, weil sie bei jedem Lernversuche mehr oder weniger durch derartige Schwindelerscheinungen gestört wurden."[16]

Gegenüber den Experimenten von Ebbinghaus verschärften Müller und Schumann außerdem die Kriterien, nach denen die Silben gebildet und zu Reihen von jeweils zwölf Gliedern zusammengestellt wurden. Denn es hatte sich gezeigt, daß das sinnlose Material keineswegs gleichförmig war, sondern dem Gedächtnis bereits ohne semantische Aufladung mnemotechnische Angebote machte. Das Lernen wurde nämlich dann erleichtert, wenn Alliterationen vorkamen, wenn zwei Silben sich aufeinander reimten, wenn zwei benachbarte Silben bzw. die Anfangssilben zweier im Trochäus gesprochener Takte denselben Vokal oder Diphthong enthielten usw.[17] Besonders natürlich waren Merkhilfen gegeben, wenn sich die Silben zufällig zu Phrasen oder Worten formierten. Es mag nicht zuletzt dem systematischen, selbstverordneten Entzug von Vitalinteressen zu verdanken sein, daß sich diese in Gestalt der beiden folgenden, von Müller und Schumann aufgeführten Beispiele massiv zurückmeldeten: Für Phrasen und für Wortbildung nannten sie in einem Atemzuge „gib-mir" und „weib-lich",[18] und sie schienen besonderen Gefallen an einer Kombination zu haben, über die uns eine Fußnote unterrichtet. Darin heißt es: „Dem einen von uns beiden spielte einmal der Zufall die beiden Silben sauf doch als Anfangssilben in die Hände. Soll man nun eine solche Reihe unverändert lernen lassen?"[19] Um solches zu verhüten und um ein möglichst homogenes Material zur Verfügung zu haben, mußten für eine

15 Ebenda, 17f.
16 Ebenda, 112.
17 Vgl. ebenda, 18f.
18 Vgl. ebenda, 19.
19 Ebenda, 114, Anm. 1.

sog. normale Silbenreihe vier Bedingungen erfüllt sein: „1. Alle Anfangskonsonanten, Vokallaute und Endkonsonanten sind verschieden. 2. Der Anfangskonsonant einer Silbe stimmt nie mit dem Endkonsonanten der unmittelbar vorhergehenden Silbe überein. 3. Der Anfangskonsonant der ersten und der Endkonsonant der zweiten Silbe eines und desselben Taktes sind niemals identisch. 4. Zwei oder mehrere unmittelbar aufeinanderfolgende Silben bilden, buchstäblich genommen, nie ein bekanntes mehrsilbiges Wort oder eine Phrase."[20] Darüber hinaus führten die beiden Psychologen noch die sog. verschärft normale Reihe ein, bei der die Vorschrift galt, „daß an einem und demselben Tage nicht Silben vorkommen dürfen, welche hinsichtlich ihrer beiden ersten oder hinsichtlich ihrer beiden letzten Buchstaben oder hinsichtlich ihrer Anfangs- oder Endkonsonanten miteinander übereinstimmen".[21] Eine aufwendige Buchführung hatte schließlich zu registrieren, wann genau eine Silbe zum Einsatz gebracht worden war, damit sichergestellt würde, daß sie nicht vor Ablauf von 14 Tagen erneut zum Gebrauch käme. Für ihre Eintragungen bedienten sie sich zunächst eines sog. Silbenbuches, das sie später durch eine Silbentafel ersetzten, die etwas komfortabler zu handhaben war. Aus einer späteren Bemerkung von Hans Rupp geht hervor, daß sämtliche Reihen in doppelter Ausfertigung gedruckt wurden, „und zwar sowohl in kleinen Büchlein zur Protokollierung, wie auch auf Streifen, so wie sie für die Apparate benötigt werden".[22] Als konstruktives Element des Gedächtnisversuchs wurde die einzelne sinnlose Silbe immer stärker isoliert. Das bedeutet jedoch nicht, daß sie zur einzig wirkmächtigen Erinnerungseinheit avanciert wäre. Trotz aller Separierung tendierten die Reihenglieder dazu, unterstützt vor allem durch ihre rhythmische Lesung, zu komplexeren Gebilden zu verschmelzen, zu Nonsense-Worten und zu Nonsense-Phrasen, die gewissermaßen auf einer höher organisierten Ebene der Bedeutungslosigkeit als Einheiten memoriert werden konnten.

Bei ihren Experimenten machten sich Müller und Schumann die Forderung nach konstanten Versuchsbedingungen konsequent zu eigen. Während sie in diesem Zusammenhang die Desemantisierung des Memorierstoffs weiter vorantrieben, wurden sie zugleich immer nachhaltiger des Umstandes gewahr, daß das künstlich geschaffene, inhaltsleere Sprachplasma einen schier unerschöpflichen Vorrat an heimatlosen, schimärenhaften Bedeutungstrümmern enthielt, die nur darauf lauerten, geordnet und entziffert zu werden. Im Untergrund, unterhalb aller kodierten Inhalte, bedrohte eine wilde, phantasmagorische Sinnhaftigkeit die Leere des semantischen Vakuums. Die verschärften Vorsichtsmaßregeln hat-

20 Ebenda, 26.
21 Ebenda.
22 Rupp 1909, 228.

ten dafür Sorge zu tragen, daß die Silbenreihen nicht doch unter der Hand ein Netz von Anklängen spinnen würden, die sich dem Bewußtsein auf ähnliche Weise anböten wie jenes imaginäre Bestiarium, welches das Schauspiel der am Himmel vorbeiziehenden Wolken dem menschlichen Auge in endloser Abwandlung vorführt. Denn genau darauf verwies die Teufelsaustreibung des Sinns an vorderster Stelle, nämlich daß der Mensch unaufhörlich damit befaßt ist, Bedeutung zu produzieren. Da dieser Umstand nicht der Natur des Gedächtnisses zugeschlagen wurde, mußte er ihrer psychologischen Wesensbestimmung im Wege stehen. Mit dem Erscheinen der Bedeutung war die Grenze zum kulturell gebundenen Individuum überschritten, was, hätte man ihr ein Bleiberecht eingeräumt, einer Preisgabe des epistemologischen Anspruchs auf universell gültige Gesetze gleichgekommen wäre. Um deren Entdeckung weiter voranzutreiben, variierten die beiden Forscher in unermüdlichem Erfindungsreichtum die Feinstruktur ihrer Versuchsanordnung und führten zusätzliche Messungen durch. Bei einigen ihrer Experimente schlossen sie die Testpersonen an einen Pneumographen an, der das Verhalten der Atmung beim Lernen in ein Kurvenbild übersetzte.[23]

Im Jahre 1900 veröffentlichte Georg Elias Müller gemeinsam mit Alfons Pilzecker, der sich für die Vorgängerstudie noch als studentische Versuchsperson zur Verfügung gestellt hatte, erneut *Experimentelle Beiträge zur Lehre vom Gedächtnis*, denen „mehr als 20 000 Vorzeigungen von Silben und fast ebenso viele chronometrische Bestimmungen" zugrunde lagen.[24] Bei ihren Untersuchungen wandten sie das sog. Trefferverfahren an. Nun wurde nicht mehr nur die Anzahl der Wiederholungen erhoben, die für das erstmalige fehlerfreie Hersagen einer Silbenreihe erforderlich waren, sondern sie zählten vor allem die Treffer, d. h. die nach dem Verstreichen einer gewissen Zwischenzeit korrekt reproduzierten Silben. Die Zahl der falsch wiederholten Silben und die Ausfälle jeglicher Erinnerung nahmen sie ebenfalls auf. In der Standardsituation wählten sie dazu ein Verfahren, wonach von einer zunächst im trochäischen Takt gelesenen Reihe zu einem späteren Zeitpunkt lediglich die jeweils ersten, betonten Silben der einzelnen Takte mit der Aufforderung gegeben wurden, die dazugehörigen unbetonten zu nennen. Um die Stärke der Assoziationen numerisch zu fassen, wurde die Reaktionszeit – vgl. hierzu Abb. 1 und 2 – zwischen dem Erscheinen der ersten und dem Aussprechen der zweiten Silbe gemessen, zu welchem Zweck der Gedächtnisapparat, ein Chronoskop und ein Schalltrichter bzw. ein sog. Lippenschlüssel elektrisch miteinander verschaltet wurden. Während das eingesetzte Hippsche Chronoskop die Zeit nach Tausendstel Sekundenbruchteilen zu stop-

23 Vgl. Müller/Schumann 1893, 139–143.
24 Müller/Pilzecker 1900, V.

Abb. 1: Versuchsanordnung zur Messung von Reproduktionszeiten bei graphischer Registrierung (Schulze 1913, 267)

pen vermochte, arbeitete die akustisch ausgelöste Schaltung offensichtlich weniger präzise: „Die Benutzung des Schalltrichters hat den Mißstand, daß derselbe bei Versuchspersonen, z. B. weiblichen Geschlechts, denen ein energisches Aussprechen der Silben ungewohnt oder anstrengend ist, gelegentlich nur verspätet oder gar nicht fungiert. Auch reagiert derselbe bei Silben verschiedener Art nicht gleich leicht und prompt, z. B. bei Silben, welche mit *h* anfangen, schneller als bei solchen, die mit *n* anfangen."[25] Auch der Lippenschlüssel konnte minimale Meßfehler verursachen, die durch eigens darüber angestellte Untersuchungen weitgehend ausgeräumt werden sollten: „Selbstverständlich haben wir uns auch über die Latenzzeit des benutzten Lippenschlüssels (d. h. über die Zeit, die von dem Zeitpunkte an, wo die Lippe der Versuchsperson den von ihr nach oben gedrückten Hebel des Lippenschlüssels losläßt, bis dahin verfließt, wo der betreffende Strom durch diesen Hebel geschlossen wird) und über die Größe der Schwankungen dieser Latenzzeit auf chronographischem Wege die erforderliche Auskunft

25 Ebenda, 6.

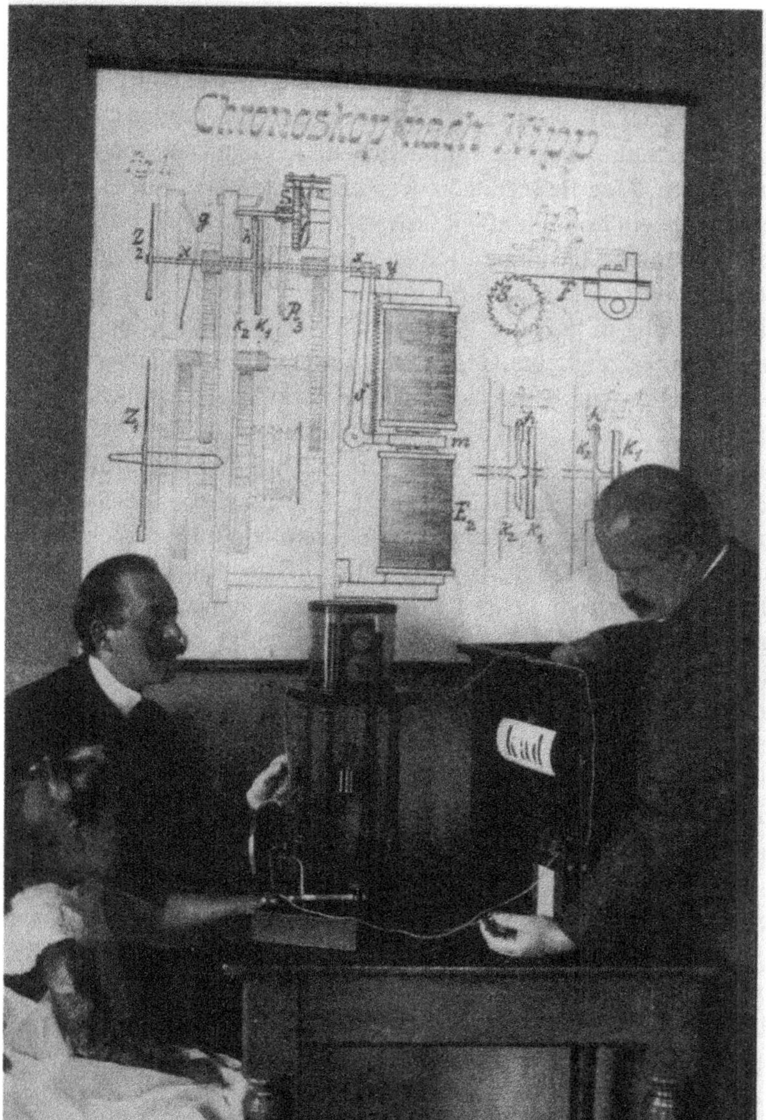

Abb. 2: Versuchsanordnung zur Messung von Reproduktionszeiten mit Gedächtnisapparat, Schallschlüssel und Chronoskop (Schulze 1913, 270).

verschafft. Wir stellten den Lippenschlüssel so ein, daß diese Latenzzeit sehr klein war und demgemäß auch ihre Schwankungen absolut nur sehr gering waren. Natürlich hat auch die Handhabung des Lippenschlüssels seitens der Versuchsperson ihre Schwierigkeiten, und bedarf letztere in dieser Hinsicht einer gewissen Einübung und Überwachung."[26] Die Disziplin, welche sich Hermann Ebbinghaus für seine Versuche noch aus freien Stücken abverlangt hatte, wurde mittlerweile zum guten Teil durch die Notwendigkeit einer gelegentlich höchst inkommodierenden Unterwerfung unter die funktionellen Bedingungen von technischem Gerät erzwungen. Den Bewegungen der Augen und der Lippen, ja dem gesamten Körper wurde ein hohes Maß an Gehorsam zugemutet. Die Versuchsperson wurde, selbst wenn sie nicht unmittelbar an einen Schaltkreis angeschlossen war, in einer Art von Demutshaltung vor dem Mysterium des Experiments stillgestellt und gleichzeitig in äußerste Anspannung versetzt. Abbildung 3 gibt davon einen Eindruck. Sie zeigt eine Gedächtnisprüfung, bei der ein vertrautes Wort – Arzt – mit einem der Versuchsperson unvertrauten – nämlich tabib, dem arabisch-türkischen Ausdruck für Arzt – gemeinsam präsentiert werden.

In Verbindung mit der aufwendigen Apparatur machte die sog. Treffermethode den Gedächtnisversuch zum Reaktionstest. Ein zweifaches Ziel schien erreicht zu sein: Erstens war das Gedächtnis im Dienste seiner psychologischen Exploration nun auf eine quasi vegetative Funktion zurückgedrängt, von der man sich unverfälschte Einsichten in die Universalien des Vorstellungsverlaufes[27] und der Erinnerungsvorgänge versprach; zweitens waren durch die technischen Verfeinerungen, die Fixierung der Versuchsperson und eine auf die Spitze getriebene Homogenisierung des Silbenmaterials Versuchsbedingungen geschaffen, welche die Forderungen nach Konstanz und Genauigkeit vortrefflich einlösten. In jedem Detail ging es immer wieder ums Ganze, nämlich darum, „daß das Gedächtnis, diese uns im Kampfe ums Dasein unentbehrliche Fähigkeit, einer bei allen Menschen im Grunde gleichen, scharf ausgeprägten Gesetzmäßigkeit unterliegt, die in mancherlei Richtung einer exacten Untersuchung zugänglicher ist als die Gesetzmäßigkeit vieler rein physiologischer Erscheinungen. Die Gesetze des Gedächtnisses sind allerwärts von derselben Art; was variiert, sind so zu sagen die Werthe der Constanten, die in diesen Gesetzen vorkommen, und die Art und Weise, wie sich die Individuen unter gleichen Bedingungen bei der Aufnahme und bei der Reproduction von Eindrücken benehmen."[28] Nicht nur Ebbinghaus, Schumann, Pilzecker und Müller wandten sich dieser psychologischen Grundlagenforschung zu. Wie die beinahe unerschöpfliche Literatur ausweist, gingen vielmehr seit den späten 80er Jahren und dann besonders um die Jahrhundertwende in ganz Europa wahre Silbengewitter über dem Diskurs des Gedächtnisses

26 Ebenda, 7.

27 Sein dreibändiges Opus magnum zu diesem Thema sollte Georg Elias Müller erst Jahre später verfassen (vgl. Müller 1911, 1917, 1913).

28 Müller/Pilzecker 1900, VII.

Abb. 3: Gedächtnisprüfung (Schulze 1913, 235).

nieder. Den professionellen wie auch den Laienforschern, z. B. Lehrern, stand für ihre Versuchsreihen bald eine beachtliche Auswahl an immer weiter verbesserten Gedächtnisapparaten zur Verfügung. Dem Sammeleifer waren kaum noch Grenzen gesetzt. Doch trotz des kollektiven Enthusiasmus, durch Zahl und Maß eine lückenlose Ordnung in den Irrgarten des psychischen Geschehens hineinzutragen, drängte sich immer massiver eine Unruhe in den Vordergrund, das Gefühl einer unabwendbaren Gefährdung: Denn man hatte neben den natürlichen Funktionsweisen des Gedächtnisses unversehens auch dessen natürliche Grenzen und seine strukturelle Unzuverlässigkeit herausgearbeitet. Schon vor aller Kultur schien der Mensch nicht sonderlich gut dazu geeignet, sich korrekt zu erinnern. Dieser Befund konnte einer Zeit, die ihren Bezug zur Vergangenheit als Krise erlebte, keine Heilung versprechen.

Literatur

Boring, Edwin G. (1950): A History of Experimental Psychology, 2. Aufl., New York.

Dilthey, Wilhelm (1894): Ideen über eine beschreibende und zergliedernde Psychologie, in: Sitzungsberichte der Königlich-Preußischen Akademie der Wissenschaften zu Berlin. Jahrgang 1894. Zweiter Halbband. Juni bis Dezember, Berlin.

Ebbinghaus, Hermann (1985): über das Gedächtnis. Untersuchungen zur experimentellen Psychologie (zuerst 1885), Darmstadt.

Freud, Sigmund (1990): Zur Psychopathologie des Alltagslebens. Über Vergessen, Versprechen, Vergreifen, Aberglauben und Irrtum (zuerst 1904), Frankfurt/M.

Kittler, Friedrich A. (1985): Aufschreibesysteme 1800/1900, München.

Müller, Georg Elias (1911, 1917, 1913): Zur Analyse der Gedächtnistätigkeit und des Vorstellungsverlaufes. I. Teil (Zeitschrift für Psychologie und Physiologie der Sinnesorgane. I. Abtl. Zeitschrift für Psychologie. Ergänzungsbd. 5), Leipzig 1911; II. Teil (Zeitschrift für Psychologie und Physiologie der Sinnesorgane. I. Abtl. Zeitschrift für Psychologie. Ergänzungsbd. 9), Leipzig 1917; III. Teil (Zeitschrift für Psychologie und Physiologie der Sinnesorgane. I. Abtl. Zeitschrift für Psychologie. Ergänzungsbd. 8), Leipzig 1913.

Müller, Georg Elias/Pilzecker, Alfons (1900): Experimentelle Beiträge zur Lehre vom Gedächtnis. (Zeitschrift für Psychologie und Physiologie der Sinnesorgane. Ergänzungsbd. 1), Leipzig.

Müller, Georg Elias/Schumann, Friedrich (1893): Experimentelle Beiträge zur Untersuchung des Gedächtnisses, Hamburg – Leipzig.

Ranschburg, Paul (1911): Das kranke Gedächtnis. Ergebnisse und Methoden der experimentellen Erforschung der alltäglichen Falschleistungen und der Pathologie des Gedächtnisses, Leipzig.

Ribot, Théodule (1882): Das Gedächtnis und seine Störungen. Autorisierte deutsche Ausgabe, Hamburg – Leipzig.

Rupp, Hans (1909): Demonstration einiger Apparate, in: Friedrich Schumann (Hrsg.), Bericht über den III. Kongreß für experimentelle Psychologie in Frankfurt a. Main vom 22. bis 25. April 1908, Leipzig, 127f.

Schulze, Rudolf (1913): Aus der Werkstatt der experimentellen Psychologie und Pädagogik, 3., wesentl. erw. Aufl., Leipzig.

Stern, William (1950): Allgemeine Psychologie auf personalistischer Grundlage (zuerst 1935), 2. Aufl., Den Haag.

Michael Hagner

Lokalisation, Funktion, Cytoarchitektonik

Wege zur Modellierung des Gehirns

I. Modelle in den biomedizinischen Wissenschaften

Die allgemeinste Definition für ein Modell in den Wissenschaften dürfte dahingehend lauten, daß ein Ding durch ein anderes per Analogie oder per Metapher repräsentiert wird. Wissenschaftstheoretiker von Duhem bis Hesse und Lakatos haben nicht wenig Mühe darauf verwendet, den Ort von Modellen im wissenschaftlichen Denken zu fixieren. Dabei sind die historischen Beispiele zumeist in der Physik gesucht und gefunden worden. Erst Georges Canguilhem hat ausdrücklich darauf hingewiesen, daß Modelle in den biomedizinischen Wissenschaften ein Eigenleben führen und im Anschluß daran die These aufgestellt, daß innovative Modelle niemals ein Double des organischen Objekts sein dürfen, denen ein unmittelbarer Erklärungs- oder Anschauungswert zukommt, sondern daß die Differenz zwischen Objekt und Modell stets virulent bleiben muß, damit Forschungsfragen formuliert und reformuliert werden können.[1] Auch wenn Canguilhem sich ganz im Raum der traditionellen Wissenschaftstheorie bewegt und das Modell als Bestandteil wissenschaftlichen Denkens ganz explizit vom experimentellen Geschehen abgrenzt, lädt seine These gleichwohl dazu ein, den instrumentellen Charakter von Modellen in praktischen Forschungszusammenhängen näher zu untersuchen: welche Rolle spielt ein Modell für die experimentelle Praxis, wie kommt es ins Spiel, wie wird es eingesetzt, und was sind die Gründe für das mitunter rasche Verschwinden von Modellen? Mit diesen Fragen beabsichtige ich nicht, die wissenschaftstheoretischen Diskussionen um die prädiktive Zuverlässigkeit oder Schwäche von Modellen zu bereichern. Vielmehr gehört es zu den Zielen dieser Studie, den heuristischen und ausgesprochen variablen Charakter von Modellen in den biomedizinischen Wissenschaften und insbesondere in der Hirnforschung an einem Beispiel genauer zu fassen.

1 Vgl. Canguilhem 1963, 517–520; auch Asher 1934.

In der Geschichte der Hirnforschung sind Modelle, Metaphern und Analogien bis auf den heutigen Tag in ganz unterschiedlicher Weise zum Zuge gekommen. Im 18. Jahrhundert wurde das Gehirn als barockes Uhrwerk oder auch als ein aus vielen Fächern bestehendes Vorratshaus verstanden, im 19. Jahrhundert galt das Gehirn als Ausscheidungsorgan von Sinn, wurde aber auch mit dem galvanischen Apparat oder mit einem Automaten mit corticaler Klaviatur assoziiert. Bevor es dann um die Mitte des 20. Jahrhunderts zur kybernetischen Wende kam und das Gehirn mit medientechnischen Datenverarbeitungsmaschinen, Telekommunikationsmaschinen, Turing-Maschinen, Computern und Hologrammen in Verbindung gebracht wurde, war das allgemein anerkannteste Modell für das Gehirn das einer sensomotorischen Reflexmaschine.[2] Außer der ganz allgemeinen Feststellung, daß es sich bei dieser Aufzählung um an der Mechanik, Physik und Technologie orientierte Apparaturen handelt, läßt sich – so weit ich sehe – nur eine einzige weitergehende Gemeinsamkeit dieser Modelle feststellen. Sie alle nämlich fügen sich in einen jeweiligen allgemein akzeptierten wissenschaftlichen Problemhorizont. Dieser Horizont legt im weitesten Sinne die historisch-kulturellen Koordinaten für den wissenschaftlichen Umgang mit dem Gehirn fest. Er definiert die Ränder des Sagbaren und Machbaren, und deswegen können verschiedene Modelle, Praktiken, Theorien etc. vor einem Problemhorizont wirksam werden. Nun ist es historisch gewiß nicht sonderlich problematisch, daß beispielsweise im 19. Jahrhundert niemand mehr vom Gehirn als Uhrwerk redet, aber es bedarf der Erklärung, daß das mit dem rasanten Aufstieg der Hirnforschung im späten 19. Jahrhundert assoziierte Modell der sensomotorischen Reflexmaschine um 1900 in eine Krise gerät und für die weiteren Forschungsaktivitäten nicht mehr die zentrale Rolle spielt.

Wenn daraus die Schlußfolgerung zu ziehen ist, daß die historische Variabilität eines Modells im Wissenschaftsprozeß nicht bloß in markanten epistemischen Schnitten sichtbar wird, sondern auch in vergleichsweise stabilen Entwicklungen, in denen das Auftreten eines neuen Wissens- bzw. Tätigkeitsfeldes keinen Bruch bedeutet, stellt sich allerdings die Frage, ob ein Modell mehr ist als ein Bestandteil in einem komplexen Netzwerk der Wissensentstehung, das nicht am Anfang dieses Prozesses steht und auch nicht notwendigerweise eine herausragende Bedeutung haben muß.

2 Vgl. Pribram 1990.

II. Das Gehirn als sensomotorische Reflexmaschine und die Lokalisierung der geistigen Eigenschaften

Der Problemhorizont der Hirnforschung zwischen 1870 und 1900 bestand darin, daß geistige Qualitäten des Menschen im Gehirn lokalisiert wurden. Zwar wollte man nichts mit der älteren Organologie Franz Joseph Galls zu tun haben, aber die nach und nach entwickelten klinisch-experimentell definierten Krankheitsbilder von Aphasie, Agraphie, Alexie, Agnosie, Apraxie usw. legten nahe, daß Sprechen, Schreiben, Lesen, Erkennen (von Gegenständen) und sinnvolles Handeln nicht Ausdruck eines einheitlichen menschlichen Vermögens sind, sondern Ausdruck der Intaktheit einer umschriebenen Hirnregion. Gewiß gab es eine ganze Reihe von wissenschaftlichen Autoritäten, die das vehement leugneten, doch trugen sie durch ihre eigene Forschung zur weiteren Stabilisierung des Lokalisationismus bei.[3] Der Problemhorizont Lokalisation überschritt somit die Intention invidueller Wissenschaftler. Er bildete den allgemeinen Rahmen für eine ganze Anzahl von experimentellen Tätigkeiten, die trotz unterschiedlicher disziplinärer und fachlicher Ausrichtungen, experimenteller Techniken, wissenschaftlicher Objekte und differierender Ergebnisse miteinander konvergierten. Dabei lassen sich im wesentlichen drei Tätigkeitsfelder mit ihren jeweils eigenen Forschungspraktiken unterscheiden: Die elektrische Stimulation der Hirnrinde und gezielte cerebrale Läsionsexperimente gehörten in die Physiologie; die Erforschung und genaue funktionale Lokalisierung von Hirnläsionen bzw. Erkrankungen beim Menschen gehörte zur Neurologie und Psychiatrie; und schließlich wurde in der Anatomie die strukturelle Differenzierung funktionell isolierter Hirnareale untersucht.

In dieser für die Hirnforschung so wichtigen Phase war das herausragende Modell für das Gehirn das einer sensomotorischen Reflexmaschine, das ich das Meynert-Wernicke-Modell nennen möchte. Mittels dieses Modells konnten die verschiedenen Tätigkeitsbereiche in der Hirnforschung miteinander verknüpft werden, auch solche, die sich initial zwar nicht zu widersprechen schienen, keineswegs aber eine gegenseitige Bestätigung erbrachten. Mit anderen Worten: das Meynert-Wernicke-Modell diente als Instrument, um *Konjunkturen* zwischen experimenteller Physiologie, Pathologie der Hirnläsionen und Neuroanatomie herzustellen.[4]

3 Siehe Star 1989; Hagner 1993.

4 Konjunkturen lassen sich nicht nur zwischen einzelnen Experimentalsystemen herstellen, sondern auch – gewissermaßen auf einer sozial höheren Ebene – zwischen ganzen Forschungsbereichen. Auch diese Ereignisse sind nicht unbedingt vorhersehbar, und ihre Vernetzung kann ebenso zur Neukonstituierung bzw. Reorganisation von Forschungsbereichen führen.

Nach diesem ersten Lokalisierungsschub kam um 1900 erneut Bewegung in die Hirnforschung. Auf der einen Seite mehrten sich die kritischen Stimmen gegen die konzeptionelle Tragfähigkeit des Lokalisationskonzepts. Unter dem Stichwort Holismus verbarg sich zwar die Grundüberzeugung, daß die geistigen Phänomene ein Produkt der höheren Hirnfunktionen seien. Die Frage war indes, ob das komplexe Verhältnis von Struktur und Funktion aufgrund der anatomischen, physiologischen oder klinischen Analyse von einzelnen Hirnregionen abgehandelt werden könne, und ob eine Reduktion der Lebenserscheinungen auf chemische und physikalische Prozesse und insbesondere eine neurologische Betrachtung des menschlichen Geistes als Summe seiner Empfindungen und deren Verarbeitung im Gehirn ausreichend seien.[5] Damit wurde auch die metaphysische und forschungsstrategische Haltbarkeit der sensomotorischen Reflexmaschine in Frage gestellt. Freilich folgt aus dieser kritischen Hinterfragung nicht, daß die Lokalisationslehre aufgegeben worden wäre. Im Gegenteil trugen gerade solche Fragen und Ungereimtheiten zu einer verfeinerten topographischen Segmentierung des Gehirns bei, die unter dem Namen Cytoarchitektonik verhandelt wurde. Allerdings führten die Verschiebungen in der Forschungspraxis dazu, daß das sensomotorische Modell marginalisiert wurde und daß es zu neuen Vernetzungen in den bestehenden disziplinären und experimentellen Bereichen kam.

Cytoarchitektonik ist damit, so wird zu zeigen sein, eine von mehreren Antworten auf bestimmte Konstellationen in der Hirnforschung um 1900. In der bisherigen historischen Aufarbeitung der Cytoarchitektonik werden historische Traditionslinien gezogen, die wahlweise von der Anatomie des 18. Jahrhunderts (Francesco Gennari, Félix Vicq d'Azyr, Samuel Thomas Soemmerring)[6] oder doch wenigstens von der Anatomie Theodor Meynerts und Vladimir Betz' sowie der Neurophysiologie von Gustav Fritsch und Eduard Hitzig gezogen werden.[7] Mir kommt es in Ergänzung dazu darauf an, zu zeigen, daß die Verschiebungen im Forschungsprozeß Antworten auf Probleme innerhalb der Lokalisationsforschung darstellen und weniger aus einer langen Traditionslinie heraus zu erklären sind. Im folgenden werde ich zunächst auf die Entwicklung der Lokalisationslehre seit 1870 eingehen und insbesondere einige Aspekte der außerordentlichen Fruchtbarkeit des sensomotorischen Modells darstellen, um hernach Eigentümlichkeiten und Hintergründe der Neuorientierung in der Architektonik des Gehirns, wie sie zwischen 1900 und 1920 entwickelt wurde, herauszuarbeiten.

5 Siehe Peacock 1982, 92; Harrington 1992.

6 Vgl. Fulton 1937.

7 Vgl. Richter/Lindemann 1988.

Experiment, Läsion, Schnitt

Eduard Hitzig und Gustav Fritsch führten Experimente durch, in denen die Hirnrinde der Versuchstiere elektrisch stimuliert wurde. Entgegen der bis dahin gültigen Annahme führte die Reizung spezifischer Rindenareale zu selektiven Bewegungen einzelner Gliedmaßen.[8] Dadurch waren die Hirnforscher zum ersten Mal mit der Möglichkeit konfrontiert, daß hinter einem experimentell evozierten Lallen des Gehirns eine ganze Sprache verborgen sein könnte, deren weitere Dekodierung auf einer sukzessiven Lokalisierung von psychischen und physischen Qualitäten in den verschiedenen Regionen der Hirnrinde beruhte. Es war nicht so, daß man Hitzigs und Fritschs These von sog. motorischen Zentren in der Hirnrinde umgehend geglaubt hätte. Doch trotz verschiedener Zweifel war man sich in dem Punkte einig, daß es bestimmte abgrenzbare Areale in der Hirnrinde gab, die motorisch erregbar waren, andere nicht. Die in der Folgezeit kontrovers diskutierten Fragen bezogen sich darauf, ob diese Zentren exakt begrenzte Ränder aufwiesen oder eher ineinander übergingen; ob ein einzelnes Zentrum spezifisch auf eine Funktion ausgerichtet war, oder ob sich umgekehrt eine Funktion aus der Verbindung mehrerer Zentren zusammensetzte; ob die exakte topographische Lokalisation und Ausdehnung dieser Zentren bei verschiedenen Individuen gewisse Variabilitäten aufwiesen oder nicht; und schließlich, welche psychischen Qulitäten überhaupt als lokalisationsfähige Funktionen isoliert werden konnten. Gegen die ältere phrenologische Überzeugung, daß Talente und Eigenschaften wie Ordnungsliebe, Musikalität und mathematische Begabung in der Hirnrinde lokalisierbar seien, immunisierten sich die Hirnforscher der 70er Jahre des 19. Jahrhunderts, indem sie zunächst einmal diejenigen Qualitäten lokalisierten, die experimentell am besten beherrschbar waren – die sensorischen Fähigkeiten (insbesondere Hören und Sehen) und die Motorik.

Die Auseinandersetzungen um die soeben aufgezählten Fragen sind ein Indiz dafür, daß die Ergebnisse von Hitzig und Fritsch zwar einen neuen experimentellen Raum eröffneten, aber für sich genommen stabilisierten sie weder den Lokalisationsgedanken, noch führten sie zu einer *Vitalisierung* der sensomotorischen Maschine. Genau an diesem Punkt kommt die Verbindung der experimentellen Physiologie mit hirnanatomischen Untersuchungen und klinischen Falldarstellungen von Hirnläsionen ins Spiel.

Ein wichtiger Impuls für die Hirnanatomie in den 60er Jahren kam aus der Psychiatrie. 1867 hielt Wilhelm Griesinger einen programmatischen „Vortrag zur Eröffnung der psychiatrischen Klinik zu Berlin", in dem er anomale Aktionen der Ganglienzellen in der Hirnrinde dafür verantwortlich machte, daß „Bilder,

8 Hierzu siehe Hagner 1993.

Worte, Vorstellungen aller Art ausgelöst werden, welche der Wirklichkeit nicht mehr entsprechen".[9] Zur Erläuterung dieser Vorgänge bediente sich Griesinger eines Vergleichs aus dem bis dahin erfolgreichsten Arbeitsgebiet der Neurophysiologie, der Rückenmarksphysiologie. Üblicherweise wirken die Zellen des Rückenmarks in harmonischer Weise zusammen und ermöglichen auf diese Weise das koordinierte Gehen: „sie [die Ganglien-Zellen] verarbeiten die erhaltenen sensitiven Eindrücke des berührten Bodens und reagiren motorisch so, dass eine vollständige Harmonie mit der Aussenwelt und mit dem Willen des Individuums herauskommt."[10] Bei Funktionsstörungen der Zellen kommt es nach Griesinger automatisch auch zu Gangstörungen. In dieser Analogie werden gleichzeitig das ganze Dilemma *und* die Hoffnungen einer hirnorganisch orientierten Psychiatrie sichtbar. Denn in den Rückenmarkswurzeln ließen sich sensorische und motorische Abschnitte problemlos identifizieren, im Hinblick auf eine solche Differenzierung im Gehirn jedoch waren alle Versuche fehlgeschlagen. Deswegen war der Vergleich höchst spekulativ, aber zugleich war die Annahme einer prinzipiellen strukturellen und funktionellen Gleichartigkeit von Gehirn und Rückenmark ein Anknüpfungspunkt für die weiteren wissenschaftlichen Bemühungen. Während jedoch die experimentalphysiologischen Untersuchungen zum Nachweis einer funktionellen Gleichartigkeit in den 60er Jahren keine verwertbaren Resultate ergaben, war die Hirnanatomie erfolgreicher.

Im Mai 1868, noch zu Griesingers Lebzeiten, verteidigte der spätere Wiener Professor für Psychiatrie, Theodor Meynert, die hirnanatomische Richtung in der Psychiatrie damit, daß er das Gehirn als eine Maschine bezeichnete, deren vollständiges naturwissenschaftliches Verständnis dann erreicht sei, wenn der anatomische Bau sowie die physikalischen und chemischen Gesetzmäßigkeiten seiner Funktion aufgeklärt würden.[11] Seine Entscheidung für die Hirnanatomie begründete Meynert damit, daß Probleme der Psychologie und der Physiologie des Gehirns noch im „dichtesten und hoffnungslosesten Dunkel" verborgen seien, während der Hirnbau „in höchst lesbarer Schrift" den Seelensitz ausdrücke.[12] Solche markanten Sätze bildeten gewissermaßen die Begleitmusik für Meynerts hirnanatomische Untersuchungen. Zu jenem Zeitpunkt hatte Meynert bereits eine kurz darauf großes Aufsehen erregende Entdeckung gemacht. Er fand nämlich zwei Typen von Nervenfasern in der Hirnrinde: sog. Projektionsfasern (Verbindung von tiefer gelegenen Hirnteilen mit dem Cortex) und sog.

9 Griesinger 1872, 142f.

10 Ebenda, 142.

11 Vgl. Meynert 1868, 573f. – Zu Meynert vgl. Lesky 1965, 373–378; Krauss 1989, 216–222; Hirschmüller 1991, 109–115.

12 Ebenda, 591.

Assoziationsfasern (Verbindung der Cortex-Areale untereinander). Meynert war sich zweifellos bewußt, daß er damit als erster die Griesingerschen Analogien substantiiert hatte, und er entwickelte sogleich eine psychophysische Theorie der Hirnfunktionen.[13] Danach dienen die Projektionsfasern dem Transport der sinnlichen Eindrücke von den Sinnesorganen in den Cortex, die Assoziationsfasern dienen der Verknüpfung von Wahrnehmungen und Vorstellungen und gewährleisten somit die Ordnung des Denkens und der koordinierten Bewegung bzw. Handlung. Denken, Bewußtsein oder Intelligenz waren für Meynert letztlich nichts anderes als eine Funktion der Assoziationsfasern, wobei die häufige und intensive Wiederholung einer Assoziation zur Verfestigung entsprechender Bahnen führt, die nach und nach eine gewisse Kontinuität der Persönlichkeit mit sich bringt. Meynerts Lokalisationismus ging davon aus, daß alle Nervenzellen im Gehirn im Prinzip die gleiche Funktion haben und daß die Verschiedenheit der Funktion in den diversen Hirnarealen Folge der unterschiedlichen Verknüpfung zwischen den einzelnen Elementen sei. Daß die Bildung eines einheitlichen Selbst bzw. der Individualität nicht das Resultat der Rückenmarksfunktionen war, führte Meynert einzig auf die mangelnde Verknüpfung seiner Elementarteile zurück. Das „Ich" war für ihn ein Konglomerat aus Vorstellungen, deren Gegensätzlichkeiten aus Intensitätsunterschieden bestehen, die durch den Gehirnmechanismus, also durch dichte Bündelung von Assoziationsfasern, bedingt werden.[14]

Innerhalb dieses Modells gab es für Meynert keine Hierarchie und kein Zentrum, sondern nurmehr eine dynamisch wirksame Konstruktion aus unzähligen Bestandteilen. Die vollständige Version von Meynerts Hirnlehre war also keineswegs identisch mit einer Lokalisationslehre, die das Gehirn in einzelne funktionale und strukturell unterschiedliche Areale aufteilte. Beispielsweise ging er in seinen ersten Arbeiten noch davon aus, daß „ein fortwährendes Nebeneinander von sensorischen und motorischen Elementen in der Hirnrinde"[15] bestehe, was jedoch nach den Experimenten von Hitzig und Fritsch als wenig wahrscheinlich gelten mußte. Doch Meynerts Ansatz einer funktionellen Differenzierung nach strukturellen Gesichtspunkten konnte nahtlos in die Lokalisationslehre eingepaßt werden, insbesondere als der mit Meynert zeitweise kooperierende Anatom Vladimir Betz anhand von unterschiedlichen Zelltypen die Gehirnoberfläche in eine vordere und eine hintere Region einteilte. Zwar ordnete er diesen beiden weder motorische noch sensorische Funktionen zu, wies allerdings darauf hin, daß die im vorderen Teil vorherrschenden sog. „großen Pyramidenzellen" auch

13 Vgl. Leidesdorf 1865, 45–55; Meynert 1867/68.
14 Vgl. Meynert 1892, 37.
15 Meynert 1867/68, 113.

in den von Hitzig und Fritsch stimulierten Arealen dominierten.[16] Die anatomischen und physiologischen Untersuchungen führten also zu einer gegenseitigen Verstärkung der jeweiligen Schlußfolgerungen.

Die vorläufige Durchsetzung der sensomotorischen Maschine als Bezugspunkt für die weitere Forschung gelang durch die klinisch-pathologische Erkenntnis, daß ausgerechnet eine genuin menschliche Fähigkeit wie die Sprache in das sensomotorische Raster hineinpaßte. Zwar führten die bei Hirnläsionen beobachteten Sprachstörungen seit den Veröffentlichungen Paul Brocas in den 60er Jahren insbesondere in Frankreich zur Ausbildung einer Aphaseologie, aber der für die weitere Lokalisationsforschung ebenso wichtige Schritt geschah 1874, als Carl Wernicke, ein Schüler Meynerts, seine Aphaseologie als eine Synthese aus Anatomie, Physiologie und klinischer Pathologie vorstellte.[17]

Wernicke war nicht mehr so vorsichtig wie Betz und unterteilte den Cortex in einen vorderen, motorischen Anteil, der zudem „Bewegungsvorstellungen" enthält, und einen hinteren, sensorischen Anteil, der zudem „Erinnerungsbilder" abgelaufener Sinneseindrücke enthält. Dieser Satz, den Wernicke zu einem der „Fundamente der neueren Gehirnphysiologie"[18] deklarierte, war keineswegs Lehrbuchwissen, sondern mußte sich vornehmlich auf die Untersuchungen von Meynert, Betz und Hitzig berufen.

Die Charakterisierung des Gehirns als sensomotorische Maschine wurde zum Herzstück der Aphaseologie, indem Wernicke der seit Broca bekannten motorischen Aphasie die von ihm selbst so bezeichnete sensorische Aphasie an die Seite stellte. Er führte sie auf eine Läsion im hinteren Teil der ersten linken Temporalwindung der Hirnrinde zurück, weil sich dort das zentrale Ende des Hörnerven und damit das Zentrum für „Klangbilder" befinde.[19] Als klinisches Symptom hob Wernicke ein mangelndes Sprachverständnis bei erhaltener Sprachfähigkeit hervor; zum Verwechseln der Wörter und Agrammatismus komme es auf Grund des Fehlens der von dem Lautbild geübten Korrektur. Darüber hinaus beschrieb er die Unterbrechung zwischen motorischen und sensorischen Zentren als „Leitungsaphasie", die er in die Insel-Region lokalisierte, und die primär durch Wortfindungsstörungen ausgezeichnet sei. Mit der Definition der Leitungsaphasie ergänzte Wernicke die Zweiteilung in einen motorischen und einen sensorischen Komplex und erklärte den normalen Sprachvorgang als einen „psychischen Reflexbogen"[20] zwischen diesen beiden Arealen. Für Wernicke waren es nicht

16 Betz 1874, 579f.
17 Zur Bedeutung der Sprache siehe Marx 1966; Hagner 1994a.
18 Wernicke 1874, 6.
19 Ebenda, 19.
20 Ebenda, 69.

psychologische Kategorien, mit denen er Phänomene wie Sprache und andere psychische Qualitäten erklärte, sondern ein sensomotorischer Prozeß, dessen materielle Grundlage er in Meynerts Assoziationsfasern zu finden glaubte. Die sensomotorische Reflexmaschine, die Daten aufnahm, transformierte und wieder auswarf – mehr waren Sprechen, Schreiben, gesprochene Sprache Verstehen und Lesen für Wernicke nicht – war somit in einem ersten hirnphysiologischen Umriß vollendet.

III. Das Gehirn als Landkarte

Die letzten drei Jahrzehnte des 19. Jahrhunderts führten zu einer weitgehenden Akzeptanz der Lokalisationstheorie geistiger Funktionen. Wie eben skizziert, läßt sich diese Entwicklung als das Resultat eines arbeitsteiligen Prozesses begreifen, der auf vielfältigen Verbindungen zwischen den drei Arbeitsbereichen des physiologischen Experiments, der hirnanatomischen Untersuchung und der klinischen Fallstudie basierte. Die durch Meynert und Wernicke angebahnte Rasterung des Gehirns führte zwar zur funktionellen Zuordnung bestimmter Hirnareale, aber umgekehrt wurde den Hirnforschern dadurch überhaupt erst vor Augen geführt, daß sie über die allermeisten Abschnitte der Hirnrinde so gut wie gar nichts wußten und von einer funktionalen Aufgliederung, die über Sensorik und Motorik hinausging, weit entfernt waren. Anders gesagt legte das Modell der sensomotorischen Maschine vorerst die epistemischen Ränder fest, innerhalb derer cerebrale Lokalisierung möglich war, doch die nun einsetzenden Versuche, das Gehirn als ein Koordinatensystem zu etablieren, in das Forschungsdaten und Befunde eingetragen werden konnten, ließen sogleich Fragen des Gültigkeitsbereichs der jeweiligen Repräsentationsform dringlich werden.

Wir haben gesehen, daß die anatomischen und klinischen Repräsentationsformen nicht zu einer vollständigen Überlappung, aber doch zu einer gegenseitigen Abstützung führten. Wie aber gestaltete sich dieses Verhältnis, wenn man nicht von einer einzigen Läsionsart ausging, sondern ein ganzes Sammelsurium von klinischen Befunden zusammenfaßte? Dieses Problem wird bei dem Wiener Physiologen Sigmund Exner deutlich. Er teilte die Hirnrinde willkürlich in 366 Quadrate ein (Abb. 1) und entnahm aus 167 ihm bekannten Krankengeschichten bzw. Sektionsbefunden die hirnorganischen Symptome der Patienten bzw. den genauen Ort der Hirnläsion.[21] Sodann übertrug er diese Informationen in die Quadrate eines *leeren* Gehirns. Auf diese Weise verzeichnete Exner beispielsweise alle Sprachstörungen in den betreffenden Regionen und erstellte damit

21 Vgl. Exner 1881.

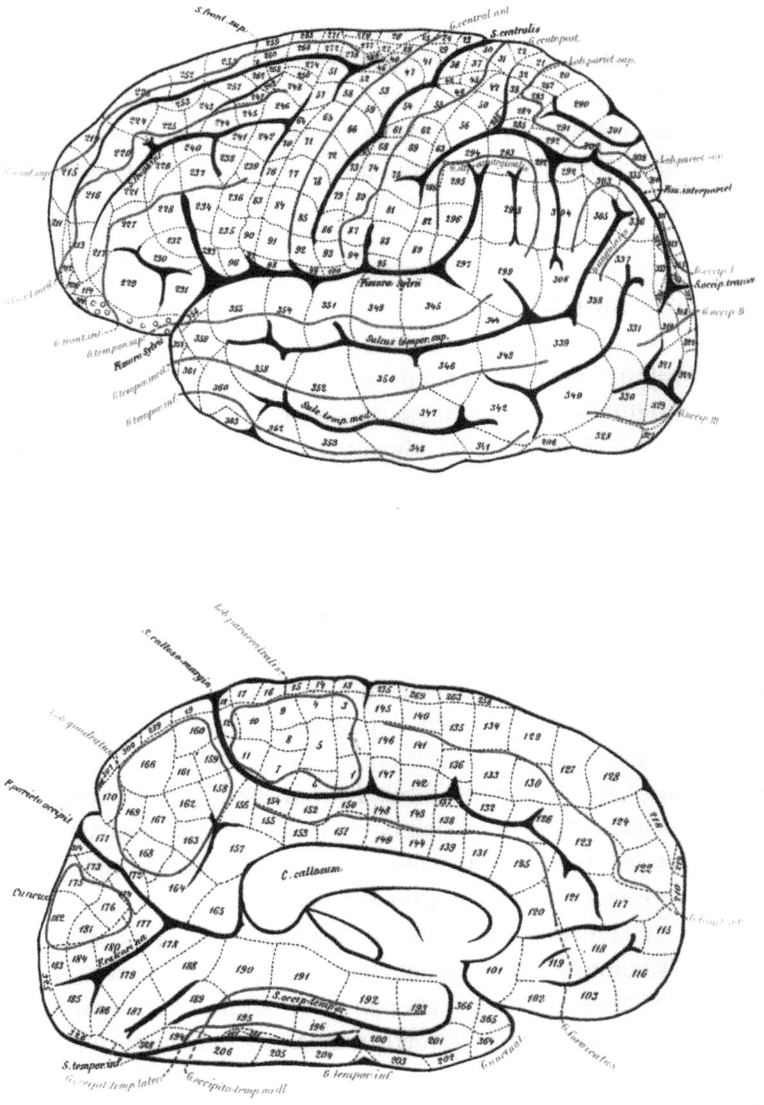

Abb. 1: Die Einteilung der Hirnrinde (Ausschnitt aus Exner 1881).

eine Hirnlandschaft, in der Sprache fast überall repräsentiert war, nach der Häufigkeit des Auftretens allerdings in verschiedenen Helligkeitsabstufungen (Abb. 2). Mittels dieses Verfahrens schloß Exner auf einen sog. „gemäßigten Lokalisationismus", d. h., daß eine komplexe Funktion wie etwa die Sprache nicht auf eine oder ein paar Regionen reduziert werden konnte. Außerdem postulierte er einen fließenden Übergang zwischen den einzelnen Feldern. Zwar vermochte er bestimmte Hirnabschnitte zu identifizieren, die mit bestimmten Funktionen nichts zu tun hatten, doch die grundsätzliche Annahme von scharf begrenzten, „circumscripten Regionen“, wie Hitzig und manche andere sie postulierten, gab Exners Methode nicht her. Und noch entscheidender war, daß sich eine Aufteilung der Hirnrinde in einen vorderen motorischen und einen hinteren sensorischen Bereich, also die konstruierte materielle Entsprechung der sensomotorischen Maschine, keineswegs so eindeutig ergab, wie es Wernicke und andere behauptet hatten. Damit war eine Differenz entstanden, die nicht auf theoretischen oder konzeptuellen Einwänden beruhte, sondern einzig und allein auf der praktischen Entscheidung für eine bestimmte Form der Repräsentation.

Exners Entscheidung, aufgrund von vielen Fällen einen Durchschnitt bzw. ein allgemeines Bild zu konstruieren, war in einer Zeit der allgemeinen Festlegung von Normen, aus denen gleichzeitig die Abweichung definiert wurde, naheliegend und weitgehend akzeptiert. Die Schwierigkeit bestand allerdings darin, daß bei Krankengeschichten erst dann eine Gewähr für Vollständigkeit und Genauigkeit gegeben war, wenn eine Anschlußfähigkeit an andere Darstellungsformen plausibel gemacht werden konnte. Zwar näherten sich Exners cerebrale Landschaften dem Ideal einer vollständigen Kartierung an, indem sie Spuren erzeugten, die Anatomen, Pathologen und Physiologen eine erste Orientierung verschaffen konnten. Umgekehrt mußten deren weitere Untersuchungen die Gültigkeit von Exners Bildern erweisen oder sie modifizieren. Eine Einteilung des Gehirns in funktionale Felder hatte bereits Franz Joseph Gall vorgenommen. Doch weil seine Methode auf einer inakzeptablen Korrelation von Verhaltensbeobachtung und der Ausprägung von verschiedenen Abschnitten des Gehirns beruhte, war die organologische Einteilung in Felder von den übrigen Hirnforschern weitgehend verworfen worden. Erst mit den neuen Repräsentationsmöglichkeiten des Gehirns, den neuen Techniken der Physiologie und Anatomie am Ende des Jahrhunderts kehrte die Idee einer Kartierung des Gehirns um so wirkungsvoller zurück.

Das Beispiel Exners legt nahe, daß diese Aufteilung erstens ihrer materiellen Darstellungsweise geschuldet war und zweitens an ihrer weiteren praktischen Verwertbarkeit gemessen wurde. Exner konnte sein leeres Gehirnmodell beliebig mit weiteren Daten anfüllen und damit eine immer größere Genauigkeit erreichen. Entscheidend war jedoch die Frage, inwieweit die Hirnkarten in der weiteren Beschäftigung mit dem Gehirn nützlich waren, und zwar sowohl für die Ärzte am Krankenbett, als auch für die experimentelle Forschung. Dieser Punkt galt nicht nur für Exners Hirnkarten, sondern wurde auch für die anatomischen Einteilungsverfahren relevant. Welche Entscheidungskriterien sollten angelegt werden, wenn etwa aufgrund der myelogenetischen Methode 35 Hirnfelder

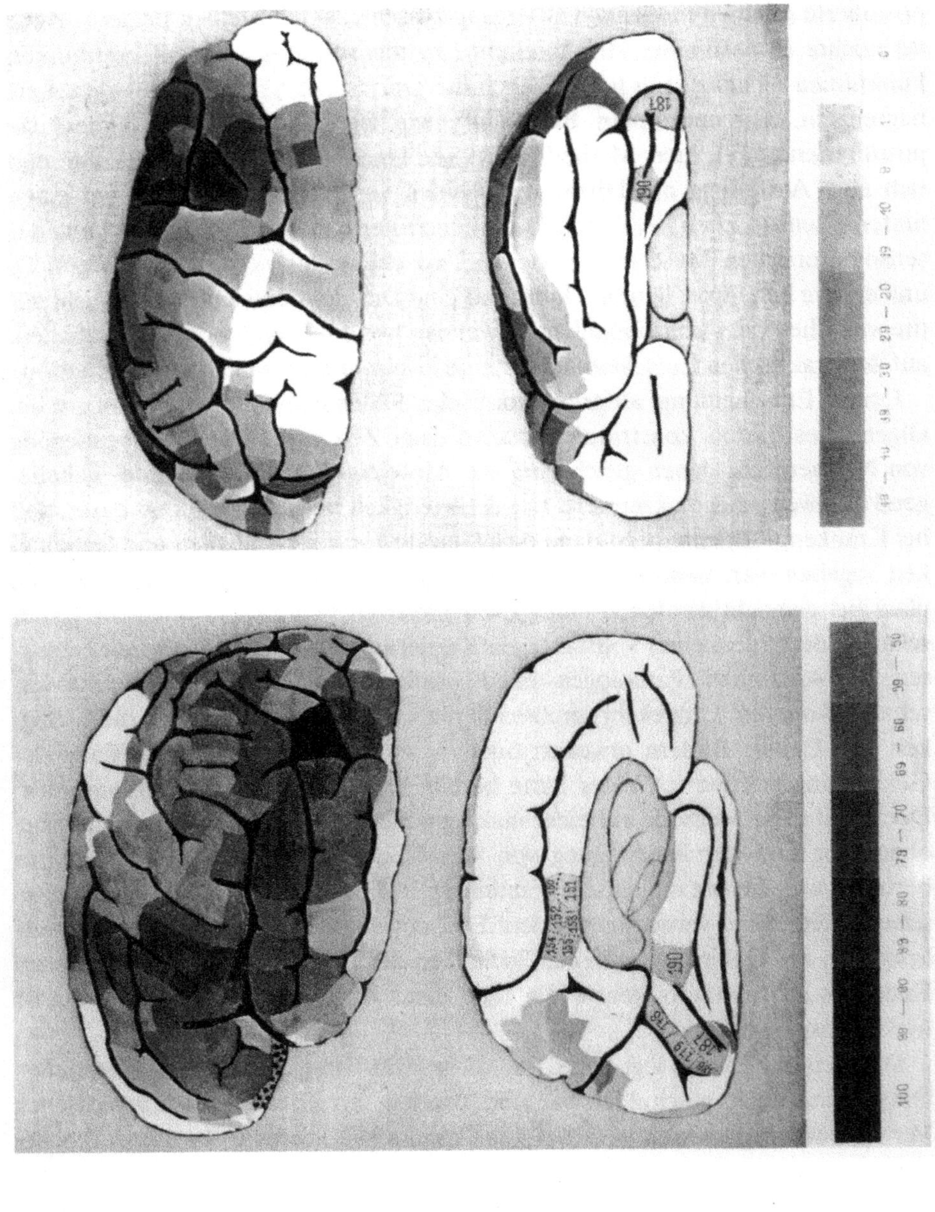

Abb. 2: Das Rindenfeld der Sprache (linke Hemisphäre). Dazu heißt es: „[Es] ist in jedem Quadrat ein Helligkeitston aufgetragen, welcher der Procentzahl, die die Berechnung des Rindenfeldes für dieses Quadrat ergeben hat, entspricht. Es sind zwölf Helligkeitstöne verwendet; sie finden sich in der jeder Tafel beigedruckten Scala. An dieser Scala sind Zahlen angebracht, welche die Procente angeben, denen jeder Ton entspricht. Bei Vergleichung der Tafeln dieser Serie erkennt man die ungleiche Intensität der verschiedenen „Rindenfelder“ (Exner 1881, 180).

gezählt wurden, wenn aber die cytoarchitektonische Analyse zu 52 Feldern führte und eine myeloarchitektonische bzw. vergleichend architektonische Analyse des Gehirns sogar ca. 200 Felder ergab? Die Differenzen zwischen diesen Einteilungen wurden genau in dem Spektrum von visueller Repräsentationsform des Gehirns und Vernetzungsfähigkeit jener Repräsentation mit anderen Methoden bzw. Forschungsrichtungen auf produktive Weise gelöst.

IV. Die myelogenetische Lokalisationslehre

Die Einteilung des Gehirns in funktionale Felder hatte keineswegs bloß praktische Gründe, sondern verfolgte letztlich die gleichen Ziele wie Gall, nämlich ein bis ins Detail gehendes Verständnis der geistigen Eigenschaften zu erreichen. Schon Meynerts Anatomie hatte die enge Verklammerung von Gehirn und Psyche deutlich gemacht, aber je erfolgreicher die Lokalisationsforschung war, je mehr Zentren *isoliert* wurden, desto klarer und eindringlicher formulierten die Hirnforscher ihren Anspruch, im Kanon der Wissenschaften vom Menschen ein gewichtiges Wort mitzureden. Auch wenn verschiedentlich Warnungen vor einer neuen Lokalisationsmanie geäußert wurden, auch wenn selbst Wernicke klarstellte, daß bloß bestimmte Funktionen wie z. B. Sehen, Hören, Bewegen, Sprechen, Schreiben und Lesen cerebral lokalisierbar seien, zielten die Ansprüche nun erheblich weiter. Es ging nämlich auch um eine Lokalisierung von Männlichkeit, Weiblichkeit, Vernunft, Verstand, Emotion, Trieb usw. Zu diesem Zwecke waren die bis dahin vorgenommenen Einteilungen in ein Links-Rechts- und in ein Hinten-Vorne-Schema nicht mehr als eine vorläufige Annäherung.[22]

Einen ersten Höhepunkt in dieser Entwicklung markierte die myelogenetische Lokalisationslehre, die im wesentlichen das Werk des Leipziger Psychiaters und Anatomen Paul Flechsig ist. Flechsig war neben Meynert und Wernicke der Hauptvertreter der sog. Hirnpsychiatrie.[23] Noch als Assistent in der Pathologie hatte er Untersuchungen an fötalen und kindlichen Gehirnen durchgeführt und dabei herausgefunden, daß alle Leitungsbahnen des Gehirns noch einen Reifungsprozeß der sukzessiven Myelinisierung durchmachen.[24] Aus diesem Befund leitete Flechsig ein Ordnungsprinzip ab, das strukturelle und funktionale Gesichtspunkte aus der Perspektive der embryonalen Reifung betrachtete, was

22 Zur Geschichte der Links-Rechts-Lokalisation, die hier nicht weiter thematisiert wird, siehe Harrington 1987.

23 Zu Flechsig vgl. Stingelin 1989.

24 Vgl. Flechsig 1876, 1894, 1897. – Vgl. auch die retrospektive Darstellung in Flechsigs Autobiographie: Flechsig 1927, 8f.

zum sog. myelogenetischen Grundgesetz führte: Danach basiert die funktionelle Gliederung der Hirn- und Rückenmarksfasern auf etwa gleichzeitiger Myelinisierung bei gleichartigen Fasergruppen und sukzessiver Myelinisierung bei ungleichartigen Gruppen. Auf diesem Wege „bestätigte" Flechsig die bereits akzeptierte Annahme von motorischen und sensorischen Zentren im Cortex, beide aus Projektionsfasern bestehend. Den größeren Teil der Hirnrinde machen jedoch die von Flechsig als „Assoziationszentren" bezeichneten Gebiete aus, die zum einen mit den Projektionszentren und zum anderen durch Assoziationsfasern untereinander verbunden sind. Nach Flechsig werden hier Sinneseindrücke gespeichert, geordnet und verarbeitet, Erinnerungen ausgelöst und kombiniert, so daß sie als komplexe Zentren höherer geistiger Funktionen anzusehen sind. Dabei unterschied er drei große Assoziationszentren von hinten nach vorne.[25] Die Wichtigkeit dieser Zentren knüpfte Flechsig an den Umstand, daß ihre relative Größe im Verhältnis zu den Sinneszentren ein Parameter für die geistige Individualität sei.[26]

Mit der Postulierung von Assoziationszentren wurden die durch das Modell der sensomotorischen Maschine vorgegebenen Ränder in einer anderen Weise aufgeweicht als durch Exners Hirnkarten, denn jene Zentren waren gewissermaßen die materiellen Garanten für das Zusammenspiel von anatomischer Darstellungsform und politisch-sozialem Anspruch der Lokalisationslehre. Flechsig selbst ging in der Parallelschaltung von menschlicher Verhaltensweise und Hirnstruktur so weit, daß er eine „Moralphysiologie" oder „physiologische Sittlichkeitslehre" forderte, wobei das Gehirn eine Art Kampfplatz zwischen höheren und niederen Trieben darstellte.[27] Seine Theorie zielte nicht nur auf die Ätiologie der psychiatrischen Erkrankungen, denn – ähnlich wie Wernicke zur gleichen Zeit – hielt er Geisteskrankheiten für Erkrankungen des Assoziationssystems, „gewöhnliche" Gehirnkrankheiten für solche des Projektionssystems;[28] die auf der Anatomie basierende Psychiatrie verstand sich vielmehr auch als Leitwissenschaft einer hierarchischen Gesellschaftsordnung, in der sich die „moralisch und intellectuell Minderwertigen" einer „geistig-sittlichen Aristokratie zu unterwerfen" hatten.[29] Die Diskussion, an der Flechsig und andere sich damit lautstark beteiligten, drehte sich um Reizbegriffe wie Dekadenz, Degeneration oder Rassenfragen. Auch ohne im Detail auf diese Diskussionen einzugehen, in die

25 Vgl. Flechsig 1896a, 78–85.

26 Vgl. Flechsig 1897, 66.

27 Flechsig 1896b, 4f.

28 Flechsig 1896a, 87.

29 Ebenda, 35. – In ähnlicher Weise, mit vergleichbar politischem Vokabular argumentiert auch Meynert 1891.

namentlich Flechsig verwickelt war, sollte deutlich geworden sein, daß die hirnanatomischen Bemühungen und die Lokalisationsfrage integraler Bestandteil des intellektuellen Diskurses im Fin de siècle waren. Gewiß gab es kontroverse Ansichten darüber, ob die bis dahin gültigen Fundamente der Lokalisationsforschung – das sensomotorische Modell, die Projektions- und Assoziationsfasern, Wernickes Aphaseologie oder die myelogenetische Lehre – stark genug waren, derart weitreichende Aussagen zu treffen. Doch es waren genau diese Fragen und Anforderungen, die die Hirnforschung für sich selbst formuliert hatte, die auch für die Cytoarchitektonik relevant wurden. Festzuhalten bleibt, daß das Modell der sensomotorischen Maschine quasi durch eine Co-Produktion von bestimmten Repräsentationstechniken und durch zunehmend breiter gefaßte sozio-politische Ambitionen der Hirnforschung unter Beschuß geriet. Diese Veränderung vollzog sich nicht so sehr in kontroversen theoretischen Debatten, sondern in Verschiebungen innerhalb der Forschungspraxis.

V. Die architektonische Kartierung des Gehirns

Die rasche Entwicklung der Architektonik des Gehirns von eher bescheidenen Anfängen kurz vor der Jahrhundertwende bis hin zu einem umfassenden Forschungsprogramm, das sich bereits einige Jahre später herauskristallisierte, vollzog sich vor demselben Problemhorizont wie die Untersuchungen von Meynert bis Flechsig. Bereits 1897 hob der junge Oskar Vogt die Notwendigkeit einer Interaktion von Psychologie, Hirnphysiologie und Hirnanatomie hervor;[30] später weitete sich diese Forderung zu dem mehrfach formulierten Anspruch aus, durch eine Kombination dieser drei Fächer eine empirische Lösung des Leib-Seele-Problems zu finden.[31] Trotz der nahtlosen Anknüpfung an die bestehenden Vorstellungen über die Reichweite der Hirnforschung vollzogen sich die ersten Schritte einer systematischen Architektonik in Abgrenzung zu Flechsigs Theorie der Assoziationszentren, was insofern eine gewisse Brisanz hatte, als Vogt 1894/95 für einige Monate bei Flechsig gearbeitet und dessen Labor im Streit verlassen hatte.[32] Nur kurze Zeit später wies Vogt darauf hin, daß auch die von Flechsig so

30 Vogt 1897.

31 Vgl. z. B. Vogt/Vogt 1919, 284f.

32 Das Lebenswerk des Ehepaars Cécile und Oskar Vogt und insbesondere die eng damit verbundene Geschichte des Kaiser-Wilhelm-Instituts für Hirnforschung in Berlin-Buch ist Gegenstand verschiedener historischer Untersuchungen, wobei eine erste umfassende Darstellung – wenn man von dem nicht unproblematischen Roman Tilman Spenglers einmal absieht (Spengler 1991) – durch Jochen Richter (1994) in Vorbereitung ist. Die bisherigen historischen Würdigungen sind

bezeichneten Assoziationsfelder Projektionsfasern enthielten.[33] Damit war nicht die Myelogenetik als solche diskreditiert, aber deren Schlußfolgerungen für die Lokalisierung der geistigen Qualitäten paßten nicht mehr zu den von Flechsig vorgenommenen Grenzziehungen. Vogt folgerte daraus, daß ein anderes Repräsentationsverfahren als die Myelogenetik zur Kartierung des Gehirns führen müsse und begann mit der Suche nach Möglichkeiten, Mark und Rinde des Cortex nach Anordnung, Zahl, Größe und grober Morphologie der Nervenzellen und Leitungsfasern einzuteilen. Dabei interessierte ihn das strukturelle Gesamtbild, und nicht – wie in der Histologie – die einzelnen geweblichen Elemente (vgl. Abb. 3).

Diese Entscheidung, die eine *Bifurkation*[34] in der Hirnanatomie hervorrief, war von außerordentlicher Bedeutung. Wenn Cécile und Oskar Vogt später rückblikkend darauf hinwiesen, die „heuristische Idee" habe darin bestanden, „daß sich funktionelle Verschiedenheiten in Strukturdifferenzen äußern und daß unter den physiologisch wichtigen Strukturunterschieden jene eine besondere Rolle spielen, welche O. Vogt als architektonische bezeichnet hat",[35] so ist der Hinweis auf eine ausschließlich physiologische Ursache für diese Entscheidung zwar berechtigt, weil die Vogts von Anfang an Anschluß an experimentalphysiologische Verfahren suchten, aber er ist längst nicht hinreichend. Denn um 1900 konnte die Histologie mit ebenso großem Recht behaupten, von funktionalen Gesichtspunkten geleitet zu sein. Zu jener Zeit hatte die Neuronentheorie die Theorie der Retikularisten verdrängt.[36] Das bedeutete, daß das Neuron als individuelle biologische Einheit angesehen wurde, die in ihrem Verhältnis zu einem benachbarten Neuron (Synaptologie) zu untersuchen wäre. Der fundamentale Unterschied zwischen den beiden Methoden bestand darin, daß es mit den histologischen Untersuchungen einer einzelnen Zelle oder Zellgruppe ganz undenkbar war, zu einer lokalisatorischen Kartierung der Hirnrinde vorzustoßen – und genau das war Vogts Anliegen. An diesem Punkt vollzog sich also das genaue Gegenteil einer *Konjunktur*, nämlich die gezielte und von den Vogts sogleich institutionell verankerte Abspaltung eines anatomischen Darstellungsverfahrens von einem bis dahin lose zusammenhängenden Ensemble verschiedener solcher Verfahren. Erst dieser Schritt führte zu einer scharfen Konturierung des Unternehmens Cytoarchitektonik.

weitgehend von Schülern der Vogts verfaßt worden. – Vgl. Kirsche 1986, dort auch weiterführende Literatur.

33 Vogt 1897. – Erst viel später konnte Mieczyslaw Minkowski zeigen, daß (beim Affen) alle Hirnwindungen Projektions- und Assoziationsfasern besitzen (vgl. Minkowski 1923/24).

34 Dieser Begriff wurde auf dem Symposium von Rudolf Stichweh als Komplementärbegriff zur *Konjunktur* eingeführt.

35 Vogt/Vogt 1926, 1190.

36 Siehe dazu den Überblick von Breidbach 1993.

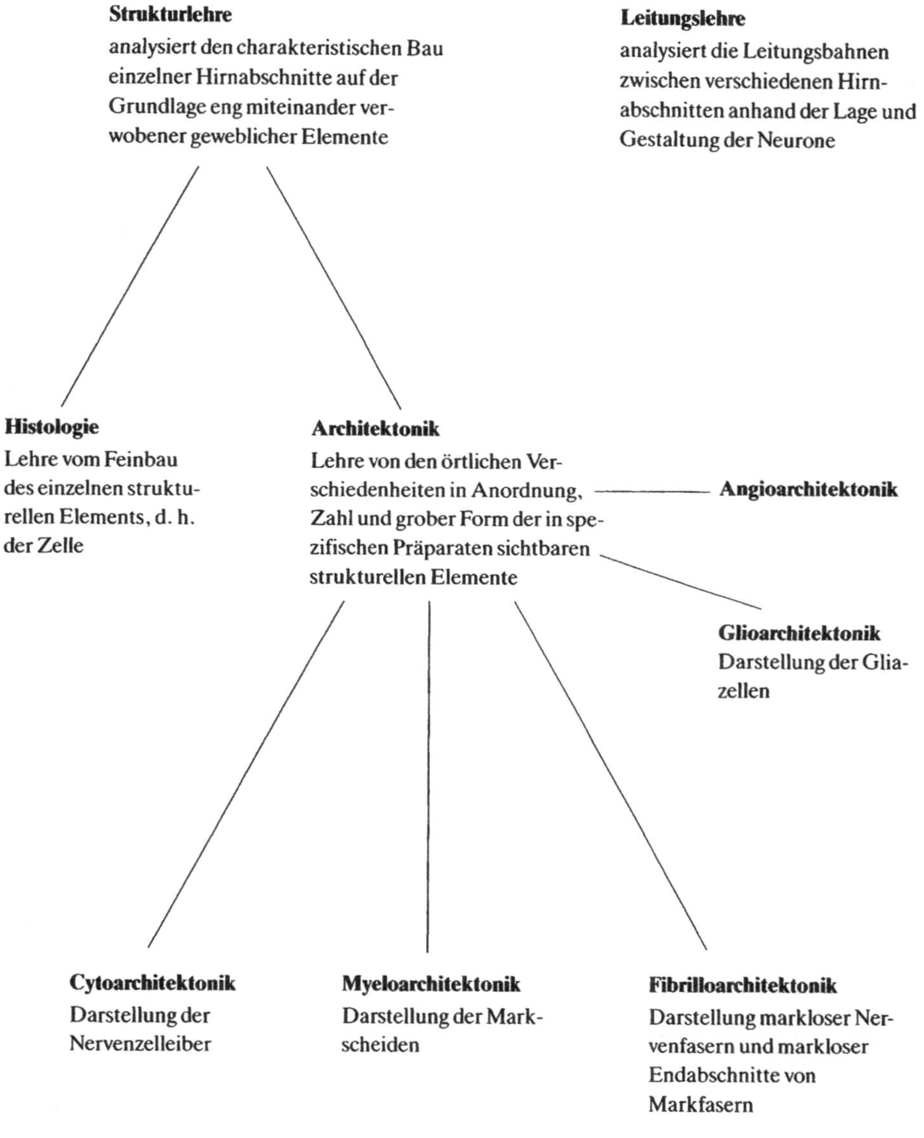

Abb. 3: Die Aufteilung der mikroskopischen Anatomie des Gehirns (nach Vogt/Vogt 1928).

Abgesehen von dieser allgemeinen Festlegung der Forschungsstrategie standen, wie Abbildung 3 zeigt, auch innerhalb der architektonischen Methode mehrere Möglichkeiten zur Verfügung, und es stand keineswegs von vornherein fest, welcher Weg der günstigste sein würde. Klar war bloß, daß die Kartierung des Gehirns abhängig war von den Darstellungstechniken, vor allem von der Schnitttechnik und von der Färbemethode, die nämlich beide darüber entschieden, welches Strukturmerkmal der Gehirnzelle überhaupt relevant wurde. Die Frage, welche der verfügbaren Färbemethoden zur breiteren Anwendung kam, wurde erstens nach dem technischen Entwicklungsstand dieser Methode und zweitens nach der Kompatibilität der Darstellungsformen untereinander entschieden. Nach der strengen Definition der Vogts waren die funktionalen Felder eindeutig eingrenzbar, und deswegen durfte die Anzahl der Felder, ermittelt durch verschiedene Darstellungstechniken, nicht differieren. Aber genau das geschah bei der bevorzugten Anwendung der cyto- und der myeloarchitektonischen Techniken.[37] Sie erzeugten *Divergenzen,* die nicht ohne weiteres eine reproduktive Kohärenz aufwiesen, denn man hatte es zunächst einmal mit zwei verschiedenen Landkarten zu tun. Die eine bestand aus 52 Feldern, die andere aus ca. 200, und es stellte sich naheliegenderweise die Frage, welche Landkarte den psychologischen Überlegungen besser Genüge tat.

Neben und gemeinsam mit den Vogts war es Korbinian Brodmann, der die cytoarchitektonische Einteilung der Großhirnrinde begründete und zugleich die Entdeckung machte, daß der Cortex-Aufbau bei allen Säugetieren prinzipiell gleich ist. Auf der Basis vergleichender Untersuchungen nahm Brodmann eine topographische oder strukturelle Einteilung der corticalen Areale vor. Nun ging er so vor, daß er eine homogene und mehr oder weniger deutlich begrenzbare Gruppe von angefärbten Zelleibern als ein einzelnes Areal hervorhob.[38] Dabei kam es entscheidend darauf an, die zahllosen anatomischen Hirnschnitte in einer genau festgelegten Ordnung unter das Mikroskop zu legen, denn nur auf diese Weise waren Strukturunterschiede von Zellverbänden und damit zuverlässige Abgrenzungen eines bestimmten Areals möglich. Nach dieser Methode erstellte Brodmann eine Hirnkarte des Menschen mit einer groben Einteilung des Cortex in Regionen und diese wiederum unterteilt in 52 Felder oder Areale (Abb. 4).

Das zunächst wenig erfreuliche Resultat dieser Kartierung war, daß sie keine Lokalisation im ursprünglichen Sinn einer psychophysischen Zuordnung erlaubten, d. h., die Felder waren nicht identisch mit den Arealen der Kliniker, Physiologen und Anatomen. Brodmann machte das am Beispiel der Aphasie deutlich:

37 Die drei anderen Methoden wurden bisweilen zur Ergänzung herangezogen, erlangten aber zu keinem Zeitpunkt die Bedeutung der ersten beiden. – Vgl. Vogt/Vogt 1928, 19–21.

38 Vgl. Brodmann 1909, 9.

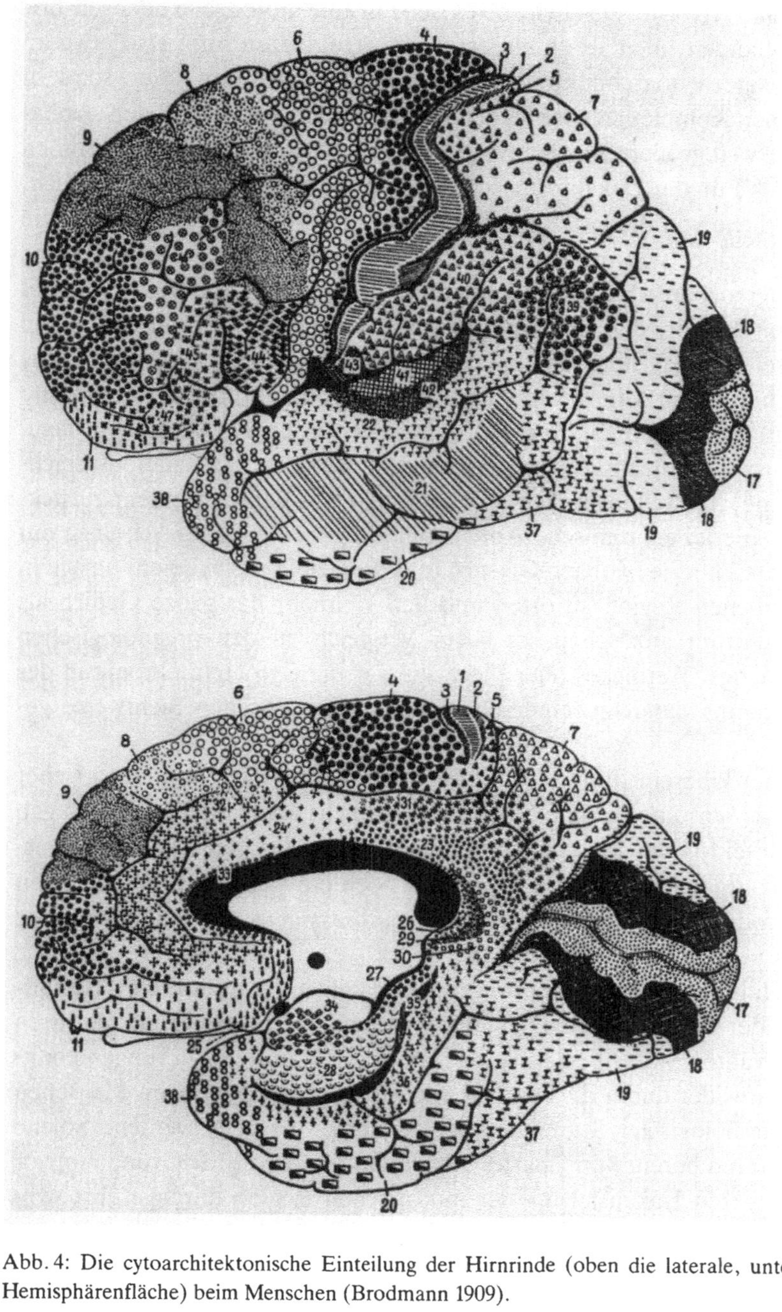

Abb. 4: Die cytoarchitektonische Einteilung der Hirnrinde (oben die laterale, unten die mediale Hemisphärenfläche) beim Menschen (Brodmann 1909).

„erstens, daß eine Aphasie, gleichviel ob es sich um eine motorische oder sensorische Unterart handelt, niemals an ein einzelnes Strukturzentrum, also etwa an ein einziges unserer cytoarchitektonischen Felder gebunden sein kann, sondern daß sie stets einen Komplex solcher Felder umfaßt, und zweitens, daß den ‚Aphasiezentren' eine weit größere Ausdehnung zukommt, als man früher anzunehmen gewohnt war."[39] Für die Lokalisationsidee war diese Schlußfolgerung mißlich, denn sie zog etliche von deren älteren Postulaten in Zweifel. Aber auch für die Architektonik stellte sich nun die Frage, inwieweit ihre Feldereinteilung bestimmten abgrenzbaren Funktionen entsprach. Gleichwohl hob Brodmann mit Entschiedenheit hervor, daß die Anatomie die Grundlage aller funktionalen Lokalisation sei. Die Existenz circumscripter Felder nahm er aufgrund scharf abgegrenzter, unter dem Mikroskop unterscheidbarer Strukturen für bestimmte Funktionen an. Brodmann zählte motorische und sensorische Regionen dazu, aber im Gegensatz zu Flechsig wies er psychische Zentren, Assoziationsschichten, Denkorgane, Vorstellungszellen usw. nicht nur mit dem Argument zurück, daß es dafür keinerlei anatomische Anhaltspunkte gebe, er bezog sich auch auf Wilhelm Wundts Theorie, wonach Geistestätigkeiten zu komplex seien, um sie in einer umschriebenen Region zu orten und daß vielmehr das ganze Gehirn als psychisches Zentrum anzusehen sei.[40] Im Vergleich zu den organologischen Hoffnungen Hitzigs, Wernickes oder Flechsigs war die Cytoarchitektonik in der Version Brodmanns damit zu einer eher anti-lokalisatorischen Sichtweise gelangt.

Trotz mancher Übereinstimmungen hinsichtlich sensorischer und motorischer Zentren war das sensomotorische Modell nun schlicht überfordert, denn es gab genügend architektonisch klassifizierbare Felder, für die keinerlei Funktionsäquivalent aufzufinden war. Damit ergab sich noch ein weiteres Problem, denn solange die Brodmann-Felder bloß morphologisch *existierten,* war der Wert der Architektonik noch erheblich zweifelhaft.

Für die Architektonik kam es deswegen vordringlich darauf an, eine Bestätigung ihrer Felder durch andere Darstellungstechniken zu erreichen, die ihren funktional relevanten Status beglaubigten. Funktionale Differenzierungen konnten um 1900 entweder durch die Analyse von Hirnverletzungen beim Menschen oder durch physiologische Stimulationsexperimente versucht werden. Solche Experimente waren bereits von Charles Sherrington und A. S. F. Grünbaum vor allem zur genaueren Lokalisierung der motorischen Region durchgeführt worden.[41] Auch Cécile und Oskar Vogt lenkten ihr Interesse frühzeitig auf eine

39 Ebenda, 316.
40 Vgl. ebenda, 301–303.
41 Vgl. Sherrington/Grünbaum 1902.

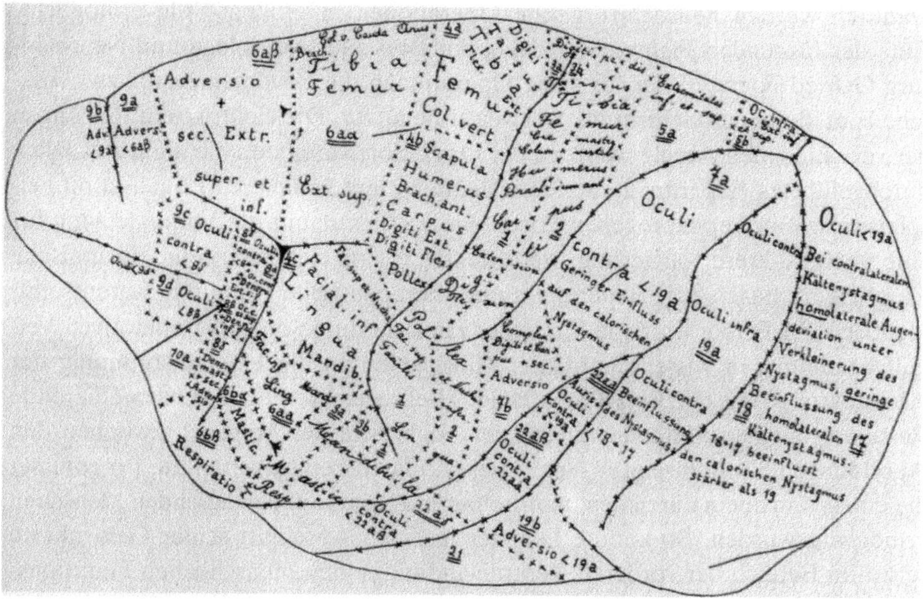

Abb. 5: Die reizphysiologische Rindenfelderung der Konvexität der Großhirnhemisphären der Meerkatze (Vogt/Vogt 1926). Die Einteilung der Areale korreliert in etwa mit der cytoarchitektonischen Einteilung Brodmanns (vgl. Abb. 4).

Korrelierung der cytoarchitektonischen Untersuchungen des Gehirns mit corticalen Stimulationen.[42] Dazu wurden in den Experimenten genau die Stellen markiert, bei deren Stimulation es zu Verhaltensänderungen des Versuchstiers kam (vgl. Abb. 5). Es konnte als ein erster Erfolg gewertet werden, daß diese Experimente mit der Brodmannschen Einteilung harmonierten. Zwar war man weit entfernt davon, jedes Brodmann-Feld reizphysiologisch identifizieren zu können, doch die Erkenntnis, daß verschiedene motorische Funktionen architektonisch differenzierbar waren, ermutigte die Vogts, den einmal beschrittenen Weg fortzusetzen.

Eine Annäherung an die ursprüngliche These Vogts war jedoch mit den bis dahin zur Verfügung stehenden Reizmethoden im Tierversuch nicht zu erreichen. Deswegen war es für das Programm der Vogts außerordentlich wichtig, daß vergleichbare Experimente auch am Menschen durchgeführt werden konnten. Voraussetzung dafür waren die zahlreichen Soldaten des ersten Weltkrieges, die durch Splitter- und Schußverletzungen neben vielfältigen anderen neuro-psychiatrischen Symptomen auch vermehrt unter epileptischen Anfällen litten.

42 Vgl. Vogt/Vogt 1907.

Dadurch wurden neurochirurgische Operationen in großem Stile ermöglicht. Eine der führenden Figuren war dabei der Breslauer Neurologe und Neurochirurg Otfried Foerster, der für seine Operationen die Brodmannsche bzw. Vogtsche Einteilung des Gehirns als Wegweiser benutzte. Die elektrischen Reizungen der verschiedenen Areale während der Operation waren nun nicht ein zusätzlich durchgeführtes Experiment, sondern dienten einer genaueren Lokalisation beispielsweise eines epileptogenen Focus. Sie schufen damit die Voraussetzung für eine noch exaktere Kartierung, was effektivere und sicherere neurochirurgische Eingriffe nach sich zog. Experiment und therapeutische Handlung waren somit identisch; ihr Erfolg wurde in klinischer Hinsicht durch den post-operativen Verlauf bestimmt, in wissenschaftlicher Hinsicht durch die Übereinstimmung der Architektonik mit der Reiz-Physiologie. Hier erreichte Foerster harmonierende Resultate mit den Untersuchungen der Vogts, wie der Vergleich zwischen den Abbildungen 5 und 6 zeigt.[43] Noch spektakulärer freilich waren die Ergebnisse, die einzig und allein durch den unmittelbaren Zugriff auf den lebenden Menschen ermöglicht wurden. So konnte Foerster in einen Abschnitt seiner Gehirnkarte (etwa im Bereich der vorderen Zentralwindung) einen menschlichen Funktionsablauf eintragen: „Rhythmische Kau-, Leck-, Schluck-, Schmatzbewegungen. Grunz-, Krächzlaute, Singultus" (siehe Abb. 6).[44] Diese artifizielle Provokation bedeutete eine unbeeinflußbare Manipulation von Äußerungen, die in lebensweltlichen Zusammenhängen wenigstens teilweise dem Willen unterworfen waren. Foersters Patienten, obwohl sie während der Operation wach waren, waren damit hilflose Objekte einer elektrischen Stimulation und Simulation, die ihnen Gefühle wie „Wallen, Kribbeln, elektrische Empfindungen, Strangulationsempfindungen, Muskelermüdungsgefühl"[45] zumutete, wenn parietal gelegene Rindenfelder gereizt wurden. In den von Foerster durchgeführten Experimenten erwies sich die Architektonik als eine höchst effektive Landkarte für die Orientierung im Gehirn. Dabei ist die Effektivität in einem doppelten Sinne zu verstehen: zum einen als methodisches Hilfsmittel für eine nun endlich erfolgversprechende Chirurgie des Gehirns, zum anderen als Re-Präsentation des psychischen Apparates, dessen vollständige Entschlüsselung das Ziel der Architektonik war. Mit anderen Worten trug die gegenseitige Abstützung von Architektonik

43 Vgl. Foerster 1923, 1925, 1926.

44 Vgl. dazu Foerster 1925, 539f.

45 Ebenda, 543. – Daß Foerster seine Hirnoperationen nur in Lokalanästhesie ausführte, begründete er damit, daß „dieses Verfahren viel schonender [sei und] in Allgemeinnarkose exakte Rindenreizungen unmöglich" seien (ebenda, 550). Diese Verfahrensweise, ermöglicht durch die Schmerzunempfindlichkeit des Gehirns, ist bis auf den heutigen Tag die unabdingbare Voraussetzung für eine neurochirurgische Therapie der Epilepsien.

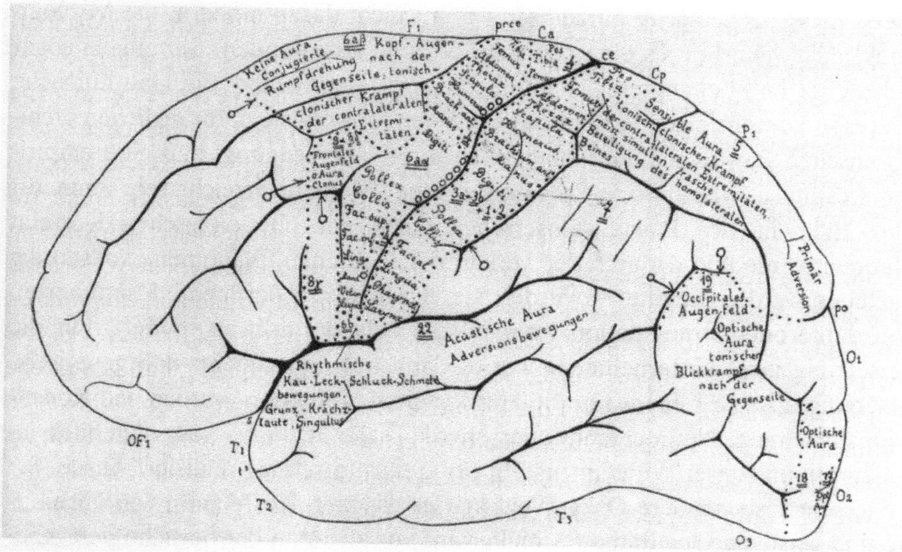

Abb. 6: Die von Otfried Foerster erzielten Reizergebnisse auf der Konvexität der menschlichen Großhirnrinde (Vogt/Vogt 1926).

und Neurochirurgie zur Etablierung, Ausweitung und damit auch wachsenden Autorität beider Arbeitsbereiche bei.

Vor diesem Hintergrund ist auch die Bewältigung der Schwierigkeiten zu sehen, die sich durch die von den Vogts selbst durchgeführte myeloarchitektonische Analyse, die auf einer anderen Färbetechnik basierte, ergaben. Wie bereits erwähnt, gelangten sie auf diesem Wege zu einer viel größeren Anzahl von Rindenfeldern als Brodmann. An dieser Unterteilung hielten die Vogts auch in späteren Arbeiten noch fest,[46] doch zeigen die Abbildungen der Ergebnisse ihrer weiterhin durchgeführten physiologischen Reizexperimente, daß ihre Rindeneinteilung an Brodmann orientiert und von einer Einteilung in ca. 200 Felder weit entfernt war, selbst wenn diverse Brodmann-Felder in a und b unterteilt wurden (Abb. 5). Die Bevorzugung der Cytoarchitektonik war eine pragmatische Entscheidung, weil diese Technik mit der Physiologie in höherem Maße vernetzungsfähig war und dadurch die Seriosität des architektonischen Programms unter Beweis stellte. Daraus folgte jedoch nicht, daß die myeloarchitektonische Einteilung unbedingt falsch sein mußte. Foerster beispielsweise bezog sich in seinen Arbeiten salomonisch auf die cyto- und die myeloarchitektonische Zählung, obwohl die erstere für seine Belange weitgehend ausreichte. Auch die Vogts ließen sich durch die Divergenzen zwischen den beiden Techniken, die

46 Vgl. etwa Vogt/Vogt 1919, 404f.; Vogt/Vogt 1926, 1190.

vorerst nicht befriedigend aufzulösen waren, nicht daran hindern, die Myeloarchitektonik weiterhin als eine probate Methode anzuwenden. Sie gingen sogar noch weiter und behaupteten, daß die 200 corticalen Felder „die Hauptursache unseres so komplizierten Seelenlebens“[47] seien, obwohl sie dafür jeglichen architektonischen Beweis schuldig blieben. In ihrer Überzeugung, daß eine empirische Lösung des Leib-Seele-Problems in dem Moment erreicht sei, wenn für jedes Element der Bewußtseinserscheinungen ein physiologisches Korrelat gefunden würde und dadurch der Verlauf der seelischen Phänomene vollständig abgeleitet werden könnte,[48] wurden sie durch die experimentell simulierten Grunzlaute oder Strangulationsgefühle wohl eher bestärkt als irritiert. Für die Fortsetzung ihres Unternehmens war es dann nur konsequent, daß genetische Forschungsansätze[49] ebenso in die Hirnforschung integriert wurden wie Konstitutionsforschung, Neurochemie oder physikalische Technik, was schließlich im großen Stil im Kaiser-Wilhelm-Institut für Gehirnforschung realisiert wurde.[50]

Wie sehr insbesondere Oskar Vogt an der direkten Korrelation von Hirnaufbau und geistigen Qualitäten festhielt, wird vor allem an der berüchtigten Analyse von Lenins Hirn sichtbar. Für seine vorläufigen Schlußfolgerungen aus jener Analyse bezog sich Vogt nämlich nicht auf die cyto- oder die myeloarchitektonische Kartierung, sondern er argumentierte mit der Schichtdicke der Hirnrinde. Diese sog. stratigraphische Lokalisierung unterschied seit Brodmann insgesamt sechs Schichten der Hirnrinde,[51] jedoch stellte Brodmann seine Arbeiten in dieser Richtung bald ein, weil er keine Möglichkeit sah, eine Beziehung dieser Schichten zu etwaigen Funktionsdifferenzen herzustellen. Vogt hingegen war weniger vorsichtig und schloß aus einer verbreiterten III. Rindenschicht und zahlreichen großen Pyramidenzellen in Lenins Hirn auf einen „Assoziationsathleten“.[52] Unabhängig davon, daß Vogt diese Ansicht späterhin nicht mehr wie-

47 Vogt/Vogt 1919, 443.

48 Vgl. ebenda, 284.

49 Die relativ eigenständige Abteilung für Genetik in Berlin-Buch stand unter der Leitung des russischen Genetikers Nikolai Timoféeff-Ressovskij und beschäftigte sich mit Genvariationen (durch experimentelle Mutationen wie z. B. Strahleneinwirkung) und deren phänotypischer Ausprägungen bei Drosophila. Das Interesse Vogts für die Genetik basierte auf seiner sog. Pathoklisenlehre, die besagt, daß die Krankheitsneigung einer einzelnen architektonischen Einheit eine Variation darstellt, die im Prinzip den gleichen Gesetzen unterliegt wie die von der Genetik untersuchten *gesunden* Variationen.

50 Siehe dazu den Überblick von Spatz 1961. – Vgl. auch Richter 1976, 1994; Richter/Lindemann 1988.

51 Brodmann war nicht der erste, der eine solche stratigraphische Einteilung vorgenommen hat. – Vgl. dazu die Tabelle bei Brodmann 1909, 15.

52 O. Vogt 1930, 110f.

derholt hat,[53] blieb sein Traum von der Cytoarchitektonik als einer Leitwissenschaft mit weitgehenden Autoritätsbefugnissen, die zur eugenischen Höherzüchtung intellektuell wertvoller und sozial nützlicher Eigenschaften beitrug,[54] unerschüttert. Dabei verschlug es nichts, daß Cécile und Oskar Vogt natürlich genau wußten, anhand der Architektonik den Mechanismus der nervösen Prozesse im Gehirn nicht aufschlüsseln zu können. An ein Verständnis des Zusammenwirkens der einzelnen Areale im Gehirn war erst zu denken, wenn die Leitungsbahnen, also die Verbindungswege innerhalb des Cortex und mit den sub-corticalen Hirnregionen, anatomisch und physiologisch faßbar wurden. Diesen Weg, der über die Aufklärung der Struktur und Funktion der Synapsen führte, die den Kontakt zwischen den einzelnen Nervenzellen herstellen, hatten sich die Vogts durch ihre Grundsatzentscheidung für die Architektonik von Anfang an verbaut. Die Bifurkation zwischen Histologie und Architektonik legte somit die Ränder des Machbaren für die beiden Techniken klar fest: die Histologie konnte niemals ein einzelnes, einer körperlichen oder geistigen Funktion zugeordnetes Areal repräsentieren, die Architektonik konnte niemals die neurophysiologischen Funktionsmechanismen eines solchen Areals bzw. mehrerer Areale aufklären.[55]

VI. Schluß

Die Strategien zur Ausfüllung des Problemhorizontes einer cerebralen Lokalisierung der psychischen Qualitäten des Menschen zwischen 1870 und 1920 wurden in experimentalphysiologischen, anatomischen und klinischen Verfahrensweisen entwickelt. Am Beginn dieses Zeitraums erwies sich die sensomotorische Reflexmaschine als pragmatisches Modell für eine Vernetzung jener drei Verfahrensweisen, wobei vor allem Wernickes Aphaseologie – gewissermaßen als Umsetzung von Meynerts Hirnanatomie – die Tauglichkeit des Modells vorführte. Diese Vorgabe bewegte sich in einem Repräsentationsraum, der von „medientechnischer Datenverarbeitung" besetzt war. Sowohl die Sinnesphysiologie seit Helmholtz als auch die Lokalisationslehre haben hier Anleihen gemacht.[56] Gerade Wernicke hat kompromißlos die Grenzpfähle verrückt, wenn er das

53 Ganz im Gegensatz zu seinen Schülern, die der Zusammenhang von Schichtdicke und Lenins Auffassungsfähigkeiten nicht in Ruhe gelassen hat. – Siehe Hassler 1959, 56f.; Spatz 1961, 412; Kirsche 1986, 34; vgl. auch Richter 1991.

54 Siehe hierzu Richter 1995.

55 Auch wenn die Vogts sich indigniert gegen Santiago Ramon y Cajals These richteten, daß der einzige Weg zur Erkenntnis der Hirnfunktion über die Synaptologie führe, konnten sie gleichwohl keine annähernd plausible Alternative anbieten. – Vgl. Vogt/Vogt 1928, 29.

56 Vgl. dazu Lenoir 1993; Hagner 1994b.

Verständnis des gesprochenen Wortes als eine psychophysische *Verlängerung* des Hörens, das Lesen als eine Verlängerung des Sehens auffaßte. Der Hinweis auf das Gehirn als Datenverarbeitungsmaschine und die Analogie zur Medientechnologie ist hilfreich für die Erklärung des Lokalisationismus im späten 19. Jahrhundert, aber bereits zur gleichen Zeit wurden andere Repräsentationsweisen wirksam, die nicht von einer klinischen oder physiologischen Definition bestimmter Hirnzentren ausgingen, sondern die sich der Erstellung einer funktionellen Landkarte des Gehirns mittels anatomischer Techniken verschrieben und sukzessive zu einer Marginalisierung des sensomotorischen Modells führten. Sowohl die myelogenetische Methode Flechsigs als auch die Architektonik des Gehirns sind Beispiele für eine Bewegung aus dem vorgegebenen Repräsentationsraum heraus, ohne daß jedoch der Problemhorizont aufgegeben worden wäre. Anders gesagt spielte das Modell der sensomotorischen Reflexmaschine für die architektonische Analyse der Hirnrinde keine tragende Rolle, sondern wurde durch eine Reihe von Verfahren zur Modellierung des Gehirns selbst ersetzt. Die spezifischen Methoden zur Sichtbarmachung von Zellstrukturen sollten eine Abgrenzung von funktionalen Arealen ermöglichen, die genauer war als bisherige Versuche. Die Entscheidung darüber, welcher Methode der Vorzug zu geben war, läßt sich ebenfalls nur unter pragmatischen Gesichtspunkten verstehen. Zunächst einmal kam es zu einer Bifurkation zwischen Architektonik und Histologie. Diese beiden Repräsentationsweisen hatten es mit vollkommen verschiedenen epistemischen Objekten zu tun. Die Histologie konzentrierte sich auf verschiedene Typen und Klassen von individuellen Nervenzellen. Hingegen repräsentierte die Architektonik eine gewaltige Anzahl von ununterscheidbaren Zellen, die auf eine Weise als Masse sichtbar gemacht wurde, daß nur noch die Differenz der Globalstruktur zu einer anderen signifikant war: in der horizontalen Ebene der Hirnoberfläche als ein neues funktionales Feld, in der Vertikale als eine neue Schicht.

Nach dieser Entscheidung richtete sich die nächste Frage darauf, nach welchem Ordnungsprinzip diese Massen von Zellen sichtbar gemacht werden sollten. Es ist eine banale Einsicht, daß es in der Geschichte der Mikroskopie um kaum mehr als das Verhältnis vom Sichtbaren zum Unsichtbaren geht. Wenn ein Stück Hirnmaterial auf einem Objektträger befestigt wird, muß stillschweigend vorausgesetzt werden, daß es sich um den Teil eines Ganzen handelt, daß aber in diesem Teil das Ganze – nicht das ganze Gehirn, aber beispielsweise ein ganzes Cortex-Areal – vollständig repräsentiert ist. Wenn etwas nicht dargestellt ist auf einem solchen Zeichenträger, folgt daraus nicht die Annahme, daß es *nicht da* wäre, sondern daß es nicht *angefärbt* wurde. Da nun aber nicht mit derselben Technik alle Bestandteile gleichzeitig angefärbt werden konnten, kam es notwendig zu Differenzen, die nicht einer ontologischen Realität entsprachen, sondern der Präparationsweise des zu untersuchenden Objektes. Es war nicht entscheidend, ob es *richtige* oder *falsche* Strukturen gab, auf die man die Architektonik gründete. Fibrillen hätten ebenso wie Gliazellen oder die Myelinisierung der Fasern als epistemische Bestandteile für die Erstellung größerer funktionaler Areale dienen können. Daß die Vogts und Brodmann sich für die Cyto- und Myeloarchitektonik entschieden, hing erstens mit ihrer einfacheren technischen Durchführbarkeit zusammen, und zweitens wurde die Praktikabilität der beiden Methoden mittels einer weiteren Methode – der elektrophysiologischen Stimulation – sozusagen kalibriert. Es war zu keinem Zeitpunkt davon die Rede, daß die eine Methode richtige und die andere Methode falsche Ergebnisse produzierte. Das heißt mit anderen Worten, daß es für die Architektonik des Gehirns darauf ankam, Konjunkturen mit anderen Darstellungs- bzw. Manipulationstechniken zu erzeugen, um ihren eigenen Anspruch als funktionale Topographie des Gehirns zu stabilisieren. Für die klinische Medizin, insbesondere für die Chirurgie der Kriegsverletzten und für die Neurologie war es von hohem Nutzen, daß die gegenseitige Abstützung von Architektonik und elektrischer Stimulation der Hirnrinde zu deren präziserer Kartographierung führte.

Der zweite Aspekt, um den es geht, ist die stets virulente epistemologische und politische Relevanz der Hirnforschung. Die Verschiebungen in der Lokalisationspraxis, wie sie in der Entwicklung von Meynert, Hitzig und Wernicke, Exner und Flechsig bis hin zur Architektonik zum Ausdruck kamen und schließlich in einem großen Kaiser-Wilhelm-Institut ihre institutionelle Beglaubigung fanden, dienten der weiteren Konsolidierung eines Anspruchs, den die Hirnforschung sich seit dem 19. Jahrhundert zunehmend auf die Fahnen geschrieben hat, nämlich eine führende Rolle im Ensemble der Wissenschaften vom Menschen zu spielen. Dieser Anspruch fand seine wissenschaftswirkliche Entsprechung in der Materialität von 30 000 Hirnschnitten, in der Auslösung von Grunzen, Krächzen und Kribbeln bei den Foersterschen Patienten und in der III. Schicht von Lenins Cortex. Gegen diese Art von Reduktionismus hat sich bereits zu jener Zeit ein Protest formiert, der seine Kontur in der Neuropsychologie Kurt Goldsteins, Lev Vygotzkys und Aleksandr Lurijas erhalten hat.[57] Doch hat dieser Protest nichts daran ändern können, daß die Unterwerfung des Gehirns unter immer neue Darstellungsformen den weitaus größeren Anteil am Siegeszug der Hirnforschung im 20. Jahrhundert beanspruchen kann.

57 Siehe z. B. Goldstein 1934; Vygotzky 1965. – Zur russischen Neuropsychologie insgesamt vgl. Joravsky 1989.

Literatur

Asher, Leon (1934): Modelle und biologische Systeme. Scientia 55, 418–421.

Betz, Vladimir (1874): Anatomischer Nachweis zweier Gehirncentra. Centralblatt für die medizinischen Wissenschaften 12, 578–580, 595–599.

Breidbach, Olaf (1993): Nervenzellen oder Nervennetze? Zur Entstehung des Neuronenkonzeptes, in: Ernst Florey/Olaf Breidbach (Hrsg.), Das Gehirn – Organ der Seele? Zur Ideengeschichte der Neurobiologie, Berlin, 81–126.

Brodmann, Korbinian (1909): Vergleichende Lokalisationslehre der Großhirnrinde in ihren Prinzipien dargestellt auf Grund des Zellenbaues, Leipzig.

Canguilhem, Georges (1963): The Role of Analogies and Models in Biological Discovery, in: Alistair C. Crombie (ed.), Scientific Change. Historical Studies in the Intellectual, Social and Technical Conditions for Scientific Discovery and Technical Invention, from Antiquity to the Present, London, 507–520.

Exner, Sigmund (1881): Untersuchungen über die Localisation der Functionen in der Grosshirnrinde des Menschen, Wien.

Flechsig, Paul (1876): Die Leitungsbahnen im Gehirn und Rückenmark des Menschen, Leipzig.

Flechsig, Paul (1894): Zur Anatomie und Entwickelungsgeschichte der Leitungsbahnen im Grosshirn des Menschen. Berichte über die Verhandlungen der Königlich Sächsischen Gesellschaft der Wissenschaften, Mathematisch-physikalische Klasse, Bd. 46, 164–167.

Flechsig, Paul (1896a): Gehirn und Seele. Rede, gehalten am 31. October 1894 in der Universitätskirche zu Leipzig. 2. Aufl., Leipzig.

Flechsig, Paul (1896b): Die Grenzen geistiger Gesundheit und Krankheit. Rede, gehalten zur Feier des Geburtstages Sr. Majestät des Königs Albert von Sachsen am 23. April 1896, Leipzig.

Flechsig, Paul (1897): Über die Associationscentren des menschlichen Gehirns, in: 3. Internationaler Congress für Psychologie in München vom 4. bis 7. August 1896, München, 49–73.

Flechsig, Paul (1927): Meine myelogenetische Hirnlehre. Mit biographischer Einleitung, Berlin.

Foerster, Otfried (1923): Die Topik der Hirnrinde in ihrer Bedeutung für die Motilität. Deutsche Zeitschrift für Nervenheilkunde 77, 124–139.

Foerster, Otfried (1925): Zur Pathogenese und chirurgischen Behandlung der Epilepsie. Zentralblatt für Chirurgie 25, 531–556.

Foerster, Otfried (1926): Zur Pathogenese des epileptischen Krampfanfalls. Deutsche Zeitschrift für Nervenheilkunde 94, 15–56.

Fulton, John F. (1937): A Note on Francesco Gennari and the Early History of Cytoarchitectural Studies of the Cerebral Cortex. Bulletin of the Institute of the History of Medicine 5, 895–913.

Goldstein, Kurt (1934): Der Aufbau des Organismus, Haag.

Griesinger, Wilhelm (1872): Vortrag zur Eröffnung der psychiatrischen Klinik zu Berlin (1867), in: ders., Gesammelte Abhandlungen, Bd. 1, Berlin, 127–151.

Hagner, Michael (1993): Die elektrische Erregbarkeit des Gehirns. Zur Konjunktur eines Experiments, in: Hans-Jörg Rheinberger/Michael Hagner (Hrsg.), Die Experimentalisierung des Lebens. Experimentalsysteme in den biologischen Wissenschaften 1850/1950, Berlin, 97–115.

Hagner, Michael (1994a): Vom Stottern des Menschen zum Stocken der Maschine, in: Hans-Jörg Rheinberger/Rainer Nägele/Norbert Haas (Hrsg.), Im Zug der Schrift, München, 14–34.

Hagner, Michael (1994b): Hirnbilder. Cerebrale Repräsentationen im 19. und 20. Jahrhundert, in: Michael Wetzel/Herta Wolf (Hrsg.), Der Entzug der Bilder, München, 145–160.

Harrington, Anne (1987): Medicine, Mind, and the Double Brain, Princeton.

Harrington, Anne (1992): Other „Ways of Knowing“: The Politics of Knowledge in Interwar German

Brain Science, in: dies. (ed.), So Human a Brain. Knowledge and Values in the Neurosciences, Boston – Basel, 229–244.

Hassler, Rolf (1959): Cécile und Oskar Vogt, in: Kurt Kolle (Hrsg.), Große Nervenärzte. Bd. 2, Stuttgart, 45–64.

Hirschmüller, Albrecht (1991): Freuds Begegnung mit der Psychiatrie. Von der Hirnmythologie zur Neurosenlehre, Tübingen.

Joravsky, David (1989): Russian Psychology. A Critical History, Oxford.

Kirsche, Walter (1986): Oskar Vogt 1870–1959. Sitzungsberichte der Akademie der Wissenschaften der DDR, Mathematik–Naturwissenschaften–Technik, Jg. 1985, Nr. 13.

Krauss, Wolfgang (1989): Das Organ der Seele, in: Jean Clair/Cathrin Pichler/Wolfgang Pircher (Hrsg.), Wunderblock. Eine Geschichte der modernen Seele, Wien, 209–225.

Leidesdorf, Max (1865): Lehrbuch der psychischen Krankheiten, 2. Aufl., Erlangen.

Lenoir, Timothy (1993): Farbensehen, Tonempfindung und der Telegraph. Helmholtz und die Materialität der Kommunikation, in: Hans-Jörg Rheinberger/Michael Hagner (Hrsg.), Die Experimentalisierung des Lebens. Experimentalsysteme in den biologischen Wissenschaften 1850/1950, Berlin, 50–73.

Lesky, Erna (1965): Die Wiener medizinische Schule im 19. Jahrhundert, Graz – Köln.

Marx, Otto M. (1966): Aphasia Studies and Language Theory in the 19th Century. Bulletin of the History of Medicine 40, 328–349.

Meynert, Theodor (1867/68): Der Bau der Gross-Hirnrinde und seine örtlichen Verschiedenheiten, nebst einem pathologisch-anatomischen Corollarium. Vierteljahresschrift für Psychiatrie 1, 77–93, 198–217; 2, 88–113.

Meynert, Theodor (1868): Ueber die Nothwendigkeit und Tragweite einer anatomischen Richtung in der Psychiatrie. Wiener Medizinische Wochenschrift 18, 573–576, 589–591.

Meynert, Theodor (1891): Über das Zusammenwirken der Gehirntheile. Verhandlungen des X. Internationalen medizinischen Kongresses, Berlin, 4.–9. August 1890, Bd. 1, Berlin, 173–190.

Meynert, Theodor (1892): Zur Mechanik des Gehirnbaues (1872), in: ders., Sammlung von populärwissenschaftlichen Vorträgen über den Bau und die Leistungen des Gehirns, Wien, 17–40.

Minkowski, Mieczyslaw. (1923/24): Etude sur les connexions anatomiques des circonvolutions rolandiques, pariétales et frontales. Schweizer Archiv für Neurologie und Psychiatrie 12, 71–104, 227–268; 14, 255–278; 15, 97–132.

Peacock, Andrew (1982): The Relationship Between the Soul and the Brain, in: F. Clifford Rose/ William F. Bynum (eds.), Historical Aspects of the Neurosciences, New York, 83–98.

Pribram, Karl H. (1990): From Metaphors to Models: the Use of Analogy in Neuropsychology, in: David E. Leary (ed.), Metaphors in the History of Psychology, Cambridge, 79–103.

Richter, Jochen (1976): Oskar Vogt und die Gründung des Berliner Kaiser-Wilhelm-Instituts unter den Bedingungen imperialistischer Wissenschaftspolitik. Psychiatrie, Neurologie und medizinische Psychologie 28, 449–457.

Richter, Jochen (1991): Medicine and Politics in Soviet-German Relations in the 1920s. A Contribution to Lenin's Pathobiography, in: Eric Fierens et al. (eds.): Proceedings of the XXXIInd International Congress of the History of Medicine, Antwerp, 3–7 September 1990, Brüssel, 1063–1071.

Richter, Jochen (1994): Das Kaiser-Wilhelm-Institut für Hirnforschung und die Topographie der Großhirnhemisphären. Ein Beitrag zur Institutionengeschichte der Kaiser-Wilhelm-Gesellschaft und zur Geschichte der architektonischen Hirnforschung, in: Bernhard vom Brocke/Hubert Laitko (Hrsg.), Institutsgeschichten und ihre Bedeutung für die historische Untersuchung der Kaiser-Wilhelm-Gesellschaft/Max-Planck-Gesellschaft, Bd. 1, Berlin (im Druck).

Richter, Jochen (1995): Rasse – Elite – Pathos. Eugenische Zukunftsvisionen der von Oskar Vogt begründeten Moskauer Schule der architektonischen Hirnforschung. Mitteilungen der Magnus-Hirschfeld-Gesellschaft (im Druck).

Richter, Jochen/Lindemann, Marianne (1988): Die Berliner und die Moskauer Schule der architektonischen Hirnforschung, in: Hans Schadewaldt/Karl-Heinz Leven (eds.): Proceedings of the XXX International Congress of the History of Medicine, Düsseldorf 31. VIII. – 5. IX. 1986, Düsseldorf, 923–936.

Sherrington, Charles/Grünbaum, A. S. F. (1902): Observations on the Physiology of the Cerebral Cortex of the Higher Apes (Preliminary Communication). Proceedings of the Royal Society of London 69, 206–209.

Spatz, Hugo (1961): Geschichte des Kaiser-Wilhelm-Instituts für Hirnforschung, in: Jahrbuch der Max-Planck-Gesellschaft, Teil 2, 407–421.

Spengler, Tilman (1991): Lenins Hirn, Reinbek.

Star, Susan Leigh (1989): Regions of the Mind. Brain Research and the Quest for Scientific Certainty, Stanford.

Stingelin, Martin (1989): Die Seele als Funktion des Körpers. Zur Seelenpolitik der Leipziger Universitätspsychiatrie unter Paul Emil Flechsig, in: Friedrich A. Kittler/Manfred Schneider/Samuel Weber (Hrsg.), Diskursanalysen 2: Institution Universität, Opladen, 101–115.

Vogt, Cécile/Vogt, Oskar (1907): Zur Kenntnis der elektrisch erregbaren Hirnrindengebiete bei den Säugetieren. Journal für Psychologie und Neurologie 8, 280–450.

Vogt, Cécile/Vogt, Oskar (1919): Ergebnisse unserer Hirnforschung. Journal für Psychologie und Neurologie 25, 277–462.

Vogt, Cécile/Vogt, Oskar (1926): Die vergleichend-architektonische und die vergleichend-reizphysiologische Felderung der Grosshirnrinde unter besonderer Berücksichtigung der menschlichen. Die Naturwissenschaften 14, 1190–1194.

Vogt, Cécile/Vogt, Oskar (1928): Die Grundlagen und die Teildisziplinen der mikroskopischen Anatomie des Zentralnervensystems, in: Wilhelm v. Möllendorf (Hrsg.), Handbuch der mikroskopischen Anatomie des Menschen, Bd. 4, 1. Teil, Berlin, 1–30.

Vogt, Oskar (1897): Flechsig's Associationscentrenlehre, ihre Anhänger und Gegner. Zeitschrift für Hypnotismus 5, 347–361.

Vogt, Oskar (1930): 1. Bericht über die Arbeiten des Moskauer Staatsinstituts für Hirnforschung. Journal für Psychologie und Neurologie 40, 108–118.

Vygotsky, Lew S. (1965): Psychology and Localization of Functions (1934). Neuropsychologia 3, 381–386.

Wernicke, Carl (1874): Der aphasische Symptomencomplex. Eine psychologische Studie auf anatomischer Basis, Breslau.

Lily E. Kay

Wer schrieb das Buch des Lebens?

Information und die Transformation der Molekularbiologie

Der Diskurs der Gentechnologie hat sich in den letzten drei Jahrzehnten ungestüm des Schrift-Bildes bemächtigt: Tropen des Schriebs, Metaphern der Sprache, Inszenierung des Textes; kognitiv und kulturell potenziert gerade deshalb, weil sie eher wörtlich als im übertragenen Sinne zu nehmen sind. Mit erstaunlicher Wirksamkeit haben uns die Wissenschaftler und die Geldgeber, die diesen Diskurs propagieren, das menschliche Genom als ein vielbändiges Buch vorgestellt: Das Buch des Lebens. Der Informationsgehalt seiner geschätzten 100 000 Gene oder 3 Milliarden Basenpaare ist mit einem Telefonbuch von 1 000 Bänden zu je 1 000 Seiten verglichen worden[1] oder, um einen etwas weniger prosaischen Vergleich heranzuziehen, mit einem Werk, das die Encyclopaedia Britannica um mehrere Größenordnungen übertrifft.

Um in dieser Bildwelt zu bleiben: Das Buch des Lebens, so wird gesagt, ist in einer natürlichen Sprache geschrieben, einem universellen Code, dem ein Alphabet von vier Buchstaben zugrunde liegt, die wiederum zu Nukleotid-Wörtern von je drei Buchstaben Länge organisiert sind. Diese bilden die Symbolfolgen oder Sätze, welche die Zusammensetzung der Proteinsequenzen bestimmen. Die Proteine ihrerseits bestehen aus Wörtern, die nach einem Alphabet von zwanzig Lettern buchstabiert werden. Aus ihnen baut sich der Proteintext auf, der die funktionelle und strukturelle Vielfalt des Körpers zum Ausdruck bringt und von dem angenommen wird, daß er das Wesen dessen ausmache, was es heißt, Mensch zu sein.[2] Auf der Basis dieser linguistischen Bilder und der Repräsentation des Lebens als Text kann das Genom von den Eingeweihten unzweideutig gelesen und ediert werden. So die Annahme. Mit dieser Schreibtechnologie beanspruchen ihre Anhänger, in neue Regionen der Kontrolle über das Leben vorgestoßen zu sein.

Die Jünger dieser skripturalen Repräsentation der Erblichkeit haben das Gewand der biblischen Autorität, in die sie sich kleidet, keineswegs abgelegt. So

1 Vgl. Gilbert 1992, 84.
2 Vgl. Watson 1990; siehe auch die Kritik von Keller 1992.

wird z. B. im Vorwort zu *Gnomic: A Dictionary of Genetic Codes* (1986) dieses Buch in einer Genealogie des Urwissens verortet: Wie Goethes Faust kämpfen die erleuchteten Molekularbiologen mit der Interpretation des ersten Verses des Johannes-Evangeliums: „Am Anfang war das Wort ..." Heißt es wirklich „Wort", oder sollte man es als „Sinn" übersetzen, oder als „Tat"? Die unhinterfragte Behauptung der Autoren ist: So wie das eigentliche Reich der Wörter – die Sprache – mit den Anfängen des Menschseins verbunden ist, so ist die Sprache der Gene als (und nicht „wie") die *lingua prima* des Lebens zu sehen.[3]

Aber wenn das Leben geschrieben ist, wer schrieb dann das Buch des Lebens? Woher kommt die Schrift? Gewiß sind die meisten Molekularbiologen keine Anhänger theistischer Schöpfungsvorstellungen oder theologischer Ursprünge der genomischen Schrift. Wenn aber die Verweise auf die Macht der Textualität und den linguistischen Status des Genoms ernst und wörtlich genommen werden sollen – und dazu fordert man uns auf –, dann müssen wir uns mit dem Begriff des „Schreibens" und mit der Geschichtlichkeit des genetischen Codes – seiner Schreibung – auseinandersetzen. Wie kamen Wissenschaftler dazu, Organismen und Moleküle als Systeme der Speicherung und der Abrufung von Information anzusehen? Aufgrund welcher historischer Prozesse wurde das Leben als ein genetischer Text aufgefaßt, der in einer natürlichen Sprache geschrieben ist?

Um ein Verständnis dieses Diskurses – seines Umfangs und seiner Grenzen – geht es in diesem Beitrag. Er untersucht die Anfänge der Einführung von Informationsbegriffen in die Molekularbiologie von der Mitte der 40er bis zur Mitte der 50er Jahre.[4] Sie analysiert zunächst die Vorstellung vom Schreiben und vom Buch des Lebens und zeigt dann, wie die Behauptung, die Molekularbiologie habe den Status einer Sprache, d. h. einer Textualität, ihren eigenen Anspruch auf Kontrolle unterminiert. Wir werden sehen, daß der Verweis auf die Bedeutung des Textes historisch kontingent war. Das Unterfangen, Vererbung und Leben als Informationsgeschehen zu repräsentieren, ergab sich weder aus der inneren Logik der DNA-Genetik noch aus der Aufklärung der Struktur der Doppelhelix im Jahre 1953. Linguistische Tropen und Textmetaphern hielten früher in die Biowissenschaften einschließlich der Genetik Einzug. Dieser Diskurs, der den Prozessen der Vererbung Rechnung tragen sollte, entfaltete sich noch im Rahmen des „Protein-Paradigmas" der Genetik, und er durchdrang viele weitere Disziplinen der Bio- und Sozialwissenschaften.[5]

3 Vgl. Trifonof/Brendel 1986, Vorwort.

4 Für gewöhnlich ist Erwin Schrödinger als Inspirationsquelle für ein Vererbungsdenken in Begriffen eines Codes betrachtet worden. Diese Sichtweise ist jedoch in Frage gestellt worden. Vgl. Yoxen 1979.

5 Zur Diskussion des Protein-Paradigmas der Genetik vgl. Kay 1993, Interlude I.

Die auf dem Informationsbegriff beruhenden Modelle, Metaphern sowie linguistischen und semiotischen Werkzeuge, die zur Formulierung des genetischen Codes führten, kamen aus der Kybernetik, der Informationstheorie, dem Bereich elektronischen Rechnens sowie von Kontroll- und Kommunikationssystemen in die Molekularbiologie: alles Projekte, die eingebettet waren in den militärischen Kontext des Zweiten Weltkrieges und des Kalten Krieges.[6]

Die kognitive Wende zum Informationsdenken in den Lebenswissenschaften war weniger eine Konsequenz molekularbiologischer Forschung als vielmehr ein Aspekt eines weit umfassenderen Prozesses. Sie beruhte auf einer Weltsicht, die von Informationsflüssen bestimmt war; Platons Weltseele im Gewand eines Welttextes, in dem Kommunikation und Kontrolle zu zwei Seiten einer Münze wurden. Im Rahmen dieses Welttextes hat das Schreiben als ein Ereignis der Schöpfung weder einen Schöpfer noch einen Ursprung; es hat sich seiner eigenen Inhalte entledigt. Angesichts der enormen Investitionen in die Molekularbiologie, die Gentechnologie und die menschlichen Genom-Projekte ist diese Ent-Ontologisierung und Ent-Semantisierung nicht bloß von epistemologischem Interesse, sondern hat tiefgreifende kulturelle und politische Implikationen.

I. Schrift, Dekonstruktion und Kybernetik

Kultur, Sprache und Politik formen die Produktion wissenschaftlichen Wissens, indem sie sich zwischen unsere Naturvorstellungen und unsere Art schieben, über Leben zu sprechen. Solche Vermittlungen – kontingente Modi der Bezeichnung, systemische und externe Zwänge – sind konstitutiv für das Unternehmen, das Jacques Derrida das Unternehmen der Schrift nennt: ein Prozeß, der zu seiner eigenen Dekonstruktion führt. Wenn wir also dem skripturalen Diskurs der Molekularbiologie treu bleiben wollen, werden wir zu dem Schluß gelangen, daß der genetische Code in der Tat geschrieben und nicht „entziffert" wurde – geschrieben von Wissenschaftlern. Aber um diesen Schreibprozeß und seine selbstnegierenden kognitiven Konsequenzen zu verstehen, müssen wir die diachronische Sicht des „Buches der Natur" (d. h. den unvordenklichen Gebrauch dieses Ausdrucks als Euphemismus für Erkenntnis) um eine synchronische Sichtweise ergänzen, die sich von der Kybernetik und der Informationstheorie herleitet. Derridas Analyse der „Schrift" ist außerordentlich hilfreich zur Beleuchtung einiger der Schwierigkeiten und Widersprüche, die sich aus diesen skripturalen

6 Zum militärischen Kontext der Kybernetik und automatisierter Kontrollsysteme vgl. Noble 1986; Aspray 1990; Heims 1980, bes. Kap. 11. Für eine Analyse des breiteren Einflusses des Militärs auf die amerikanische Wissenschaft vgl. Forman 1987; Leslie 1993; Edwards 1988.

Repräsentationen des genetischen Codes ergeben. Indem er die „Schrift" in ihrer Beziehung zur Sprache, zum Logos und zum Text problematisiert, hilft er, das Rätsel des „Buches des Lebens" zu erklären oder zumindest auseinanderzulegen. Tatsächlich ist er der Ansicht, daß die Umschreibung des Lebens in Begriffen der Information schließlich die Möglichkeit der logischen Konstruktion einer Wissenschaft vom Leben unterminiert hat.

In seiner *Grammatologie* offeriert Derrida scharf konturierte Einsichten in das Verhältnis von Molekularbiologie, Information, Kybernetik, Schrift und „Buch des Lebens". Er erinnert uns daran, daß der Symbolismus des Buches als natürliche, ewige und universelle Schrift die gesamte Geschichte des Abendlandes durchdringt. Die jüdische Tradition hat denjenigen, die in das Buch des Lebens eingeschrieben und besiegelt sind, ihre höchsten Weihen zuteil werden lassen. Sowohl René Descartes als auch Galileo Galilei haben sich auf die Schrift und die Lektüre des großen Buches der Natur bezogen; Charles Bonnet ging davon aus, daß „unsere Erde ein Buch ist, welches das große Wesen jenen Geistern zu lesen gegeben hat, die uns weit überlegen sind ..." Für Karl Jaspers ist die Welt „Handschrift eines Anderen, welche, allgemein unlesbar, existentiell entziffert wird".[7] In der Geschichte dieser Metapher des Buches ereignet sich der tiefste Einschnitt im 17. Jahrhundert mit der Entstehung der neuzeitlichen Wissenschaft. Mit dem Aufstieg einer autonomen Experimentaltradition begann um diese Zeit die Darstellung der Natur sich unentwirrbar mit dem Eingriff in die Natur zu verflechten oder, um Derridas Worte zu gebrauchen: Das Buch des Lebens/der Natur ist nicht mehr von seinem Schreiben zu trennen.[8]

Aber warum Schreiben? Weil es nach Derrida kein linguistisches Zeichen vor der Schrift gibt – kein Wort *vor* allem menschlichen Handeln. Dementsprechend gründet die ganze jüdisch-christliche Tradition in dem mißgeleiteten Glauben an die Unterlegenheit der Schrift als einer Form ‚abgefallener' Erkenntnis – es sei denn, sie fungiert als eine Metapher. Es sei denn, der Schrift im „wörtlichen" Sinn wird die figurative Schrift der Wahrheit, das Buch der Natur, das Buch des Lebens und die Schrift Gottes gegenübergestellt. „Dabei gilt es folgendes Paradoxon zu beachten: die Schrift natürlich und universal, intelligibel und zeitlos zu nennen ist metaphorisch; als Schrift im eigentlichen Sinne wird die sinnlich wahrnehmbare und endliche Schrift bezeichnet; also wird sie von der Kultur, der Technik und dem künstlich Gefertigten her gedacht, ist menschliches Verfahren, List eines zufällig verkörperten Wesens oder einer endlichen Kreatur. Wohl bleibt diese Metapher rätselhaft und verweist darauf, daß der ‚eigentliche' Sinn

7 Zitiert nach Derrida 1974, 32; vgl. Jaspers 1932, I, 33.

8 Derrida 1974, 32f. – Über das Verhältnis von Experimentaltradition und Repräsentation in der Wissenschaft vgl. Hacking 1983, bes. 130–146.

der Schrift der einer ersten Metapher ist. Dieser ‚eigentliche' Sinn kann von jenen, die diesen Diskurs führen, noch nicht gedacht werden. Nicht der eigentliche und der figürliche Sinn sollen vertauscht, sondern der ‚eigentliche' Sinn der Schrift müßte als die Metaphorizität selbst bestimmt werden."[9] Um den Grundgedanken jenes Textes zu erfassen, ist es nötig, die Operation zu betrachten, aufgrund derer Texte entstehen: das Schreiben. Schreiben ist der Prozeß, durch den handelnde Menschen ihrer Umwelt Ordnung einschreiben. In diesem Sinne ist es eine universelle Technologie: Auflisten, Darstellen, Anordnen, Notieren ... Beim Schreiben geht es um die Struktur der Repräsentation von Dingen und Vorgängen.[10]

Von einem Vor-Saussureschen Standpunkt aus sind alle Texte geschriebene Texte, und sie beruhen alle auf der Prämisse, daß die Sprache nichts weiter als ein Mittel ist, um Gedanken mitzuteilen: Das Denken ist gegenüber der Sprache primär. Derrida nennt diese Prämisse „Logo-Zentrismus", da sie die menschliche Erfahrung um den Logos herum zentriert – das inwendige rationale Prinzip, das den menschlichen Tätigkeiten Wert und Bedeutung verleiht. Seine Herausforderung gilt dieser Hierarchie, die vom Denken zum Sprechen zum Schreiben führt und das geschriebene Wort zu einem bloßen „Vehikel" degradiert. Derrida möchte die logozentrische Auffassung der Schrift umstoßen, nach der die Sprache ein System von Zeichen vorstellt, welche Ideen repräsentieren, die ihrerseits in der „objektiven" Welt begründet sein sollen – unabhängig von aller menschlichen Intervention und Invention.[11] Sein Begriff von Schrift ist breit (und, wie wir später sehen werden, grundlegend für die Kritik der Kommunikation in der Kybernetik und Informationstheorie). Schreiben ist der Akt der Inskription von Notationen, Marken oder Zeichen auf eine Oberfläche – sei es ein Blatt Papier, das Gehirn, die Oberfläche der Erde, die Chromosomen oder die Zelle – nicht der Ausdruck eines angenommenen logozentrischen Ursprungs jenseits dieser Marken. Aber diese Oberflächen sind nicht neutral oder passiv: Sie besitzen Eigenschaften, die dem Schreiben – aller Schrift – Widerstand leisten und ihm in die Quere kommen. Nicht bloß, daß ihre physikalischen Eigenschaften der Registratur Zwänge auferlegen – wie Heraklit sagte: „Die Natur (das Wesen) liebt es, sich zu verbergen".[12] Vorgängige und unbewußte Interpretationen dieser Eigenschaften, frühere kognitive Marken greifen „immer schon" in unsere Repräsentationen ein. Für Derrida ist Bewußtsein, als das Prädikat der Vernunft, ein nachträglicher Effekt einer gänzlich unbewußten Handlung, früherer

9 Derrida 1974, 30f.
10 Für eine klare und konzise Analyse von Derridas Rahmenvorstellungen vgl. Cooper 1989.
11 Vgl. ebenda, 481–483.
12 Heraklit 1985, Fragment 123, 178.

Spuren der Wahrnehmung. Seine Analyse der Schrift läuft darauf hinaus, daß die Autobahn unseren Wagen ganz ebenso „fährt" wie wir glauben, bewußt zu fahren. Wir werden gefahren, während wir fahren; wir werden geschrieben, während wir schreiben.[13]

Derridas Begriff der Schrift leugnet die Herrschaft des Begriffs und der Definition in einem essentialistischen oder fundamentalistischen Sinn, da Schreiben oder Repräsentieren im ständigen Spiel von Differenzen gehalten wird – der „Differanz". Ein logozentrisches Verständnis der Welt wird durch binäre Gegensätze konstituiert: positiv/negativ, hoch/tief, dunkel/hell, passiv/aktiv, Signal/Rauschen; wir verstehen das eine nur durch das andere. Aber diese gefrorene logozentrische Form verbirgt die Bewegung, die Differenzen produziert. Und es ist diese Bewegung von Differenzen – insofern wir ständig Dinge und Eigenschaften durch andere Dinge und Eigenschaften definieren –, die Neues und Bedeutung erzeugt. Diese Bedeutungen werden dann fixiert und stabilisiert durch selektiven Druck von innerhalb und/oder von außerhalb des Repräsentationsraumes.[14]

Vom Standpunkt der Derridaschen Kritik des Wissens stellen Kybernetik und Informationstheorie die Epitome des Logozentrismus dar, den Niederschlag aller logozentrischen Eigenschaften in einer singulären Gestalt. Denn die Informationstheorie ist eine Struktur des Wissens, die willentlich auf binären Oppositionen aufgebaut ist. Im Rahmen der Anwendung der Booleschen Algebra können alle Zahlen (denen dann Entitäten zugeordnet werden können) als Kombinationen von 0 und 1 ausgedrückt werden. Somit werden alle möglichen „logischen Alternativen" (d. h. das Spektrum aller numerisch quantifizierbaren Alternativen) auf „Ja"- oder „Nein"- Feststellungen zurückgeführt.[15] In diesem Sinne stellt die Informationstheorie die extreme Formulierung normalen wissenschaftlichen Wissens dar. Ist die Erzeugung von Differenzen das Herzstück aller experimentalwissenschaftlichen Forschung, so formalisieren Informationstheorie und -praxis diese Differenzen zu einem fixen binären Code. In der üblichen wissenschaftlichen Erkenntnisproduktion reflektiert die Sprache, in der die experimentelle Manipulation von Dingen erfaßt wird, die unauflösliche Verklammerung von technischen Bedingungen und Objekten des Wissens. Die Möglichkeiten des formenden Umgangs mit diesen Amalgamen bestimmen ihrerseits die Dynamik der Produktion von Differenzen – Möglichkeiten, die einen graphematischen

13 Vgl. Cooper 1989, 486.

14 Für eine ausgezeichnete Analyse der Ausbildung und Fixierung eines Repräsentationsraumes vgl. Laclau/Mouffe 1985, Kap. 3. Vgl. auch Locke 1992.

15 Vgl. Wiener 1961, Kap. 5.

Raum und damit zukünftige Forschungsaktivitäten definieren.[16] Kybernetik und Informationstheorie formalisieren und codieren diese Möglichkeiten.

Diachronisch gesehen gehört also das Lesen im Buch des Lebens – die „Entzifferung“ des genetischen Codes – zum Genre des Logozentrismus, in dem Schreiben dem Denken lediglich als Metapher vorangeht und als solche von den menschlichen Akteuren/Aktivitäten in der Produktion des Wissens absieht. Tatsächlich wurden bis um die Mitte der 40er Jahre das Buch, der Text, der Code rein figurativ verwendet. Aber seit dieser Zeit gewannen sie durch den Einfluß der Kybernetik wissenschaftliche und kulturelle Autorität und wurden zusehends wörtlich genommen. Wie Derrida bemerkt: Daß Biologen nun von geschriebenen Botschaften und genetischen Programmen als Lebensprozessen sprechen können, reflektiert diesen Übergang zur wörtlichen Bedeutung im Sinne einer „schlechthinnigen Metaphorizität“.

„Im Hinblick auf die elementarsten Informationsprozesse in der lebenden Zelle spricht auch der Biologe heute von Schrift und *Pro-gramm.* Und endlich wird der ganze, vom kybernetischen *Programm* eingenommene Bereich – ob ihm nun wesensmäßig Grenzen gesetzt sind oder nicht – ein Bereich der Schrift sein. Selbst wenn man annimmt, daß die Theorie der Kybernetik sich aller metaphysischen Begriffe – einschließlich jener der Seele, des Lebens, des Wertes, der Wahl und des Gedächtnisses – entledigen kann, die noch bis vor kurzem dazu dienten, die Maschine dem Menschen gegenüberzustellen, so wird sie dennoch am Begriff der Schrift, der Spur, des Gramma oder des Graphems so lange festhalten müssen, bis schließlich auch das, was an ihr selbst noch historisch-metaphysisch ist, entlarvt wird.“[17]

Derrida mahnt also zur Vorsicht gegenüber der Zirkularität schriftlicher Repräsentationen. Indem sie auf der verborgenen Bewegung von Differenzen beruhen, welche Schriebe erzeugt, sind alle wissenschaftlichen Repräsentationen Akte der Dekonstruktion. Wenn jedoch Schriftmetaphern wörtlich genommen werden, dann schließt sich Schreiben als freie Form der Repräsentation in sich selbst und zwingt uns zu dem unvermeidlichen Schluß, daß es das Schreiben ist, das schreibt. Diese Aporie der Molekularbiologie ist die Hinterlassenschaft derjenigen, die Mitte der 40er Jahre die Redeweise von der Sprache in die Vererbung einführten. Ob sie ihre eigenen Ziele erreichten oder nach den traditionellen epistemischen Kriterien der Wissenschaftsgeschichte Erfolg damit hatten, sind Fragen, die über den Rahmen dieser Arbeit hinausgehen. Wichtig bleibt jedoch festzuhalten: Die synchrone Dimension des Buches des Lebens siedelt dieses Unternehmen jenseits einer jahrhundertealten figurativen Terminologie an, und

16 Rheinberger 1992.
17 Derrida 1974, 21.

zwar sowohl hinsichtlich seiner kognitiven Konsequenzen als auch hinsichtlich seiner sozialen Sprengkraft.

II. Vererbung schreiben: Kybernetik, Information und Genetik

Vor der Mitte der 40er Jahre schlossen Repräsentationsstrategien in der Biologie im Allgemeinen und in der Molekularbiologie im Besonderen keine Bezugnahme auf Information und auf Sprache ein. Gewiß war das Leben bereits in den 30er Jahren miniaturisiert zu einer genetisch bestimmten Aktivität von Molekülen; Proteine als die Meister-Moleküle spielten sowohl die Rolle des Eies als auch der Henne. Doch sprachen die Exponenten der frühen Molekularbiologie nicht von Worten, Codes, Botschaften oder Texten.[18] Die Hinwendung zur Neufassung der Vererbung in dieser Terminologie begann um die Mitte der 40er Jahre, als die Technowissenschaften der Kybernetik, der Informationstheorie und der Elektronenrechner den diskursiven Raum der frühen Nachkriegszeit zu bestimmen begannen.

Die Informationstheorie beruht auf der Voraussetzung, daß Information gemessen, übertragen und gespeichert werden kann. Die ersten beiden Konzepte waren in den 40er Jahren nicht neu. Die Vorstellung von einer meßbaren Beziehung zwischen Information und dem Grad an Ordnung – Entropie – geht auf Maxwells statistische Untersuchungen der molekularen Bewegung von Gasen in den 60er und Boltzmanns Arbeit in den 70er Jahren des 19. Jahrhunderts zurück.[19] Auch Technologien zur Übertragung und zum Empfang digital codierter Information (Punkte und Striche) waren bereits am Ende des 19. Jahrhunderts entwickelt, wie die blühenden Telekommunikationsgesellschaften in Europa und den USA beweisen. In den ersten Dezennien des 20. Jahrhunderts wurden entscheidende Verbesserungen in der Konzeption und Messung von Informationen erzielt. So schlug zum Beispiel 1929 Leo Szilard eine theoretische Beziehung zwischen Entropie, Gedächtnis und Information vor.[20] 1918 arbeitete R. A. Fisher ein Maß für den Informationsgehalt experimenteller Daten aus, und 1928, im Zuge der großen Expansion der Telekommunikation, gab der in den Laboratorien der Bell-Company forschende R. V. L. Hartley ein quantitatives Maß für „Information" an.[21] Jedoch waren diese Repräsentationen von Kommu-

18 Vgl. Kay 1993, 3–57.

19 Vgl. Maxwell 1860 und 1871; Boltzmann 1909 (vgl. bes. die Arbeiten aus den Jahren 1871 und 1872 in Band 1).

20 Vgl. Szilard 1929. – Eine interessante Analyse bietet Hayles 1990, Kap. 2.

21 Vgl. Fisher 1922, 309–368; Hartley 1928.

nikationsprozessen auf den technischen Bereich der physikalischen Wissenschaften beschränkt.

Gleicherweise waren wichtige theoretische und technische Aspekte digitaler elektronischer Computer bereits vor dem Zweiten Weltkrieg etabliert. Die Logistik der Informationsspeicherung jedoch ist eine Errungenschaft der frühen Nachkriegszeit. Erst als alle Teile des modernen Computers bereitstanden – automatische Kontrolle, interner Informationsspeicher, Hochgeschwindigkeit –, begannen die Informationstechnologien mit ihrem Diskurs andere akademische Disziplinen und breitere Bereiche der Kultur zu durchdringen.[22] Eine Erklärung dieser durchgreifenden epistemischen und technologischen Wende kann sicher nicht auf einzelne besonders wirkungsvolle Akteure reduziert werden. Jedoch kann die Öffnung eines diskursiven Raums auch nicht ohne sie verstanden werden. Die allgemeine und spezifische Wirkung solcher Figuren wie John von Neumann, Norbert Wiener, Claude E. Shannon und ihrer Anhänger war für die Herausbildung eines neuen Vererbungsdiskurses von zentraler Bedeutung.

Die Auswirkung automatischer Kontrollsysteme (z. B. Feedback-Kontrolle und Servomechanismen) auf die Darstellung von Lebensprozessen wurde bereits in den frühen 40er Jahren durch den MIT-Mathematiker Norbert Wiener und seinen Kreis sowohl antizipiert als auch gefördert. Noch im Krieg, während Wiener in Warren Weavers mathematischer Abteilung über Probleme ballistischer und servomechanischer Berechnungen sowie über selbstkorrigierende, auf Feedback-Kontrolle beruhende Systeme arbeitete, begann er, diese technowissenschaftlichen Konzepte über ihren zeitbedingten Rahmen hinaus auszudehnen.[23] Die Veröffentlichung von *Behavior, Purpose and Teleology* (1943) durch den am MIT ausgebildeten Elektroingenieur Julien Bigelow, den Harvard-Neurophysiologen Arturo Rosenblueth und Wiener artikulierte die erste Verknüpfung von Servomechanismen, physiologischer Homöostase und Verhaltensprozessen. Diese Arbeit, die unter den Forschern im physikalischen und biomedizinischen Bereich zirkulierte, versuchte natürliche Vorgänge behavioristisch zu definieren und unterstrich die Bedeutung des Begriffs der Absicht, d. h. Zweckmäßigkeit. Die Autoren benutzten den Ausdruck Servomechanismus – selbstkorrigierende negative Rückkopplung – zur Bezeichnung von Maschinen mit

22 Vgl. Ceruzzi 1983; Aspray 1990.

23 Siehe MIT-Archive (im folgenden MITA), Wiener-Nachlaß MC 22, Box 2.64, Weaver an Wiener, 4. Januar 1943; Wiener an Weaver, 15. Januar 1943; Weaver an Wiener, 15. Januar 1943, Korrespondenz betreffend technische Probleme in der Fire Control Division of the Applied Mathematics Panel of the National Defense Research Committee. Vgl. auch Noble 1986, Kap. 2 und 3.

intrinsisch zweckgerichtetem Verhalten; Verhalten wurde dabei im weiten Sinne als jede Änderung einer Entität mit Bezug auf ihre Umgebung aufgefaßt und in Form einer Beziehung zwischen Input und Output analysiert. Als eine Art Manifest stellte diese militärisch inspirierte Theorie eine kognitive Implosion dar: Sie warf die Kategorien und Hierarchien über den Haufen, welche die bisherigen Verhaltensanalysen dominiert hatten. Im Rahmen der ständigen Bewegung zwischen Reiz und Reaktion, Absicht und Ergebnis, Organismus und Maschine bestimmte jedes Glied eines Paares sein Gegenteil.[24]

Die einer solchen Begründung der Kybernetik innewohnende Zirkularität entging aufmerksamen Beobachtern keineswegs. Weaver verhehlte seine Schwierigkeiten bei der Lektüre von *Behavior, Purpose and Teleology* nicht. „Ich würde diesen Artikel gerne lesen", beklagte er sich bei Wiener, „aber bis jetzt bin ich nicht über die ersten vier Paragraphen hinausgekommen. Gleich zu Beginn schließen Sie jedes Interesse an der ‚spezifischen Struktur und inneren Organisation' des Gegenstandes aus; im zweiten Abschnitt sprechen Sie dann aber über Ereignisse, die dem Gegenstand äußerlich sind und ihn ‚modifizieren'. Was bedeutet diese Redeweise? Da es uns sozusagen verboten ist, in den Gegenstand hineinzusehen, bleibt uns nur, einen modifizierten Aspekt seines äußeren Verhaltens zu beobachten, wenn wir wissen wollen, ob er sich verändert hat. Verhalten ist aber definiert in Kategorien von Input und Output. Also ist Verhalten in Kategorien des Verhaltens definiert. Daran stimmt etwas nicht."[25] Die Rückführung der tautologischen Konstruktion der Wienerschen Phänomenologie auf die ihr zugrundeliegende Prämisse veranlaßte Weaver dazu, den rationalen Kern des kybernetischen Programms anzuzweifeln.

Trotz solcher Kritik wurde die servomechanistische Welt zum Leitgedanken ihrer Promotoren. Noch bevor der Krieg zuende ging, begannen Wiener und viele andere seiner akademischen Kollegen, ein neues Programm zu entwickeln, das die Kriegserfahrung in Nachkriegsoptionen umsetzen sollte. Bereits 1944 machten sich Wiener und von Neumann daran, ihre große Vision zu formulieren: den Zusammenschluß des ganzen komplexen Bereichs der Kontroll- und Kommunikationstechnologie mit verschiedenen Sparten der Biomedizin.[26] Anfang 1945 informierte Wiener Rosenblueth (der damals wieder in Mexiko war) über

24 Rosenblueth/Wiener/Bigelow 1943. Vgl. auch die Analyse von Gasché 1986, Kap. 8.

25 MITA, Wiener-Nachlaß MC 22, Box 2.94, Weaver an Wiener, 24. März 1949.

26 Siehe MITA, Wiener-Nachlaß MC 22, Box 2.66, Wiener an von Neumann, 17. Oktober 1944, und von Neumann an Wiener, 16. Dezember 1944. – Es ist hier festzuhalten, daß diese Art, sich für die Nachkriegszeit bereitzuhalten, nicht für Wiener und von Neumann allein typisch ist. Sie ist der Ausdruck einer breiteren Strömung. Man trifft auch bei Physikern und Biologen um 1944 häufig auf solche Projektionen, in denen sich die Zuversicht auf eine Ausweitung von Programmen und Ressourcen bemerkbar macht.

Pläne, eine Gesellschaft und eine Zeitschrift zu gründen sowie ein Forschungszentrum in „unserem" – noch namenlosen – „neuen Feld" zu organisieren; die Unterstützung dafür sollte aus den verschiedensten Quellen stammen.[27] Von Neumann stimmte damit überein, daß „überhaupt jedermann interessiert werden sollte. [...] Der beste Weg, ‚etwas' auf den Weg zu bringen, ist jeden anzusprechen, von dem man auch nur irgendwelche Hilfe erwarten kann."[28]

1945 war der ungarische Mathematiker und Emigrant von Neumann zu einer Schlüsselfigur in der strategischen militärischen Planung und zu einer führenden Autorität im Bereich elektronischer Computer und automatisierter Kontrollsysteme geworden. Nachdem er 1945 den ersten schriftlichen Bericht über den EDVAC-Computer abgefaßt hatte, dem das enorme Computer-Projekt am Institute for Advanced Studies folgte, wurde er zum Begründer der Computer-Programmierung und Informationsverarbeitung. Seine Beziehungen zur Biomedizin gehen auf diese Zeit zurück; sein Interesse an der Biologie im Allgemeinen und der Genetik im Besonderen war eng mit dem Ziel verknüpft, selbstreproduzierende Maschinen zu entwickeln.[29] Dieses Projekt war darauf ausgerichtet, lebende Systeme zu erklären, indem man sie simulierte, und es eröffnete damit einen Repräsentationsraum, in dem sich die Vererbung durch Simulacra modellieren ließ.

Von Neumann beteiligte sich enthusiastisch an dem biomedizinischen Projekt der Computerisierung von neuronalen Netzwerken und Hirnfunktionen. Zu den Wegbereitern des Projekts gehörte neben Wiener, Rosenblueth und dem Chicagoer Neurologen Warren McCulloch auch der begabte Walter Pitts, der damals gerade sein Studium abgeschlossen hatte. Aber von Neumanns Ansichten unterschieden sich von denen dieser Gruppe. Er zweifelte daran, daß ein so komplexes und kaum verstandenes System wie das menschliche Nervensystem dafür geeignet war, die entscheidenden Lebensprozesse zu erforschen und zu simulieren. „Ich habe das Gefühl, wir sollten uns einfacheren Systemen zuwenden", schrieb er an Wiener. Auf der Suche nach solchen einfacheren Systemen wandte er sein Interesse den Viren zu. Viren oder Bakteriophagen, erklärte er, sind „einfacher als Zellen" und besitzen dennoch die entscheidenden Züge eines lebenden Organismus, besonders die Eigenschaft der Selbstreproduktion. Offensichtlich war er von Max Delbrücks Arbeit mit Phagen beeindruckt.

Von Neumann entwarf eine alternative Strategie und formulierte fünf Arbeitsziele: 1. Viren und Phagen zu studieren, einschließlich all dessen, was über die Gen-Enzym-Beziehung bekannt war, da Gene wahrscheinlich den Viren und

27 Wiener-Nachlaß MC 22, Box 2.67, Wiener an Rosenblueth, 24. Januar 1945.
28 Wiener-Nachlaß MC 22, Box 2.68, von Neumann an Wiener, 21. April 1945.
29 Vgl. Heims 1980, Kap. 9–11; Aspray 1990, Kap. 2.

Phagen ähnelten. 2. Sich den gegenwärtigen Kenntnisstand über Proteinstrukturen anzueignen. 3. Die Röntgenstrahl-Diffraktion und die Fourier-Analyse zu studieren. 4. Sich mit der Elektronenmikroskopie zu befassen. 5. Sich einen Überblick über die relevante Literatur und die auf diesen Gebieten arbeitenden Wissenschaftler zu verschaffen.[30] Mit der Verbindung von Viren und Informationsverarbeitung bewegte sich von Neumann wie die meisten Forscher (vor allem in den USA) im Rahmen des damals vorherrschenden Paradigmas in den Biowissenschaften. Seine Vorstellungen über Reproduktion gingen davon aus, daß Proteine die Träger der Vererbung seien und autokatalytische Mechanismen bestimmter Enzyme die Wirkung der Gene und der Virusreplikation erklärten.[31]

Mit derartigen Vorstellungen näherte sich von Neumann der Biologie. 1946 nahm er an biomedizinischen Tagungen der Washington University in St. Louis teil. Daraus entwickelte sich ein lebhafter Austausch mit dem Biochemiker Sol Spiegelman. Spiegelman und seine Kollegen ermutigten von Neumann, seine servomechanische Vorstellung der Chromosomenpaarung als eine mögliche Lösung des Paradoxes der Fernwirkung einschließlich einer Beschreibung seiner selbstverdoppelnden Maschine zu Papier zu bringen.[32] Von Neumann seinerseits konnte mit Genugtuung feststellen, daß Biologen sich für sein Projekt interessierten und die für sie neue Literatur und Denkweise aufgriffen. Er war hochzufrieden, daß „meine unorganisierten und amateurhaften Bemerkungen über ‚Servomechanismen' und Amplifikation einerseits sowie über Selbstverdopplung andererseits sowohl Ihrer als auch Dr. Mullers Meinung nach weiter diskutiert zu werden verdienen". Und er versprach, einen ersten Entwurf über selbstverdoppelnde Automaten auszuarbeiten.[33]

Als die Arbeit über selbstreproduzierende Automaten 1951 veröffentlicht wurde, zirkulierten von Neumanns Ideen bereits unter Biologen und Physikern ebenso wie in den Medien. Seine Verbindung zum California Institute of Technology, vor allem zu dem deutschen Biophysiker Karl F. Bonhoeffer, einem Verwandten Delbrücks, halfen ihm, seine Beziehungen zu biomedizinischen Kreisen auszubauen.[34] Das Geheimnis der von Neumannschen Maschine bestand darin,

30 Siehe MITA, Wiener-Nachlaß MC 22, Box 2.72, von Neumann an Wiener, 29. November 1946.

31 Vgl. Kay 1993, Interlude I.

32 Siehe Library of Congress (im folgenden LC), von Neumann-Nachlaß, Box 7.1, Spiegelman an von Neumann, 3. Dezember 1946.

33 LC, von Neumann-Nachlaß, Box 7.1, von Neumann an Spiegelman, 10. Dezember 1946.

34 Neumann 1951. – Der Band, in dem diese Arbeit veröffentlicht ist, dokumentiert die Verhandlungen des Hixon-Symposiums am Caltech, eines der bedeutendsten Ereignisse in der Geschichte der Neurowissenschaften. Eine interessante Korrespondenz zwischen Jeffress und von Neumann über dessen Teilnahme an der Konferenz und die Publikation befindet sich in LC, von Neumann-Nachlaß, Box 19.19. Der Vortrag beim Hixon-Symposium war nur einer von vielen Präsentatio-

daß sie nicht versuchte, sich selbst zu kopieren. Als eine Modifikation von Turings Universalmaschine sollte sie in der Lage sein, jede beliebige Maschine aufgrund einer Beschreibung derselben zu bauen. Der Ausgangspunkt war ein funktionalistischer: „Leben", „Gehirn" oder „Chromosomen" wurden nicht als Grundgegebenheiten oder essentialistische Kategorien behandelt, sie waren vielmehr, was sie *taten*. In von Neumanns Schema definierten sich Epistemologie und Technologie gegenseitig und gingen ineinander über.

Maschinen wie Organismen, so die Analogie, waren in der Lage, Rohmaterial aus ihrer Umgebung aufzunehmen und es in jene komplexen und spezifischen Materien zu verwandeln, aus denen ihre Teile bestanden. Eine reproduzierende Maschine mußte also dazu fähig sein, Materieteile in Maschinenteile zu verwandeln – Bandrollen, Vakuumröhren, Scheiben, photoelektrische Zellen, Motoren, Wellen, Drähte, Batterien – und sie zu einer neuen Maschine zusammenzufügen. Vom Konzept her bestand von Neumanns Maschine aus drei Teilen: einem „Gehirn" und „Neuronen" zur logischen Kontrolle; „Muskeln", d. h. Zellen, die umgebende Zellen verändern und ihre Komplexität verringern oder erhöhen konnten; und einen genetischen „Anhang" – Transmissionszellen zur Übertragung von Botschaften von den Kontrollzentren. Die entscheidende Einheit, der genetische Anhang, war als ein Satz von Chromosomen konzipiert, wobei die Maschine ihren „Anhang" vermittels codierter Instruktionen jeweils für die nächste Maschine kopierte, indem sie Zellen „an-„ oder „abstellte". Solche Maschinen konnten möglicherweise gar evolutionäre Veränderungen durchmachen. Indem man zufällige Veränderungen (Mutationen) in den Maschinencode einführte und den Vorrat an Rohmaterial beschränkte, würde man dazu in der Lage sein, die Dynamik von Selektionsdrücken zu simulieren. Aber dieses Konzept unterminierte seine eigenen explanatorischen Fähigkeiten. Die Organe waren funktionell definiert: Gene sind Kopierer, und ihre Funktion war bestimmt als das, was dabei herauskam: nämlich kopieren. Kurz: Kopierer kopierten. Trotz solcher kognitiven Unzulänglichkeiten gewann diese Vision kulturelles Gewicht. Mit „Kopierern" als Modellen für Gene hatte die Ära der Cyborgs begonnen.[35]

Verständlicherweise waren die Ambitionen zur Schaffung selbstreproduzierender Automaten Wasser auf die Mühlen der Journalisten, und Spekulationen

nen über das Thema, die posthum gesammelt in von Neumann 1966 erschienen. Ebenso wichtig waren Zeitschriftenaufsätze über von Neumanns Maschine, die ein breiteres Publikum, vor allem Biologen, erreichten. Vgl. Kemeny 1955 (ein Bericht über von Neumanns Vorlesungen in Princeton), sowie Penrose 1959, ein Aufsatz aus der Sicht eines Genetikers. Vgl. auch Aspray 1990, Kap. 8. Zur kulturellen Wirkung von Neumanns vgl. Vonnegut 1952 und Noble 1986.

35 Vgl. Kemeny 1955, bes. 66f., und von Neumann 1966, 91–131. – Im Sinne einer Kulturkritik vgl. Baudrillard 1983 und Haraway 1991, Kap. 8.

über die reproduktiven Potenzen der Maschine der Zukunft blühten. Von Neumann war darüber nicht gerade erbaut. Er ziehe eine nüchternere Formulierung vor, schrieb er an Wiener. „Man kann eine Klasse von Automaten definieren [...], die entsprechend bestimmte ‚elementare Komponenten' zu anderen Automaten kombinieren können. Man kann zeigen, daß solche Automaten selbstreproduktiv sein können. Einige ihrer Komponenten haben eine gewisse funktionelle Ähnlichkeit mit Enzymen, andere mit Genen, und ihre Dysfunktion mit Mutationen." Aber das war nichts, worüber er Zeitungsberichte wollte. Mit sanftem Humor wies er Wiener für seinen Hang zur Popularisierung und seine journalistischen Beziehungen zurecht. Von Neumann erinnerte ihn daran, daß weder er noch Bigelow (damals am Institut für Advanced Studies) mit derlei Geschichten etwas zu tun haben wollten.[36]

Tatsächlich hatten Wieners Vorstellungen über Servomechanismen und ihre Beziehung zu lebenden Systemen bis 1949 ein beträchtliches Echo sowohl innerhalb als auch außerhalb akademischer Kreise gefunden. Das Jahr 1948 markierte einen Wendepunkt: Es brachte einen ersten Meta-Diskurs über das Problem der Information. In diesem Jahr erschien, gleichzeitig in den Vereinigten Staaten und in Frankreich, Norbert Wieners Buch *Cybernetics: Or Control and Communication in the Animal and the Machine*.[37] Dieses bemerkenswert einflußreiche Buch wandte sich an Praktiker der verschiedensten akademischen und nicht-akademischen Bereiche. Wiener vertrat die Auffassung, daß die technischen Probleme der Kontrolle und der Kommunikation untrennbar miteinander verbunden waren – sie waren zwei Seiten einer Münze –, und daß sie auf dem fundamentalen Begriff der Botschaft beruhten – einer diskreten oder kontinuierlichen Sequenz von meßbaren Ereignissen in zeitlicher Folge. In diesem Zusammenhang war ein Maß des Informationsgehalts nicht nur das Kernstück der Kommunikationswissenschaft, sondern Information selbst war die elementare Einheit der Kontrolle. Kontrolle, erklärte Wiener, ist nichts anderes als das Senden von Botschaften, die das Verhalten des Empfängers wirksam verändern. In dieser servomechanischen Welt konnten alle quantifizierbaren Operationen als Botschaften formuliert werden und damit das Verhalten beeinflussen.

Im gleichen Jahr veröffentlichte der am MIT ausgebildete Ingenieur der Bell Laboratorien Claude E. Shannon einen großen Artikel über *A Mathematical Theory of Communication,* in dem er die Grundzüge der Informationstheorie entwickelte. Shannon zufolge kann man Information ganz unabhängig vom Inhalt behandeln. Als Grundeinheit der Information legte er die binäre Zählein-

36 MITA, Wiener-Nachlaß MC 22, Box 2.104, von Neumann an Wiener, 4. Spetember 1949.
37 Wiener 1948, vgl. Wiener 1961.

heit, das „bit" fest (wie wir noch sehen werden, rüttelt diese Trennung von Information und Inhalt, wenn sie über den Bereich des Ingenieurwesens ausgedehnt wird, an den Wurzeln des Sprachverständnisses überhaupt). Im Gegensatz zu Wieners Buch zielte diese in einer Fachzeitschrift veröffentlichte technische Arbeit nicht auf allgemeine Verbreitung. Sie war nicht darauf angelegt, ein breiteres Publikum von Psychologen, Anthropologen, Linguisten, Biologen, Ökonomen, Philosophen und Historikern zu erreichen. Und doch war es genau das, was passierte.[38] Das ist teilweise darauf zurückzuführen, daß die University of Illinois Press 1949 das gemeinsam von Shannon und dem Mathematiker Warren Weaver verfaßte Buch *The Mathematical Theory of Communication* herausgab. Weaver war damals Direktor der Natural Science Division der Rockefeller Foundation, die seit den 30er Jahren molekularbiologische Forschung gefördert hatte. Weaver stellte sein Talent für Wissenschaftsmanagement und Problemdarstellung in den Dienst von Shannons Ideen und machte seine technische Arbeit einer breiten Leserschaft zugänglich.[39]

Der Begriff der „Kommunikation", erklärte Weaver, sei in einem sehr weiten Sinne zu verstehen. Danach schließe Kommunikation all jene Darstellungsformen ein, durch die man Einfluß auf das Denken anderer nehmen könne – nicht nur geschriebene oder gesprochene Sprache, sondern auch Musik, Malerei, Theater, Ballett, ja schließlich das gesamte menschliche Verhalten. Weaver unterschied drei Ebenen des Kommunikationsproblems. Ebene A: Das technische Problem – wie genau können Kommunikationssymbole übertragen werden? Ebene B: Das semantische Problem – wie präzise übermitteln gesendete Symbole die gewünschte Bedeutung? Ebene C: Das Problem der Effektivität – wie bewirkt die transportierte Bedeutung eine Verhaltensänderung in die gewünschte Richtung? Aus gewichtigen Gründen handelte das Buch nur von der ersten, also der technischen Ebene.[40] Damit sollten die Probleme umgangen werden, die sich ergaben, wenn die Analyse der Kommunikation als Kontrolle über die Elektrotechnik hinaus erweitert wurde. Wie wir noch sehen werden, konnte durch die Ausklammerung der Semantik und Effektivität zumindest vorerst jene selbstnegierende Bewegung vermieden werden, die es letztlich ausschließt, die Bedeutung von Information in lebenden Systemen zu verstehen. Denn letztlich unterminieren diese Kriterien die Vorstellung von Vererbung als eines bloßen Informationstransfers. Hier machen sich der Inskriptionsprozeß und der gleichzeitige Widerstand der bereits inskribierten ‚Lebenstafel' bemerk-

38 Shannon 1948.

39 Shannon/Weaver 1949. – Zu Weavers Rolle als Manager vgl. Kohler 1976, 1991, Teil III, und Kay 1993, Kap. 1.

40 Vgl. Shannon/Weaver 1949, 3f.

bar. Diese Unterminierung ist zentral für die Kritik skripturaler Repräsentationen der Vererbung und des semantischen Status des genetischen Codes. Wie Weaver erklärt: „Das Wort ‚Information' wird in dieser Theorie auf eine besondere Weise verwendet und *darf nicht* mit seiner gewöhnlichen Verwendung verwechselt werden. Insbesondere darf Information nicht mit Bedeutung verwechselt werden. So können zwei Botschaften, deren eine mit Bedeutung gesättigt und deren andere reiner Unsinn ist – etwa ein Shakespeare-Sonett und eine beliebige Ansammlung von Buchstaben – vom Standpunkt der Informationstheorie aus völlig äquivalent sein."[41]

Und Shannon stellte heraus: „Die semantischen Aspekte der Kommunikation sind für die technischen Belange irrelevant"[42] (das Umgekehrte trifft allerdings nicht zu). Und zwar deshalb, weil im technischen Sinne Information ein Maß für die Freiheit bei der Auswahl einer Botschaft darstellt. Die Informationsmenge wird durch den Logarithmus der Anzahl möglicher Alternativen gemessen, und zwar für gewöhnlich durch den Logarithmus von 2, da in einem digitalen System auf der Basis der Booleschen Algebra 0 und 1 symbolisch für jede beliebige Wahl stehen; das „bit" steht dann für eine Ja-Nein-Entscheidung, die eine Einheit der Information darstellt.

Auf der Basis dieser Definition kann das „Wissen" oder das Informationsmaß einer genomischen Botschaft oder eines Satzes aus dem „Buch des Lebens" keine Kenntnis seiner Bedeutung implizieren. Semantische Werte lassen sich nicht aus der technischen Formulierung von Information ableiten. Allgemein gesprochen sind folgende Fragen für die Ebene A relevant:

- Wie mißt man die Menge an Information?
- Wie mißt man die Kapazität eines Informationskanals?
- Probleme des Codierungsvorgangs bei der Umwandlung einer Botschaft in ein Signal; die Charakteristik und Effizienz des Codes.
- Welches sind die Charakteristika des Rauschens und seiner Beziehung zur Genauigkeit der empfangenen Botschaft? Wie kann man das Rauschen minimieren?
- Was bedeutet es für das Kommunikationsproblem, wenn das übertragene Signal kontinuierlich ist (wie bei der gesprochenen Sprache oder der Musik) und nicht diskret (wie bei der geschriebenen Sprache oder der Telegraphie)?[43]

Natürlich konnte man vage Analogien zwischen eng gefaßten Kommunikationssystemen wie Telegraphie und elektronischen Servomechanismen einerseits und

41 Ebenda, 8 (Hervorhebung hinzugefügt).

42 Ebenda.

43 Ebenda.

den komplexen organismischen Prozessen andererseits beschwören. Aber solche Analogien brachten keine Einsichten in den semantischen Gehalt der Information. Bestenfalls illustrierten sie den Begriff der Information als Maß für Organisation und Kontrolle. Wie gelangt man aber von kommunikationstechnischen Systemen zu biologischen Systemen und mit welcher Absicht? Wie und warum sollten Wissenschaftler die Biologie in der Sprache der Information schreiben? Weaver und Shannon schwiegen sich in ihrer gemeinsamen Veröffentlichung über die Ausdehnung der Informationstheorie auf die Biologie aus. Wiener dagegen hatte einiges zu sagen über die Beziehung von Information und Biologie im Allgemeinen sowie von Information und Genetik im Besonderen.

In seiner Zusammenarbeit mit Rosenblueth hatte Wiener eine Phänomenologie entwickelt, die auf Kriegstechnologien beruhte: Sein Ausgangspunkt war, daß Probleme der Kommunikation, der Kontrolle und der statistischen Mechanik eine Einheit bilden, ob in der Maschine oder im Lebewesen. Physiologische Homöostase wurde zu einem Modell für Rückkopplungs- und Kontrollsysteme, die ihrerseits zu einem Modell für biologische Prozesse wurden, so daß schließlich die kategorialen Differenzen belebt-unbelebt, Organismus-Maschine, natürlich-künstlich zusammenbrachen. Die kybernetische Schrift war ein Prozeß der Bedeutungsauslöschung; getilgt wurde der Begriff der Semantik.

„Wir haben beschlossen", erklärte Wiener, „den ganzen Bereich der Kontroll- und Kommunikationstheorie, ob für Maschine oder Lebewesen nach dem griechischen Wort *kybernetes* Kybernetik zu nennen, was so viel wie ‚Steuermann' bedeutet."[44] Nach Wiener sollte die Kybernetik eine Meta-Disziplin sein, ähnlich dem, was Foucault später „episteme" nannte. „Wenn das 17. und das frühe 18. Jahrhundert das Zeitalter der Uhren sind", so Wiener, „und das 18. und 19. Jahrhundert das Zeitalter der Dampfmaschinen, so ist unsere Gegenwart das Zeitalter der Kommunikation und Kontrolle." Nicht nur im technischen Bereich, sondern in der Gesellschaft insgesamt.[45]

Im Lauf der Entwicklung der mathematischen Grundlagen der Informationstheorie erklärte Wiener immer wieder, diese sei gleichermaßen auf unbelebte wie auf belebte Systeme anwendbar: auf Enzyme, Hormone, Neuronen und Chromosomen. Er und sein Freund, der Genetiker J. B. S. Haldane, ein enthusiastischer Verfechter der Kybernetik, inspirierten sich gegenseitig. Im Verlauf eines jahrelangen Dialogs mit Haldane (und mit anderen Biologen) versuchte Wiener, eine Kybernetik der Vererbung auszuarbeiten; die Proteine standen dabei im Zentrum. Er kam zu der Überzeugung, daß die Übertragung von Erbanlagen letztlich durch die Informationstheorie zu erklären sei. Wie von Neumann sagte

44 Wiener 1961, 11.
45 Ebenda, 39; Foucault 1970.

Wiener 1947 voraus, daß der Mechanismus, durch den Gene und Viren sich selbst reproduzieren, in den kombinatorischen Regeln liegen müsse, aufgrund derer Aminosäuremischungen sich zu Proteinketten organisierten und diese Ketten wiederum stabile Verbindungen mit ihresgleichen ausbildeten.[46]

Haldane, der Wiener zu Vorlesungen an das University College nach London einlud, war damals wohl einer der wenigen Biologen, die Wieners mathematischen Argumenten folgen konnten, doch er übernahm die biologischen Dimensionen der Kybernetik und Informationsverarbeitung eher unkritisch. „Ich beginne langsam, in der Begriffswelt von Botschaft und Rauschen zu denken", schrieb er 1948 an Wiener und lieferte einige skizzenhafte Berechnungen des Informationsgehalts von Nervenfibern. Auch Shannons Begriff der Redundanz hatte es ihm angetan: „Ich vermute, daß ein großer Teil eines Tieres oder einer Pflanze redundant ist, denn sie haben es nicht leicht, sich exakt zu reproduzieren und sind von einer Menge Rauschen umgeben. Eine Mutation scheint ein Stück Rauschen zu sein, das in die Botschaft inkorporiert wird. Könnte ich Vererbung in Begriffen von Botschaft und Rauschen sehen, so würde ich ein Stück weiterkommen."[47] Kurze Zeit später machte sich Haldane daran, eine Arbeit zu schreiben, in der er „den Betrag an Kontrolle (= Information = Instruktion) berechnete, den ein befruchtetes Ei enthält, sowie verschiedene andere ähnliche Punkte".[48] An diesem Beispiel läßt sich ersehen, wie Begriffe der Kybernetik und Information in die Genetik Eingang fanden, lange bevor DNA die Proteine als Erbmaterial ersetzt hatte.

Zweifellos war Haldanes mathematische Neigung nicht typisch für einen Biologen. Wieners technische Behandlung von Kommunikation und Kontrolle auf der Basis von Information blieb den meisten Biologen verschlossen. Doch mit der Publikation des Buches *The Human Use of Human Beings*[49] erreichten Wieners kybernetische Phänomenologie und seine Interpretation aller Lebenserscheinungen als Informationsfluß ein erstaunlich breites wissenschaftliches Publikum. Diese Popularisierung von *Cybernetics* erschien 1950, und sie kündigte nachdrücklich das neue Zeitalter der Information an. Die These war: Die gegenwärtige Gesellschaft kann nur auf der Basis einer Analyse von Botschaften und Kommunikationsmitteln verstanden werden. Das Individuum und der Organismus müssen neu in Begriffen der Information gefaßt werden.

In dem Kapitel *The Individual As the Word* stellte Wiener sein Konzept und dessen Konsequenzen vor: die technische Möglichkeit, das Buch des Lebens zu

46 Vgl. Wiener 1961, 93f.

47 MITA, Wiener-Nachlaß, MC 22, Box 2.86, Haldane an Wiener, 2. November 1948.

48 MITA, Wiener-Nachlaß, MC 22, Box 4.150, Haldane an Wiener, 12. November 1948.

49 Wiener 1950.

schreiben: „Frühere Versuche, Individualität zu bestimmen, bemühten auf die eine oder andere Weise eine Art materieller Identität, sei es die materielle Substanz des Lebewesens, sei es die spirituelle Substanz der menschlichen Seele. Wir sehen uns heute gezwungen, Individualität als etwas anzusehen, das mit der Kontinuität von Mustern zu tun hat, folglich mit etwas, das kommunikationsförmig ist.“[50] Wiener verwies auf die jahrhundertealte Tradition von Begriffen wie Seele, Form und Monade und bemerkte, daß die biologische Individualität eines Organismus in einer bestimmten kontinuierlichen, prozessualen Erinnerung liegt. Er insistierte darauf, daß nicht die Materie, sondern die Form bei der Zellteilung und der Weitergabe des Erbguts perpetuiert wird. Und er schloß: „Es gibt keine grundsätzliche, absolute Trennlinie zwischen den Übertragungsarten, die wir bei der Versendung eines Telegramms benutzen, und denen, die in einem Lebewesen wie dem Menschen theoretisch angenommen werden können.“ Er wollte sich zwar nicht auf Science Fiction einlassen, gab aber dennoch zu bedenken, daß unser Unvermögen, das Muster eines Menschen von einem Ort zum anderen zu telegraphieren, wohl nur in technischen Schwierigkeiten begründet liegt, „nämlich [der Schwierigkeit], einen Organismus im Verlauf einer solchen radikalen Rekonstruktion am Leben zu erhalten. Die Schwierigkeit liegt nicht in der Unmöglichkeit der Idee.“[51] Wiener glaubte, man könne im Prinzip die codierte Botschaft, die ein menschliches Wesen ausmacht, schreiben und übertragen – also das Buch des Lebens sowohl kommunizieren als auch kontrollieren.

Was meinte Wiener? Wir können fairerweise annehmen, daß er sich nicht bloß metaphorisch auf diese Schreibtechnologien bezog: Das Leben ist nicht „wie eine Botschaft“ – es *ist* eine Botschaft. Er glaubte fest daran, daß die Kontrollmechanismen der Übertragung und des Empfangs von Information im Körper quantifizierbar und damit codierbar waren. Aber wenn das Individuum das Wort ist, welche Bedeutung hatte dann dieses Wort? Wiener wußte genau, daß die Informationstheorie uns nichts über Bedeutung sagt, daß der Informationsgehalt keinen semantischen Wert hat. Wir müssen daraus schließen, daß Wiener bei seinem Bemühen, „den Organismus zu schreiben“ oder, wie er sich ausdrückte, ihn „radikal zu rekonstruieren“, die Auslöschung von Bedeutung betrieb. In ihrem Festhalten am Primat der Schrift hat die Kybernetik Begriffen wie Seele, Leben, Wert, Wahl und Gedächtnis den Garaus gemacht, die dazu gedient hatten, wie Derrida uns erinnert, die Maschine vom Menschen zu unterscheiden. Um diese Grenzen zu überwinden und an der Schrift festhalten zu können, hat die neue Phänomenologie die Semantik geopfert, also eine Sprache ohne Bedeutung

50 Ebenda, 103.
51 Ebenda, 109f.

geschaffen. In ihrer Ausdehnung auf den biologischen und den sozialen Bereich ist es genau diese bedeutungslose Sprache selbst, die das Ziel der Kybernetik letztlich unterminiert: das Leben zu kontrollieren.

III. Die Verbreitung des Evangeliums der Information in der Molekularbiologie

Der Einfluß von Wieners Ideen war enorm. Die intensive Auseinandersetzung mit *Cybernetics* und mit *The Human Use of Human Beings* in Laienkreisen – Zeitungsmachern, Verlegern, Cineasten, Architekten, Literaten – zeigt, daß seine Ideen auf breiteste Resonanz stießen. Die enthusiastische Rezeption in so unterschiedlichen Bereichen wie Ingenieurwesen, Psychologie, Neurologie, Physiologie, Endokrinologie, politische Wissenschaften, Anthropologie, Linguistik und Architektur vermitteln zudem einen Eindruck von seinem akademischen Einfluß.[52] Neue Geldquellen taten sich auf. Über die 50er Jahre hinweg förderte die Rockefeller Foundation Wieners und Rosenblueths gemeinsame Forschung. Durch die Förderung interdisziplinärer Konferenzen zur Kybernetik unterstrich die Joshia Mary Foundation Wieners Vision.[53] Wieners Vorlesungstätigkeit am Collège de France 1951 weitete das internationale Forum für den neuen Forschungszweig beträchtlich aus. In den frühen 50er Jahren hatte sich der Einfluß der Kybernetik auf viele europäische Länder ausgebreitet.[54]

Ebenfalls in den frühen 50er Jahren begannen etliche Genetiker und Molekularbiologen, Organismen als kybernetische Systeme neu zu definieren und ihre Überlegungen informationstheoretisch umzuschreiben. Obwohl ein Frühbekehrter, war Haldane nicht der einzige, der Vererbungsgeschehen und Mutationen in Begriffen von Botschaft und Informationseinheiten überdachte. 1950 hatte H. Kalmus, ein Genetiker an der McGill-Universität, mit seiner theoretischen Abhandlung *A Cybernetical Aspect of Genetics* einen ähnlichen Versuch unternommen. Jeder Genetiker, der Wieners *Cybernetics* liest, so notierte er, wird finden, daß diese neue Betrachtungsweise des Lebens vereinheitlichende

52 Diese Reaktionen sind im Wiener-Nachlaß durch reiches Material dokumentiert (Boxen 2 und 3).

53 Vgl. Heims 1980, Kap. 9 und 10; Heims 1991. – Vgl. auch Gardner 1985.

54 Auf Initiative von Benoît Mandelbrot wurde Wiener als Fullbright Lecturer nach Paris eingeladen, anschließend hielt er eine Reihe von Vorlesungen in Madrid. Der Wiener-Nachlaß, besonders die Boxen 2–4, enthalten wichtige Korrespondenz über die Ausbreitung seines internationalen Ruhmes. Wieners Einfluß war besonders stark in Russland, wo die Kybernetik in verschiedenen Institutionen einschließlich biowissenschaftlicher Institute zu einem prosperierenden Forschungszweig avancierte.

Prinzipien und einen machtvollen Interpretationsrahmen ermöglicht. Auch er ging von der Vorstellung aus, daß Gene Proteine sind und stellte sich vor, sie könnten als Botschaften oder als Quelle von Botschaften dienen, wobei sich auch bei ihm Ursache und Wirkung nicht mehr unterscheiden ließen. Er räumte zwar ein, daß die Analogie problematisch war, denn genetische Botschaften waren weder numerisch noch elektrisch (wie von der Informationstheorie gefordert). Dennoch kam er zu dem Schluß, daß die Gene die grundlegenden Kontrollelemente im integrierten Kontrollsystem des Organismus bildeten.[55]

Die aus dem Boden schießenden, oft spekulativen Vorstöße von Biologen in die *terra incognita* der Kybernetik brachten gewiß ein wachsendes Interesse zum Ausdruck. Aber sie waren nicht von institutionellem oder disziplinärem Einfluß, der sich in Symposien, Verhandlungsberichten oder finanziellen Zuwendungen niedergeschlagen hätte. Eine Ausnahme bildete ein österreichischer Emigrant, der Radiologe Henry Quastler, der sich der Aufgabe verschrieben hatte, eine Biologie auf der Grundlage der Informationstheorie zu begründen. Von 1949 bis zu seinem frühen Tod im Jahre 1963 verwendete der von Wiener und Shannon inspirierte Quastler seine unerschöpflichen Energien darauf, die Biologie in eine Informationswissenschaft umzuschreiben. Seine Produktivität – Artikel, Berichte, Symposiumsbände, Bücher – war erstaunlich: der *Science Citation Index* zählt für 1955–63 mehr als 500 Hinweise auf seine Arbeiten. Es kann hier nicht auf Quastlers beruflichen Weg von Wien nach New York, von dort zum Control Systems Laboratory der University of Illinois und schließlich zur biologischen Abteilung des Brookhaven Laboratory eingegangen werden. Jedoch ist es unerläßlich, sich mit seinen Bemühungen um die Biologie während dieser Gründerjahre der Informationstheorie zu beschäftigen, wenn man verstehen will, wie die neuen Repräsentationen des Lebens etabliert und verbreitet wurden.[56]

Mit Hilfe militärischer Finanzquellen hatte Quastler seit 1949 Foren zur Verknüpfung von Informationstheorie und Biologie organisiert; ein Symposium im Jahre 1952 führte dann zu einer größeren Publikation. Unter der Schirmherrschaft des Control Systems Laboratory der University of Illinois diskutierten zwanzig Physiker und Biologen die mathematischen und diskursiven Möglichkeiten einer Biologie als Informationswissenschaft. Den Organisatoren war der unglaubliche Aufwand an Kontrolle und Kommunikation bewußt, der den

55 Vgl. Kalmus 1950.

56 Zur Zeit gibt es weder Biographien über Henry Quastler noch veröffentlichte persönliche oder programmatische Äußerungen. Ich bin im Augenblick dabei, biographisches Material über ihn zusammenzutragen. Ich danke Joshua Lederberg und den Archivaren der University of Illinois für ihre Hilfe bei der Sichtung erster Dokumente.

grundlegenden biologischen Prozessen innewohnen mußte. Und sie waren davon überzeugt, daß die Kybernetik biologischer Funktionen schließlich dazu beitragen würde, das Wesen biologischer Kontrollsysteme zu verstehen.[57] Ihr Vorhaben zielte auf strenge Wissenschaft. Der erste Schritt sollte zu einer Quantifizierung führen: Es ging um die Zahl der Kontrollelemente und ein Maß für die ausgeübte Kontrolle. Die meisten Vorträge handelten von solchen Zahlen und Maßen. Die erste Sektion war der generellen Definition und Messung von „Information" gewidmet. Die folgenden Beiträge konzentrierten sich auf biologische Systeme. Im Rahmen des Protein-Paradigmas biologischer Spezifität wurde Paulings Proteinmodell auf seinen Informationsgehalt hin analysiert. Dieser Analyse folgte die Suche nach Zwischen-Symbol-Einflüssen auf die Proteinstruktur: Die Frage war, ob die relativen Positionen der Aminosäuren die Information der Botschaft beeinflussen. Wie die Autoren erklärten, besitzen Proteine Eigenschaften, die sie für die Informationstheorie besonders attraktiv machen. „Sie sind ganz ähnlich wie eine Botschaft konstruiert: [...] man könnte das Proteinmolekül als eine Botschaft ansehen und die Aminosäuren als das Alphabet."[58] Einige der vorgetragenen quantitativen Analysen wurden auf die Immunchemie (die Spezifität von Antikörpern) und auf Gene sowie Antigene angewendet.[59] Die abschließende Sektion befaßte sich mit Bio-Kontrollsystemen: der Kontrolle des Blutzuckerspiegels von eineiigen Zwillingen und dem Informationsgehalt von Zygoten, dem Informationsgehalt einer Bakterienzelle sowie der Fehlerrate und dem Informationsgehalt lebender Systeme im allgemeinen.

Das Anliegen war klar: messen und quantifizieren. Was dabei herauskam, war bemerkenswert: Die meisten Arbeiten waren extrem technisch – Entropiefunktionen und Wahrscheinlichkeitsdichten überwogen. Unter Verwendung solcher Berechnungen zum Informationsgehalt und zur Fehlerrate lebender Systeme hatten Quastler und seine Kollegen bereits 1949 geschätzt, daß unter der Annahme von 7 bits pro Molekül von 100 Atomen die im menschlichen Organismus gespeicherte Information 5×10^{25} beträgt. Der Informationsgehalt einer einzelnen gedruckten Seite beträgt etwa 10^4 bits; also würde die molekulare Beschreibung eines Menschen 5×10^{21} Seiten erfordern – so viel etwa wie eine große Bibliothek. Gemäß derselben Logik wurde der Informationsgehalt einer Keimzelle auf 10^{11} bits geschätzt, und der sogenannte Genom-Katalog auf etwa eine Million bit.[60]

57 Vgl. Quastler 1953.

58 Augenstine 1953; Branson 1953; Augenstine/Branson/Carver 1953, alle in Quastler 1953. – Das Zitat ist aus Branson 1953, 84f.

59 Vgl. Haurowitz und Irwin in: Quastler 1953.

60 Vgl. Dancoff/Quastler in: Quastler 1953.

Diese Untersuchungen zeigen deutlich, daß die Hinwendung zu biologischen Repräsentationen im Sinne der Speicherung und des Transfers von Information und dem damit einhergehenden skripturalen Diskurs bereits eine beträchtliche Zeit vor 1953 erfolgte, d. h. bevor die DNA die Proteine als Quelle der Erbinformation ersetzte. Zu dieser Zeit hatte der „Gestaltwechsel" bereits stattgefunden. Als daher 1953 Boris Ephrussi, Urs Leopold, James D. Watson und Jean J. Weigle einen gemeinsamen Brief mit dem Titel *Terminology in Bacterial Genetics* an *Nature* schrieben, war es von nicht allzu großem Belang, daß für sie die Nukleinsäuren als Quelle der genetischen Botschaft fungierten. Sie argumentierten für eine rhetorische Ordnung der wuchernden semantischen Konfusion in der Bakteriengenetik (wie Transformation, Rekombination, Induktion, Transduktion) und schlugen vor, diese Begriffe durch den Terminus „interbakterielle Information" zu ersetzen. „Das impliziert nicht notwendigerweise den Transfer materieller Substanzen und verweist zugleich auf die mögliche künftige Bedeutung der Kybernetik auf der Ebene der Bakterien."[61]

Als dann der russische Emigrant und Physiker George Gamow 1955 für den *Scientific American* den Artikel *Information Transfer in the Living Cell* schrieb, verwendete er eine bereits eingebürgerte Terminologie – nicht die der Informationstheorie im engeren Sinne, wohl aber ihr modifiziertes biologisches Gegenstück –, die im Verlauf von fast einem Jahrzehnt in Umlauf gebracht worden war. „Der Kern einer lebenden Zelle ist ein Ort der Speicherung von Information. Aber er ist noch etwas Bemerkenswerteres: ein selbstaktivierender Transmitter, der äußerst genaue Botschaften weitergibt, welche die Konstruktion identischer neuer Zellen anleiten. Die Kontinuität allen Lebens auf unserem Planeten beruht auf diesem Informationssystem, das in dem winzigen Zellkern enthalten ist. Wir wollen nun betrachten, was über die Sprache der Zellen bekannt ist."[62] „Das Problem der Erklärung der Zellkommunikation besteht aus zwei Teilen", fuhr er fort. „(1) Wie wird die Information in den Chromosomen gespeichert? (2) Wie wird sie von den Chromosomen im Kern an die Enzyme im Cytoplasma weitergegeben?" Das Verdienst, uns die erste Antwort gegeben zu haben, schrieb Gamow Watson und Crick zu. Dann ging er dazu über, die zweite Antwort unter Verwendung seines Triplett-Nukleotidcodes zu skizzieren, der den Aufbau von Proteinen aus Aminosäuren spezifizieren sollte.[63] Aber wenn Kommunikation keine Bedeutung implizierte, welche Art von Zellsprache hatte Gamow dann im Sinn?

61 Ephrussi/Leopold/Watson/Weigle 1953.

62 Gamow 1955, 70.

63 Ebenda.

Als Quastler dann 1956 ein sehr viel größeres Symposium über Informationstheorie in der Biologie am Oak Ridge National Laboratory organisierte, war sein Projekt nicht länger revolutionär. Seine ausführlichen einleitenden Bemerkungen zur Informationstheorie[64] waren entschieden feinkörniger geworden. Sie handelten nicht nur von Entropie, Wahrscheinlichkeit, Kanalkapazität und Rauschen, sondern ließen sich auch auf die abstrakten Probleme der Repräsentation von Information ein – die Beziehung zwischen realen und symbolischen Ereignissen, sowie Codierungsprobleme: Symbol, Alphabet, Wort.[65]

In der Sektion über Informationsspeicherung und Informationsübertragung präsentierten Gamow und sein Kollege, der emigrierte russische Mikrobiologe Martynas Ycas, ihren Versuch, die Funktion der DNA informationstheoretisch zu umschreiben. Die Rolle der DNA bei der Replikation, Mutation und Proteinsynthese wurde als die Codierung zwischen einem DNA-Alphabet aus vier Buchstaben und einem Aminosäure-Alphabet aus zwanzig Buchstaben gefaßt: Das Problem sollte durch einen kryptographischen Zugang gelöst werden.

Ein weiterer Beitrag von Ycas, *The Protein Text,* behandelte das Codierungsproblem. Er stellte die Aminosäuresequenzen verschiedener Proteine als Texte vor, die auf der Basis eines Alphabets aus zwanzig Symbolen geschrieben und durch Nukleinsäuren codiert sind.[66]

Ycas versäumte es nicht, bei der Vorstellung dieser skripturalen Repräsentationen auf das Paradox des Buchs des Lebens hinzuweisen, daß nämlich das Individuum das Wort ist und die Botschaft sich selbst schreibt. Seinem Beitrag über den Proteintext stellte er ein tiefsinniges Zitat voran:

> „Es hört sich seltsam an, der eine spricht
> aus diesem irdnen Los, der andre nicht:
> Und plötzlich ruft ein ungeduldger Tropf –
> Sag an, wer ist der Töpfer, wer der Topf?"
> Aus dem Buch der Töpfe[67]

Molekularbiologen, Physiker und Wissenschaftshistoriker haben viel Wert auf den Einfluß gelegt, den Erwin Schrödingers kryptische Bemerkungen über das Code-Skript der Vererbung ausgeübt haben. Diese intellektuelle Sonne, so geht die Sage, setzte 1945 ein intellektuelles Keimen in Gang, das sich dann im DNA-Modell von Watson und Crick konkretisierte. Gamows Codierungs-Schema machte dessen Erklärungspotential fruchtbar. Mit der Entschlüsselung des gene-

64 Die Arbeit wurde durch die Atomic Energy Commission unterstützt.

65 Vgl. Quastler in: Yockey 1956.

66 Vgl. Gamow/Ycas und Ycas in: Yockey 1956.

67 Ycas 1956, 70.

tischen Codes 1961 durch Marshall Nirenberg und Heinrich Matthaei schließlich ging eine lang ersehnte Prophezeiung in Erfüllung.[68]

Diese Darstellung ist zwar nicht falsch, aber sie ist eng und unzureichend. Mit der vorliegenden Arbeit ist nicht eine alternative Geschichte über die „Gründerväter" der Molekularbiologie bezweckt. Die primäre Absicht war weder, Genealogien zu erzeugen, die mit Wiener, Shannon oder von Neumann beginnen, noch Quastlers Kampagne eine kausale Hauptrolle beim Übergang zum Informationsdenken in der Biologie zuzuschreiben. Nicht nur, daß deren Bemühungen im traditionellen epistemischen Sinne nicht überlebten – solche Genealogien würden nichts weiter als Geschichten im Rahmen von weiteren Geschichten bleiben. Ebensowenig spielten Gamows und Ycas' Codierungs-Versuche eine alles überragende Rolle; sie prägten der kontinuierlich beschriebenen chromosomalen Oberfläche nur weitere Inskriptionen auf.

Mit dieser Arbeit habe ich vielmehr auf die Öffnung eines diskursiven Raums hinweisen wollen: auf das Auftreten einer kollektiven Hinwendung zur Repräsentation genetischer Funktionen als eines informationsspeichernden Codes, und ich habe auf die selbstnegierenden Konsequenzen dieser Repräsentation aufmerksam gemacht. Diese Hinwendung zu einer neuen Repräsentationsform war nicht das Ergebnis der internen kognitiven Dynamik der Molekularbiologie. Sie war nicht eine logische Notwendigkeit, die sich aus der Einsicht in die Basenpaarung der DNA-Doppelhelix ergab. Wie sich gezeigt hat, gingen die Vorstellungen über Informationsspeicherung im Sinne von Gen-Katalogen und über codierte Protein-Botschaften diesen Entwicklungen voraus. Die Begriffe Information, Botschaft und Code begannen sich in die Biologie und Genetik seit der Mitte der 40er Jahre einzuschreiben, parallel zum Aufstieg der Informationstheorie und Kybernetik.

Darüber hinaus erlangte das diachronische Buch des Lebens – das logozentrische Erbe der westlichen Zivilisation – in den späten 40er Jahren synchronische Bedeutung. Im kybernetischen Universum wurde das Individuum zum Wort. Es wurde möglich, in einem wörtlichen Sinne vom Schreiben des Organismus zu sprechen – im Sinne der Codierung seines Informationsgehaltes. „Eine Sequenz von drei Milliarden Basen paßt auf eine einzige Compact-Disc (CD)", konnte Walter Gilbert 40 Jahre später sagen. „Man wird eine CD aus seiner Tasche ziehen und sagen können: ‚Hier, das ist ein Mensch; das bin ich!' ... Zu erkennen, daß wir in einem gewissen Sinne determiniert sind durch eine endliche Menge an Information, die man kennen kann, wird unsere Selbstwahrnehmung

68 Diese Sichtweise wurde von Stent und Calendar 1971 vertreten und von Olby 1974 sowie Judson 1979 weitergegeben. Auch Doyle 1992 hat sie stillschweigend akzeptiert.

verändern. Es ist die Schließung einer intellektuellen Front, mit der wir uns zurechtzufinden haben werden."[69]

Damit sind wir wieder bei der Kritik der logozentrischen Natur des Wissens angelangt – beim Problem der *vor* ihren Repräsentationen existierenden Vorstellungen – und bei Derridas Begriff der Schrift. Die enttäuschend einfache Antwort auf die Frage, wer das Buch des Lebens schrieb, lautet: Die Wissenschaftler, wer sonst? Sie glauben, das Buch des Lebens zu lesen; dabei haben sie es immer schon geschrieben. In der Übernahme eines skripturalen Diskurses bringt sich die selbstverneinende Tautologie auf ihren eigenen Begriff.

Das Konzept der „Schrift" war ein mächtiges Werkzeug in der Herstellung einer Beziehung zwischen Kybernetik und Genetik, und in einem allgemeineren Sinne auch für die Untersuchung der Produktion wissenschaftlichen Wissens. Der Begriff der Schrift hilft zu verstehen, wie unter normalen Bedingungen auch „richtige, gute Wissenschaft" durch die beständige Bewegung von Differenzen erzeugt wird. Die Vielfalt möglicher Bedeutungen, Bezeichnungen, Repräsentationen und Praktiken wird dann stabilisiert und fixiert durch Zwänge, die sowohl innerhalb als auch außerhalb der Forschungssysteme liegen können. Information, Botschaft und Code waren solche Zeichen, die von außerhalb der Molekularbiologie kamen, jedenfalls so, wie sie in den frühen 40er Jahren existierte. Aus der technowissenschaftlichen Welt der militärischen Kontrolle und technischer Systeme flossen sie in die Genetik. Eine Bedeutungsfestlegung dieser Termini in der Molekularbiologie fand nicht deshalb statt, weil sie im engeren epistemischen Sinne funktionierten (das taten sie gerade nicht), sondern deshalb, weil sie den diskursiven und experimentellen Raum der Biologie umformten und auf unsere kollektive Erfahrung einwirkten. Die Informationstheorie wirkte, in einem breiteren Sinne, als eine Inskription, die sich über die Molekularbiologie legte und Interferenz erzeugte. Die skripturalen Repräsentationen des Lebens haben dann ihrerseits als Quelle kognitiver und kultureller Autorität für die ausgreifenden Projekte der Gentechnologie gedient. Dieser dialektische Prozeß von Formung und Geformtwerden unterstreicht die Zwänge, welche die Kultur und die Sprache der Produktion von Bedeutung und biologischem Wissen auferlegen.

(Übersetzung: Hans-Jörg Rheinberger)

69 Gilbert 1992, 96.

Literatur

Aspray, William (1990): John von Neumann and the Origins of Modern Computing. Cambridge, MA.

Augenstine, Leroy (1953): Remarks on Pauling's Protein Models, in: Henry Quastler (ed.), Essays on the Use of Information Theory in Biology, Urbana, 75–83.

Augenstine, Leroy/Branson, Herman B./Carver, Eleanore B. (1953): A Search for Intersymbol Influences in Protein Structure, in: Henry Quastler (ed.), Essays on the Use of Information Theory in Biology, Urbana, 105–118.

Branson, Herman B. (1953): Information Theory and the Structure of Proteins, in: Henry Quastler (ed.): Essays on the Use of Information Theory in Biology, Urbana, 84–104.

Baudrillard, Jean (1983): Simulations, New York.

Boltzmann, Ludwig (1909): Wissenschaftliche Abhandlungen, Bd. 1–3, hrsg. von Fritz Hasenöhrl, Leipzig.

Ceruzzi, Paul E. (1983): Reckoners: The Prehistory of the Digital Computer, from Relays to the Stored Program Concept, 1935–1945, Westport, CT.

Cooper, Robert (1989): Modernism and Organizational Analysis 3: The contributions of Jacques Derrida. Organization Studies 10, 479–502.

Dancoff, Syndey M./Quastler, Henry (1953): The Information Content and Error Rate of Living Things, in: Henry Quastler (ed.), Essays on the Use of Information Theory in Biology, Urbana, 263–273.

Derrida, Jacques (1974): Grammatologie, übers. von Hanns Zischler und Hans-Jörg Rheinberger, Frankfurt/M.

Doyle, Richard (1992): Mr. Schrödinger Inside Himself. Qui Parle 5, 1–20.

Edwards, Paul N. (1988): The Closed World: Computers and the Politics of Discourse. Dissertation, University of California, Santa Cruz.

Ephrussi, Boris/Leopold, Urs/Watson, James D./Weigle, Jean J. (1953): Terminology in bacterial genetics. Nature 171, 701.

Fisher, Ronald A. (1922): On the Mathematical Foundations of Theoretical Statistics. Philosophical Transactions (A) 222, 309–368.

Forman, Paul (1987): Behind Quantum Electronics: National Security as a Basis for Physical Research in the United States, 1940–1960. Historical Studies in the Physical and Biological Sciences 18, 149–229.

Foucault, Michel (1970): The Order of Things: An Archeology of the Human Sciences, New York.

Gamow, George (1955): Information Transfer in the Living Cell. Scientific American 193 (April), 70–78.

Gamow, George/Ycas, Martynas (1956): The Cryptographic Approach to the Problem of Protein Synthesis, in: Hubert P. Yockey (ed.): Symposium on Information Theory in Biology, New York, 63–69.

Gardner, Howard (1985): The Mind's New Science: A History of the Cognitive Revolution, New York.

Gasché, Rodolphe (1986): The Tain of the Mirror. Derrida and the Philosophy of Reflection, Cambridge, MA.

Gilbert, Walter (1992): A Vision of the Grail, in: Daniel J. Kevles/Leroy Hood (eds.), The Code of Codes. Scientific and Social Issues in the Human Genome Project, Cambridge, MA, 83–97.

Hacking, Ian (1983): Representing and Intervening, Cambridge.

Haraway, Donna J. (1991): A Cyborg Manifesto: Science, Technology, and Socialist-Feminism in the

Late Twentieth Century, in: dies., Simians, Cyborgs, and Women: The Reinvention of Nature, New York.
Hartley, R. V. L. (1928): Transmission of Information. The Bell System Technical Journal 7, 535–563.
Haurowitz, Felix (1953): Protein Synthesis and Immunochemistry, in: Henry Quastler (ed.), Essays on the Use of Information Theory in Biology, Urbana, 125–146.
Hayles, Katherine N. (1990): Chaos Bound: Orderly Disorder in Contemporary Literature and Science, Ithaca.
Heims, Steve J. (1980): John von Neumann and Norbert Wiener: From Mathematics to the Technologies of Life and Death, Cambridge, MA.
Heims, Steve J. (1991): The Cybernetics Group, Cambridge, MA.
Heraklit (1985): Fragmente, in: Hermann Diels/Walther Kranz (Hrsg.), Die Fragmente der Vorsokratiker, Hildesheim.
Irwin, M. R. (1953): Genes and Antigens, in: Henry Quastler (ed.), Essays on the Use of Information Theory in Biology, Urbana, 147–169.
Jaspers, Karl (1932): Philosophie, Bd. I–III, Berlin.
Judson, Horace F. (1979): The Eighth Day of Creation: The Makers of the Revolution in Biology, New York.
Kalmus, H. (1950): A Cybernetical Aspect of Genetics. Journal of Heredity 41, 19–22.
Kay, Lily E. (1993): The Molecular Vision of Life. Caltech, the Rockefeller Foundation, and the Rise of the New Biology, New York.
Keller, Evelyn Fox: Nature, Nurture, and the Human Genome Project, in: Daniel J. Kevles/Leroy Hood (eds.), The Code of Codes. Scientific and Social Issues in the Human Genome Project, Cambridge, MA, 281–299.
Kemeny, John G. (1955): Man Viewed as Machine. Scientific American 196 (April), 58–67.
Kohler, Robert E. (1976): The Management of Science: The Experience of Warren Weaver and the Rockefeller Foundation Programme in Molecular Biology. Minerva 14, 249–293.
Kohler, Robert E. (1991): Partners in Science: Foundations and Natural Scientists. 1900–1945, Chicago.
Laclau, Ernesto/Mouffe, Chantal (1985): Hegemony and Socialist Strategy, London.
Leslie, Stuart W. (1993): The Cold War and American Science: The Military-Industrial Complex at MIT and Stanford, New York.
Locke, David (1992): Science as Writing, New Haven.
Maxwell, James Clerk (1860): Illustrations of the Dynamical Theory of Gases. I. On the Motions and Collisions of Perfectly Elastic Spheres, and II. On the Process of Diffusion of Two or More Kinds of Moving Particles Among One Another. Philosophical Magazine 19, 19–32; 20, 21–37.
Maxwell, James Clerk (1871): Theory of Heat, London.
Neumann, John von (1951): The General and Logical Theory of Automata, in: Lloyd A. Jeffress (ed.): Cerebral Mechanisms in Behaviour, New York, 1–32.
Neumann, John von (1966): Theory of Self-Reproducing Automata, ed. by Arthur W. Burks, Urbana.
Noble, David F. (1986): Forces of Production: A Social History of Industrial Automation, New York.
Olby, Robert (1974): The Path to the Double Helix, London.
Penrose, L. S. (1959): Self-reproducing Machines. Scientific American 200 (Juni), 105–117.
Quastler, Henry (ed.) (1953): Essays on the Use of Information Theory in Biology, Urbana.
Quastler, Henry (1956): A Primer on Information Theory, in: Hubert P. Yockey (ed.), Symposium on Information Theory in Biology, New York, 3–49.

Rheinberger, Hans-Jörg (1992): Experiment, Difference, and Writing. Part I and II. Studies in History and Philosophy of Science 23, 305–331; 389–422.

Rosenblueth, Arturo/Wiener, Norbert/Bigelow, Julian (1943). Behavior, Purpose, and Teleology. Philosophy of Science 10, 18–24.

Shannon, Claude E. (1948): A Mathematical Theory of Communication. Bell Systems Technical Journal 27, 379–423; 623–656.

Shannon, Claude E./Weaver, Warren (1949): The Mathematical Theory of Communication, Urbana.

Stent, Gunther S./Calendar, Richard (1971): Molecular Genetics: An Introductory Narrative, San Francisco.

Szilard, Leo (1929): Über die Entropieverminderung in einem thermodynamischen System bei Eingriffen intelligenter Wesen. Zeitschrift für Physik 53, 840–856.

Trifonov, Edward N./Brendel, Volker (1986): Gnomic. A Dictionary of Genetic Codes, Rehovot.

Vonnegut, Kurt Jr. (1952): Player Piano, New York.

Watson, James D. (1990): The Human Genome Project - Past, Present, and Future. Science 248, 44–49.

Wiener, Norbert (1950): The Human Use of Human Beings: Cybernetics and Society, Boston.

Wiener, Norbert (1961): Cybernetics: Or Control and Communication in the Animal and the Machine, 2. Aufl., New York.

Ycas, Martynas (1956): The Protein Text, in: Hubert P. Yockey (ed.), Symposium on Information Theory in Biology, New York, 70–100.

Yockey, Hubert P. (ed.) (1956): Symposium on Information Theory in Biology, New York.

Yoxen, Edward J. (1979): Where Does Schrödinger's 'What is Life?' Belong in the History of Molecular Biology? History of Science 17, 17–52.

Soraya de Chadarevian

Architektur der Proteine

Strukturforschung am *Laboratory of Molecular Biology* in Cambridge

In seinem Aufsatz „Molecular Biology in the Year 2000“ definierte Francis Crick Molekularbiologie als all das, was Molekularbiologen interessiert.[1] In ähnlich pragmatischer Weise möchte ich davon ausgehen, daß Molekularbiologie in Cambridge alles das ist, was in und um das Laboratory of Molecular Biology passiert. Indem ich diese eine Institution, die in den 60er und 70er Jahren zum Mekka der Molekularbiologie wurde, zum Gegenstand meiner Untersuchung mache, möchte ich sie gleichsam als Lupe benutzen, um zu zeigen, wie lokale, politische, soziale und kognitive Faktoren bei der Bildung der Molekularbiologie ineinandergreifen.[2] Dabei möchte ich den Vorschlag ernst nehmen, die Experimentalsysteme als „die kleinste funktionelle Einheit der Forschung“ auch als Einheit der Wissenschaftsgeschichtsschreibung zu wählen.[3] Zugleich aber möchte ich die Akteure, die mit den Experimentalsystemen arbeiten, und die lokalen Institutionen in den Blick rücken. Dies heißt, den Experimentalsystemen und den Dingen, die sie produzieren, einen Teil ihrer Autonomie zu nehmen, aber dafür mit anderen Attributen auszustatten.

Ich werde erst über Institutionen und dann über Experimentalsysteme und die Verknüpfung von Experimentalsystemen sprechen. Mein Ziel ist es zu zeigen, daß beide Ebenen der Analyse zusammenhängen.

1 Crick 1970, 613, Anm. – Diese auf den ersten Blick bestechende Definition läßt natürlich die Frage offen, wer ein Molekularbiologe ist.

2 Dieser Aufsatz ist Teil eines größeren Projektes über die Geschichte der Molekularbiologie in Cambridge (1945–75).

3 Rheinberger 1992, 25. – Daß Wissenschaftler auf Experimentalsysteme rekurrieren, um den Forschungsprozeß zu beschreiben, bedeutet alleine noch nicht, daß sie sich auch als Referenzpunkt historischer Forschung bewähren.

I. Von der Baracke zum Labor für Molekularbiologie

Im April des Jahres 1958 reichten Max Perutz und seine Kollegen in Cambridge beim *Medical Research Council* in London einen Antrag für den Bau eines Labors für Molekularbiologie ein. Das Labor sollte mehreren Arbeitsgruppen Platz bieten und die Ausmaße eines Instituts annehmen. Schon im vorangegangenen Herbst hatte Perutz' Gruppe, als sie ihre Zehnjahresfeier begann und zugleich aus dem großen und ehrwürdigen Hauptgebäude des Cavendish, dem Physik-Institut in Cambridge, in eine Baracke in den Hof umzog, ihren alten Namen *MRC Unit for the Study of Molecular Structure of Biological Systems* abgelegt und sich zu Molecular Biology Research Unit umbenannt.[4] Wenngleich der Begriff Molekularbiologie schon seit Ende der 30er Jahren zirkulierte und insbesondere von Warren Weaver in der Rockefeller Foundation zur Bezeichnung seines Stipendienprogamms in den biologischen Wissenschaften benutzt worden war, tauchte er hier, soweit ich feststellen kann, zum ersten Mal als Name einer akademischen Institution auf.[5] Welche Gründe und welche Ziele lagen der neuen Namensgebung und den Plänen für ein neues Labor, die zur Zeit der Umbenennung auf einer vertraulichen Ebene bereits im Gange waren, zugrunde?

Hauptmotor für den Plan waren Raumprobleme, wobei der Mangel an physischem Raum zugleich als Unklarheit einer sozialen und disziplinären Zugehörigkeit zu verstehen ist.[6] Dabei hatte Perutz' Gruppe einige wissenschaftliche Errungenschaften aufzuweisen: 1953 hatten James Watson und Francis Crick ihr Modell für die DNA-Doppelhelix vorgestellt. Im selben Jahr hatte Hugh Huxley zusammen mit Jean Hanson auf Grund von kristallographischen und elektronenmikroskopischen Untersuchungen, die er in Cambridge begonnen hatte, das *sliding filament* Modell für die Muskelkontraktion vorgeschlagen. 1957 hatte Vernon Ingram, der als Chemiker in der Gruppe arbeitete, nachgewiesen, daß der im Lichtmikroskop feststellbare Unterschied zwischen normalem und Sichelzellhämoglobin auf dem Austausch einer einzigen Aminosäure beruhte. Im selben Jahr war Sydney Brenner zu der Gruppe gestoßen und arbeitete mit Crick an der Entschlüsselung des genetischen Codes. In das Jahr 1957 fiel auch John Kendrews 6 Ångström Auflösung des Röntgenstrukturbildes von Myoglobin,

4 Vgl. Brief vom 27. September 1957 von Max Perutz an Sir Harold Himsworth, dem Sekretär des Medical Research Councils (MRC-Laboratory of Molecular Biology, Cambridge).

5 Es ist sicherlich kein Zufall, daß zur selben Zeit Verhandlungen für die Gründung eines Journal of Molecular Biology laufen, bei denen Kendrew aus der MRC-Gruppe am Cavendish eine Hauptrolle spielt. Das erste Heft der Zeitschrift erscheint im Mai 1959. Die Publikation spielte eine entscheidende Rolle in der Verbreitung des neuen Begriffs.

6 Über die soziale Konstruktion des Raumes in den Wissenschaften vgl. Ophir/Shapin 1991.

dem Sauerstoffträger in Muskeln. Eine entsprechende Auflösung des Strukturbildes von Hämoglobin, an dem Perutz seit 1937 arbeitete, stand ebenfalls an. Trotzdem hatte die Gruppe Probleme, ihren Ort an der Universität zu finden.

Die Arbeit von Perutz und seiner Gruppe hatte im Cavendish sowohl aufgrund der biologischen Ausrichtung als auch aufgrund der unabhängigen Finanzierung von Anfang an ein Randdasein geführt. Mit dem Weggang von Lawrence Bragg als Cavendish Professor im Jahre 1953 hatte sie ihren stärksten Befürwörter verloren. Sein Nachfolger, Neville Mott, reklamierte den Platz im Physikalischen Institut für seine eigene Arbeit. Verschiedene Lösungen wurden erfolglos durchgespielt. Ein Umzug in das chemische Institut, für das ein Neubau geplant war, wurde anvisiert, stieß aber auf Widerstand. Crick bewarb sich um den genetischen Lehrstuhl. Das hätte ein Aufsplittern der Gruppe bedeutet. Doch die Kommission entschied, daß er nichts von Genetik verstehe. Hans Krebs bot Perutz und seinen Kollegen einen Stock im neuen Flügel des biochemischen Instituts in Oxford an. Fast alle Wissenschaftler hatten auch einzelne und attraktive Angebote aus den USA.[7] Dagegen stand der administrative Plan, ein Gebäude für alle vom Medical Research Council geförderten Gruppen in Cambridge zu errichten. Dieser Vorschlag wurde für inakzeptabelr gehalten. So entschied man sich schließlich, beim Medical Research Council einen Antrag für den Bau eines eigenen „Labors für Molekularbiologie" zu stellen.

Ein entscheidender Aspekt dieses Plans bestand darin, mit Fred Sangers Gruppe, die in einer Baracke des Biochemischen Instituts an der Sequenzierung von Proteinen arbeitete, zusammenzuziehen. Sanger und seine Mitarbeiter hatten 1955 die erste komplette Sequenz eines Proteins, nämlich Insulin, bestimmt. Seit 1951 wurde auch er vom Medical Research Council finanziert. Perutz schreibt in einem historischen Rückblick: „Ich dachte daran, den MRC zu fragen, uns ein eigenes Labor zu bauen, doch hielt ich dies für verfrüht, solange nicht mindestens die Struktur eines Proteins gelöst war. Auch als die Lösung von Kendrews Myoglobin gesichert schien, zweifelte ich noch, weil wir zu schwach auf der chemischen Seite waren. Wir streckten daher Fühler zu Fred Sanger aus. Als er zusagte, schrieb ich dem MRC einen Brief."[8]

Der Antrag, der nach längeren Vorverhandlungen dem Medical Research Council eingereicht wurde, bestand aus zwei Dokumenten. Der erste, längere

7 Die damit gegebene Gefahr eines „brain drain" wurde in den folgenden Jahrzehnten oft erfolgreich als Karte in den Verhandlungen mit öffentlichen Geldgebern für die Förderung wissenschaftlicher Projekte gespielt.

8 Perutz 1987, 41.

Text trug den Titel „Recent Advances in Molecular Biology“.[9] Weit mehr als ein simpler Tätigkeitsbericht – ein solcher wurde separat verfaßt – war dies der Versuch, die Arbeiten der Antragsteller in einem kohärenten Rahmen zusammenzufassen. Dieser Rahmen bestimmte zugleich, was als Molekularbiologie zu verstehen war, nämlich die Strukturanalyse von Nukleinsäuren und Proteinen als Schlüssel zum Verständnis ihrer Funktion. Indem Perutz auf die Autorität von Gowland Hopkins zurückgriff als demjenigen, der das „wissenschaftliche Klima“ geschaffen hatte, das solche Forschung ermöglichte, siedelte er das Unternehmen in einer respektierten akademischen (zudem in Cambridge beheimateten) Tradition an.[10]

Das zweite Dokument des Antrags argumentierte, wie der Titel bereits ankündigt, pointiert für den Bau eines Laboratoriums für Molekularbiologie in Cambridge.[11] Crick und Perutz, die beide als Autoren des Dokuments zeichneten, konstatierten eine rasante Entwicklung auf dem Gebiet der Molekularbiologie und leiteten dann nahtlos über zur entscheidenden Frage: „Was können wir daraus schließen über die Art der Arbeit, über die Leute und die Organisation, die zu ihrer Ausführung nötig sind?“ Wie selbstverständlich wird hier angenommen, daß eine bestimmte Form des Wissens eine bestimmte institutionelle Struktur verlangt.

Crick und Perutz führten weiterhin aus, daß die Methoden, die für jedes Problem angewendet wurden, aus vielen verschiedenen Disziplinen, und zwar hauptsächlich aus der organischen und physikalischen Chemie, der Röntgenstrukturanalyse, der Biochemie, Zytologie, Genetik und Pathologie[12] stammten. Weder Spezialisten mit zu engen Fragestellungen noch eine oberflächliche Kenntnis verschiedener Disziplinen stellten eine befriedigende Lösung dar. Ein ideales Labor sollte vielmehr groß genug sein, um die Zusammenarbeit zwischen Wissenschaftlern verschiedener Disziplinen zu ermöglichen, die Arbeit an verschiedenen biologischen und pathologischen Materialen zu garantieren und für ein ausgewogenes Verhältnis der verschiedenen Techniken zu sorgen. Das Zusammenführen von Wissenschaftlern verschiedener Disziplinen, die verschiedene Techniken beherrschten, in einem Gebäude, würde die Bildung eines „gemeinsa-

9 M. Perutz, Recent Advances in Molecular Biology. MRC. 58/303, S. 1 (Archiv des Medical Research Council, London; Kopie im MRC-Laboratory of Molecular Biology, Cambridge).

10 Frederick Gowland Hopkins (1861–1947) war der erste Professor für Biochemie in Cambridge (1914–42) und Gründer des Dunn Institute of Biochemistry, das Weltruf genoß.

11 F. H. Crick/M. Perutz, The Case for a Laboratory of Molecular Biology. MRC. 58/307 (Archiv des Medical Research Council, London; Kopie im Laboratory of Molecular Biology, Cambridge).

12 In einer früheren Fassung des Dokuments war der Verweis auf die Pathologie hier wie an anderen Stellen des Textes handschriftlich eingefügt worden. Die medizinische Relevanz des neudefinierten Gebietes war mindestens zu dieser Zeit deutlich nur Kosmetik für den Geldgeber.

men Gesichtspunktes“ ermöglichen. Das Anlernen von Postgraduierten und Postdoktoranden sollte diese Entwicklung fördern. Dagegen wurde die Einführung eines Grundstudienganges nicht befürwortet: Er würde den Studenten eine oberflächliche Kenntnis verschiedener, aber die gründliche Kenntnis keines einzigen Fachgebietes vermitteln können.

Schließlich versäumten die Autoren es nicht zu bemerken, daß mit der Gründung einer solchen Institution Großbritannien eine Vorreiterrolle einnehmen würde und das Labor als Drehpunkt und Modell für die weitere Entwicklung der Molekularbiolgie fungieren könne und solle.

Über dieses „Gründungspapier“ ließe sich noch vieles sagen. Ich möchte hier nur betonen, daß die Definition, die von Molekularbiologie gegeben wurde, lokal und politisch war. Sie umfaßte im wesentlichen die Forschungsprojekte derjenigen Wissenschaftler, die für den neuen Plan gewonnen worden waren. Wie Perutz in einem Gespräch beiläufig bemerkte: „Man nimmt die Leute zusammen, die man kennt.“ Und Sanger, nach dem Namen des neuen Labors gefragt, argumentierte trocken, daß es in Cambridge bereits ein biochemisches Labor gab und man daher einen neuen Namen erfinden mußte. Daß die Definition lokal war, schließt, wie eben gezeigt, nicht aus, daß sie mit dem Anspruch auf weitere Legitimität auftrat. Politisch war die Definition, insofern sie für einen neuen institutionellen Raum argumentierte und dies dazu in einem Dokument tat, das an einen öffentlichen Geldgeber gerichtet war. Um erfolgreich zu sein, mußte diese politische Definition natürlich mit der Forschungspraxis der Antragsteller identifiziert werden können und zu neuen Netzwerken der Kommunikation und des Austausches führen.

Nach dem Medical Research Council mußte auch die Universität dem Plan zustimmen. Die Senatskommission, die hierzu eigens eingesetzt wurde, bat die beiden Hauptantragsteller, Perutz und Sanger, zu einer Reihe von Fragen schriftlich Stellung zu beziehen und insbesondere die wissenschaftlichen Gründe anzugeben, die für ein gemeinsames Labor sprachen. Diese letzte Frage wurde nur von Sanger beantwortet. Perutz verwies in seiner Stellungnahme auf Sangers Antwort.[13] Sanger betonte, daß er eine relativ selbständige Forschungseinheit wünsche, doch fürchte, daß wenn sie in einem separatem Gebäude untergebracht werde, die Interessen der Mitarbeiter zu beschränkt würden. Auch Werkstätte und Bibliothek wären nicht sehr leistungsfähig. Es schien daher wünschenswert, mit einer anderen Gruppe, die ähnliche Forschungsinteressen verfolgte, zusammenzuziehen. Perutz' Gruppe, führte Sanger aus, böte sich ganz offenkundig an.

13 Siehe Report to the General Board of Their Committee on the Future of the M. R. C. Unit of Molecular Biology and Associated Matters. General Board Paper 4992 (Archiv der Universitätsbibliothek Cambridge; Kopie im MRC-Laboratory of Molecular Biology, Cambridge).

Das Problem der Struktur von Proteinen könne in zwei Teilaspekte zerlegt werden: die Aminosäuresequenz und die dreidimensionale Faltung des Moleküls. War das Problem erst einmal so formuliert, konnte Sanger feststellen: „Wir studieren die erste Frage, Perutz und Kendrew die letztere.“ Er fügte an, daß viele molekularbiologische Probleme, die beide Gruppen interessierten, an der Struktur der Proteine hingen und am besten in einer Institution wie der geplanten angegangen werden könnten. Er erwähnte auch, daß bereits ein reger Austausch von Ideen und Techniken zwischen den beiden Gruppen stattfände und verwies insbesondere auf eine Zusammmenarbeit mit Sydney Brenner in bezug auf die Struktur von Bakteriophagen.[14]

Die Verhandlungen mit dem Medical Research Council und der Universität waren, wenngleich nicht einfach, so doch erfolgreich. 1962 stand ein neues vierstöckiges Gebäude bezugsbereit. Sind die Verhandlungen, die zu diesem Neubau führten, als rein politisch abzutun? Geben das Gebäude und seine interne Organisation Aufschluß über die Struktur der Arbeit und des Wissens, das darin produziert wurde? Um eine Antwort auf diese Fragen zu versuchen, werde ich erst kurz auf die interne Organisation des Labors eingehen und dann die Formen der Zusammenarbeit untersuchen, die sich zwischen Wissenschaftlern der verschiedenen Gruppen entwickelten.

II. Föderative Verfassung

Über das neue Laborgebäude schrieb ein Journalist der Sunday Times Anfang der 80er Jahre in einem Artikel mit dem Titel „The Lab that Makes Geniuses“: „Es ist schwierig, ein weniger unscheinbares Gebäude zu finden. Ein anonymer Ziegelbau aus den 60er Jahren, erhebt es sich fünf Stockwerke hoch am Stadtrand von Cambridge und sieht am ehesten wie die Filiale einer Versicherungsanstalt aus.“[15] Doch räumliche Aufteilung und Organisation des Labors waren konsistent aufeinander abgestimmt. Es wurden drei Abteilungen gebildet, die jeweils ein Stockwerk besetzten, während Dienstleistungen, die allen Abteilungen dien-

14 Die Zusammenarbeit betraf Versuche, die darauf zielten, die Genprodukte feinkartierter Phagenmutanten mit Sangers Techniken zu sequenzieren und damit Aufschluß über die Struktur des genetischen Codes zu erlangen. Um Sanger die Brisanz der von ihm entwickelten Techniken zur Sequenzierung von Proteinen nahezubringen, hatten Crick, Brenner und Benzer private Nachhilfestunden in Genetik für Sanger und seine Gruppe organisiert. Über den Zusammenhang von Sequenz und Information vgl. de Chadarevian 1995.

15 Silcock 1982. – Der Artikel erschien anläßlich der sechsten Nobelpreisverleihung an einen Wissenschaftler des Cambridger Labors.

ten, wie die Werkstätten, die Materialausgabe und insbesondere die Kantine im Keller-, Grund- und Dachgeschoß untergebracht waren.[16]

Die Abteilungen entsprachen zum großen Teil bereits bestehenden Arbeitsgruppen. Die Abteilung für Strukturforschung mit Kendrew als Leiter zog in den ersten Stock. Den Kristallographen aus dem Cavendish schloß sich eine Gruppe von Kristallographen an, die am Birkbeck College in London unter Bernal an der dreidimensionalen Struktur von Viren gearbeitet hatten.[17] Auch Hugh Huxley, der seine elektronenmikroskopischen Untersuchung der Muskelproteine fortsetzte, kehrte nach Cambridge zurück. Die Abteilung für Strukturforschung stellte die größte und am kostspieligsten ausgestattete Gruppe dar. Die Kristallographen besetzten auch Teile des Grundgeschosses mit ihren Röntgenapparaten. Die Proteinchemiker mit Sanger als Leiter zogen in den dritten Stock, während die Molekulargenetiker unter Cricks Leitung den Mittelstock bezogen. Die Kantine, die allgemein als der Ort gepriesen wurde, an dem jeder mit jedem ins Gespräch kam und wo der größte Austausch zwischen Mitgliedern der verschiedenen Abteilungen stattfand, befand sich im Dachgeschoß. Anders als im Cavendish, das in manch anderer Hinsicht als Modell für das neue Labor gedient hatte, gab es nur eine Kantine, die allen Mitarbeitern des Instituts einschließlich technischem und Hilfspersonal offenstand.

Das Labor gab sich eine föderative Verfassung. Es wurde von einem Board geführt, das aus einem Vorsitzenden, einem Stellvertreter und den Leitern der Abteilungen, später auch allen Mitarbeitern, die Mitglieder der Royal Society waren, bestand. Das Gremium präsentierte dem Medical Research Council einen gemeinsamen Haushaltsplan, trotzdem stellte jede Abteilung ihren eigenen Finanzplan auf und entschied ebenso unabhängig über das eigene Forschungsprogramm. Die Funktion des gemeinsamen Gremiums war also eher eine repräsentative. Was aber garantierte den Zusammenschluß der Föderation? Welcher Zusammenhang bestand zwischen institutioneller Organisation und forschungspraktischer Koordination der Abteilungen?

Im Anschluß an einen methodischen Ansatz und ein begriffliches Vokabular, das Susan Leigh Star und James Griesemer entwickelt haben, hat Ilana Löwy von Grenzbegriffen *(boundary concepts)* gesprochen, die die Koordination verschiedener professioneller Gruppen und damit die Entwicklung föderativer For-

16 Um zu zeigen, daß dies keine triviale Aufteilung war, sei beispielsweise erwähnt, daß sich die verschiedenen Abteilungen im Pasteur-Institut, das sich ebenfalls zu einem wichtigen Zentrum für die neue Molekularbiologie entwickelte, vertikal aufteilten.

17 Zu dieser Gruppe sollte außer A. Klug, J. T. Finch, K. C. Holmes und R. Leberman auch R. Franklin zählen, doch war sie frühzeitig verstorben.

schungprogramme und institutioneller Koalitionen ermöglichen.[18] *Boundary concepts* können diese Funktion erfüllen, weil sie unscharf sind. Sie haben eine verschiedene Bedeutung für verschiedene Gruppen, aber binden diese doch lose zusammen. Galison spricht von Pidgin-Sprachen, die sich etwa zwischen verschiedenen Subkulturen im Wissenschaftsbetrieb der Physik entwickeln und auch zu Kreolen auswachsen können.[19]

Dieselben Beschreibungen scheinen perfekt auch auf den föderativen Zusammenschluß von Gruppen verschiedener disziplinärer Herkunft zu passen, wie er sich im Laboratory of Molecular Biology ereignete. Als *boundary concept* fungierte der Begriff der Strukturanalyse. Die Kantine markierte die *trading zone*,[20] in der verschiedene Gruppen eine gemeinsame Sprache entwickelten.

So suggestiv diese Ansatz für die Analyse der Dynamik von Gruppen sein mag, möchte ich hier doch spezifischer nach der Koordination verschiedener Forschungspraktiken und der Rolle materialer, sozialer und institutioneller Strukturen in diesem Prozeß fragen.

III. Unabhängige Bestätigung

Die Mitarbeiter der verschiedenen Gruppen und Abteilungen, von denen bisher die Rede war, lassen sich präziser durch die unterschiedlichen experimentellen Systeme, mit denen sie arbeiteten, charakterisieren als durch ihre disziplinäre Herkunft oder Zugehörigkeit. Hierbei rede ich bewußt nicht von Methoden oder Techniken. Denn anders als zu den Methoden oder Techniken gehören zu den experimentellen Systemen auch die Objekte und Repräsentationen und das soziale Bezugssystems der Wissenschaftler, die damit arbeiten. Ich verstehe also etwa die Röntgenstrukturanalyse von Hämoglobin mit den verschiedenen Arbeitsschritten des Kristallziehens, der Aufnahme des Röntgenbildes und der Reihe von Transformationen, denen diese erste Repräsentation unterzogen wird, zusammen mit den materialen und sozialen Netzwerken, die sich darum spannen, als ein Experimentalsystem. Perutz arbeitet heute noch, d. h. seit über 50 Jahren, zusammen mit anderen an der Entwicklung dieses Systems. Ein ähnliches System stellte etwa Kendrews Röntgenstrukturanalyse von Myoglobin dar, das jedoch eine ganz andere Dynamik annahm. Röntgenstrukturanalyse läßt sich also auf verschiedene Proteine anwenden, doch bedarf es dabei stets einer Transformation des Systems. Dasselbe gilt für Sangers Sequenzierungsmethoden.

18 Vgl. Löwy 1992 und 1993; siehe auch Star/Griesemer 1988.
19 Vgl. Galison 1995.
20 Ebenda.

Wenn jedes System sein „Eigenleben“ führt und eine eigene Forschungskultur beschreibt, welcher Zusammenhang besteht dann zwischen den einzelnen Experimentalsystemen? Und läßt sich ein Zusammenhang aufweisen zwischen der institutionellen Entwicklung und der Entwicklung der Experimentalsysteme zueinander? Ich möchte diesen Fragen nachgehen, indem ich Sangers Hinweis aufnehme und die Dynamik der Beziehungen zwischen den Kristallographen und den Proteinsequenzierern in Cambridge untersuche.

1949 stellte Sanger am *Cold Spring Harbor Symposium on Quantative Biology*, das in jenem Jahr unter dem Thema „Amino Acids and Proteins“ stattfand, seine Arbeit zur Sequenzierung von Insulin vor. Auf derselben Konferenz sprach Dorothy Crowfoot Hodgkin über „Röntgenstrukturanalyse und Proteinstruktur“. Insulin gehörte zu ihren Untersuchungsobjekten.[21] Zu diesem Zeitpunkt war an eine atomare Auflösung des Röntgenstrukturbildes von Proteinen noch nicht zu denken und Röntgenstrukturanalyse und Sequenzierung erschienen als zwei völlig disparate, wenngleich ähnlich weitgesteckte Unternehmen. Der Optimismus der 30er Jahre, wie er etwa von Bernal vertreten wurde, durch einen multidisziplinären Ansatz Struktur und Funktion der Proteine zu lösen,[22] hatte einer gewissen Desillusion Platz gemacht. Speziell seitens der Biochemiker hatte sich eine gewisse Skepsis in bezug auf die Leistungsfähigkeit und Verläßlichkeit röntgenkristallographischer Strukturanalysen entwickelt. Sanger publizierte die vollständige Aminosäuresequenz einschließlich der Disulphidbrücken von Insulin 1955.[23] Es war die erste komplette Sequenzanalyse eines Proteins überhaupt. Als Dorothy Hodgkin 1969 ein dreidimensionales Modell von Insulin vorstellte, hatte Sanger mittlerweile sein Interesse an Proteinen verloren und arbeitete an der Sequenzierung von Nukleinsäuren. Sanger hat wiederholt bemerkt, daß es die „Atmosphäre“ im neuen Labor war, die Präsenz von Crick und die konkrete Hilfe von John Smith, der in Cricks Abteilung an der Chemie von Nukleinsäuren arbeitete, die ihn zu Nukleinsäuren „bekehrt“ hätten. Diese Geschichte kann hier nicht verfolgt werden. Was jedoch die Beziehung zu den Proteinkristallographen betraf, so hatte Sanger sie zwar als die selbstverständlichen Partner für ein gemeinsames Labor bezeichnet, in Wirklichkeit aber bestanden keinerlei Beziehungen zwischen ihm und den Wissenschaftlern, die in der Abteilung für Strukturforschung im Labor arbeiteten. Das frühere Mißtrauen gegen den kristallographischen Ansatz war mit Perutz' und Kendrews Erfolgen in der Strukturanalyse von Proteinen gewichen. Doch als jemand, der ein sehr handwerkliches Ver-

21 Vgl. Sanger 1950; Crowfoot Hodgkin 1950.

22 Bernal schlug unter anderem die Schaffung eines „Zentralen Büros für Proteinforschung“ vor; vgl. Bernal 1939, 38.

23 Ryle et al. 1955.

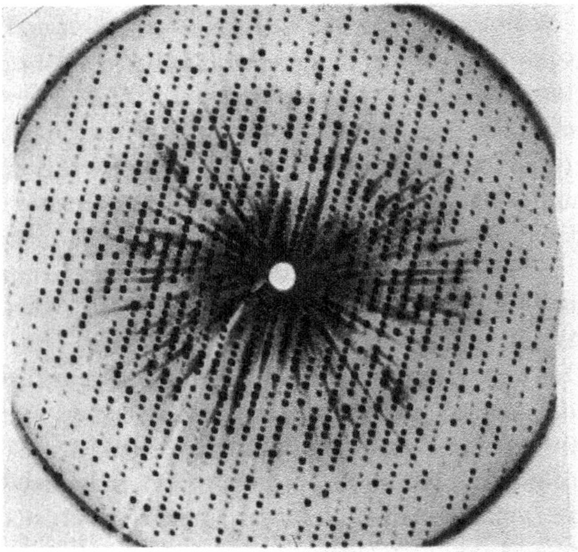

Abb. 1: Röntgenstrukturbild eines Myoglobin-Kristalls (Nobel Lectures. Chemistry 1942–1962, Amsterdam–London–New York 1964, 679).

ständnis seiner Arbeit hatte, empfand er die Röntgenstrukturanalyse als ein fremdes und geschlossenes System, zu dem er nichts beisteuern konnte.[24]

Für die Kristallographen stellte sich die Situation Mitte der 50er Jahre anders dar. Bereits 1955, d. h. in demselben Jahr, in dem Sanger die komplette primäre Struktur von Insulin publizierte und lange bevor auch nur eine erste grobe dreidimensionale Auflösung des Röntgenstrukturbildes von Myoglobin (oder eines anderen Proteins) verfügbar war (Abb. 1), bemühte Kendrew sich darum, einen Proteinchemiker für die Sequenzierung von Myoglobin zu gewinnen. Das war kein einfaches Unternehmen, und offensichtlich war niemand aus Sangers Gruppe dazu bereit. Aus einem Brief an S. Moore und W. H. Stein am Rockefeller Institute, die Kendrew in dieser Sache anschrieb, werden Kendrews Motive für seine Entscheidung deutlich. Kendrew gibt zu, daß trotz beachtlicher Fortschritte in der Röntgenstrukturanalyse von Proteinen eine atomare Auflösung des Röntgenstrukturbildes ohne die Hilfe von Sequenzierungsdaten unerreichbar scheint. Aus den Sequenzdaten, auch das erwähnt Kendrew in seinem Brief mit Verweis auf erste solche Versuche, können jedoch architektonische Informationen gewonnen und wohlmöglich dreidimensionale Modelle konstruiert wer-

24 Was für Sanger galt, traf nicht im selben Maße auch für jüngere Mitarbeiter seiner Gruppe zu. Über die Rolle des neuen Labors in der Förderung und Institutionalisierung von Kontakten zwischen den beiden Kulturen siehe unten.

den.[25] Damit ist der kristallographische Ansatz zweifellos in Gefahr, obsolet zu werden. Auch in seiner Nobelpreisrede (1962) deutet Kendrew die Möglichkeit an, daß die Kristallographen von den Proteinsequenzierern außer Geschäft gesetzt werden könnten, eine Aussicht, die er zu diesem späteren Zeitpunkt allerdings als „möglicherweise erleichternd" bezeichnet.[26]

Kendrews strategischer Versuch, die Proteinchemiker am Rockefeller Institut zu einer Zusammenarbeit zu bewegen, war letztlich erfolgreich. Allen Edmundson, ein Doktorand in ihrer Abteilung, würde die Arbeit übernehmen. Er begann seine Versuche in New York, doch zog er 1960 samt den im New Yorker Labor entwickelten automatischen Aminosäureanalysator nach Cambridge, um die Arbeit dort zu vollenden. Beim Umzug von der Baracke ins neue Labor wurde er der Abteilung für Strukturforschung zugeordnet, sollte aber in der Abteilung für Proteinchemie arbeiten. Die Proteinchemiker wollten jedoch keinen eigenen Platz aufgeben, so daß Edmundson schließlich in der Mitteletage, bei den Molekulargenetikern, angesiedelt wurde. Diese an sich banale Geschichte weist auf das Problem hin, tradierte Zugehörigkeiten auch an Institutionen wie dem neuen Labor für Molekularbiologie zu überwinden und Zusammenarbeiten zu initiieren.

Mittlerweile hatte Kendrew 1957 das erste dreidimensionale oder „Wurstmodell" von Myoglobin vorgestellt. Aufbauend auf diesen Erfolg entschloß er sich, an die technischen Grenzen seines experimentellen Systems zu gehen und eine Auflösung des Röntgenstrukturbildes auf 2 Ångström zu versuchen. Das hieß, etwa eine Viertelmillion Punkte zu messen und zu berechnen, eine Leistung, die ohne einen *high speed*-Computer nicht zu bewältigen gewesen wäre. Doch Kendrew hatte sich nicht nur frühzeitig bemüht, die Proteinsequenzierer für sein Molekül zu interessieren, sondern sich auch seit Ende der 40er Jahren dafür eingesetzt, den ersten experimentellen Computer in Cambridge für die kristallographischen Berechnungen benutzen zu können.[27]

Entgegen pessimistischeren Erwartungen stellte sich heraus, daß eine sorgfäl-

25 Vgl. den Brief vom 2. November 1955 von Kendrew an Moore und Stein (Kendrew Nachlaß, Bodleian Library, Oxford).

26 Kendrew 1964, 696.

27 Über die Pionierleistungen des mathematischen Labors in Cambridge mit dem Bau von EDSAC I und EDSAC II und den Kristallographen als frühen und ehrgeizigen Benutzern siehe die Sondernummer „Computing at the University of Cambridge" von *IEEE Annals of the History of Computing* 1992, 14 (Heft 4), darin besonders Wheeler 1992, 30–32. Über den Zusammenhang von Computerentwicklung und Röntgenstrukturanalyse bemerkte Perutz in seinem Nobelvortrag: „... we have in fact been fortunate, because the development of computers has always just kept in step with the expanding needs of our x-ray analysis" (Perutz 1964, 662). Hier gäbe es zweifellos eine interessantere Geschichte zu erzählen.

tige Analyse der Dichteprojektion des Röntgenstrukturbildes es an vielen Stellen erlaubte, die einzelnen Aminosäuren zu identifizieren. Dies ermöglichte den Vergleich und die Überprüfung der kristallographischen und biochemischen Sequenzdaten. Kendrew und Edmundson sprechen beide von einer unabhängigen Kontrolle bzw. Bestätigung der eigenen Ergebnisse. Die Techniken wurden zwar so rasch optimiert, daß die Lösung eines Problems, das fünf Jahre zuvor einen Nobelpreis wert war, von einem Doktoranden ausgeführt werden konnte. Trotzdem blieben die beiden hochentwickelten „Kulturen" der Röntgenstrukturanalyse und der Proteinsequenzierung für sich bestehen. Es fand Austausch und Koordination, nicht Vereinnahmung statt. Edmundson erhielt für seine Analyse Myoglobinkristalle von Kendrew. Er griff auch wiederholt auf die von Kendrew gewonnen Daten zurück. Dabei aber wurde die dreidimensionale Information der Röntgenstrukturdaten in eine eindimensionale Sequenz transformiert. Ebenso wurden Edmundsons Sequenzdaten in das dreidimensionale Dichteraster der Röntgenstrukturanalyse übersetzt und als solche beim Modellbauen berücksichtigt. Wenn Unstimmigkeiten auftraten, konnte jede Seite nur die eigenen Ergebnisse überprüfen. Bezeichnenderweise wurden die Ergebnisse auch in zwei getrennten, wenngleich aufeinanderfolgenden Artikeln publiziert.[28] Die Form der Koordination verschiedener Experimentalsysteme und ihrer Repräsentationen gehorchten damit der föderativen Organisation des Labors.[29]

Um die Art der Zusammenarbeit zwischen Proteinkristallographen und Proteinsequenzierern und die Koordination ihrer Experimentalsysteme genauer zu untersuchen und zugleich der Frage nachzugehen, ob die Organisation des Labors verändernd oder stabilisierend in diesen Prozeß eingreift, möchte ich die etwas später durchgeführte Arbeit von Brian Hartley und David Blow an der Sequenz bzw. Röntgenstrukturanalyse des Pankreasenzyms Chymotrypsin verfolgen. Beide arbeiteten seit 1962 in Sangers bzw. Kendrews Abteilung des neuen Labors.

IV. Modelle

Hartleys und Blows Arbeit an der Struktur von Chymotrypsin und die Klärung des Reaktionsmechanismus des Enzyms wurde mir als Paradebeispiel der Art von Zusammenarbeit genannt, wie sie das Labor zunehmend produzierte. Mir geht es im folgenden nicht darum, eine Ideologie der Zusammenarbeit zu zerstören, sondern ihre Struktur genauer zu untersuchen und damit Einblick zu gewinnen in die Koordination und Dynamik von Experimentalsystemen.

28 Vgl. Edmundson/Hirs 1961; Kendrew et al. 1961.

29 Über Strukturen der Selbstbestätigung in den Laborwissenschaften vgl. Hacking 1992.

Hartley und Blow, das mag die erste Überraschung sein, begannen (fast) unabhängig voneinander und als sie noch in verschiedenen Institutionen arbeiteten, die Struktur von Chymotrypsin zu erforschen.[30] Hartley begann die Sequenzanalyse von Chymotrypsin 1953 als Postdoktorand am Biochemischen Institut in Cambridge. Das Enzym war im Handel zu beziehen. Dieser Umstand und nicht etwa medizinische Aspekte machten es für Chemiker attraktiv. Bevor er mit der Sequenzanalyse begann, hatte Hartley schon konventionelle kinetische Studien durchgeführt, um dem Reaktionsmechanismus von Chymotrypsin näher zu kommen.[31] Er kam jedoch zu dem Schluß, daß nur eine Sequenzanalyse Aufschluß darüber geben könne, wie das Enzym wirklich funktionierte. Das war die Zeit, als Fred Sanger, der auf demselben Gang arbeitete, gerade die Sequenz der einen Kette von Insulin publiziert hatte. Hartley arbeitete in Malcolm Dixons Labor, doch als er mit der Sequenzierung begann, schloß er sich, wenn auch nur inoffiziell, Sangers Gruppe an. 1961, nach einem zweijährigen Aufenthalt in Hans Neuraths Labor in Seattle, wo er sein Sequenzierungssystem verfeinerte – Neurath selbst arbeitete an der Struktur von Trypsin –, erhielt er eine MRC-Stelle in Sangers Labor und zog mit ihm in das neue Labor für Molekularbiologie. 1964 publizierte Hartley die vollständige Sequenz von Chymotrypsin (vgl. Abb. 2). Zu diesem Zeitpunkt galt Hartleys Interesse nicht mehr dem enzymatischen Mechanismus von Chymotrypsin, sondern dem Sequenzvergleich verschiedener Enzyme.[32] Er sah seinen wichtigsten Beitrag darin, gezeigt zu haben, daß Enzyme wie Chymotrypsin, Trypsin und Elastase, die verschiedene enzymatische Reaktionen aufweisen, doch eine sehr ähnliche Sequenz haben. Diese Beobachtung führte ihn zur Aufstellung evolutionärer Stammbäume und zur Spekulation über genetische Mechanismen, die zur Entstehung von Proteinfamilien wie der eben genannten Serinproteinasen führen könnten.[33]

Wie kam es zur Zusammenarbeit mit Blow? Blow machte seine erste Röntgenaufnahme von Chymotrypsin als Doktorand bei Perutz 1955 oder 1956.[34] Die Kristalle, die er analysierte, hatte Hartley ihm gegeben, nachdem dieser jene

30 Die folgende Rekonstruktion stützt sich außer auf publizierte Arbeiten auf Interviews mit Brian Hartley (Elsworth, 28. September 1992) und David Blow (London, 29. September 1992).

31 Vgl. Hartley/Kilby 1952.

32 Solche Verschiebungen mögen von der Eigendynamik der Systeme nahegelegt werden, doch beruhen sie stets auf Entscheidungen, die forschungsstrategische Überlegungen miteinbeziehen. Zur Struktur solcher Entscheidungen im Forschungsprozeß vgl. auch Gaudillières Beitrag in diesem Band.

33 Siehe Hartley 1966.

34 Perutz hatte bereits 1937 eine erste Aufnahme von Chymotrypsin gemacht. Weil das Diffraktionsmuster zu schwierig zu interpretieren war, wählte er jedoch Hämoglobin für seine weitere Arbeit; vgl. Perutz 1939.

1 2 3 4 5 6 7 8 9 10 11 12 13 14 15 16 17 18
Cys. Gly. Val. Pro. Ala. Ile. Gln. Pro. Val. Leu. Ser. Gly. Leu. Ser. Arg. Ile. Val. Gly.–
P1

T1

19 20 21 22 23 24 25 26 27 28 29 30 31 32 33 34 35 36 37
Asp. Glu. Glu. Ala. Val. Pro. Gly. Ser. Try. Pro. Try. Gln. Val. Ser. Leu. Gln. Asp. Lys. Thr.–
P1 C1

38 39 40 41 42 43 44 45 46 47 48 49 50 51 52 53 54 55 56
Gly. Phe. His. Phe. Cys. Gly. Gly. Ser. Leu. Ile. Asn. Glu. Asn. Try. Val. Val. Thr. Ala. Ala.–
C1

57 58 59 60 61 62 63 64 65 66 67 68 69 70 71 72 73 74 75
His. Cys. Gly. Val. Thr. Thr. Ser. Asp. Val. Val. Val. Ala. Gly. Glu. Phe. Asp. Gln. Gly. Ser.–
C2

76 77 78 79 80 81 82 83 84 85 86 87 88 89 90 91 92 93 94
Ser. Ser. Glu. Lys. Ile. Gln. Lys. Leu. Lys. Ile. Ala. Lys. Val. Phe. Lys. Asn. Ser. Lys. Tyr.–
C2 C3 C4

95 96 97 98 99 100 101 102 103 104 105 106 107 108 109 110 111 112 113
Asn. Ser. Leu. Thr. Ile. Asn. Asn. Asn. Ile. Thr. Leu. Leu. Lys. Leu. Ser. Thr. Ala. Ala. Ser.–
C5

114 115 116 117 118 119 120 121 122 123 124 125 126 127 128 129 130 131 132
Phe. Ser. Gln. Thr. Val. Ser. Ala. Val. Cys. Leu. Pro. Ser. Ala. Ser. Asp. Asp. Phe. Ala. Ala.–
C5

133 134 135 136 137 138 139 140 141 142 143 144 145 146 147 148 149 150 151
Gly. Thr. Thr. Cys. Val. Thr. Thr. Gly. Try. Gly. Leu. Thr. Arg. Tyr. Thr. Asn. Ala. Asn. Thr.–
P2 C6

152 153 154 155 156 157 158 159 160 161 162 163 164 165 166 167 168 169 170
Pro. Asp. Arg. Leu. Gln. Gln. Ala. Ser. Leu. Pro. Leu. Leu. Ser. Asn. Thr. Asn. Cys. Lys. Lys.–
C6 C7

171 172 173 174 175 176 177 178 179 180 181 182 183 184 185 186 187 188 189
Tyr. Try. Gly. Thr. Lys. Ile. Lys. Asp. Ala. Met. Ile. Cys. Ala. Gly. Ala. Ser. Gly. Val. Ser.–
C7 C8

190 191 192 193 194 195 196 197 198 199 200 201 202 203 204 205 206 207 208
Ser. Cys. Met. Gly. Asp. Ser. Gly. Gly. Pro. Leu. Val. Cys. Lys. Lys. Asn. Gly. Ala. Try. Thr.–
C8 C9

209 210 211 212 213 214 215 216 217 218 219 220 221 222 223 224 225 226 227
Leu. Val. Gly. Ile. Val. Ser. Ser. Try. Gly. Ser. Ser. Thr. Cys. Ser. Thr. Ser. Thr. Pro. Gly.–

228 229 230 231 232 233 234 235 236 237 238 239 240 241 242 243 244 245 246
Val. Tyr. Ala. Arg. Val. Thr. Ala. Leu. Val. Asn. Try. Val. Gln. Gln. Thr. Leu. Ala. Ala. Asn.

Disulphide bridges: 1–122, 42–58, 136–201, 168–182, 191–221

Abb. 2: Aminosäuresequenz von Chymotrypsinogen-A vom Rind (Hartley, in: Nature 201 [1964], 1285).

komischen, eiförmigen Kristalle in einer Flasche fand, die er unverschlossen im Eisschrank liegen gelassen hatte.[35] Es ist recht amüsant, die verschiedenen Berichte von Blow und Hartley über dieses Ereignis zu vergleichen, das – hierin stimmen beide überein – den Beginn ihrer Zusammenarbeit markierte. Übereinstimmend bestätigen sie, daß zu jener Zeit wenig gegenseitige Anerkennung bestand zwischen den Biochemikern und den Kristallographen, die an der Struktur von Proteinen arbeiteten. Die Biochemiker waren überzeugt, daß die Proteine viel komplizierter waren, als die Kristallographen sich vorstellen konnten, und daß die Analyse der Röntgenaufnahmen niemals eine angemessene Repräsentation liefern könnte. Die Kristallographen ihrerseits waren der Überzeugung, daß ohne Kenntnis der dreidimensionalen Struktur die Aminosäuresequenz eines Proteins keine Aussagekraft hätte. Wie oben dargelegt, bestand allerdings die Befürchtung, daß die nötige architektonische Information allein aus den Sequenzdaten gewonnen werden konnte. Auch neue Einsichten in den Synthesemechanismus von Proteinen legten diese Vermutung nahe.[36] Dieses Bild kehrte sich allerdings einige Jahre später ins Gegenteil um. Als es den Kristallographen mit der feineren Auflösung des Diffraktionsmuster gelang, die Position einzelner Aminosäuren zu bestimmen, drohte dies die Sequenzanalyse von Proteinen, in die mittlerweile viel Arbeit und Geld geflossen waren, überflüssig zu machen.

Blow war überzeugt, daß Hartley ihm nicht Chymotrypsin-, sondern Ammoniumsulphatkristalle gegeben habe, was einmal mehr zeigt, wie wenig Vertrauen er Biochemikern in bezug auf das Ziehen von Kristallen schenkte.[37] Zu Blows Überraschung stellte sich heraus, daß die Kristalle Gamma-Chymotrypsin waren. Aber weder verleitete ihn das dazu, die Struktur von Chymotrypsin zu bestimmen (er war damals mit einer stärker theoretisch orientierten Arbeit beschäftigt), noch kümmerte sich Hartley weiter darum, was Blow herausgefunden hatte. Wie Hartley rückblickend bemerkte, wußte er lange nicht, daß Blow, bald nachdem er die Kristalle erhalten hatte, an der Strukturauflösung von Chymotrypsin arbeitete – was auch gar nicht der Fall war.

Blow begann mit der Strukturanalyse von Chymotrypsin erst 1960. Wie Hartley war auch er zwei Jahre in den USA gewesen und hatte dann in Hinblick auf den bevorstehenden Umzug in das neue Labor eine feste Position in Perutz' Gruppe angeboten bekommen. Der entscheidende Grund, Chymotrypsin als Forschungsgegenstand zu wählen, war wiederum, daß es kommerziell erhältlich

35 So etwa beginnen alle Berichte großer Entdeckungen.

36 Erst allmählich stellte sich heraus, daß das „Faltungsproblem" schwer zu lösen war. Es ist tatsächlich bis zum heutigen Tag noch ungelöst.

37 Nach Hartley lieferte seine Gruppe regelmäßig Kristalle für Blows Arbeitsgruppe.

war.[38] Blow erinnert sich, daß er zu dieser Zeit in einigermaßen regelmäßigem Kontakt mit Hartley stand. Hartley zufolge aber begannen sie erst nach dem gemeinsamen Umzug in das neue Labor, also nach 1962, regelmäßig und ernsthaft miteinander zu sprechen. Sie trafen sich täglich in der gemeinsamen Kantine. Wahrscheinlich beziehen sich diese Erinnerungen allerdings auf einen späteren Zeitpunkt, und zwar auf die Jahre 1967/68, als Blow mit dem Modellbauen begann. Denn Hartley erinnert sich auch, daß beide große Schwierigkeiten mit ihren Projekten hatten und es vorzogen, nicht darüber zu reden.

Als Blow mit dem Modellbauen begann, griff er auf die von Hartley 1964 publizierte Sequenz von Chymotrypsin zurück. Er war insbesondere bei der Substratbindungsstelle des Enzyms auf Hartleys Daten angewiesen, weil er an jener Stelle aus technischen Gründen einen Inhibitor „sitzen" hatte, der die Interpretation des Röntgenbildes an dieser Stelle erschwerte. Das Modell rief jedoch Zweifel über die Richtigkeit einer bestimmten Aminosäure in der Sequenz hervor. Die Aminosäure auf Position 102 bildete eine Wasserstoffbrücke mit einer Histidin-Seitenkette, von der bekannt war, daß sie eine wichtige Funktion in der Reaktion des Enzymes hatte. Diese Aminosäure war Asparagin in Hartleys Sequenz, aber Asparaginsäure in der Sequenz des verwandten Enzyms Trypsin (Abb. 2 und 3).

Wiederum ist es aufschlußreich, die verschiedenen Berichte über die Folge der Ereignisse zu vergleichen. Dabei ist es auffallend, daß die Berichte immer dahingehend voneinander abweichen, daß der Erzähler die aktive Rolle im Geschehen einnimmt. Nach Hartley genügte ein Blick auf Blows Modell – dieses war erst im Verbindungstunnel zum Krankenhaus und dann in einem getrennten Raum im zweiten Stock untergebracht –, um zu sehen, daß das Asparagin über dem Histidin nicht richtig „saß", und daß er, wenn dort eine Asparaginsäure säße, einen wunderbaren Mechanismus erfinden konnte. Immerhin hatte er schon 15 Jahre über das Problem nachgedacht. Auch wußte er am besten, daß ihm sehr wohl ein Fehler beim Sequenzieren hatte unterlaufen können. So ging er zurück in sein Labor, um offenbar in kaum zwei Tagen die Teilsequenz erneut zu bestimmen. Die Ergebnisse bestätigten, daß ein Fehler vorgelegen hatte.

Nach Blow hingegen hatte Birktoft, ein dänischer Postdoktorand in seinem Labor, die Dichtekarte und die verschiedenen Sequenzen aufmerksam studiert und war dabei auf die Unstimmigkeit in Position 102 gestoßen. Zu exakt derselben Zeit war ein entsprechender Fehler an einer anderen Stelle in der Tyrosinsequenz korrigiert worden, was ähnliche Fehler wahrscheinlicher erscheinen ließ. An diesem Punkt ging er direkt zu Hartley, um ihm diese Ergebnisse zu

38 Die von Perutz als Untersuchungsobjekt vorgeschlagene Peroxidase mußte aus Tonnen frischer Meerrettiche hergestellt werden. Dies schreckte Blow ab.

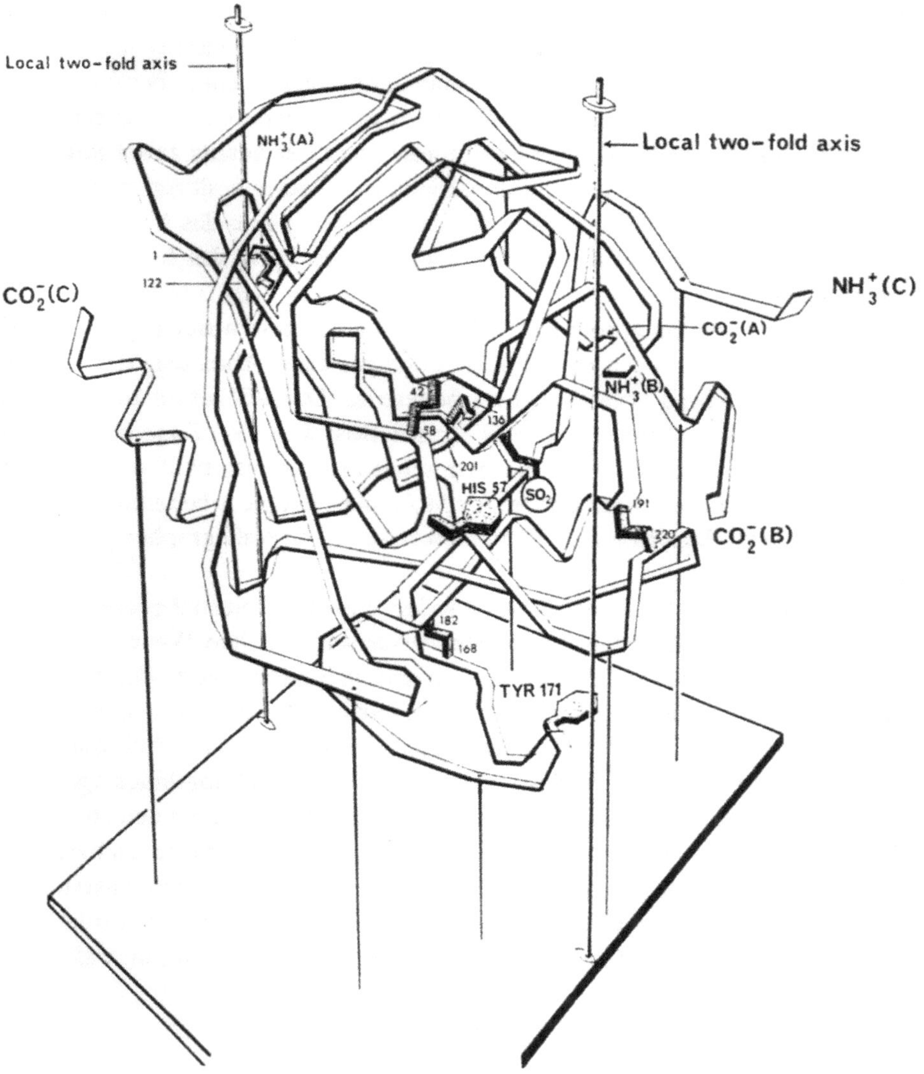

Abb. 3: Schematische Zeichnung der dreidimensionalen Struktur von a-Chymotrypsin (Matthew et al., in: Nature 214 [1967], 655).

zeigen. Daraufhin machte sich Hartley nach Blow sofort an die Überprüfung der Sequenz.

Als Kendrew von der Sache erfuhr, sprach er mit dem Herausgeber von *Nature,* der, so Blow, nach einem Manuskript schrie. Hartley und Blow entwarfen daher rasch einen Artikel, in dem sie den postulierten Mechanismus vorstellten.[39] Dies blieb ihre einzige gemeinsame Publikation über dieses Projekt. Was danach passierte, scheint mir bezeichnend: Blow erlaubte Hartley mit seinem Modell zu „spielen". Das hieß, Hartley nahm das Modell in sein Labor und baute in das aktive Zentrum die Sequenzänderungen von Elastase ein.[40] Aufgrund der Ähnlichkeit der Sequenz aller Serinproteinasen hatte er bereits zuvor geschlossen, daß sie alle eine ähnliche dreidimensionale Struktur besitzen mußten. So stellte das Modell von Chymotrypsin für ihn von Anfang an das Modell für die Struktur aller Serin-Enzyme dar, die er kannte. Er hatte das Modell in sein System übersetzt.

Die Sequenz und das hypothetische Modell von Elastase wurden später durch Herman Watson, der auch in der kristallographischen Abteilung des Labors arbeitete, „unabhängig" bestätigt. Er arbeitete mit David Shottom aus Hartleys Abteilung zusammen. Beide zogen 1970 nach Bristol, wo im Zuge der Expansion der Universitäten ein neues biochemisches Institut aufgebaut wurde. Nach dem Vorbild des Cambridger Labors für Molekularbiologie arbeiteten im Labor für molekulare Enzymologie Biochemiker und Kristallographen eng zusammen.[41]

Das *Laboratory of Molecular Biology,* so legt dieses Beispiel nahe, ermöglichte in neutralen gemeinsamen Räumen den Austausch zwischen Wissenschaftlern verschiedener Abteilungen. Es erleichterte und institutionalisierte den Fluß von Kristallen, Sequenzen, Modellen und Doktoranden und privilegierte damit diese anstatt anderer möglicher Beziehungen. Diese Art der Kohäsion erhöhte sich mit der Zeit. Es entwickelten sich, was Fujimura „hybride Forschungslinien" genannt hat.[42] So fanden Blow und Hartley eine gemeinsame Sprache, um den enzymatischen Mechanismus, den das Modell von Chymotrypsin suggerierte, zu beschreiben. Doch zwischen den technisch hoch implementierten Experimentalsystemen fand Übersetzung, nicht Gleichschaltung statt. Dieser Status quo wurde auch dadurch gesichert, daß jeder ermutigt wurde, fortzufahren das zu tun, was er gut

39 Siehe Blow et al. 1969.

40 Das war der einzige Modellbauversuch, den Hartley je unternommen hat; die Sequenz war von David Shottom in seinem Labor bestimmt worden.

41 Diese Episode muß vor dem Hintergrund einer anhaltenden disziplinären Auseinandersetzung zwischen Molekularbiologen und Biochemikern gesehen werden. Besonders auf das Biochemische Institut in Cambridge hat die Entwicklung des *Laboratory of Molecular Biology* lähmend gewirkt. Einen Einblick in die schwierigen Entwicklungen in Cambridge gewährt Randle (1990, 590–592) in seinem Nachruf auf den damaligen biochemischen Lehrstuhlinhaber, Frank Young. Randle selbst war Dozent am Biochemischen Institut in Cambridge und ab 1964 neuer Lehrstuhlinhaber in Bristol. Zur Auseinandersetzung von Biochemikern und Molekularbiologen in Großbritannien vgl. Abir-Am 1992.

42 Fujimura 1992, 206.

konnte, eine Forderung, die besonders jüngere und weniger prominente Forscher als Behinderung empfanden. Das Problem, das sich hier für die einzelnen Forschungsgruppen wie für das Labor im Ganzen stellte, war das der Innovation, d. h., der Raum und die Offenheit für das Ausprobieren neuer Experimentalsysteme.

Nicht nur die materialen Bedingungen, sondern auch Strukturen der Zusammenarbeit und institutionell-politische Entwicklungen bedingten in den vorgestellten Beispielen die Verschiebung und Koordination verschiedener Experimentalsysteme. Diese haben ihr „Eigenleben", doch sind sie nicht unabhängig von den Beziehungen der Akteure, die sie beherrschen. Über die Dynamik von Experimentalsystemen hinaus will die vorgelegte Analyse Einsicht gewähren in die Arbeits- und Organisationsstrukturen der sich neu formierenden Wissenschaft der Molekularbiologie. Bevor aus den vorliegenden Ergebnissen weitere Schlüsse gezogen werden können, müssen jedoch mehr Forschungslinien verfolgt werden. Insbesondere muß auch die Rolle des Cambridger Labors in der Etablierung der neuen Wissenschaft geklärt und die Untersuchung durch vergleichende Studien anderer Institutionen ergänzt werden. Ging es hier um die Koordination und Verschiebung von Experimentalsystemen, so rücken unter dieser Fragestellung der Export und die Verbreitung von Experimentalsystemen und den Forschungskulturen, denen sie sich verdanken, in den Vordergrund.

Literatur

Abir-Am, Pnina G. (1992): The Politics of Macromolecules. Molecular Biologists, Biochemists, and Rhetoric. Osiris 7, 210–237.

Bernal, John Desmond (1939): X-Ray Evidence for the Structure of Protein Molecules, in: Theodor Svedberg (ed.), A Discussion on the Protein Molecule. Proceedings of the Royal Society of London. B 127, 1–79.

Blow, David M./Birktoft, J. J./Hartley, B. S. (1969): Role for a Buried Acid Group in the Mechanism of Action of Chymotrypsin. Nature 221, 337–343.

Crick, Francis (1970): Molecular Biology in the Year 2000. Nature 228, 613–615.

Crowfoot Hodgkin, Dorothy (1950): X-Ray Analysis and Protein Structure, in: Cold Spring Harbor Symposia on Quantitative Biology, vol. XIV: Amino Acids and Proteins, Cold Spring Harbor – New York, 153–160.

de Chadarevian, Soraya (1995): Sequences, Conformation, Information. Biochemists and Molecular Biologists in the 1950s, Journal of the History of Biology (im Druck).

Edmundson, Allan B./Hirs, C. H. W. (1961): Amino-Acid Sequence of Sperm Whale Myoglobin. Nature 190, 663–665.

Fujimura, Joan H. (1992): Crafting Science: Standardized Packages, Boundary Objects, and „Translation", in: Andrew Pickering (ed.), Science and Culture, Chicago, 168–211.

Galison, Peter (1995): The Trading Zone: Coordinating Action and Belief, in: ders., Image and Logic: The Material Culture of Modern Physics (im Druck).

Hacking, Ian (1992): The Self-Vindication of the Laboratory Sciences, in: Andrew Pickering (ed.), Science and Culture, Chicago, 29–64.

Hartley, Brian S./Kilby, B. A. (1952): The Inhibition of Chymotrypsin by Diethyl-p-Nitrophenyl Phosphate. Biochemical Journal 50, 672–678.

Hartley, Brian S. (1966): Enzymes are Proteins. Advancement of Science 23, 47–54.

Kendrew, John. C. et al. (1961): A Partial Determination by X-Ray Methods, and its Correlation with Chemical Data. Nature 190, 666–672.

Kendrew, John C. (1964): Myoglobin and the Structure of Proteins, in: Nobel Lectures, Including Presentation Speeches and Laureates' Biographies. Chemistry 1942–1962, Amsterdam – London – New York, 676–700.

Löwy, Ilana (1992): The Strength of Loose Concepts. Boundary Concepts, Federative Experimental Strategies and Disciplinary Growth: The Case of Immunology. History of Science 30, 371–396.

Löwy, Ilana (1993): Unscharfe Begriffe und föderative Experimentalstrategien. Die immunologische Konstruktion des Selbst, in: Hans-Jörg Rheinberger/Michael Hagner (Hrsg.), Die Experimentalisierung des Lebens. Experimentalsysteme in den biologischen Wissenschaften 1850/1950, Berlin, 188–206.

Ophir, Adi/Shapin, Steve (1991): The Place of Knowledge. A Methodological Survey. Science in Context 4, 3–23.

Perutz, Max F. (1939): The Crystal Structure of Horse Methaemoglobin. Diss. Cambridge.

Perutz, Max F. (1964): X-Ray Analysis of Haemoglobin. Nobel Lecture, December 11, 1962, in: Nobel Lectures, including Presentation Speeches and Laureates' Biographies. Chemistry 1942-1962, Amsterdam – London – New York 1964, 653–675.

Perutz, Max F. (1987): The Birth of Molecular Biology. New Scientist 114, 38–41.

Randle, Philip (1990): Frank George Young, in: Biographical Memoirs of the Royal Society 36, 583–599.

Rheinberger, Hans-Jörg (1992): Experiment – Differenz – Schrift. Zur Geschichte epistemischer Dinge, Marburg.

Ryle, A. P./Sanger, F./Smith, L. F./Kitai, R. (1955): The Disulphide Bonds of Insulin. Biochemical Journal 60, 541–556.

Sanger, Frederick (1950): Some Chemical Investigations on the Structure of Insulin, in: Cold Spring Harbor Symposia on Quantitative Biology, vol. XIV: Amino Acids and Proteins, Cold Spring Harbor – New York, 153–160.

Silcock, Bryan (1982): The Lab that Makes Geniuses. Sunday Times. 24. Oktober.

Star, Susan Leigh/Griesemer, James R. (1988): Institutional Ecology, 'Translations' and Boundary Objects: Amateurs and Professionals in Berkeley's Museum of Vertebrate Zoology 1907–39. Social Studies of Science 19, 387–420.

Wheeler, Joyce M. (1992): Applications of the EDSAC. IEEE. Annals of the History of Computing 14, 27–33.

Hans-Jörg Rheinberger

Konjunkturen: Transfer-RNA, Messenger-RNA, genetischer Code*

I. Einleitung

Konjunkturen kennen wir aus der Ökonomie. Der Begriff, so wie er dort geläufig ist, bezeichnet das Auftreten von Schwankungen im Produktionsvolumen aufgrund einer sich verändernden Konstellation wirtschaftlicher Faktoren. Die Zweckentfremdung des Begriffs zur Charakterisierung von Forschungsprozessen bedarf einer Erläuterung. Sie führt auf die lateinische Wortbedeutung zurück: „die sich aus der Verbindung verschiedener Erscheinungen ergebende Lage“[1]. Es ist also nicht eine forschungspolitische Situation gemeint, in der etwa die Gelder reichlich fließen. Ich möchte mit dem Begriff der Konjunktur das Eintreten von – unvorwegnehmbaren – Ereignissen in der Entwicklung von Experimentalsystemen bezeichnen, die zur Lösung von Fragen führen, die man mit den Mitteln des Systems zunächst gar nicht zu lösen gedachte. Es gibt Konjunkturen, die zu einer völligen Reorientierung der Forschungsrichtung innerhalb eines bestimmten Experimentalsystems oder auch zu seiner Aufspaltung führen. Es gibt aber auch Konjunkturen, die zur Hybridisierung von verschiedenen Experimentalsystemen führen. Ich gebrauche den Ausdruck *hybride Systeme* in einem etwas anderen Sinne als Bruno Latour dies tut.[2] Worauf es mir ankommt, ist, daß es sich bei dem Vorgang der Hybridisierung um das Zusammenbringen von Dingen handelt, deren Zusammengehen man vor dem Ereignis aufgrund der Eigenschaften dieser Dinge nicht vermutet oder für gehörig befunden hätte.

* Für Gespräche und die Erlaubnis zur Durchsicht ihrer Laborbücher danke ich besonders J. Heinrich Matthaei und Paul C. Zamecnik. Die Genehmigung zur Reproduktion der Abbildungen und Tabellen gaben Francis Crick (Abb. 1), Paul Zamecnik (Abb. 2), das Brookhaven National Laboratory (Abb. 3), die Academic Press Ltd., London (Abb. 4) sowie Heinrich Matthaei (Abb. 5). Diese Arbeit wurde während eines Aufenthalts am Wissenschaftskolleg zu Berlin fertiggestellt.

1 Meyers Großes Taschenlexikon 1990.

2 Vgl. Latour 1991. – Latour nennt Gebilde *hybrid,* die ein Amalgam aus sozialen und natürlichen Bestimmungen darstellen, zu denen er mit Nachdruck auch die Dinge der Wissenschaften zählt.

Zur Vorbereitung auf die folgende Geschichte, die Teil einer umfassenderen Untersuchung bildet,[3] möchte ich noch eine weitere begriffliche Klärung vorwegschicken. Wenn ich von Experimentalsystemen rede, so sind damit die materiellen Gebilde epistemischer Praxis gemeint, in denen einzelne Wissenschaftler oder Wissenschaftlergruppen jene epistemischen Produkte erzeugen, die sie als die Resultate ihrer Arbeit bezeichnen.[4] Ein – positives – Resultat ist ein Befund, der prinzipiell als Komponente wieder in das System eingehen kann und es damit erweitert oder verändert. In der Systemtheorie gibt es dafür den Begriff der Anschlußfähigkeit. Ich bevorzuge, diese Art von Rückbezüglichkeit des Forschungsprozesses unter Bezugnahme auf Gaston Bachelard als Rekurrenz zu bezeichnen.[5] Ganz gegen systemtheoretische Gepflogenheiten nehme ich aber an, daß Experimentalsysteme gewissermaßen unscharfe Ränder haben, daß sie also in keinem präzise definierbaren Sinne abgeschlossen sind. Im Gegenteil, sie operieren, sofern sie Forschungssysteme sind, an der Grenze ihres Zusammenbruchs oder ihrer Auflösung. Sie beziehen ihre Kohärenz nicht so sehr aus ihrer operationalen oder logischen Geschlossenheit[6] als vielmehr aus ihrer fraktalen Ränderung, aus ihrer Ansiedlung auf der Grenze zwischen dem Wissen und dem Nichtwissen sowie aus ihrem ökologischen Nischendasein im Verhältnis zu anderen, sie umgebenden Experimentalsystemen.

Die Experimentalanordnungen, die den Bezugspunkt für meine Erzählung abgeben, sind sog. *in vitro-* und *in vivo*-Systeme zur Darstellung der Proteinbiosynthese zunächst als Stoffwechselvorgang, dann als Regulationserscheinung, schließlich als Umsetzung genetischer Information. Sie spielt sich im Jahrzehnt der Doppelhelix ab, also zwischen 1953 und 1963. Ich wähle den Terminus Erzählung mit Bedacht. Es ist eine Geschichte, die ich erzähle, und sie ist so, weil man sie so erzählen kann, nicht weil sie sich so und nicht anders zugetragen hat. Während sich etwas zuträgt, ist es nämlich Teil von anderen Geschichten. Selbst zur Geschichte werden heißt immer, diese anderen Geschichten zum Verschwinden zu bringen.

3 Vgl. Rheinberger 1995.

4 Vgl. dazu Rheinberger 1992a.

5 Vgl. Bachelard 1988.

6 Das sind Eigenschaften, mit denen Wissenschaftler ihre praktischen oder theoretischen Systeme vorzugsweise in Lehrbüchern ausstatten.

II. Transfer-RNA

Das auf Rattenleber-Zellsaft basierende System der Proteinbiosynthese von Paul Zamecnik, Mahlon Hoagland, Mary Stephenson und einer ganzen Gruppe weiterer Kollegen am Massachusetts General Hospital der Harvard-Universität, Boston, war aus der *anderen Geschichte* der Krebsforschung hervorgegangen. Es hatte sich bis 1955 zu einem auf radioaktiver Markierung und differentieller Zentrifugation beruhenden biochemischen *in vitro*-System entwickelt.[7] Mit dem überraschenden Auftauchen einer kleinen, löslichen RNA, an die radioaktive Aminosäuren kovalent gebunden werden konnten,[8] geriet es um 1956 in den Umkreis dessen, was man damals unter Molekularbiologie im engeren Sinne zu verstehen begann, in den Einzugsbereich der Fragen also nach der Umsetzung von genetischer Information in biologische Funktion. Zu Beginn jedoch war der Kontakt mit der Molekularbiologie zögernd, lokal und supplementär.[9] Zumindest Zamecnik verstand sich vorerst weiterhin als Biochemiker.[10] Als solcher hatte er mit der S-RNA („soluble", d. h. lösliche RNA) ein Zwischenprodukt in der Stoffwechselkette von den freien Aminosäuren zum Protein charakterisiert und keineswegs ein Molekül, das genetische Information in biologische Funktion umsetzte.

Wenige Jahre später, im Mai 1959, wurde Zamecnik die Ehre einer Harvey-Vorlesung zuteil. Er sprach über „Historische und aktuelle Aspekte der Proteinsynthese"[11], und er spannte den Bogen „sorgfältiger, geduldiger Studien" über ein halbes Jahrhundert: von Franz Hofmeister und Emil Fischer, welche die Peptidbindung der Proteine aufklärten, zu Fritz Lipmann, der ein phosphoryliertes Intermediat in der Proteinsynthese postulierte, Max Bergmann, der die Spezifität proteolytischer Enzyme bestimmte, Henry Borsook, der auf die endergonische Natur der Peptidbindung hinwies, Rudolf Schoenheimer und David Rittenberg, die Methoden des radioaktiven Tracing in die Untersuchung von Stoffwechselketten einführten, Jean Brachet und Torbjörn Caspersson, die aufgrund cytomorphologischer und cytochemischer Untersuchungen eine Funktion der Ribonukleinsäuren in der Proteinsynthese vermuteten, Frederick Sanger und Hans Tuppy, die mit ihrer Arbeit an der Aufklärung der Primärstruktur des Insulin die Vorstellung von der Sequenzspezifität der Proteine nachdrücklich

7 Vgl. Rheinberger 1993a.

8 Vgl. Hoagland et al. 1957.

9 Vgl. Rheinberger 1992b.

10 Das ist hier nicht als Berufsbezeichnung gemeint, denn Zamecnik war, wie viele seiner Mitarbeiter, ausgebildeter Mediziner.

11 Zamecnik 1960.

erhärteten, bis zu George Palade, der die Mikrosomen, d. h. die Proteinsynthese-Partikel, mit dem Elektronenmikroskop im Cytoplasma lokalisierte.[12] Das ist eine eindrückliche Liste von Pionieren, die, so Zamecnik, alle „den Weg zum heutigen Stand der Dinge geebnet haben", der in der Rückschau unversehens den Charakter eines Königswegs zum gegenwärtigen Wissen angenommen hatte. Erst ganz am Ende des Vortrags und eher beiläufig kam Zamecnik auf den Kern der Dinge zu sprechen: „Unter historischen Gesichtspunkten hat man in der Vergangenheit viel zu einfach und mechanistisch gedacht. [...] Die Details der Mechanismen, die sich heute abzeichnen, waren großenteils ganz *unvorhergesehen.*" Wie aber kam dieses Unvorhergesehene zur Existenz? Die Antwort Zamecniks stellt eine Hommage an die Namenlosen dar: „Durch den direkten experimentellen Angriff der Soldaten an der Front."[13] Aber stellt das nicht den Bericht des Feldmarschalls darüber in Frage, wie seine Generäle den Krieg gewannen? Diesem Bericht ans Hauptquartier zufolge gingen sie bedächtig Schritt für Schritt vor, und sie versicherten sich bei jeder Bewegung der Unterstützung der Verbündeten. Zu einer abschließenden Bemerkung ist zusammengeschrumpft, was die eigentliche, völlig offene Dynamik von Experimentalprozessen ausmacht: die durchkreuzten Pläne, das Chaos am Frontverlauf, die Einbrüche, Verschiebungen, Auslagerungen, die Nachschübe, Entlastungsbewegungen, Rückzüge und erneuten Vorstöße, die die Arbeit auf dem *Kampfplatz* ausmachen.[14] Auch der Wissenschaftler erzählt eine Geschichte, *seine* Geschichte im Modus der Rekurrenz.[15]

Zwei neue Begriffe waren um diese Zeit dabei, ihre Vorgänger im Diskurs der Proteinsynthese zu ersetzen. Für die lösliche RNA oder S-RNA, einem technisch-operationalen Ausdruck, begann sich der Terminus Transfer-RNA einzubürgern,[16] der mehr funktional bestimmt war, und der sowohl auf die Transport- wie auch auf die Übersetzungsfunktion dieses Moleküls hinwies. Der zweite Namenswechsel betraf die protein-synthetisierende Organelle. Sie hatte bereits ihren Weg vom ‚small particle' zum ‚Mikrosom', über ein ‚salzunlösliches Partikel' bis zu einem ‚Ribonukleoprotein-Partikel' hinter sich.[17] Nach und nach hatte der RNA-Bestandteil des Partikels mehr Aufmerksamkeit auf sich gezogen, und gegen Ende der 50er Jahre wurde generell davon ausgegangen, daß er das Template oder die Matrize darstellte, auf dem bzw. auf der die Aminosäuren zu

12 Vgl. Hofmeister 1902; Fischer 1906; Lipmann 1941; Bergmann 1942; Borsook 1953; Schoenheimer 1942; Rittenberg 1950; Brachet 1942; Caspersson 1941; Sanger/Tuppy 1951; Palade 1955.

13 Zamecnik 1960, 278 (Hervorhebung hinzugefügt).

14 Vgl. dazu auch die Einleitung zu Latour 1988, 3–12.

15 Vgl. Yearley 1990.

16 Vgl. Smith et al. 1959.

17 Vgl. Rheinberger 1993b.

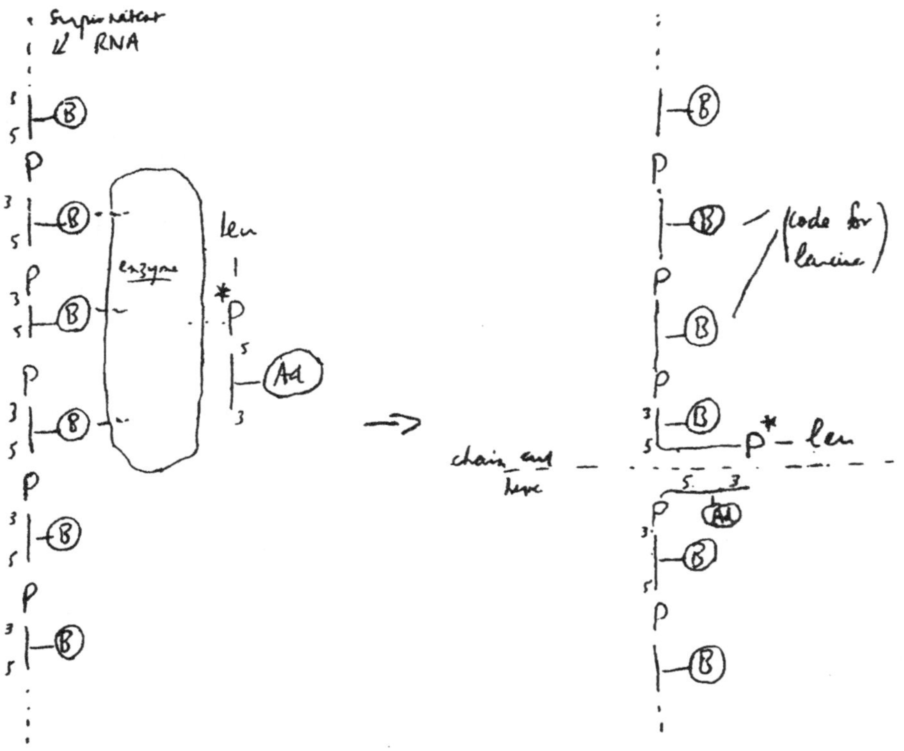

Abb. 1: Mechanismus der Bildung eines Adaptor-Moleküls, bestehend aus wenigen Nukleoiden und einer Aminosäure, nach einem hypothetischen Schema aus einem Brief von Francis Crick an Mahlon Hoagland, Januar 1957.

Proteinfäden kondensierten. Ab 1958 begann sich für diese Gebilde der Name ‚Ribosom' durchzusetzen.[18] Auch er suggerierte weniger eine technische Darstellungsweise als vielmehr eine molekulare, biologische Funktion, und beide Termini begannen gewissermaßen, das biochemisch charakterisierte Proteinsynthese-System im Sinne dessen zu unterwandern, was Francis Crick als das Dogma der Molekularbiologie bezeichnet hatte, und welches die Proteinsynthese als den letzten Schritt unter die Genexpression subsumierte. Es gibt keine unschuldigen Namen.

Die lösliche RNA avancierte zum ‚Adaptor' des genetischen Codes. Wenn wir allerdings chronologisch korrekt sein wollen, so gab es die S-RNA noch nicht, als

18 Vgl. Roberts 1958. – Wim Möller (Leiden) verdanke ich den Hinweis, daß der Terminus ‚Ribosom' zuerst 1957 von Howard M. Dintzis vorgeschlagen wurde (Brief von Howard Dintzis an Wim Möller vom 22. 8. 1989); vgl. dazu auch Roberts 1964, 148.

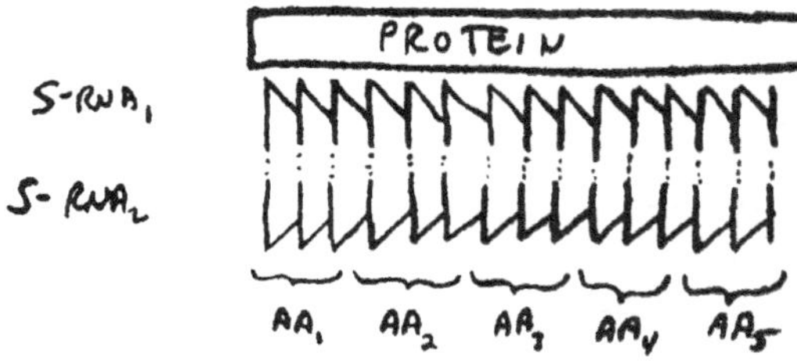

Abb. 2: Hypothetischer RNA-Doppelstrang nach einem Entwurf von Jesse Scott, Februar 1957; ein Strang bildet die Matrizen-RNA (Mikrosomen-RNA, S-RNA_1), der andere wird in lösliche RNA-Fragmente zerlegt, die mit Aminosäuren beladen sind (S-RNA_2).

Crick die Adaptor-Hypothese formulierte.[19] Und was im Huntington-Labor aufgetaucht war, hatte wenig von den postulierten Eigentümlichkeiten eines Adaptors an sich. Crick sah ihn als ein Trinukleotid entsprechend seiner Vorstellung von einem Triplet-Code (Abb. 1).[20] Was man im Rattenleber-Proteinsynthesesystem als Aminosäure-Fänger isoliert hatte, war bei weitem größer. Zamecnik und seine Mitarbeiter spekulierten anfänglich, die S-RNAs könnten Fragmente des einen Strangs einer RNA-Doppelhelix sein, deren zweiter in Form einer Mikrosomen-RNA als Matrize für die Zusammenfügung von Aminosäuren dienen würde (Abb. 2).[21] Im Jahre 1959, nach den Untersuchungen zum Basengehalt der S-RNA von D. Dunn und der Partikel-RNA von Alfred Tissières,[22] war diese Vorstellung nicht mehr zu halten. Aber war S-RNA vielleicht die Vorstufe eines kleinen Adaptors im Sinne Cricks? Das Problem komplizierte sich erheblich dadurch, daß Liza Hechts und Paul Zamecniks Untersuchungen ergeben hatten, daß just das Ende der RNA, an das die Aminosäure gebunden wurde, bei allen diesen Molekülen identisch war: nämlich C-C-A.[23] Alles andere als ein distinkter Code! Die unterscheidende Signatur mußte sich also an einer anderen Stelle befinden. Vexiert durch Cricks Adaptor-Hypothese suchte die Zamecnik-Gruppe zwei Jahre lang nach einem aktiven kleinen S-RNA-Fragment – ohne Erfolg. Es war eine Sackgasse. Eine Konjunktur ist nicht etwas, das sich einfach so ereignet. Das Abtasten ihres Horizontes eröffnet von neuem das Spiel des Möglichen. Cricks Adaptor-Hypothese war für die weitere Charakterisierung der Transfer-RNA am Ende eher hinderlich als förderlich. In seiner Begeisterung für S-RNA als die molekulare Wirklichkeit seiner Adaptor-Idee hatte Crick Mahlon

19 Vgl. Crick 1955; Crick 1957; vgl. auch Judson 1979, 287–293.

20 Vgl. Crick et al. 1957. – Die Abbildung ist einem Brief von Francis Crick an Mahlon Hoagland vom 20. 1. 1957 entnommen. Der Brief befindet sich bei den Laborbüchern von Paul Zamecnik.

21 Die Abbildung zeigt ein Blatt aus den Laborbüchern von Paul Zamecnik. Es ist geschrieben von Jesse Scott und trägt das Datum vom 18. 2. 1957.

22 Vgl. Dunn 1959; Spahr/Tissières 1959; Dunn et al. 1960.

23 Vgl. Hecht et al. 1958.

Hoagland gleich 1957 für ein Jahr nach Cambridge geholt. Die geplante Zusammenarbeit blieb ohne greifbares Ergebnis.[24]

Bleiben wir noch einen Augenblick beim Problem der zeitgenössischen Vorstellung eines Templates oder einer Matrize. Seit langem gab es Versuche, die hohe Spezifität der Proteine dadurch zu erklären, daß man eine direkte physikalisch-chemische Wechselwirkung zwischen den Aminosäuren und einem sog. Template – nicht notwendigerweise RNA – postulierte.[25] Eine solche direkte Beziehung schien nun nicht länger plausibel. Nun gab es erstens eine *chemische Reaktion* zwischen einer Aminosäure und einem kleinen Polynukleotid, und zweitens eine angenommene *Basen-Wechselwirkung* zwischen Polynukleotid und Matrize.[26] Aber was war eine Matrize? Sie war immer als etwas Statisches betrachtet worden, als eine Vorlage, auf der die Aminosäuren sich in spezifischer Weise anordnen konnten. Das RNP-Partikel oder Ribosom, d. h. seine RNA, stellte sich Hoagland beispielsweise bedeckt mit aktivierten Aminosäuren vor (Abb. 3).

Die den Code darstellenden durchgeschnittenen Buchstaben ergänzen sich hier entlang des ganzen Template-Fadens. Experimentell jedoch war ein Steady-State-Phänomen, d. h. ein sequentielles Geschehen zu beobachten.[27] Das deutete auf ein ganz anderes, dynamisches Bild des Übertragungsvorgangs. Wieder einmal war die experimentelle Repräsentation der Konzeptualisierung und ihrer bildlichen Darstellung voraus. Die Template-Hypothese verstellte die Experimente mehr, als daß sie sie erhellte.

Es gab also erhebliche Schwierigkeiten, die Sprache der molekularen Informationsübertragung im Rahmen des Proteinsynthesesystems zu operationalisieren. Zamecnik zögerte. Für Hoagland bestand jedoch bald kein Zweifel mehr daran, daß die S- oder Transfer-RNAs die Wörter des Codes verkörperten. Die Transfer-RNA versprach, zum „Rosetta-Stein zu werden, mit dessen Hilfe der genetische Code zu entziffern wäre“[28].

Dafür würden isolierte und gereinigte Transfer-RNAs nötig sein. Man konnte annehmen, daß die Beladungsenzyme die „korrekte Basensequenz auf der Transfer-RNA erkennen“[29]. Dann jedoch verlor die Adaptor-Hypothese an Bedeutung. Die Enzyme bewerkstelligten die Codierung, d. h. die Zuordnung

24 Vgl. Crick 1988, 96; Hoagland 1990, 103f.

25 Vgl. u. a. Chantrenne 1948; Haurowitz 1949; Dounce 1952; Koningsberger/Overbeek 1953; Gamow 1954. – Einen dem hier diskutierten Stand der Dinge entsprechenden zeitgenössischen Überblick gibt Loftfield 1957.

26 Vgl. Hoagland 1959.

27 Vgl. ebenda.

28 Hoagland 1959b, 61.

29 Hoagland 1960, 401f.

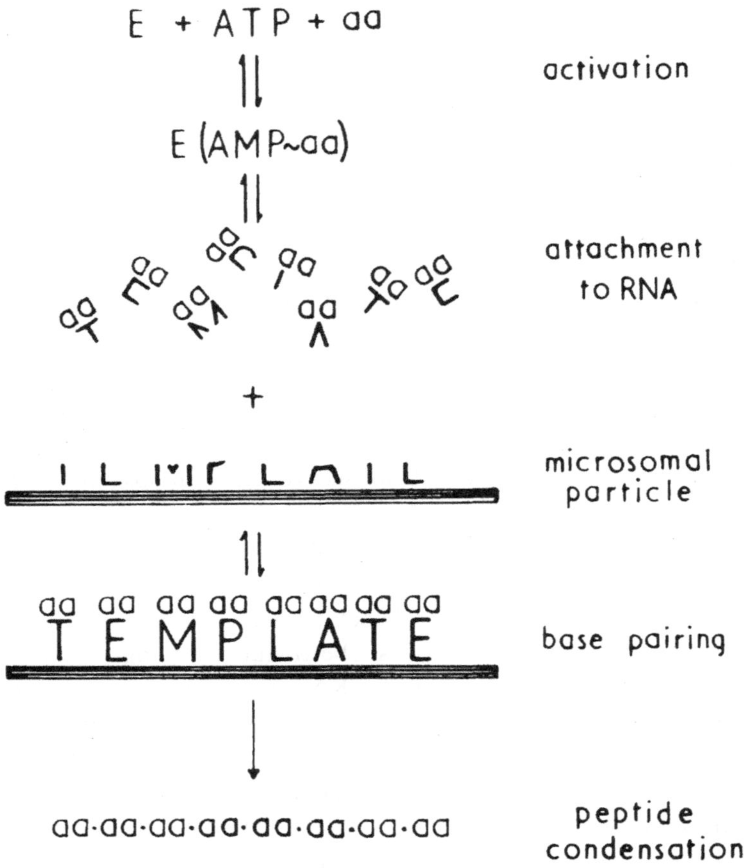

Abb. 3: Template-Funktion des mikrosomalen Partikels (Hoagland 1959).

von Transfer-RNA und Aminosäure, die Decodierung war damit vorprogrammiert. Es erschien demnach vorrangig, die „minimalen Struktureigenschaften der Transfer-RNA bezüglich der Spezifität ihrer Reaktion mit Aminosäuren" aufzuklären.[30] Unglücklicherweise sollte sich herausstellen, daß diese Signatur, dieser ‚zweite Code'[31], wie er auch genannt wurde, für jedes Enzym/Transfer-RNA-Paar spezifisch war. Seine Aufklärung dauerte zwei Jahrzehnte und nahm Dutzende von Arbeitsgruppen und Laboratorien in der ganzen Welt in Anspruch.

Warum nicht isolierte und gereinigte Typen von Templates oder Modell-Matrizen einführen? Zamecnik und Hoagland kannten die Arbeit von Lazarus Astra-

30 Ebenda, 406f.
31 Zamecnik, Interview vom 16. März 1990.

chan und Elliot Volkin über ein kurzlebiges RNA-Intermediat in der Phagensynthese.[32] Aber das war es gerade nicht, was sie bei ihren spezialisierten Leberzellen beobachteten. Diese produzierten kontinuierlich die gleichen Proteine.[33] Es bestand also Grund zu der Vermutung, daß es die langlebige „RNA der Ribosomen" war, die „das cytoplasmatische Template für die Proteinsynthese darstellt".[34] Mit Modell-Templates zu arbeiten, wäre demnach gleichbedeutend mit dem Unterfangen gewesen, Modell-Ribosomen zu konstruieren. Im Gegensatz zu diesem Ansinnen schien die Isolierung und Reinigung der kleinen Transfer-RNAs eine vergleichsweise simple Aufgabe. Und die Tatsache, daß es Richard Schweet zusammen mit Hildegarde Lamfrom offenbar gelungen war, ein hämoglobin-ähnliches Protein aus Retikulozyten-Ribosomen zu erhalten, war ein starkes Argument für gewebe-spezifische Ribosomen-Partikel mit eingebauter RNA-Matrize.[35]

Der Enzym/Transfer-RNA-Komplex erlangte zusehends den Status eines eigenständigen Experimentalsystems. Er spaltete sich vom eigentlichen Proteinsynthese-System ab.[36] Was man zunächst global als lösliche RNA bezeichnet hatte, bestand offenbar aus einer ganzen Reihe verschiedener Molekül-Spezies. Das Gemisch enthielt aber noch zusätzliches Material, das einstweilen als kontaminierende RNA galt. Wie ein hellsichtiger Zeitgenosse, Waldo Cohn von den Oak Ridge Laboratories, treffend bemerkte: „Nukleinsäuren sind keine Stoffe, sondern Präparationsmethoden."[37] Niemand dachte daran, dieser Verunreinigung eine Funktion zuzuweisen. Sie wurde als ‚junk' betrachtet,[38] so wie wenige Jahre zuvor die spätere S-RNA als Kontamination des Enzym-Überstands mit Mikrosomen-RNA angesehen worden war.[39] Solche Zuschreibungen sind charakteristisch für einen Forschungsprozeß, dem man mit dem Begriff der Dekonstruktion näher kommt als mit dem einer Konstruktion aufgrund gezielter Eingriffe. In der differentiellen Reproduktion jedes hinlänglich reichen Experimentalsystems vollzieht sich ein ständiges Spiel von Anwesenheit/Abwesenheit. Jede Darstellung einer Komponente bedeutet die Unterdrückung einer anderen. Es ist wie bei einem Spiel mit Keilen. Treibt man den einen ein, so fliegt der andere heraus. In einem laufenden Forschungsprozeß weiß man in der Regel nicht, welchen Spalt man mit welchem Keil vergrößern soll. Es ist für epistemische

32 Vgl. Astrachan/Volkin 1958.
33 Vgl. Zamecnik, Interview vom 16. März 1990.
34 Hoagland 1960, 403.
35 Vgl. Schweet et al. 1958a.
36 Mit Rudolf Stichweh könnte man hier von einer Bifurkation sprechen.
37 Waldo Cohn mit einem Gulland-Zitat in der Diskussion über Gale 1956, 183.
38 Vgl. Hoagland 1960, 375.
39 Vgl. etwa Keller et al. 1954.

Dinge charakteristisch, daß sie zwischen verschiedenen Darstellungsmöglichkeiten oszillieren. Ausgestattet mit der Gnade der späten Geburt, kann der Historiker den ‚junk' heute als Messenger-RNA-Frühgeburt beurteilen. Daß er eine historische Rolle als Wegbereiter gespielt hätte, darf aus dieser rückwirkenden Einsicht jedoch keinesfalls abgeleitet werden.

Mindestens vier experimentelle Richtungen zeichneten sich im Urwald von Forschungsmöglichkeiten um die Transfer-RNA ab, in dem niemand mehr wußte, wann wer in welchem Labor mit der nächsten Überraschung aufwarten würde. Konvergente Entwicklungen wurden gebündelt, es kam zu Redundanzen, neue Gruppen klinkten sich ein, Konkurrenz wurde vorherrschend. Bereits Anfang 1958 waren es nicht weniger als sechs Arbeitsgruppen, die sich mit diesem Molekül, seiner Struktur und seinen Funktionen beschäftigten.[40] Die Perspektiven waren: 1. Verfeinerung der existierenden eukaryontischen und Entwicklung alternativer bakterieller Proteinsynthese-Systeme, 2. Fraktionierung, Reinigung und Sequenzierung aminosäure-spezifischer Transfer-RNAs, 3. Aufklärung des Aminosäure-Transfers zu den Ribosomen und 4. Identifizierung der ribosomalen Komponenten. Ich werde im folgenden nur auf die ersten beiden eingehen.

Obwohl in den 50er Jahren Bakterien, besonders *Escherichia coli,* zum Modellorganismus für genetische Analysen aufgestiegen war,[41] gab es immer noch kein geeignetes fraktioniertes *E. coli*-Proteinsynthesesystem. 1957 nahm sich Marvin Lamborg, der vom National Cancer Institute des NIH in Zamecniks Labor gekommen war, dieser Aufgabe an. Er brauchte zwei Jahre, um mit dem größten Problem fertig zu werden, der Gefahr von „Ganz-Zell-Artefakten"[42]. Der Ausdruck verdient Beachtung. Wenn man mit einem *in vitro*-System arbeitet, werden intakte Zellen zu Artefakten. Wenn man die Natur fraktioniert, muß unfraktionierte Natur aus dem Repräsentationsraum verbannt werden. Man darf

40 Zu den ersten gehörte in der Abgeschiedenheit von Niigata (Japan) Kikuo Ogata (Ogata/Nohara 1957). Ogata arbeitete mit Zamecniks System. Die Experimente, die zur Bindung von radioaktivem Alanin an pH 5-RNA führten, hatte er zusammen mit Hiroyoshi Nohara Anfang 1956 begonnen, ohne daß er von den parallel verlaufenden Arbeiten in Boston etwas wußte (Brief Ogatas vom 16. 11. 1993). Auch James Ofengand beansprucht, seine Arbeit über einen RNA-Akzeptor von Aminosäuren unabhängig von Zamecnik und Hoagland begonnen zu haben (Berg/Ofengand 1958; Brief Ofengands vom 9. 11. 1993). Aufgrund einer vorläufigen Auswertung der Laborbücher von Paul Berg (Paul Berg Papers, Box 11. Stanford University, Green Library, Special Collection) datieren die ersten Einträge über „Amino acid incorporation into RNA" vom Mai 1957. Robert Holleys Arbeiten über einen RNase-sensitiven Schritt in der Alanin-abhängigen Konversion von AMP in ATP verliefen zeitlich parallel zur Arbeit in Zamecniks Labor. Vgl. Holley 1957 und Holley/Prock 1958. Schließlich Koningsberger et al. 1957; Schweet et al. 1958b; Weiss et al. 1958.

41 Einen Überblick gibt Spiegelman 1959.

42 Lamborg/Zamecnik 1960, 210.

ein Reagenzglas nicht mit *Natur* verunreinigen. Natur ist hier nicht der Bezugspunkt des Experiments, sie ist eine Gefahr. Zugespitzt formuliert: Der Referenzpunkt für ein Experimentalsystem ist nichts anderes als ein weiteres Experimentalsystem. Die Referenz für ein Modell ist ein weiteres Modell. Man kann Signifikanten nur mit Signifikanten vergleichen. Die Produktion von Signifikanz spielt sich nicht zwischen Wesen und Erscheinung ab. Das Wesen des experimentellen Textes besteht darin, daß er kein Wesen hat, keinen externen Referenten.

Man kann den Schritt zu einem fraktionierten *E. coli*-System nicht unterschätzen. Es bildete die Basis für eine wiederum von seinen Schöpfern nicht zu antizipierende Expansion und Generalisierung der Proteinsynthese-Forschung. Es wurde zu einem der großen ‚Kits' der Molekularbiologie. Einmal etabliert, war es leicht zu handhaben und ohne großen Aufwand in jedem Labor zu installieren. Außerdem verband es – eine Konjunktur auch das – die Proteinsynthese-Forschung mit der Front der bakteriellen Ribosomenforschung, die mit Alfred Tissières und James Watson sich ebenfalls auf *E. coli*-Partikel zu konzentrieren begonnen hatte.[43] Watson war zu jener Zeit in Harvard, und er sowie Tissières pflegten häufiger Zamecniks Labor zu besuchen. „Oh, if you can only get a good bacterial system, things will really boom", zitiert Zamecnik einen Ausspruch von Watson aus dieser Zeit.[44] Lamborgs Arbeit lieferte die Voraussetzung dafür, Tissières optimierte die Ionenkonzentrationen, wobei Magnesium die Hauptrolle spielte,[45] und in kurzer Zeit war das *E. coli*-System aus einem epistemischen Objekt in ein technisches Werkzeug transformiert, das die Dinge wirklich „boomen" ließ. Ribosomen und Proteinsynthese begannen, die molekularbiologische Szene zu beherrschen. Es ist aufschlußreich, daß in den ersten beiden Jahrgängen des *Journal of Molecular Biology,* 1959 und 1960, nicht weniger als 29 % der regulären Artikel, also fast ein Drittel, dem Umkreis der Proteinsynthese- und Ribosomenforschung entstammte.

Eine weitere Perspektive lag in der Charakterisierung spezifischer Transfer-RNAs. Sie versprach Aufschluß über die Translations-Signaturen dieser Moleküle und letztlich über den Code. Dazu benötigte man jedoch standardisierte Prozeduren zur Gewinnung größerer Mengen von Ausgangsmaterial. Robert Monier, der 1958 als Fellow der Rockefeller Foundation zu Zamecnik gekommen war, versuchte es mit Hefe. Beiläufig fand er einen einfachen Weg, vorzugsweise kleine RNAs mittels Phenol aus ganzen Hefezellen zu extrahieren.[46] Auch S-

43 Vgl. Tissières/Watson 1958.

44 Zamecnik 1979, 297.

45 Vgl. Tissières et al. 1960.

46 Auf diese Weise konnten 70–80 mg RNA aus 100 Gramm frisch gepreßter Bäckerhefe erhalten werden. Monier et al. 1960; Zamecnik 1979.

RNA aus Hefe wurde rasch zu einem ‚Kit' molekularbiologischen Arbeitens. Es stellte sich bald heraus, daß ihre Verwendung nicht an ein Hefesystem gebunden war. Sie konnte auch mit Enzymen aus anderen Quellen beladen werden, und sie diente auch Mikrosomen aus Rattenleber als Substrat.[47] Damit eröffnete sich die Möglichkeit, homologe Komponenten in heterologen Proteinsynthese-Systemen vergleichend zu untersuchen.

Zamecniks Ziel war es, eine allgemeine Methode zu entwickeln, die es erlauben sollte, jede beliebige Transfer-RNA von allen anderen abzutrennen. Die Strategie bestand darin, die gewünschte RNA mit ihrer Aminosäure zu beladen und die nicht beladenen Transfer-RNAs selektiv zu modifizieren und zu entfernen.[48] Angesichts der erwarteten zwanzig verschiedenen Transfer-RNAs war dies gewiß ein vielversprechender und auf lange Sicht ein ökonomischer Weg. Nicht so jedoch für die Anfangsphase, wie sich nachträglich herausstellen sollte. Er erforderte ein ganzes Feld neuer Experimentalverfahren, von den Techniken der chemischen Modifizierung bis zur chromatographischen Trennung kleiner Moleküle. Sie aufeinander abzustimmen brauchte Zeit, war arbeitsaufwendig und begann, eine eigene Dynamik zu entwickeln.

Das Problem bestand darin, eine gute Reinigung mit hoher Ausbeute zu verbinden. Mehrere Labors, darunter Fritz Lipmanns, Robert Holleys und Richard Schweets, versuchten Trennverfahren zu entwickeln, die auf den geringfügig unterschiedlichen physikalischen Parametern der einzelnen Transfer-RNA-Moleküle basierten.[49] Holley griff Moniers Extraktionsmethode auf,[50] trennte individuelle Transfer-RNAs im Gegenstromverfahren auf, fragmentierte die Moleküle enzymatisch und gewann schließlich das Rennen um die Sequenzierung des ersten Transfer-RNA-Moleküls.[51] Zamecnik hatte mit seiner generalisierten chemischen Methode, wie er später lakonisch bemerkte, auf das falsche Pferd gesetzt.[52] Das anfängliche Ziel seiner Reinigungsversuche war es, die Translations-Signatur der Transfer-RNA und dann den genetischen Code zu entschlüsseln. Heraus kam eine mühsame, langwierige und enttäuschend verlaufende organische Chemie, die auch dadurch nicht zu retten war, daß Zamecnik 1961 zu Alexander Todd nach Cambridge ging, um noch mehr RNA-Chemie zu lernen.

47 Vgl. Monier et al. 1960; Zamecnik 1960.
48 Vgl. Zamecnik/Stephenson 1960; Zamecnik et al. 1960.
49 Vgl. Lipmann et al. 1959; Holley/Merrill 1959; Smith et al. 1959.
50 Vgl. Holley et al. 1961.
51 Vgl. Holley et al. 1965.
52 Vgl. Zamecnik 1979.

III. Messenger-RNA[53]

Zu dieser Zeit begann eine weitere, neue Entität im Experimentaldiskurs der Molekularbiologie Gestalt anzunehmen. Sie schälte sich zunächst aus einem ganz anderen experimentellen Kontext heraus. Sie hatte ihre Wurzeln in Untersuchungen zur genetischen Regulation der Proteinsynthese *in vivo* bei Bakterien.[54] Seit dem Herbst 1957 führten Jacques Monod und François Jacob am Institut Pasteur in Paris, zusammen mit Arthur Pardee vom Virus Laboratory der University of California, eine Serie von Experimenten zur induzierten Expression von ß-Galaktosidase in *E. coli*-Zellen durch, die unter dem Namen PaJaMo-Experiment bekannt geworden sind.[55] Die Experimente legten den Schluß nahe, daß der bisher aus einer Mutantenanalyse erschlossene genetische „i-Faktor" für die Produktion einer cytoplasmatischen Substanz verantwortlich war, die ihrerseits auf das Strukturgen für ß-Galaktosidase oder sein Produkt einwirkte. Für diese spezielle, regulierende Substanz verwendeten Pardee, Jacob und Monod erstmals den Ausdruck „cytoplasmatischer Bote" oder „cytoplasmatischer Messenger".[56] „Messenger", das ist im Rahmen dieser Geschichte experimenteller Verdrängungen festzuhalten, war also zunächst ein Begriff zur Beschreibung von Phänomenen der Regulation, nicht aber der Umsetzung von genetischer Information.

Im Laufe der weiteren Charakterisierung des Galaktosidase-Systems ergab sich als zusätzliche Beobachtung, daß das Enzym nach der Induktion ohne meßbaren Verzug nachgewiesen werden konnte, und daß die Inaktivierung des Gens die Enzymsynthese ebenfalls ohne Verzug stoppte. Das deutete auf ein weiteres „funktionell *instabiles* Intermediat", das seinerseits für die Expression der Strukturgene verantwortlich war.[57] Mangels jeder chemischen oder gar molekularen Charakterisierung, die aus dem *in vivo*-System auch gar nicht zu erhalten war, nannte Jacob die Komponente eine Zeitlang einfach „X". Als er zum ersten Mal darüber in der Öffentlichkeit sprach, auf einem Kolloquium in Kopenhagen im September 1959, war die Reaktion der teilnehmenden Molekularbiologen offensichtlich alles andere als enthusiastisch. „Keiner muckste. Keine Fragen. Jim las weiter in seiner Zeitung", erinnert sich Jacob.[58]

53 Vgl. dazu auch Olby 1972, insbesondere 256-259.

54 Vgl. Gaudillière 1992.

55 Vgl. Judson 1979, 400–446; Burian 1993b.

56 Pardee et al. 1959, 175.

57 Riley et al. 1960, 225.

58 Versammelt hatte sich in Kopenhagen die Kerngruppe der molekularbiologischen Avantgarde. Jacob erwähnt Ole Maaløe, Jim Watson, Francis Crick, Seymour Benzer, Sydney Brenner, Jacques Monod und Niels Bohr. Jacob 1988, 385f.

Im darauffolgenden Frühjahr trafen sich im King's College in Cambridge François Jacob, Francis Crick, Sidney Brenner, Leslie Orgel, Alan Garen und Ole Maaløe zu einem informellen Meeting.[59] Im Laufe dieses Meetings wurden die Experimente der Pasteur-Gruppe in Paris und die von Arthur Pardee und Monica Riley in Berkeley, die alle auf einen kurzlebigen Transmitter der genetischen Information bei der Enzymexpression hinwiesen, mit der rasch metabolisierenden RNA in Verbindung gebracht, die Elliot Volkin und Lazarus Astrachan vom Oak Ridge National Laboratory bei der Infektion von Bakterien mit T2-Phagen beobachtet hatten.[60] War „X" vielleicht eine „informations-tragende RNA", wie es in dem wenige Wochen später, im Mai 1960, an das *Journal of Molecular Biology* abgeschickten Manuskript hieß,[61] die sich vorübergehend an bereits im Cytoplasma vorhandene Mikrosomen anheftete und die schnelle Synthese eines spezifischen Proteins veranlaßte?

Hinweise auf eine solche schnell metabolisierende RNA hatte es schon länger gegeben, aber sie waren bisher mehr oder weniger isolierte Einzelbeobachtungen geblieben. Ganz offensichtlich zumindest waren sie weder von der Pasteur-Gruppe noch von Crick und seinen Kollegen in Cambridge beachtet worden.[62] Dabei erschien es dem ebenfalls in Cambridge arbeitenden Mikrobiologen Ernest Gale bereits 1955 „klar, daß, zumindest in induzierbaren Systemen, die Proteinsynthese von der RNA-Synthese begleitet, wenn nicht gar von ihr abhängig ist"[63], und Sol Spiegelman hatte unter Hinweis auf die Experimente von Gale und Folkes mit aufgebrochenen Staphylokokken-Zellen auf einem CIBA-Symposium im März 1956 die Vermutung geäußert, daß, so wörtlich, „die RNA-Templates der induzierten Enzyme instabil sind"[64]. Solche Vermutungen hatten seinerzeit – ebenfalls 1955 – Zamecnik dazu veranlaßt, nach einer RNA-Syntheseaktivität im Rattenleber-Proteinsynthesesystem zu suchen, die dann zur Überraschung der Beteiligten die lösliche RNA ans Tageslicht förderte, welche, wie sich herausstellen sollte, schließlich eine ganz andere Funktion wahrnahm.

Das Ende der 50er Jahre herrschende Mikrosomenkonzept, das vorwiegend an eukaryontischen Systemen mit verlangsamtem Metabolismus erarbeitet worden war, stand zu solchen Befunden in direktem Widerspruch. Für alle, die mit höheren Zellen und Zellsystemen umgingen, galten Mikrosomen als „stabile

59 Siehe dazu ausführlicher Judson 1979, 427–435; Jacob 1988, 386f.; Crick 1988, 118–120.

60 Astrachan/Volkin 1958.

61 Riley et al. 1960, 225.

62 Das ist um so verwunderlicher, als auch sie aus dem Umkreis der Phagen- und der induzierten Enzymsynthese-Forschung stammten. Vgl. Gale/Folkes 1955; Volkin/Astrachan 1956a; Volkin/Astrachan 1956b; Spiegelman 1956.

63 Gale/Folkes 1955, 683.

64 Spiegelman 1956, 193.

Faktoreien (factories) mit einem eingebauten RNA-Template"[65]. Dieses Konzept war so festgefügt, daß etwa Hoagland, der im Januar 1958 das Pasteur-Institut besucht hatte und dort die Anfänge der nachmals zur Legende gewordenen PaJaMo-Versuche mitbekam,[66] gar keinen Gedanken daran verschwendete, die eigenartigen Regulationsphänomene, dazu noch bei Bakterien, mit der Struktur der eukaryontischen Proteinsynthese-Maschinerie in Verbindung zu bringen. Und Bakteriensysteme, insbesondere *in vitro*-Bakteriensysteme, hatten bei den führenden Proteinsynthetikern zudem einen ausgesprochen schlechten Ruf als schmutzige Systeme, in denen alles möglich war.[67]

Das neue Ding mit dem Namen „messenger" ging aus der Bakteriengenetik hervor. Sein Kontext war einer der differentiellen Enzymregulation, die weit phänomenologischer und vorerst weniger molekular-mechanistisch orientiert war als der Experimentalraum der Mainstream-*in vitro*-Proteinbiosynthese.[68]

Wenn sich das Ding festmachen ließ, würden die Mikrosomen ihre intrinsische Template-Spezifität verlieren und, wie sich Jacob ausdrückte, zu „einfachen Maschinen werden, welche Aminosäuren zu Proteinen jeglicher Art zusammensetzen"[69], zu einer Zellorganelle, die den neuen Namen Ribosom rechtfertigte. Die ‚Ein-Mikrosom-ein-Protein-Hypothese' müßte fallengelassen werden. Eine separate, instabile RNA würde die Funktion des Template übernehmen, ein Magnetband gewissermaßen mit der Instruktion für jede beliebige Proteinmusik. Jacob und Brenner hatten beide eine Einladung, im Sommer 1960 das Caltech in Pasadena zu besuchen, Brenner durch Matthew Meselson, Jacob durch Max Delbrück. Sie beschlossen, das entscheidende Experiment zusammen durchzuführen: Bakterien auf schweren Isotopen wachsen zu lassen, um die Ribosomen zu markieren; die Zellen mit einem virulenten Phagen in Gegenwart radioaktiver Isotope zu infizieren; und zu sehen, ob *a posteriori* produzierte Phagen-RNA sich an die schweren Ribosomen heftete. Für die Identifizierung schwerer und radioaktiver Ribosomen erschien Meselsons Dichtegradienten-Ultrazentrifugation geeignet. Und so wurden die Experimente in seinem Labor durchgeführt. Nach einer vierwöchigen experimentellen Parforce-Tour hatten Jacob und Brenner, nachdem sie den Versuch schon beinahe aufgegeben hatten, das gewünschte Signal, so unsauber es auch war, in der Hand: Neu synthetisierte Phagen-RNA verband sich mit alten, bereits existierenden

65 Hoagland 1990, 107.

66 Vgl. ebenda, Kap. 6.

67 Vgl. etwa die Bemerkungen Loftfields (1957) zu den Experimenten von Ernest Gale und Joan Folkes.

68 Vgl. Burian 1993.

69 Jacob 1988, 313.

Ribosomen.[70] „X“ war zu „Messenger-RNA“ geworden und begann, noch im Kontext von speziellen Regulationsmodellen der Proteinsynthese, die generalisierte Bedeutung eines molekularen Informationsüberträgers anzunehmen (Abb. 4).[71] Der Nachweis, daß *E. coli*-Zellen eben eine solche instabile „messenger-RNA“ produzierten, gelang François Gros und seinen Kollegen zur gleichen Zeit im Labor von James Watson in Harvard.[72]

Die Repräsentation der Proteinbiosynthese war dabei, eine neuerliche Wende zu nehmen. Diesmal war das Signal nicht vom eukaryontischen *in vitro*-System ausgegangen. Hier hatte sich keine Messenger-RNA gezeigt. Aber konnte man sie in dieses einführen? Auf dem Symposium in Cold Spring Harbor über „Mechanismen der Zellregulation“ 1961 hatte Hoagland sich der Herausforderung bereits gestellt.

Bis 1960 hatte es keine fraktionierte Komponente im *in vitro*-Proteinsynthese-System gegeben, die einem Messenger korrespondiert hätte. Da Messenger-RNA dem Kontext der Kontrolle der Proteinsynthese in Bakterien entstammte, lag es für Hoagland nahe, eine Messenger-ähnliche Komponente im Rattenleber-System ebenfalls im Kontext der Regulation zu suchen. Experimentell bedeutete das: durch Vergleich von normaler und regenerierender Rattenleber. Von letzterer wußte man, daß sie beträchtlich syntheseaktiver war.[73] Hoagland startete eine Serie von Experimenten, in deren Verlauf normale und regenerierende Rattenleber-Zellfraktionen kreuzweise miteinander zur Reaktion gebracht wurden. Das „vorläufige“ Ergebnis lautete, daß „sowohl normale als auch regenerierende Leber eine sedimentierbare Fraktion enthalten, die von den Ribosomen verschieden ist, bei pH 5 ausgefällt werden kann und die *in vitro*-Einbaureaktion stimuliert“.[74] Das Problem war nur, daß „X“, wie Hoagland seine neue Fraktion in Anlehnung an Jacobs ursprünglichen Ausdruck nannte, viel weniger sensitiv gegenüber Ribonuklease war, als man erwarten konnte, wenn RNA die aktive Komponente war.

Hoagland vermutete, einer Art „Repressionskontrolle“ auf „ribosomaler Ebene“ auf der Spur zu sein, im Unterschied zu der von Jacob und Monod charakterisierten genetischen Kontrolle. Aber etwas paßte nicht. Wenn die Syntheseaktivität wirklich mit dem Messenger korrelierte, sollten Ribosomen aus beiden Arten von Geweben sich bezüglich dieses Messengers gleich verhalten. Und das war nicht der Fall.

70 Vgl. Brenner et al. 1961.
71 Vgl. Jacob/Monod 1961.
72 Vgl. Gros et al. 1961.
73 Vgl. Rendi 1959; Von der Decken/Hultin 1960; McCorquodale et al. 1961.
74 Hoagland 1961, 155.

MODEL I

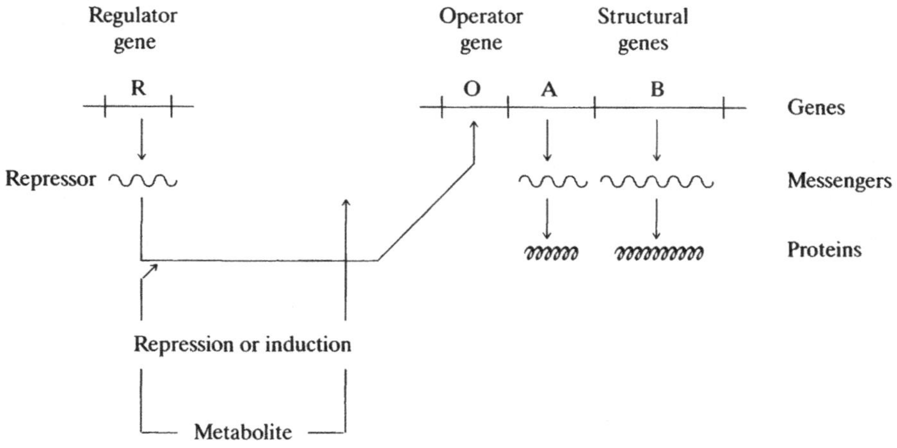

MODEL II

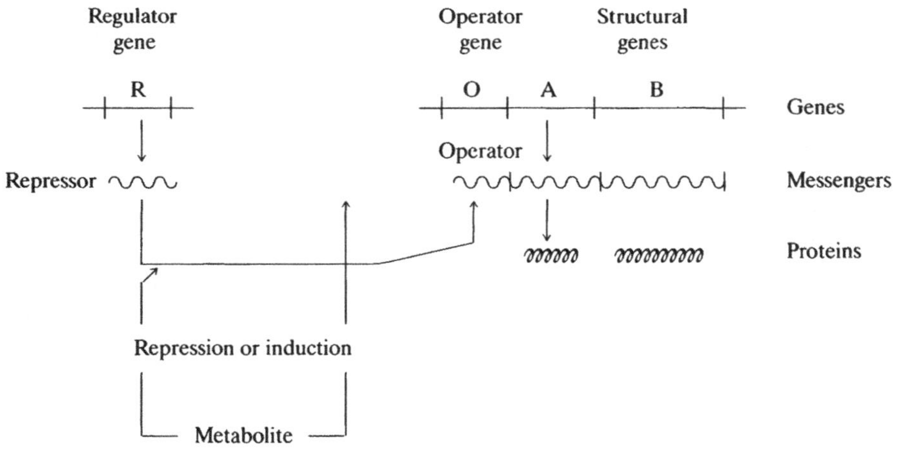

Abb. 4: Modelle der Regulation der Genexpression (Jacob/Monod 1961).

Die Schwierigkeit bestand darin, daß Hoagland zwei Ziele zugleich verfolgte. Einerseits war er darauf aus, „X“ zu einer fraktionalen Existenz im Rattenleber-System zu verhelfen, indem er die bewährte Methode der differentiellen Fraktionierung verfeinerte. Andererseits interessierte ihn die Regulation der Proteinsynthese. Für ihn behielt der Messenger seine Bedeutung im Zusammenhang von Regulationserscheinungen. Er war sozusagen keine reguläre Komponente der Proteinbiosynthese. Aber in diesem Zusammenhang konnten beliebige andere Zellkomponenten von ebensolcher Bedeutung sein! Die Aussicht, Regulationsmechanismen *in vitro* aufzuklären, die sich von dem Modell der Pasteur-Gruppe unterschieden, schien mehr Zukunft zu haben als die bloße nachträgliche Bestätigung der Existenz einer Messenger-RNA.

War aber Messenger-RNA tatsächlich eine obligatorische Komponente der Proteinsynthese und Hoagland bloß nicht in der Lage, sie zu identifizieren? Der Stand der Dinge war bei weitem fließender, als es die molekularbiologische Mythologie darstellt. Niemand aus dem engeren Kreis des Clubs, in dem die Informationen noch vor ihrer Publikation zirkulierten, hatte bis dahin einen Messenger isoliert und ihn einem Proteinsynthese-System zugesetzt. Vielleicht gab es auch verschiedene Ribosomen: Messenger benützende ‚Regulations‘-Ribosomen und quasi konstitutive, spezialisierte mit eingebautem Template. Die „provokative Hypothese“ Jacobs und Monods blieb in den Augen Hoaglands vorläufig eine Hypothese diesseits der „Versöhnung von Theorie und Tatbestand“.[75] mRNA war immer noch kein regelrechtes *Ding,* kein Pulver, das man ins Reagenzglas schütten konnte, aus dem man nach kräftigem Umrühren und ein wenig Inkubation die Proteine herausholte.

Es ist offensichtlich, daß die Art, wie mRNA aus dem Rattenleber-*in vitro*-System herausprozessiert wurde, radikal von der Art verschieden ist, auf die Transfer-RNA aus ihm hervorging. Im Falle der löslichen RNA ergab sich aus der Manipulation des Systems eine Entität, an die vorher keiner gedacht hatte. Das System hatte ein unvorwegnehmbares Ereignis produziert. Im Falle der Messenger-RNA nahm etwas mühsam und langsam Gestalt an, nachdem man aktiv suchte, und dessen angenommene Charakteristika der Manipulation als Leitfaden dienten. Das *in vitro*-Proteinsynthese-System generierte den Messenger nicht. Er ließ sich darin allenfalls identifizieren. Das ist der Unterschied zwischen einer „Maschinerie zur Herstellung von Zukunft“[76] und einer Identifizierungsanordnung, zwischen einem Forschungssystem und einem analytischen Screening-Verfahren. Keineswegs jedoch ist es ein Unterschied zwischen Systemen. In der Regel oszilliert ein Experimentalsystem zwischen diesen Extremen,

75 Ebenda, 153.
76 Jacob 1988, 12.

zwischen Phasen generativer Repräsentation und solchen bestätigender Demonstration.

Diese Art von Demonstration eines Messengers in einem eukaryontischen *in vitro*-System hatte immerhin zwei Jahre Arbeit gekostet, an deren Ende keinerlei neue Erkenntnis über mRNA stand, dafür jedoch einige weiter verfolgbare Hinweise zur Regulation des Protein-Metabolismus in höheren Organismen. Solche demonstrierenden Experimentalserien sind charakteristisch für den Forschungsalltag und können zwar, müssen aber keineswegs auf neue Spuren lenken. Das Beispiel sollte wenigstens andeuten, welche Fülle von diversen experimentellen Aktivitäten die Botschaft von der Boten-RNA auslöste.

IV. Genetischer Code

Zeitlich parallel, aber von dem zuletzt beschriebenen experimentellen Kontext weitgehend unabhängig, vollzog sich die Differenzierung des bakteriellen *in vitro*-Systems der Proteinbiosynthese. In einer schnellen Ausbreitung gelangte das Lamborg-Zamecnik-System[77] in die Hände weiterer Arbeitsgruppen. In Watsons Labor, wo mittlerweile neben Tissières auch David Schlessinger, Chuck Kurland und Walter Gilbert arbeiteten, stand das Thema ‚instabile RNA' im Vordergrund.[78] Aber das *E. coli*-System hatte auch in die Laboratorien des National Institute of Health in Bethesda Einzug gehalten. Die Tage des Rattenlebersystems als einer Maschinerie zur Herstellung von Zukunft schienen gezählt. Seine Rolle verschob sich von der Repräsentation zur Demonstration: Es wurde marginal. Die Funktion des *E. coli*-Systems verschob sich in die entgegengesetzte Richtung: Ursprünglich war es konstruiert worden als Demonstration dessen, was man schon im Rattenlebersystem machen konnte. Nun war es dabei, selbst einen neuen Repräsentationsraum aufzutun. Es sollte erlauben, die Sprache des genetischen Codes zu graphematisieren, in einer überraschenden Wendung, die allen, die mit ganz unterschiedlichen Techniken den Code zu entschlüsseln suchten, den Atem verschlug.

Marshall Nirenberg war seit 1959 am NIH und hatte, als Heinrich Matthaei im Herbst 1960 die Arbeit bei ihm aufnahm, gerade begonnen, ein zellfreies *E. coli*-System einzurichten. Nirenberg hatte sich vorgenommen, „die Schritte zu untersuchen, die DNA, RNA und Proteine verbinden", und in einem zellfreien System endlich ein spezifisches Produkt zu synthetisieren.[79] Er wollte es mit Penicillinase

77 Vgl. Abschnitt II.
78 Vgl. Gros et al. 1961.
79 Nirenberg 1969, 2.

versuchen, einem kleinen Protein, dem die Aminosäure Cystein fehlte. *In vitro* ein definiertes Protein herzustellen, das war seit dem Ende der 40er Jahre der trotz vieler Anläufe immer noch unerfüllte Traum aller Proteinbiosynthetiker. Das würde es endgültig erlauben, die im Reagenzglas stattfindende sog. „Inkorporation" von Aminosäuren mit der Biosynthese von Proteinen gleichzusetzen. Matthaei stand ähnliches vor Augen, als er mit einem NATO-Stipendium 1960 in die USA kam. Als Pflanzenphysiologe hatte er allerdings an ein zellfreies Pflanzensystem gedacht: Er wollte ein Karottenprotein exprimieren. Damit stieß er bei Frederick Stewart in Cornell jedoch auf wenig Interesse und sah sich gezwungen, sich nach einem anderen Labor umzusehen. Schließlich fand er zu Nirenberg, bei dem er sich unverzüglich an die Arbeit mit dem *E. coli*-System machte.[80]

Sollte das System spezifisch sein, so mußten Bedingungen gefunden werden, unter denen es auf definierte Templates ansprach. Die ersten Vorversuche ergaben, daß die Aktivität des Extraktes durch RNase gehemmt wurde (der Effekt von DNase war etwas weniger eindeutig), ebenso durch das Antibiotikum Chloramphenicol, einem spezifischen Proteinsynthese-Hemmer.[81] Erst nach Optimierung verschiedener Systemparameter und nach dem Ausprobieren verschiedener Präparationsmethoden jedoch ergab sich ein ausreichend hohes und ausreichend stabiles radioaktives Einbausignal. Durchaus im Kontext der gängigen Ribosomen-Vorstellung der Zeit und, wie Matthaei versichert,[82] ohne Kenntnis der am Pasteur-Institut in Paris laufenden Arbeiten über einen instabilen cytoplasmatischen Messenger, schlossen sich daran Stimulierungs-Versuche mit isolierter S-RNA sowie mit RNA aus Ribosomen an. Letztere war nach der gängigen Auffassung mit dem Template gleichzusetzen.

Erste stimulierende Effekte mit einer aus Ribosomen gewonnenen „mRNA"[83] auf den Einbau von radioaktiven Aminosäuren in Protein zeigten sich im Februar 1961.[84] Drei unscheinbare, aber letztlich durchschlagende Verfahren erwiesen sich dabei als entscheidend. Zum einen die Lagerung der enzymatischen Komponenten in tiefgekühltem Zustand, die damit nicht jedesmal frisch hergestellt werden mußten; zum anderen eine Methode zur effizienten Fällung und Filtration radioaktiver Proteine, welche die Anzahl der gleichzeitig durchführbaren Versuche zu vervielfachen erlaubte;[85] zum dritten eine Vorinkubation des Zellextrak-

80 Vgl. Judson 1979, 470–482; Gespräch mit Heinrich Matthaei vom 28. 10. 1992.

81 Experimente dazu im Laborjournal M1 vom November 1960.

82 Gespräch mit Matthaei vom 28. 10. 1992.

83 So die Abkürzung in den Protokollen für „microsomal RNA".

84 Vgl. Laborjournal M2, Experimentalserie 26A und folgende, beginnend mit dem 18. Februar 1961.

85 Im Laborjargon der Zeit unter Bezugnahme auf Siekevitz 1952 als „short Siekevitz method"

tes:[86] Matthaei und Nirenberg ließen das zellfreie System gewissermaßen leerlaufen, bis die endogene Syntheseaktivität zum Stillstand kam. Dann gaben sie exogene RNA hinzu. Der Effekt mit ribosomaler RNA war klein, aber er war vorhanden. Noch im März ging ein erster Bericht an die *Biochemical and Biophysical Research Communications*.[87]

Nach dem Prinzip der Variation wurden ab Mitte Februar 1961 – unter sonst konstanten und damit vergleichbaren Bedingungen – andere RNAs in das System eingebracht, neben S-RNA zunächst Hefe-RNA, dann „David's RNA", dann „Crestfield-RNA",[88] schließlich TMV-RNA aus Berkeley. Es ist in diesem Zusammenhang nicht uninteressant, darauf hinzuweisen, daß das erste künstliche RNA-Polymer (Polyadenylsäure) bereits in einem Experiment zu Anfang Dezember 1960 eingesetzt wurde – jedoch zu einem ganz anderen Zweck:[89] zur Untersuchung des Einflusses von Polyanionen auf die Wirkung von DNase. Und noch in der ersten Publikation vom März 1961 taucht poly(A) in einer Reihe mit anderen Polyanionen auf, welche die Wirkung von ribosomaler RNA auf die Proteinsynthese nicht ersetzen konnten. Am 2. März ist poly(A) wiederum in einer Test-Reihe mit Lachsspermien-DNA und Polyglucose zu finden.[90] Ohne Effekt. Drei Wochen später wird der „mRNA-Effekt" mit verschiedenen radioaktiven Aminosäuren getestet, neben Valin nun auch Threonin, Methionin, Phenylalanin, Arginin, Lysin und Leucin.[91] Sie werden in Gegenwart von „mRNA" alle in Protein eingebaut. An dieser Stelle bahnt sich dann die entscheidende Experimentalserie an, die am 25. Mai 1961 beginnt. Zum ersten Mal wird Polyuridylsäure – poly(U) – eingesetzt. „Compare always", heißt es, „complete [system], no RNA, poly(U), UMP, Crestfield RNA."[92] Der Einbau einer Mischung von elf radioaktiven Aminosäuren in Protein wird durch poly(U) um das 20fache stimuliert. Nun ist es eine Frage von Tagen, bis die auf poly(U) ansprechende Aminosäure identifiziert ist. Bereits am 26. Mai zeigt sich mit dem Aminosäurepaar Tyrosin und Phenylalanin Aktivität. Der Versuch mit Phenylal-

bezeichnet. Gespräch mit Matthaei vom 28. 10. 1992. Vgl. auch Laborbücher M1, 7th Expt., 14./15. 11. 1960, wo „Siekevitz' Procedure", eine heiße TCA-Fällung, notiert ist.

86 Vgl. die Diskussion am Ende von Zamecnik 1979, 299–301, in der Robert Olby auf diesen Punkt hinweist. Vorinkubierter „S30"-Extrakt wurde, soweit es aus Matthaeis Laborjournalen ersichtlich ist, ab Mitte Februar 1961 verwendet.

87 Matthaei/Nirenberg 1961a; vgl. dann auch Matthaei/Nirenberg 1961b.

88 Die Herkunft und Natur dieser RNA läßt sich aus den Protokollen nicht ermitteln.

89 M1 und M2, 9th Expt. vom 30. 11/1. 12. 1960.

90 M 2, Experiment 27C vom 2. 3. 1961.

91 M2, Experiment 27K vom 24. 3. 1961.

92 M2, Experiment 27N; vgl. auch M1, 107.

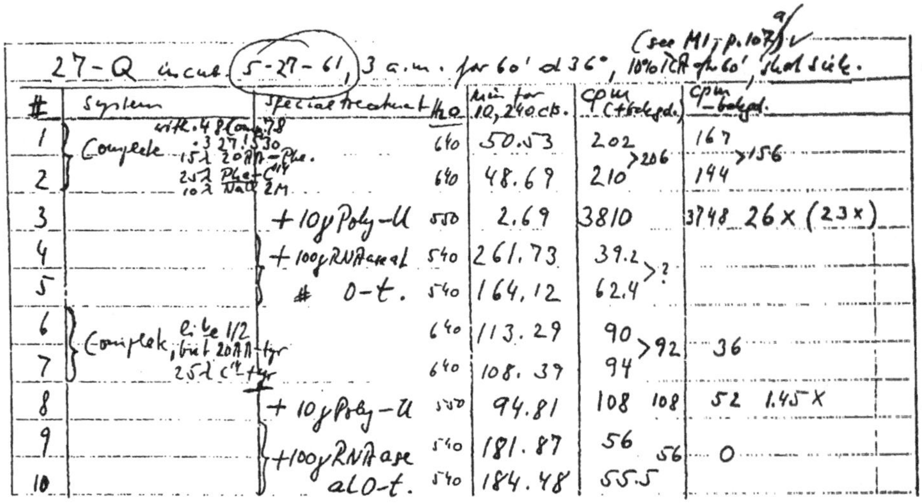

Abb. 5: Entscheidender Versuch zur Proteinsynthese mit Polyuridylsäure und radioaktivem Phenylalanin. Aus den Protokollen (M2, 54) von Heinrich Matthaei.

anin allein erfolgt am 27. Mai um 3 Uhr morgens und ergibt eine 26fach erhöhte Einbaurate (Abb. 5).[93]

Es war sicher ein glücklicher Umstand, daß die Synthese homopolymerer und heteropolymerer RNAs das Spezialgebiet von Leo Heppel waren, dem Leiter des Labors, in dem Nirenberg und Matthaei arbeiteten. Mit der Verfügbarkeit und dem Einsatz dieser Homopolymere war es eine Frage von wenigen Monaten, bis durch systematisches Durchprobieren verschiedener radioaktiver Aminosäuren das erste Codewort entschlüsselt war: Poly-Uridylsäure codierte für das künstliche Protein Poly-Phenylalanin.[94]

Der ursprüngliche Kontext jedoch war: Optimierung eines *in vitro*-Systems. Die Entschlüsselung der ersten Codewörter durch Matthaei und Nirenberg war gewiß kein Zufall im gängigen Sinne des Wortes. Sie war aber auch keineswegs im Sinne einer Vorwegnahme der Ergebnisse geplant.[95] Im Rahmen der Optimierung des zellfreien *E. coli*-Systems wurde nach den Regeln biochemischen Arbeitens der experimentelle Repräsentationsraum ausgemessen. Darunter war der wichtige Posten mit dem Titel ‚Spezifität des Template'. Das Messenger-Konzept

93 M2, Experiment 27Q.

94 Vgl. Matthaei/Nirenberg 1961c; Nirenberg/Matthaei 1961; vgl. auch Nirenberg/Matthaei 1963a.

95 Den Beteiligten mag naturgemäß im nachhinein als Intention erscheinen, was als Intuition ihren Forschungsprozeß begleitete. Vgl. Nirenberg 1969; Judson 1979, 470; Gespräch mit Matthaei vom 28. 10. 1992.

schälte sich aus dem Einsatz verschiedener RNAs als Templates gewissermaßen heraus. Daneben gab es aber auch solche für heutige Augen verwirrende Beobachtungen wie die einer „ribosomenfreien“ Proteinsynthese.[96] In welche Richtung sich das System bewegen würde, war ein Ergebnis des Abgreifens des Repräsentationsraums selbst und keine *a priori*-Entscheidung, die es nur noch zu exekutieren galt.

Wenn Nirenberg und Matthaei sich korrekt erinnern,[97] zum Zeitpunkt des Beginns ihrer entscheidenden Experimente nichts von dem instabilen Zwischenprodukt der induzierten Enzymsynthese aus Paris gewußt zu haben, so ist um so bemerkenswerter, daß in ihrem ersten Report neben dem Begriff des Templates auch der des „Messenger“ auftaucht.[98] Heißt das, daß Messenger-RNA in der Geschichte der Molekularbiologie zweimal oder vielleicht noch öfter *erfunden* wurde, und zwar in mindestens zwei experimentellen Kontexten, wie sie verschiedener nicht sein könnten: in einem ausgeklügelten, genetisch getriggerten *in vivo*-System, und in einem vergleichsweise bescheidenen, fraktionierten *in vitro*-System der Proteinsynthese? Keineswegs ist die Legende der Mitglieder des Clubs der Molekularbiologen aufrechtzuerhalten, wonach der Messenger aus dem Pasteur-Institut gewissermaßen den goldenen Schlüssel für den Code abgegeben habe. Die entscheidenden Komponenten, über die sich der genetische Informationsfluß von den Genen zu den Proteinen vollzieht, Transfer-RNA, Messenger-RNA und genetischer Code, waren Produkte zunächst rein biochemisch orientierter *in vitro*-Systeme. Der Weg vom ‚Ribosomen-Template‘ zur Boten-RNA war nicht länger als der vom instabilen Zwischenprodukt der induzierten Enzymsynthese zum Messenger.

Nach dem 5. Internationalen Biochemie-Kongreß im August 1961 in Moskau, auf dem Nirenberg die Ergebnisse aus seinem Labor vortrug, konnte die ganze sophistizierte, kombinierte Mutantengenetik und Proteinanalyse zur Entschlüsselung des Codes *ad acta* gelegt werden.[99] Die Jagd nach den weiteren Codeworten stand gänzlich unter den experimentellen Bedingungen des *E. coli*-Systems.[100] Weder Zamecnik noch Hoagland trugen etwas dazu bei, obwohl sie weitgehend für die experimentelle Infrastruktur verantwortlich waren, die dann den Entschlüsselungsprozeß ermöglichte. Als der Durchbruch kam, war Zamecnik bei Todd in Cambridge; Hoagland hatte 1959 eine Stelle am Department of

96 Vgl. Nirenberg/Matthaei 1963b. – Es handelt sich um ein Abstract auf dem 5. Internationalen Kongreß für Biochemie in Moskau 1961.

97 Vgl. Judson 1979, 473.

98 Matthaei/Nirenberg 1961a.

99 Vgl. Crick et al. 1961; Crick 1988, 122–136; Wittmann 1961; Wittmann 1963; Fraenkel-Conrat/Tsugita 1963.

100 Vgl. Nirenberg/Matthaei 1961; Lengyel et al. 1961.

Bacteriology and Immunology der Harvard Medical School angetreten, hatte Lehraufgaben zu übernehmen und war dabei, sein Labor einzurichten. Zamecnik sah – was blieb ihm anderes übrig – keinen Grund, „noch ein weiteres Labor an dem Rennen zu beteiligen“[101], und setzte seine Arbeit an der Charakterisierung von Transfer-RNAs fort.[102] Hoagland blieb bei der Regulationsanalyse des Rattenlebersystems.[103]

V. Schluß

Zwei Strategien können bei der Konstruktion von *in vitro*-Proteinsynthese-Systemen ausgemacht werden. Die erste war die mehr physiologische, aber auch mehr phänomenologische Strategie einer *integralen Repräsentation,* wie man sie nennen könnte. An ihr hielt Hoagland fest. Dabei wurden im Prinzip alle fraktionierten Komponenten aufbewahrt, keine wurde verworfen. Diese Strategie hatte dazu beigetragen, Signale zum Vorschein zu bringen, die sonst *weggereinigt* worden wären. Sie hatte sich in der Frühzeit der Entwicklung des Systems als der produktive Weg erwiesen. Das Problem war, daß es genau die mit dieser Strategie erzielten Ergebnisse waren, die sie um 1960 als historisch überlebt erscheinen ließen.

Die Sprache dieser Strategie blieb operational. Hoagland und Zamecnik nahmen in der Regel nicht „Ribosomen“, fügten „Transfer-RNA“ und „Messenger-RNA“ hinzu, um die Botschaft in Proteine zu übersetzen. Sie nahmen eine „Mikrosomenfraktion“, fügten „pH 5-Überstand“ dazu, inkubierten die Mischung mit einer „X-Fraktion“ und erhielten eine Stimulierung des „Aminosäure-Einbaus“ in „Material, das in heißer Essigsäure unlöslich“ war. Diese Sprache reflektierte einen experimentellen Repräsentationsraum, in dem die *epistemischen Dinge* als Peaks, Fraktionen, Sedimente und Überstände gemäß den verwendeten Techniken erschienen, und nicht als Entitäten einer molekularen Funktion.

Diese Strategie wurde um 1960 abgelöst durch eine andere: die der minimalen Repräsentation in so weit wie möglich reduzierten Systemen. Für die nächsten zehn Jahre kamen die neuen Befunde aus solchen Bakteriensystemen, die nach Überwindung der anfänglichen technischen Schwierigkeiten weniger komplex, leichter auseinanderzunehmen und einfacher zu unterhalten waren. Sie wurden

101 Zamecnik 1979.

102 Vgl. u. a. Stephenson/Zamecnik 1962; Yu/Zamecnik 1963a; Yu/Zamecnik 1963b; Yu/Zamecnik 1964; Sarin/Zamecnik 1964; Sarin/Zamecnik 1965; Lamborg et al. 1965.

103 Vgl. Hoagland/Askonas 1963; Hoagland et al. 1964.

zu den Orten, die weiteren Aufschluß brachten über die Struktur-Funktions-Beziehungen zwischen Ribosomen, Transfer-RNA und Messenger-RNA.[104] Das Verhältnis zwischen Eukaryonten- und Prokaryonten-Systemen hatte sich umgekehrt.

Zwischen 1955 und 1961 gingen zwei molekulare Objekte aus verschiedenen Experimentalsystemen hervor, die sich in zentrale Objekte der Molekularbiologie der 60er Jahre verwandelten: lösliche RNA in Transfer-RNA, instabile bzw. Template-RNA in Messenger-RNA. Es war die Konjunktur dieser beiden *epistemischen Dinge,* ihre Translation, Pfropfung, Dissemination und Hybridisierung, die dem genetischen Code zu seinem experimentellen Dasein verhalfen. Die Entschlüsselung des genetischen Codes basierte auf einem *in vitro*-System der Proteinbiosynthese, das im Laufe mehrerer Jahre derart stabilisiert worden war, daß es als technische Packung in die Hände einer ganzen Proteinbiosynthese-Industrie übergehen konnte. Um zum Code vorzustoßen, bedurfte es jedoch einer Strategie der minimalen Repräsentation, die derjenigen der integralen Repräsentation entgegengesetzt war, die zur Etablierung des Systems geführt hatte. Die Differenzierung des Systems selbst ermöglichte den Umschlag, wiewohl nicht in Form eines Automatismus und nicht im begrenzten Raum eines einzelnen Labors.[105] Das *E. coli*-System machte diese Konjunktur möglich, aber die Ausmessung ihres Raumes in Form der Aufklärung des genetischen Codes ergab sich nicht als bloße Fortsetzung der Arbeit unter den Bedingungen des *Ancien régime.* Die Begriffe, die diese Wende in der Experimentalgeschichte der Molekularbiologie begleiteten, waren solche der Information und der Kommunikation: Transfer, Messenger, Transkription, Translation, Codierung.[106]

Literatur

Astrachan, Lazarus/Volkin, Elliot (1958): Properties of Ribonucleic Acid Turnover in T2-infected Escherichia coli. Biochimica et Biophysica Acta 29, 536–544.

Bachelard, Gaston (1988): Der neue wissenschaftliche Geist, Frankfurt a. M.

Berg, Paul/Ofengand, E. James (1958): An Enzymatic Mechanism for Linking Amino Acids to RNA. Proceedings of the National Academy of Sciences of the United States of America 44, 78–86.

Bergmann, Max (1942): A Classification of Proteolytic Enzymes. Advances in Enzymology 2, 49–68.

Borsook, Henry (1953): Peptide Bond Formation. Advances in Protein Chemistry 8, 127–174.

104 Vgl. u. a. Watson 1963; Lipmann 1963.

105 Vgl. die Ausführungen über das Management von Ungewißheit und über experimentelle Triangulation von Jean-Paul Gaudillière in diesem Band.

106 Zum Problem der ‚Information' im Zusammenhang mit der Transformation der Molekularbiologie vgl. ausführlich den Beitrag von Lily Kay in diesem Band.

Brachet, Jean (1942): La localisation des acides pentosenucléiques dans les tissus animaux et les oeufs d'Amphibiens en voie de développement. Archives de Biologie 53, 207–257.

Brenner, Sidney/Jacob, François/Meselson, Matthew (1961): An Unstable Intermediate Carrying Information from Genes to Ribosomes for Protein Synthesis. Nature 190, 576–581.

Burian, Richard M. (1993): Task Definition, and the Transition from Genetics to Molecular Genetics: Aspects of the Work on Protein Synthesis in the Laboratories of J. Monod and P. Zamecnik. Journal of the History of Biology 26, 387–407.

Burian, Richard M. (1993b): On the Cusp Between Biochemistry and Molecular Biology: The Pyjama (or PaJaMo) Experiment. Manuskript.

Caspersson, Torbjörn (1941): Studien über den Eiweißumsatz der Zelle. Naturwissenschaften 29, 33–43.

Chantrenne, Hubert (1948): Un modèle de synthèse peptidique. Propriétés du benzoylphosphate de phényle. Biochimica et Biophysica Acta 2, 286–293.

Crick, Francis (1955): On Degenerate Templates and the Adaptor Hypothesis. A Note for the RNA Tie Club. Unveröffentlichtes, undatiertes Manuskript, Original bei Sydney Brenner (Vermerk bei Olby 1974).

Crick, Francis (1957): Diskussionsbemerkung, in: Biochemical Society Symposium 14 (1956), London, 25f.

Crick, Francis H. C./Griffith, John S./Orgel, Leslie E. (1957): Codes Without Commas. Proceedings of the National Academy of Sciences of the United States of America 43, 416–421.

Crick, Francis H. C./Barnett, Leslie/Brenner, Sydney/Watts-Tobin, R. J. (1961): General Nature of the Genetic Code for Proteins. Nature 192, 1227–1232.

Crick, Francis (1988): What Mad Pursuit, New York.

Dounce, Alexander L. (1952): Duplicating Mechanism for Peptide Chain and Nucleic Acid Synthesis. Enzymologia 15, 251–258.

Dunn, D. B. (1959): Additional Components in Ribonucleic Acid of Rat-liver Fractions. Biochimica et Biophysica Acta 34, 286f.

Dunn, D. B./Smith, J. D./Spahr, Pierre F. (1960): Nucleotide Composition of Soluble Ribonucleic Acid from Escherichia coli. Journal of Molecular Biology 2, 113–117.

Fischer, Emil (1906): Untersuchungen über Aminosäuren, Polypeptide und Proteïne (1899–1906), Berlin.

Fraenkel-Conrat, Heinz/Tsugita, A. (1963): Biological and Protein-structural Effects of Chemical Mutagenesis of TMV-RNA. Proceedings of the V. International Congress of Biochemistry, Moscow, 10–16 August 1961, Vol. III, New York, 242–244.

Gale, Ernest F./Folkes, Joan P. (1955): The Assimilation of Amino Acids by Bacteria. 21. The Effect of Nucleic Acids on the Development of Certain Enzymic Activities in Disrupted Staphylococcal Cells. Biochemical Journal 59, 675–684.

Gale, Ernest F. (1956): Nucleic Acids and Amino Acid Incorporation, in: G. E. W. Wolstenholme/ C. M. O'Connor (eds.), CIBA Foundation Symposium on Ionizing Radiations and Cell Metabolism, Boston, 174–184.

Gamow, George (1954): Possible Relation Between Deoxyribonucleic Acid and Protein Structures. Nature 173, 318.

Gaudillière, Jean-Paul (1992): J. Monod, S. Spiegelman et l'adaptation enzymatique. Programmes de recherche, cultures locales et traditions disciplinaires. History and Philosophy of the Life Sciences 14, 23–71.

Gros, François/Hiatt, H./Gilbert, Walter/Kurland, Chuck G./Risebrough, R. W./Watson, James D. (1961): Unstable Ribonucleic Acid Revealed by Pulse Labeling of E. coli. Nature 190, 581–585.

Haurowitz, Felix (1949): Biological Problems and Immunochemistry. Quarterly Review of Biology 24, 93–101.
Hecht, Liselotte I./Zamecnik, Paul C./Stephenson, Mary L./Scott, Jesse F. (1958): Nucleoside Triphosphates as Precursors of Ribonucleic Acid End Groups in a Mammalian System. Journal of Biological Chemistry 233, 954–963.
Hoagland, Mahlon B./Zamecnik, Paul C./Stephenson, Mary L. (1957): Intermediate Reactions in Protein Biosynthesis. Biochimica et Biophysica Acta 24, 215f.
Hoagland, Mahlon B. (1959): The Present Status of the Adaptor Hypothesis. Brookhaven Symposia in Biology 12, 40–46.
Hoagland, Mahlon B. (1959b): Nucleic Acids and Proteins. Scientific American 201 (Nr. 6), 55–61.
Hoagland, Mahlon B. (1960): The Relationship of Nucleic Acid and Protein Synthesis as Revealed by Studies in Cell-free Systems, in: Erwin Chargaff/J. N. Davidson (eds.), The Nucleic Acids, Vol. III, New York – London, 349–408.
Hoagland, Mahlon B. (1961): Some Factors Influencing Protein Synthetic Activity in a Cell-free Mammalian System. Cold Spring Harbor Symposia on Quantitative Biology 26, 153–157.
Hoagland, Mahlon B./Askonas, Brigitte A. (1963): A Cytoplasmic RNA-containing Fraction that Stimulates Amino Acid Incorporation. Proceedings of the National Academy of Sciences of the United States of America 49, 130–137.
Hoagland, Mahlon B./Scornik, Oscar A./Pfefferkorn, Lorraine C. (1964): Aspects of Control of Protein Synthesis in Normal and Regenerating Rat Liver. II. A Microsomal Inhibitor of Amino Acid Incorporation Whose Action is Antagonized by Guanosine Triphosphate. Proceedings of the National Academy of Sciences of the United States of America 51, 1184–1191.
Hoagland, Mahlon B. (1990): Toward the Habit of Truth, New York.
Hofmeister, Franz (1902): Über den Bau des Eiweißmolecüls. Naturwissenschaftliche Rundschau 17 (Nr. 42/43), 529–533, 545–549.
Holley, Robert W. (1957): An Alanine-dependent, Ribonuclease-inhibited Conversion of AMP to ATP, and Its Possible Relationship to Protein Synthesis. Journal of the American Chemical Society 79, 658–662.
Holley, Robert W./Prock, P. (1958): Intermediates in Protein Synthesis: Alanine Activation and an Active Ribonucleic Acid Fraction. Federation Proceedings 17, 244.
Holley, Robert W./Merrill, Susan H. (1959): Countercurrent Distribution of an Active Ribonucleic Acid. Journal of the American Chemical Society 81, 753.
Holley, Robert W./Apgar, Jean/Doctor, B. P./Farrow, John/Marini, Mario A./Merrill, Susan H. (1961): A Simplified Procedure for the Preparation of Tyrosine- and Valine-acceptor Fractions of Yeast ‚Soluble Ribonucleic Acid‘. Journal of Biological Chemistry 236, 200–202.
Holley, Robert W./Apgar, Jean/Everett, George A./Madison, James T./Marquisee, Mark/Merrill, Susan H./Penswick, John Robert/Zamir, Ada (1965): Structure of a Ribonucleic Acid. Science 147, 1462–1465.
Jacob, François/Monod, Jacques (1961): Genetic Regulatory Mechanisms in the Synthesis of Proteins. Journal of Molecular Biology 3, 316–356.
Jacob, François (1988): La statue intérieure, Paris.
Judson, Horace F. (1979): The Eighth Day of Creation, New York.
Keller, Elizabeth. B./Zamecnik, Paul C./Loftfield, Robert B. (1954): The Role of Microsomes in the Incorporation of Amino Acids into Proteins. Journal of Histochemistry and Cytochemistry 2, 378–386.
Koningsberger, Victor V./Overbeek, J. Th. G. (1953): On the Rôle of the Nucleic Acids in the Biosynthesis of the Peptide Bond. Proceedings Koninklijke Nederlandse Akademie van Wetenschappen 56, Series B, 248–254.

Koningsberger, Victor V./Van der Grinten, Chr. Olaf/Overbeek, J. Th. G. (1957): Possible Intermediates in the Biosynthesis of Proteins. I. Evidence for the Presence of Nucleotide-bound Carboxyl-activated Peptides in Baker's Yeast. Biochimica et Biophysica Acta 26, 483–490.

Lamborg, Marvin R./Zamecnik, Paul C. (1960): Amino Acid Incorporation into Protein by Extracts of E. coli. Biochimica et Biophysica Acta 42, 206–211.

Lamborg, Marvin R./Zamecnik, Paul C./Li, Ting-Kai/Kägi, Jeremias/Vallee, Bert L. (1965): Anomalous Rotatory Dispersion of Soluble Ribonucleic Acid and Its Relation to Amino Acid Synthetase Recognition. Biochemistry 4, 63–70.

Latour, Bruno (1988): The Pasteurization of France, Cambridge, MA.

Latour, Bruno (1991): Nous n'avons jamais été modernes, Paris.

Lengyel, Peter/Speyer, Joseph F./Ochoa, Severo (1961): Synthetic Polynucleotides and the Amino Acid Code. Proceedings of the National Academy of Sciences of the United States of America 47, 1936–1942.

Lipmann, Fritz (1941): Metabolic Generation and Utilization of Phosphate Bond Energy. Advances in Enzymology 1, 99–162.

Lipmann, Fritz/Hülsmann, W. C./Hartmann, G./Boman, Hans G./Acs, George (1959): Amino Acid Activation and Protein Synthesis. Journal of Cellular and Comparative Physiology 54, Suppl. 1, 75–88.

Lipmann, Fritz (1963): Messenger Ribonucleic Acid. Progress in Nucleic Acid Research 1, 135–161.

Loftfield, Robert B. (1957): The Biosynthesis of Protein. Progress in Biophysics and Biophysical Chemistry 8, 348–386.

Matthaei, J. Heinrich/Nirenberg, Marshall W. (1961a): The Dependence of Cell-free Protein Synthesis in E. coli Upon RNA Prepared From Ribosomes. Biochemical and Biophysical Research Communications 4, 404–408.

Matthaei, J. Heinrich/Nirenberg, Marshall W. (1961b): Some Characteristics of a Cell-free DNAase Sensitive System Incorporating Amino Acids Into Protein. Federation Proceedings 20, 391.

Matthaei, J. Heinrich/Nirenberg, Marshall W. (1961c): Characteristics and Stabilization of DNAase-sensitive Protein Synthesis in E. coli Extracts. Proceedings of the National Academy of Sciences of the United States of America 47, 1580–1588.

McCorquodale, Donald J./Veach, E. G./Mueller, Gerald C. (1961): The Incorporation in vitro of Labeled Amino Acids Into the Proteins of Normal and Regenerating Rat Liver. Biochimica et Biophysica Acta 46, 335–341.

Meyers Großes Taschenlexikon, 3. Aufl., Mannheim – Wien – Zürich 1990.

Monier, Robert/Stephenson, Mary L./Zamecnik, Paul C. (1960): The Preparation and Some Properties of a Low Molecular Weight Ribonucleic Acid from Baker's Yeast. Biochimica et Biophysica Acta 43, 1–8.

Nirenberg, Marshall W./Matthaei, J. Heinrich (1961): The Dependence of Cell-free Protein Synthesis in E. coli Upon Naturally Occurring or Synthetic Polyribonucleotides. Proceedings of the National Academy of Sciences of the United States of America 47, 1588–1602.

Nirenberg, Marshall W./Matthaei, J. Heinrich (1963a): The Dependence of Cell-free Protein Synthesis in E. coli Upon Naturally Occurring or Synthetic Template RNA, in: V. A. Engelhardt (ed.), Proceedings of the 5th International Congress of Biochemistry, Moscow, 10–16 August 1961, Vol. I, New York, 184–195.

Nirenberg, Marshall W./Matthaei, J. Heinrich (1963b): Comparison of Ribosomal and Soluble E. coli Systems Incorporating Amino Acids Into Protein. Abstract 2.115, Proceedings of the 5th International Congress of Biochemistry, Moscow, 10–16 August 1961, Vol. IX. New York, 102.

Nirenberg, Marshall (1969): The Genetic Code. Nobel Lecture. The Nobel Foundation, 1–21.

Ogata, Kikuo/Nohara, Hiroyoshi (1957): The Possible Role of the Ribonucleic Acid (RNA) of the pH 5 Enzyme in Amino Acid Activation. Biochimica et Biophysica Acta 25, 659f.

Olby, Robert (1972): Francis Crick, DNA, and the Central Dogma, in: Gerald Holton (ed.), The Twentieth-Century Sciences. Studies in the Biography of Ideas, New York, 227–280.

Olby, Robert (1974): The Path to the Double Helix, London.

Palade, George E. (1955): A Small Particulate Component of the Cytoplasm. Journal of Biophysical and Biochemical Cytology 1, 59–68.

Pardee, Arthur B./Jacob, François/Monod, Jacques (1959): The Genetic Control and Cytoplasmic Expression of 'Inducibility' in the Synthesis of ß-galactosidase by E. coli. Journal of Molecular Biology 1, 165–178.

Rendi, R. (1959): Incoroporation of C^{14}-glycine in Soluble RNA and Microsomes of Normal and Regenerating Rat Liver. Biochimica et Biophysica Acta 31, 266f.

Rheinberger, Hans-Jörg (1992a): Experiment, Differenz, Schrift. Zur Geschichte epistemischer Dinge, Marburg.

Rheinberger, Hans-Jörg (1992b): Experiment, Difference, and Writing. I. Tracing Protein Synthesis; II. The Laboratory Production of Transfer RNA. Studies in the History and Philosophy of Science 23, 305–331, 389–422.

Rheinberger, Hans-Jörg (1993a): Experiment and Orientation: Early Systems of in vitro Protein Synthesis. Journal of the History of Biology 26, 443–471.

Rheinberger, Hans-Jörg (1993b): Vom Mikrosom zum Ribosom: ‚Strategien' der ‚Repräsentation' 1935–1955, in: Hans-Jörg Rheinberger/Michael Hagner (Hrsg.), Die Experimentalisierung des Lebens, Berlin, 162–187.

Rheinberger, Hans-Jörg (1995): Towards a History of Epistemic Things. The in vitro Synthesis of Proteins, Stanford (in Vorbereitung).

Riley, Monica/Pardee, Arthur B./Jacob, François/Monod, Jacques (1960): On the Expression of a Structural Gene. Journal of Molecular Biology 2, 216–225.

Rittenberg, David (1950): Dynamic Aspects of the Metabolism of Amino Acids. The Harvey Lectures 44 (1948/49), 200–219.

Roberts, Richard B. (1958): Introduction, in: Richard B. Roberts (ed.), Microsomal Particles and Protein Synthesis, New York, vii–viii.

Roberts, Richard B. (1964): Ribosomes. A. General Properties of Ribosomes, in: Richard B. Roberts (ed.), Studies of Macromolecular Biosynthesis, Washington, 147–168.

Sanger, Frederick/Tuppy, Hans (1951): The Amino-acid Sequence in the Phenylalanyl Chain of Insulin. I. The Identification of Lower Peptides from Partial Hydrolysates, and II. The Investigation of Peptides from Enzymic Hydrolysates. Biochemical Journal 49, 463–481, 481–490.

Sarin, Prem S./Zamecnik, Paul C. (1964): On the Stability of Aminoacyl-S-RNA to Nucleophilic Catalysis. Biochimica et Biophysica Acta 91, 653–655.

Sarin, Prem S./Zamecnik, Paul C. (1965): Modification of Amino Acid Acceptance and Transfer Capacity of S-RNA in the Presence of Organic Solvents. Biochemical and Biophysical Research Communications 19, 198–203.

Schoenheimer, Rudolf (1942): The Dynamic State of Body Constituents, Cambridge, MA.

Schweet, Richard S./Lamfrom, Hildegarde/Allen, Esther (1958a): The Synthesis of Hemoglobin in a Cell-free System. Proceedings of the National Academy of Sciences of the United States of America 44, 1029–1035.

Schweet, Richard S./Bovard, Freeman C./Allen, Esther/Glassmann, Edward (1958b): The Incorporation of Amino Acids Into Ribonucleic Acid. Proceedings of the National Academy of Sciences of the United States of America 44, 173–177

Siekevitz, Philip (1952): Uptake of Radioactive Alanine in vitro Into the Proteins of Rat Liver Fractions. Journal of Biological Chemistry 195, 549–565.

Smith, Kendric C./Cordes, Eugene/Schweet, Richard S. (1959): Fractionation of Transfer Ribonucleic Acid. Biochimica et Biophysica Acta 33, 286f.

Spahr, Pierre F./Tissières, Alfred (1959): Nucleotide Composition of Ribonucleoprotein Particles from Escherichia coli. Journal of Molecular Biology 1, 237–239.

Spiegelman, Sol (1956): Protein Synthesis in Protoplasts, in: G. E. W. Wolstenholme and C. M. O'Connor (eds.), CIBA Foundation Symposium on Ionizing Radiations and Cell Metabolism, Boston, 185–195.

Spiegelman, Sol (1959): Protein and Nucleic Acid Synthesis in Subcellular Fractions of Bacterial Cells, in: G. Tunevall (ed.), Recent Progress in Microbiology, Oxford, 81–103.

Stephenson, Mary L./Zamecnik, Paul C. (1962): Isolation of Valyl-RNA of a High Degree of Purity. Biochemical and Biophysical Research Communications 7, 91–94.

Tissières, Alfred/Watson, James D. (1958): Ribonucleoprotein Particles from Escherichia coli. Nature 182, 778–780.

Tissières, Alfred/Schlessinger, David/Gros, Françoise (1960): Amino Acid Incorporation Into Proteins by E. coli Ribosomes. Proceedings of the National Academy of Sciences of the United States of America 46, 1450–1463.

Volkin, Elliot/Astrachan, Lazarus (1956a): Phosphorus Incorporation in Escherichia coli Ribonucleic Acid After Infection With Bacteriophage T2. Virology 2, 149–161.

Volkin, Elliot/Astrachan, Lazarus (1956b): Intracellular Distribution of Labeled Ribonucleic Acid After Phage Infection of Escherichia coli. Virology 2, 433–437.

Von der Decken, Alexandra/Hultin, Tore (1960): The Enzymatic Composition of Rat Liver Microsomes During Liver Regeneration. Experimental Cell Research 19, 591–604.

Watson, James D. (1963): Involvement of RNA in the Synthesis of Proteins. Science 140, 17–26.

Weiss, Samuel B./Acs, George/Lipmann, Fritz (1958): Amino Acid Incorporation in Pigeon Pancreas Fractions. Proceedings of the National Academy of Sciences of the United States of America 44, 189–196.

Wittmann, Heinz-Günter (1961): Ansätze zur Entschlüsselung des genetischen Codes. Die Naturwissenschaften 48, 729–734.

Wittmann, Heinz-Günter (1963): Studies on the Nucleic Acid-protein Correlation in Tobacco Mosaic Virus. Proceedings of the V. International Congress of Biochemistry, Moscow, 10–16 August 1961, Vol. I, New York, 240–254.

Yearley, Steven (1990): The Dictates of Method and Policy: Interpretational Structures in the Representation of Scientific Work, in: Michael Lynch/Steve Woolgar (eds.), Representation in Scientific Practice, Cambridge, MA, 337–355.

Yu, Chuan-Tao/Zamecnik, Paul C. (1963a): Effect of Bromination on the Amino Acid Accepting Activities of Transfer Ribonucleic Acid. Biochimica et Biophysica Acta 76, 209–222.

Yu, Chuan-Tao/Zamecnik, Paul C. (1963b): On the Aminoacyl-tRNA Synthetase Recognition Sites of Yeast and E. coli Transfer RNA. Biochemical and Biophysical Research Communications 12, 457–463.

Yu, Chuan-Tao/Zamecnik, Paul C. (1964): Effect of Bromination on the Biological Activities of Transfer RNA of E. coli. Science 144, 856–859.

Zamecnik, Paul C. (1960): Historical and Current Aspects of Protein Synthesis. The Harvey Lectures 54 (1958/59), New York – London, 256–281.

Zamecnik, Paul C./Stephenson, Mary L. (1960): Enrichment of Specific Activity of Aminoacyl RNA. Federation Proceedings 19, 346.

Zamecnik, Paul C./Stephenson, Mary L./Scott, Jesse (1960): Partial Purification of Soluble RNA. Proceedings of the National Academy of Sciences of the United States of America 46, 811–822.

Zamecnik, Paul C. (1979): Historical Aspects of Protein Synthesis. Annals of the New York Academy of Sciences 325, 269–301.

Jean-Paul Gaudillière

Wie man Labormodelle für Krebsentstehung konstruiert

Viren und Transfektion am (US) National Cancer Institute[1]

Experimentalmodelle menschlicher Krankheiten sind Systeme von Praktiken und Repräsentationen, die eine vermittelnde Stellung zwischen Laborforschung und Krankenhaus einnehmen. Da *Experimentalmodelle* re-präsentieren bzw. für etwas anderes stehen, nämlich pathologische Veränderungen beim Menschen, ist ihre Bewertung zumeist epistemologisch unterdeterminiert. Erst das gegenseitige Einvernehmen von Wissenschaftlern und Ärzten schafft einen legitimen Platz für ein Experimentalmodell. Es muß Einigkeit bestehen hinsichtlich des Modells, der menschlichen Krankheit sowie einer geeigneten Verbindung zwischen Krankheit und Modell. Daraus folgt, daß Modellsysteme metaphorische Werkzeuge sind, die in spezifischen sozialen und materiellen Zusammenhängen stehen und in ihnen bewertet werden.

Die folgende Untersuchung dreht sich um die Konstruktion eines solchen Modells: den Transfektions-Assay zur Identifizierung von Onkogenen, die für die Tumorentstehung bei Nagetieren eine Rolle spielen. Dabei werde ich mich auf einen Aspekt experimenteller Praxis in der gegenwärtigen Bio-Medizin konzentrieren, nämlich den Umgang mit Unsicherheiten, die bei dem Versuch entstehen, ein für die Verbindung von medizinischen Interessen und Laborarbeit geeignetes Experimentalsystem zu installieren. Meine These ist, daß Unsicherheiten bei der Wahl zwischen verschiedenen möglichen Vorgehensweisen durch einen Akt der *Triangulation* reduziert werden, d. h., daß bestimmte Segmente des experimentellen Tuns durch entscheidungsleitende Übereinkünfte zwischen verschiedenen Wissenschaftlern und Labors koordiniert werden.

Die Darstellung von Onkogenen in neueren Lehrbüchern mag das Problem klarer verdeutlichen. Das Titelbild des Buches *Oncogenes and Tumor Suppressor Genes* läßt drei Abbildungsebenen sichtbar werden: den menschlichen Körper,

1 Ich danke Hans-Jörg Rheinberger und Michael Hagner für ihre Hilfe bei der Entstehung dieser Arbeit. Ohne ihre Hinweise und Kommentare wäre diese Fallstudie nicht fertiggestellt worden. Weiterhin danke ich dem Wellcome Trust für die Unterstützung meines Projekts über die neuere Geschichte der Tumor-Virologie.

seine Organe und die Akronyme für zelluläre Gene, die in Tumorzellen vermutlich mutiert sind.[2] Das Bild legt nahe, daß ein jedes Onkogen in einem bestimmten menschlichen Gewebe Krebs hervorruft. Ein Tumor wäre somit nichts anderes als ein verändertes Gen auf einem bestimmten Chromosom. Näher erläutert wird diese Theorie im ersten Kapitel des erwähnten Büchleins. Die Autoren beschreiben hier ein einziges Experimentalsystem: den Transfektions-Assay. Transfektion wird als eine Technik vorgestellt, die darin besteht, DNS-Fragmente aus Tumorzellen in normale, *in vitro* gezüchtete Zellen zu schleusen (üblicherweise Fibroblasten der Zellinie mit dem Namen NIH/3T3). Das führt zur Entstehung von *Foci* transformierter Zellen, d. h. kleiner Klumpen von Zellen mit abnormer Gestalt und Größe, die sich übereinanderstapeln, anstatt eine einzellige Schicht zu bilden. Die *Foci* zeigen, daß die fremde DNS das Verhalten der Empfängerzellen dahingehend beeinflußt, daß sie Tumorzellen imitieren. Daraus kann man schließen, daß in der übertragenen DNS möglicherweise ein an der Krebsentstehung beteiligtes transformierendes Gen enthalten ist. Um festzustellen, ob die transformierten Zellen wirklich krebserzeugende Gene enthalten, wird dann geprüft, ob die Zellen bei Mäusen kanzerogen wirken.

Obwohl Transfektion bereits in den späten 70er Jahren zur Routine zählte, diskutieren Onkologen noch heute ihren Stellenwert. So schrieb R. W. Ruddon kürzlich: „Morphologische Transformation von NIH/3T3-Fibroblasten in Kultur durch ‚transformierende' Gene ist durchaus artefakt-gefährdet. Da NIH/3T3-Zellen bereits ‚zu zwei Dritteln Krebszellen' sind (sie sind unbegrenzt vermehrbar und können spontan transformieren, und unter bestimmten Bedingungen können sie bei Tieren sogar kanzerogen wirken), ist die maligne Veränderung dieser Zellinie kein echter Test für das krebserregende Potential einer Gensequenz."[3]

Ruddon spielt auf mehrere Aspekte an. Erstens ist Transfektion ein unsicheres Verfahren: *Foci* vermögen ohne Behandlung aufzutreten, und auch spontan veränderte Zellen können zu Tumorwachstum führen. Zweitens zeigen die Zellen in der Petrischale auch vor einer Transfektion abnormes und permanentes Wachstum, so daß die für die Zellteilung verantwortlichen Vorgänge beim „natürlichen" Krebs unter Umständen gar nichts mit der Transformation zu tun haben. Die beiden Unsicherheitsfaktoren im Transfektions-Assay sind also von zweierlei Art, hängen aber miteinander zusammen.

Ruddon illustriert die technischen Unsicherheiten durch den Hinweis auf die allgemein bekannte Variabilität des Verfahrens und die Schwierigkeiten bei seiner Replikation. So basiert die Entstehung der *Foci* gleichzeitig auf bekannten

2 Vgl. Macdonald/Ford 1991.

3 Ruddon 1987, 382f.

Faktoren (z. B. der Zusammensetzung der DNS-Lösung), auf nicht erklärbaren, aber überprüfbaren Faktoren wie dem Zellstamm, sowie auf wiederholbaren, aber kontingenten Handgriffen (etwa der Fragmentierung der DNS in einer Mikropipette). Zudem bedarf es großer Erfahrung, um zu unterscheiden, ob die *Foci* das Ergebnis eines transformierenden Gens, oder ob sie ein spontan entstandenes Artefakt sind. Schließlich müssen negative Resultate von experimentellen Fehlern unterschieden werden.[4]

Ein weitere Schwierigkeit besteht in der Modellbildung, die der heiklen Beziehung zwischen *in vitro*-Systemen und pathologischen Prozessen *in vivo* Rechnung tragen muß. Die Herstellung einer Beziehung zwischen Transfektion und menschlichem Krebs ist ein von Wertungen abhängiger Vorgang. So muß entschieden werden, ob die kultivierten Zellen dem Standard entsprechen, ob die transformierten Zellen signifikante Ähnlichkeiten zu den Tumorzellen aufweisen, oder ob die an Mäusen beobachteten Veränderungen verallgemeinert werden können.

Da die Etablierung des Transfektionsversuchs und das Auftauchen von Krebsgenen als Forschungsgegenstände sich wechselseitig bedingen, scheint die Entwicklung des Modells in den 70er Jahren ein typisches Beispiel für einen sog. experimentellen Regreß[5] zu sein: Die Existenz der Onkogene wurde durch Transfektion nachgewiesen, aber die Feststellung einer Transfektion bedurfte bekannter Onkogene. Allerdings gab es in diesem Falle keine Kontroverse über die Existenz des Phänomens. Was die Entstehung der *Foci* betrifft, so wurde die Zelltransformation nicht in Frage gestellt. Vielmehr sahen die Biologen darin eine technische Herausforderung, die effizientere Experimentalanordnungen notwendig machte. Eine solche Beurteilung war keineswegs selbstverständlich. Transfektion hätte ebensogut als Artefakt oder als sinnloses Unterfangen verworfen werden können. Tatsächlich stellten sich einige Labors zunächst auf diesen Standpunkt. Es bedurfte nicht bloß experimenteller, sondern kultureller Durchbrüche im weiteren Sinne, um den Glauben an die Transfektion als Schlüssel zum Verständnis von transformierenden Genen und Onkogenen durchzusetzen.[6] Wertvorstellungen, Entscheidungen und Forschungspraktiken der verschiedenen, über Tumorviren arbeitenden onkologischen Arbeitsgruppen gaben

4 Die für Transfektionsversuche erforderlichen Fertigkeiten werden in den publizierten Arbeiten, insbesondere in den Originalarbeiten, kaum dokumentiert. Eine interessante Beschreibung der Einführung der Transfektion im Labor von Robert Weinberg gibt Natalie Angier in *Natural Obsessions*. Vgl. insbesondere ihren spannenden Bericht über die Mühen, zwischen *Foci* und der Hintergrundschicht von Zellen unterscheiden zu lernen.

5 Vgl. Collins 1985.

6 Kürzlich hat Pickering (1992) Wissenschaft in ähnlicher Weise als kulturellen und praktischen Prozeß definiert.

den Hintergrund für die entscheidungsleitenden Prozesse ab, die zur Standardisierung und Routinierung eines Assays für Krebsgene führte. Beispielsweise profitierte die Transfektion von den praktischen und linguistischen Ähnlichkeiten mit der etablierten Technik der Zelltransformation, die man seit 20 Jahren beobachten konnte, wenn Zellen in der Petrischale chemischer Behandlung oder Viren ausgesetzt waren. Unabhängig von den Ursachen wurde die Transformation als eine Krebsauslösung angesehen, und die Anzeichen dafür waren eine Veränderung der Morphologie und der biochemischen Eigenschaften sowie eine erhöhte Wachstumsrate der Zellen. In der Folgezeit wurden diese Veränderungen mit der Tumorentstehung bei Nagetieren zu korrelieren versucht. Bisweilen wurde die etablierte Zelltransformation auch zur Kalibrierung der Transfektion benutzt.

Im folgenden geht es um den kollektiven Prozeß, in dem das Vertrauen in die Transfektion durch Minimierung von Unsicherheiten hergestellt wurde. Um nicht die verschiedenen Ebenen der Laborarbeit zu verwischen, möchte ich mich auf ein einzelnes Labor konzentrieren: Edward Scolnicks Gruppe am *US National Cancer Institute* (NCI) in Bethesda. Scolnick gehört zu den Entdeckern der Onkogene, wird allerdings mit der Etablierung der Transfektion nicht unbedingt in Zusammenhang gebracht.[7] Demnach handelt es sich hier nicht um eine schlichte Diffusion dieser Technik. Scolnicks Beschäftigung mit der Transfektion war Teil der Ausarbeitung eines Modellsystems, die sich in einer Serie von soziotechnischen Schritten vollzog. In ihrem Gefolge veränderten sich sowohl die Techniken als auch das Forschungsobjekt, sowohl die Laborkultur als auch der institutionelle Kontext. Ausgehend von einer einzigen Forschungsstrategie mit ihrer Verknüpfung von Laborarbeit und sozialem Management führte sie die verschiedenartigsten Veränderungen herbei: Ein Transformationsverfahren mit DNS-Fragmenten wird zum Transfektions-Assay; ein virales Onkogen, das Krebs bei der Maus hervorruft, wird zu einem zellulären Onkogen, das an der Krebsentstehung des Menschen beteiligt ist; und schließlich wird eine NCI-Gruppe, die auch für private Auftraggeber arbeitet, in eine Forschungs- und Entwicklungsabteilung verwandelt, die in einem großen Pharma-Unternehmen angesiedelt ist.

7 Zwei Gruppen werden üblicherweise gennant: M. Hill und J. Hillova am *Institut de Cancérologie et d'Immunogénétique* in Paris, sowie F. L. Graham und A. J. van der Eb am Institut für Physiologische Chemie in Amsterdam.

I. Kalibrierung eines übernommenen Verfahrens: Wie Transfektion die Arbeitsteilung im Labor durcheinanderbringt

Nachdem Edward Scolnick zwei Jahre lang am *National Heart Institute* über Proteinbiosynthese geforscht hatte, ging der junge Molekularbiologe 1970[8] ans NCI und wurde Mitglied der Abteilung für *Viral Lymphoma and Leukemia,* die damals von George Todaro geleitet wurde. Scolnick beschäftigte sich mit der reversen Transkriptase, einem kurz zuvor aus Viren isolierten Enzym, das DNS-Stränge von RNS-Vorlagen kopierte.[9] Man ging davon aus, daß reverse Transkriptase spezifisch für RNS-Viren sei und konnte sie als biochemischen Indikator einsetzen, um Viren in Tumorgewebe nachzuweisen. 1975 führte Scolnick Transfektion als Methode ein, um die Vermehrung von Viren in Mäuse-Chromosomen zu induzieren.[10] Danach aber tauchte Transfektion bis 1978 nicht mehr in den Veröffentlichungen aus Scolnicks Labor auf.[11]

Im Vergleich zur oben geschilderten Anwendung der Transfektion ist Scolnicks erster Umgang damit überraschend (Abb. 1). Seine Gruppe isolierte DNS-Fragmente aus viral veränderten murinen Zellen. Dieses sog. Kirsten-Sarkom-Virus induziert bei Mäusen Tumorwachstum. Doch in der infizierten Zellkultur kam es erst dann zur Virusvermehrung, wenn noch ein weiteres („Helfer"-)Virus hinzugefügt wurde. Schließlich konnte Scolnick zwei wichtige Resultate erzielen. Erstens ergaben Messungen eine verstärkte Aktivität der reversen Transkriptase, was darauf schließen ließ, daß ein unbekanntes Virus in der murinen DNS versteckt war und sich in der neuen zellulären Umgebung vermehrte. Zweitens entdeckte Scolnick in einigen Kulturen *Foci,* doch weil es nur einige waren, brachte man diese Aktivität nicht mit dem durchgängig beobachteten Anstieg der reversen Transkriptase in Zusammenhang und ging davon aus, daß zwei unterschiedliche Mechanismen am Werk seien: die Replikation wurde dem unbekannten Virus zugeschrieben, die Transformation der Aktivität des Kirsten-Sarkom-Virus.[12] Doch nur das erstere Resultat wurde bestätigt und weiter analysiert.[13]

8 Scolnick wurde 1940 geboren und absolvierte 1965 an der Harvard Medical School sein medizinisches Examen.

9 Vgl. National Cancer Institute. Annual Report of Activities. Fiscal Year 1971.

10 Vgl. Scolnick/Bumgartner 1975.

11 Sie wird auch in den Jahresberichten des Labors an das NCI nicht mehr erwähnt.

12 „Die für die Transfektion der Nerz-Fibroblasten benutzte DNS enthielt auch provirale Sequenzen für das Kirsten-Sarkom-Virus. Deswegen interessierten wir uns für mögliche *Foci* des Sarkom-Virus. [...] Doch nur auf vier von elf Platten konnten solche *Foci* entdeckt werden." (Scolnick/Bumgartner 1975, 1294.)

13 Nach einer Einleitung, in der die zu untersuchenden RNS-Viren definiert wurden, wurden die Transfektionsexperimente der Reihe nach beschrieben. Im ersten wurde die Transformation nicht

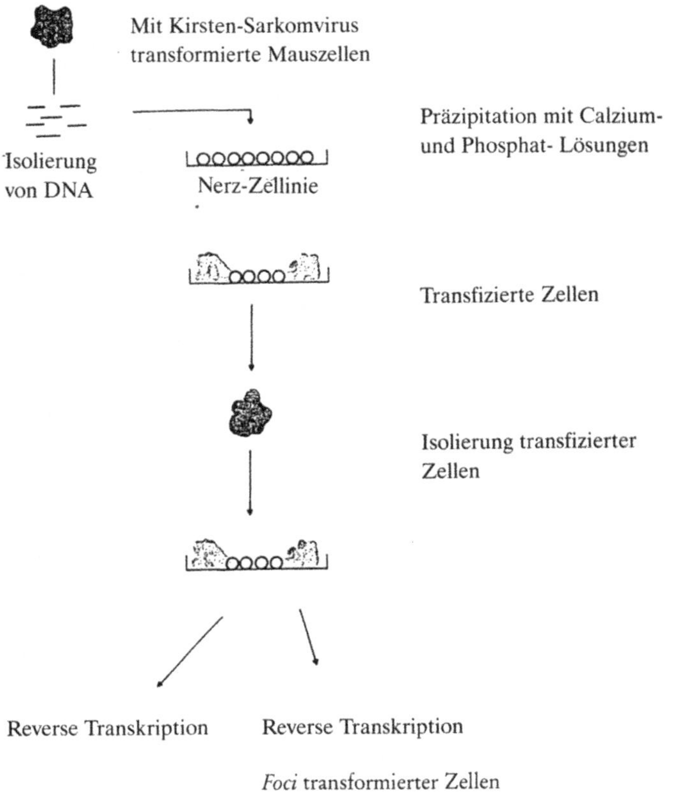

Abb. 1: Ein Werkzeug zur Produktion endogener Viren.
Quelle: Scolnick/Bumgartner 1975.

Scolnick schenkte der Bildung von *Foci* keine Beachtung. Obwohl er sich diesem Transformationseffekt hätte zuwenden können, tat er es nicht. Transfektion wurde als eine wenig spektakuläre Form der Aktivierung von Virusgenen in den Chromosomen der murinen Zellen angesehen, die aber erst dann zum Zuge kam, wenn andere Methoden zum Nachweis von Viren, wie etwa die DNS-Hybridisierung, versagten.[14] Daß die *Foci* nicht weiter verfolgt wurden, war das Resultat dieser Einschätzung, und diese war selbst Bestandteil einer ganz bestimmten Forschungsstrategie.

erwähnt. Im zweiten wurde die Anwesenheit von *Foci* als Kontrolle benutzt, und die Aktivität der reversen Transkriptase galt als Maß für die erfolgreiche Transfektion.

14 Ein Beispiel für die rivalisierenden Techniken wäre die Suche nach dem Kirsten-Sarkom-Virus in infizierten Rattenzellen. Vgl. Scolnick et al. 1974.

II. Transfektion von DNS? Ja, aber wofür?

Um zu verstehen, inwiefern eine so scheinbar unbedeutende Entscheidung das weitere Schicksal der Transfektion mitbestimmte, muß zunächst untersucht werden, wer überhaupt ein Interesse an der Transfektion hatte. Mitte der 70er Jahre gab es etwa ein halbes Dutzend Virologen, die behaupteten, die Transfektion zu beherrschen. Sie wurde von verschiedenen Wissenschaftlergruppen im Rahmen der Entwicklung zweier ganz unterschiedlicher Experimentalsysteme angewendet. Erstens diente die Transfektion dem Studium der Infektiosität von Tumorviren. Prozeduren des Einschleusens von DNS in *in vitro* kultivierte Zellen erweckten besonders das Interesse von Biologen, die mit RNS-Viren, hauptsächlich dem Rous-Sarkom-Virus (RSV) arbeiteten. Sie wollten zeigen, daß die RNS-Viren in ihren Wirtszellen in der Form vom DNS-Molekülen vorlagen. Mittels des Rous-Sarkom-Virus, welches Tumoren bei Hühnern hervorruft, konnte man die Transformation von Zellen induzieren und das Virus replizieren, wobei die Wirtszelle zerstört wurde. Nach den Arbeiten von Temin wurde dieser duale Vorgang dahingehend erklärt, daß das Virus in das zelluläre Chromosom eingebaut werden und dort als sog. *Provirus* latent bleiben konnte. Entsprechend wurde Transfektion als Möglichkeit betrachtet, latente Proviren zu entdecken. Transfektion diente aber auch noch anderen Zielen, z. B. dem Nachweis, daß die DNS mit dem angenommenen Provirus transformierend wirkt;[15] der Freisetzung von vermuteten Viren aus infizierten Zellen;[16] oder der Produktion von RSV-Mutanten, nfx0412Transfektionsexperimente der Reihe nach beschrieben. Im ersten wurde die Transformation nicht erwähnt. Im zweiten wurde die Anwesenheit von *Foci* als Kontrolle benutzt, und die Aktivität der reversen Transkriptase galt als Maß für die erfolgreiche Transfektion.
die sich in normalen Zellen nicht vermehren konnten.[17] Allen Untersuchungen gemeinsam war das Interesse an der Virusvermehrung. Deutlich wird das an den gewählten bzw. gemessenen Parametern: die Anzahl der zerstörten Zellen nach der Virusvermehrung; die Sichtbarkeit viraler Partikel unter dem Elektronenmikroskop; die Reaktionen mit Anti-Virus-Seren. Hingegen wurden die Anzahl der *Foci* und die Eigenschaften der transformierten Zellen nicht weiter verfolgt.[18]

In einem zweiten Forschungskontext wurde die Transfektion mit der Transformation durch DNS-Viren verglichen. In den frühen 60ern wurde die Zelltransfor-

15 Vgl. Hill und Hillova 1971.

16 Vgl. Levy et al. 1974.

17 Vgl. Cooper und Temin 1974.

18 Jedoch wurde in den frühen 60er Jahren die Bildung von *Foci* zur Identifizierung und Isolierung von RSV-Mutanten herangezogen.

mation auf die Infektion mit einer bestimmten Gruppe von DNS-Viren (*Simian Virus,* abgekürzt SV) zurückgeführt, die man aus Affenzellen isoliert hatte und für den Salk-Impfstoff gegen Kinderlähmung verwendete.[19] Der große Bedarf an Zellkulturen zur Herstellung des Impfstoffs beförderte die Suche nach einem Zusammenhang zwischen den neuen Viren und (menschlichen) Erkrankungen. Ende der 60er Jahre wurden SV 40-Transformation und Tumorwachstum in Tieren synonym gebraucht und mit der Infektion menschlicher Zellen in Zusammenhang gebracht. Es wurde viel Arbeit in die Techniken der Zelltransformation und in die Korrelation zwischen morphologischen Veränderungen *in vitro* und der Tumorentstehung bei Nagetieren gesteckt.[20] Zusätzlich wurden Viren mit einer gewissen Ähnlichkeit zu den beim Affen vorkommenden Typen aus menschlichem Gewebe gewonnen, und es zeigte sich, daß sie bei Hamstern Krebs auslösten. DNS-Viren wurden damit zu möglichen Kandidaten für die Krebsentstehung beim Menschen.[21]

Dieser Hintergrund sollte sich als entscheidend erweisen, als die Transfektion von den DNS-Virusforschern übernommen wurde. 1973 benutzte eine holländische Gruppe um A. J. van der Eb die Transfektion zunächst als Nachweis für Infektiosität von Adenoviren menschlichen Ursprungs. Als Maß für die Infektion diente die Anzahl verklumpter Ansammlungen und *Plaques* toter Zellen bzw. lysierter Zellen nach der Virus-Vermehrung.[22] Einige Monate später jedoch wurden *Foci* festgestellt.[23] Eine Annäherung an den Forschungsstil derjenigen, die mit SV 40 arbeiteten, war dann der entscheidende Schritt für die Kalibrierung der neuen Praktik zur Erzeugung von Foci. Das Hauptkriterium für eine zelluläre Transformation war ein den Adenoviren und SV 40 gemeinsames Tumor-Antigen. Die Existenz eines solchen Antigens schloß man aus der positiven Reaktion mit einem Serum von Hamstern, die hybride, durch Adenoviren und SV 40 hervorgerufene Tumoren trugen. Darüber hinaus wurde die Technik der DNS-Transfektion auf SV 40 umgestellt und damit entscheidend verbessert.[24] Schließ-

19 Vgl. Gross 1970.

20 Vgl. ebenda, 759–778.

21 Merkwürdigerweise zeigten nur die mit SV 40 und Adenoviren arbeitenden Virologen Interesse an Zelltransformation; im Gegensatz zu denen, die (zumeist RNS-)Viren aus Nager- und Hühnertumoren isolierten. Ludwig Gross beispielsweise widmet ihr in seinem eintausendseitigen Opus *Oncogenic Viruses* (1970) nur einige wenige Abschnitte. Sein Interesse an Tumorentstehung *per se* geht auf die 50er Jahre zurück, als sich eine Gruppe von Tumor-Virologen im Rahmen der allgemeinen Mikrobiologie formierte.

22 Vgl. Graham und van der Eb 1973a.

23 Vgl. Graham und van der Eb 1973b.

24 Eine Dosis-Abhängigkeit oder Plattierungs-Effizienz konnte man viel überzeugender mit SV 40 messen. Eine einzelne Transfektion von SV 40 ergab routinemäßig die Möglichkeit einer statisti-

lich startete van der Eb ein Projekt zur Identifizierung der für die Zelltransformation verantwortlichen Gene, und zwar auf der Basis eines Transfers von Fragmenten sowohl von menschlichen Adenoviren als auch von SV 40.[25]

III. Das fehlende Verbindungsstück: Transfektion und das *Virus Cancer Program*

1975 bewegte sich Scolnicks Transfektionspraxis im Rahmen des RSV-Forschungsstils. Es wäre jedoch zu einfach, es bei den Beziehungen zwischen Scolnick und den RSV-Spezialisten wie Temin und Baltimore bewenden zu lassen. Da er den Weg in die Krebsforschung über seine Untersuchungen zur reversen Transkriptase gefunden hatte, schien ihm aber der Lebenszyklus des RSV ein ideales Werkzeug für seine eigenen Forschungen zu sein. Er war nicht an Zelltransformation interessiert, sondern benutzte Transfektion, um die Produktion von latenten Viren in den Chromosomen von Maus-Zellen anzuregen. Doch die Resultate waren so enttäuschend, daß Scolnick diesen Versuch alsbald aufgab. Dagegen beschritt beispielsweise van der Eb einen anderen Weg. Er startete mit vergleichbaren Techniken, gelangte dann aber dahin, daß er Transfektion mit Hilfe der Zelltransformation etablierte. Da Scolnick an Krebs interessiert war, hätte er die Technik durchaus in die gleiche Richtung lenken können. Zudem wurde experimentelle Zelltransformation mittels SV 40 im Nachbarlabor durchgeführt und hätte als Standardmethode benutzt werden können. Eine Erklärung für diesen Vorgang scheint mir in einer sozio-kognitiven Melange zu liegen. Meine These ist nämlich, daß Scolnicks Entscheidung durch die Arbeitsteilung in George Todaros Labor geprägt wurde, also durch den vorgegebenen Rahmen des *Virus Cancer Program* am *National Cancer Institute.*

Das Virus Cancer Program (VCP) versammelte seit den frühen 70er Jahren verschiedene Forschungsgruppen des NCI, die an RNS-Tumorviren arbeiteten. Todaro gehörte zu den leitenden Direktoren des Programms. Auf zwei Aspekte muß nun etwas näher eingegangen werden: auf Todaro und Huebners (1969) Onkogen-Theorie, und auf deren Bedeutung für die Organisation des Forschungsprogramms.

Unter Onkogenen stellte man sich zunächst Krebsgene viralen Ursprungs vor, die in die Chromosomen von Säugetierzellen eingeschleust wurden.[26] Sie wurden

schen Auswertung, weil 50–100 *Foci* pro Petrischale gezählt wurden, während die gleiche Prozedur mit Adenoviren zu höchstens fünf *Foci* führte. Abrahams und van der Eb 1975.

25 Vgl. Graham et al. 1974.

26 Vgl. Huebner/Todaro 1969.

von Generation zu Generation weitergegeben und nur durch karzinogen wirkende Substanzen wie Chemikalien, Hormone und Viren aktiviert. Aktivierte Onkogene sollten Zelltransformation und Krebswachstum auslösen. Hinweise auf solche Gene waren das Ergebnis eines Systems zur Virusdarstellung, das eine Vielzahl bei Nagetieren krebserzeugender RNS-Viren geliefert hatte.[27] Mit zwei dieser Labor-Artefakte, dem Kirsten-Sarkom-Virus und dem Harvey-Sarkom-Virus, arbeitete auch Scolnick.[28] Beide Viren hatte man durch Inokulierung von murinen Leukämie-Viren in Ratten erhalten. Durch diesen Transfer erkrankten die Tiere nicht mehr an Leukämie, sondern entwickelten schnell wachsende Tumoren. Daraus schloß man, daß die Vermehrung von Harvey- und Kirsten-Viren zwei Komponenten benötigte: virale Onkogene, die in den Chromosomen der Ratten-Zellen versteckt sind, und Gene des Maus-Virus, welche die Replikation steuerten. Damit nahm die postulierte Naturgeschichte des Krebses (endogene Disposition, vertikale Transmission, späte Aktivierung) die Züge der Laborgeschichte dieser Stämme an.

Die Onkogen-Theorie erneuerte das Fundament des VCP genau in dem Moment, als politische Entscheidungen zu einem Boom in der Krebsforschung führten: Durch einen von Richard Nixon vorgeschlagenen und vom Kongreß abgesegneten Plan wurde der Etat für das VCP von 17 Millionen (1969) auf 41 Millionen Dollar (1971) erhöht.[29] Politische Entscheidungen führten dazu, daß sich die Humanonkologen hauptsächlich auf Tiermodelle konzentrierten, von denen sie sich einen stabilen Fundus von Wissen, Methoden und Untersuchungstechniken versprachen. Dazu gehörten die immunologische Charakterisierung von Viren, die Entwicklung spezifischer Seren gegen virale Antigene und Standardtests zum Nachweis von Viruspartikeln in Tumorgewebe. Am Horizont standen die mögliche Entdeckung menschlicher Viren und die Entwicklung von Impfstoffen gegen Krebs. Ein zentral gesteuertes Vertragssystem ermöglichte es privaten Forschungseinrichtungen, Grundlagenforschung in Zusammenarbeit mit den NCI-Labors durchzuführen. Ursprünglich waren diese Einrichtungen für Serviceleistungen da, nämlich die Produktion und Lieferung von spezifischen Seren, von gereinigten Viren oder von reingezüchteten Labortieren. Ihre Beteiligung am Forschungsprozeß wurde neu definiert, als das Programm expandierte. Insbesondere große Reihenuntersuchungen, die Zeit und Laborraum kosteten, wurden in private Institute verlagert. Die dort tätigen Wissenschaftler führten Routine-Untersuchungen zum Nachweis viraler Partikel in menschlichem Gewebe durch bzw. entwickelten und testeten mögliche Impfstoffe. Auch Scol-

27 Siehe dazu Gaudillière 1994.
28 Vgl. Scolnick et al. 1973. Über die Sarkom-Viren vgl. auch Gross 1970, 589–599.
29 Siehe dazu Gaudillière 1992.

nick arbeitete von 1971 bis 1975 nicht in den NCI-Labors in Bethesda, sondern in den privaten *Meloy Laboratories,* wo es genügend Raum, Instrumente und Techniker gab. Umgekehrt beteiligten sich Meloy-Forscher an Untersuchungen von bestimmten RNS-Viren, die beim Brustkrebs eine Rolle spielen. Scolnicks Arbeit zur reversen Transkriptase ermöglichte ihnen Reihenuntersuchungen mit menschlichen Geweben. Zusammenfassend dürfte klar geworden sein, daß es sich bei der Onkogen-Theorie der Krebsentstehung und beim VCP nicht um zwei separate Dinge, sondern um zwei Aspekte eines einzigen Ordnungsprinzips handelt. Die dadurch gegebene Arbeitsteilung legte den Rahmen für Scolnicks Standardisierung der Transfektion fest.

Ein weiter NCI-Forscher bei Meloy war Stuart Aaronson. Er gehörte ebenso wie Scolnick zu Todaros Gruppe und arbeitete auf dem gleichen Gebiet. Seit 1967 hatte Aaronson über Zelltransformation geforscht. Er hatte Zellinien gefunden, die besonders anfällig für eine Veränderung durch SV 40 waren.[30] In der Folgezeit führte die Suche nach viralen Onkogenen bei der Maus zur Entwicklung von Zellinien, die das Kirsten- und Harvey-Sarkom-Virus trugen. Als Ergebnis einer Reihe kleinerer Entscheidungen in der Gruppe kam es dabei zu einer ausgesprochen dezidierten Arbeitsteilung, aufgrund derer Aaronsons Untersuchungen von der morphologischen und biochemischen Analyse von transformierten Zellen abzurücken begannen (Abb. 2). Die neuen Zellinien zeigten alle Eigenschaften transformierter Zellen, aber es kam nie zur Virusproduktion, bevor nicht die Kultur mit einem anderen Virus, etwa dem parentalen Leukämie-Virus, infiziert wurde.

Die Fähigkeit des Virus, Zellen zu transformieren, sowie seine Replikationsfähigkeit waren nun zwei verschiedene Dinge und wurden von nun an auch getrennt untersucht. Aaronson begann, diese Linien verstärkt zur Produktion von Sarkom- und Leukämie-Viren zu benutzen und startete zwei weitere Projekte: eine immunologische Arbeit, die sich mit Antigenen und Proteinen der murinen Sarkom-Viren beschäftigte;[31] und eine Studie über den Einfluß von chemischen Substanzen auf die Virus-Produktion.[32] Scolnick wiederum konzentrierte sich, gestützt auf seine Erfahrungen mit der Biochemie von Nukleinsäuren, auf die DNS-Sequenzen der Sarkom-Viren. Die Beziehungen zu Aaronson beschränkten sich zunächst auf den Austausch von Materialien wie Zellen, Viren und DNS-Lösungen, doch dann ergab sich ein gemeinsames Forschungsfeld in der Suche nach transformierenden Proteinen.[33] So wurde eine Zusammenarbeit in die

30 Vgl. Aaronson 1968. – Unter diesen Linien befand sich übrigens auch die Zellinie NIH/3T3.

31 Vgl. Aaronson 1971.

32 Vgl. Stephenson/Aaronson 1973.

33 Vgl. NCI Annual Reports of Activities. Fiscal Year 1973.

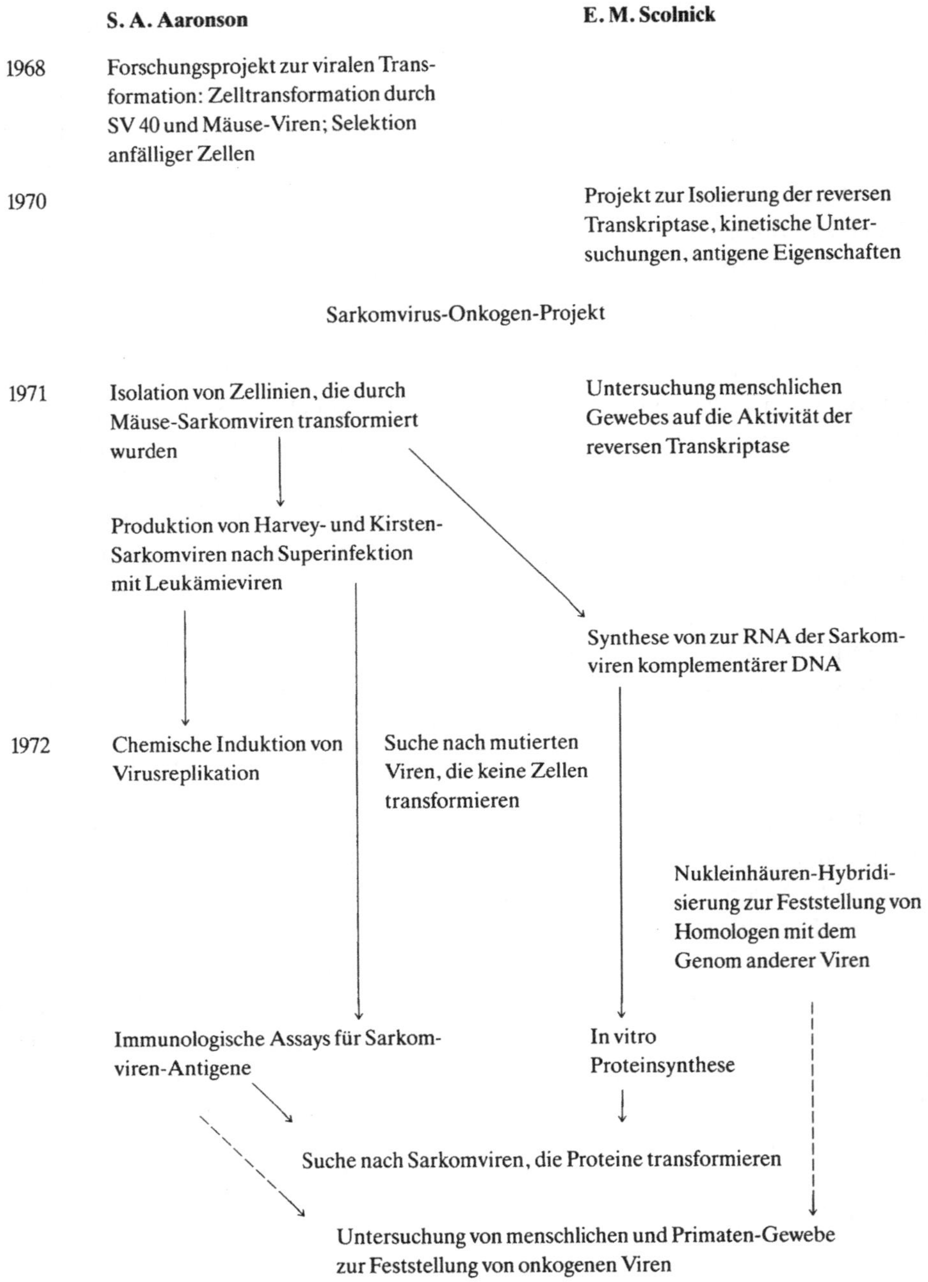

Abb. 2: Das Modellsystem Mäuse-Sarkom-Virus. Arbeitsteilung in den Meloy-Laboratorien. Quellen: NCI-Jahresberichte 1970–1974; Interview mit S. A. Aaronson im Mai 1992.

Wege geleitet, bei der es um die Isolierung von Virus-Mutanten ging, welche die Fähigkeit zur Transformation verloren hatten.[34]

Zusammengefaßt also gab es einen lokalen Kontext, in dem Transfektion als eine Technik zur Produktion von *Foci* etabliert werden konnte. Dazu zählten NIH/3T3-Zellen, SV 40 und das *know how* über Zelltransformation. Aaronsons Aufgabe im VCP war die Überprüfung der Onkogen-Theorie, und das führte dazu, daß Zelltransformation nicht mehr genuiner Forschungsgegenstand war, sondern bloß noch ein Mittel zum Zweck. Zelltransformation war somit in ganz unterschiedlicher Weise forschungsrelevant und wurde in den Meloy-Laboratorien dementsprechend in spezifische Zuständigkeitsbereiche unterteilt.[35] Aaronson widmete sich den Eigenschaften der Zellinien. Scolnick übernahm den genetischen Part der Suche nach Onkogenen; er befaßte sich mit der Hybridisierung von Nukleinsäuren, um die Herkunft des viralen Genoms festzustellen. Beispielhaft für die Arbeitsteilung ist folgendes: 1975 versuchte Scolnick, den Eigenschaften eines vermuteten transformierenden Proteins auf den Grund zu gehen und beschäftigte sich zu diesem Zweck mit dem Aufbau eines *in vitro*-Proteinsynthesesystems. Dazu benutzte er virale DNS als primäres Template. Zur gleichen Zeit versuchte Aaronson Seren herzustellen, die mit Proteinen aus viral infizierten Zellen reagierten. Er hoffte, daß einige Proteine sich als typisch für transformierte Zellen erweisen würden. Die Transformation, mit der Scolnick es zu tun hatte, war also ein virales Phänomen, während die Transformation bei Aaronson ein zelluläres Geschehen darstellte, das durch den Eintritt von Viren getriggert wurde.

Diese Arbeitsteilung war ein wichtiger Faktor bei der Differenzierung und schließlichen Trennung von Transfektion und Transformation. 1975 bestand Scolnicks Strategie darin, eine importierte Technik zu stabilisieren, gemäß einer in den frühen 70er Jahren entwickelten personellen und technischen Konstellation. Er gliederte sie in das *experimentelle Regime* ein, das virale Onkogene mit medizinischen Fragestellungen im VCP gekoppelt hatte. Dieses Regime möchte ich als materielle Kultur oder Ensemble praktischer Tätigkeiten bezeichnen. Das bezieht sich sowohl auf das Laborleben als auch auf die Metapher vom viralen Onkogen. Um diesen Punkt weiter zu vertiefen, möchte ich nun im zweiten Teil auf die Mechanismen eingehen, die zur Minimierung der Unsicherheiten und zur Akzeptanz der Transfektion führten.

34 Vgl. Scolnick 1972.
35 Vgl. NCI Annual Reports of Activities. Fiscal Year 1973 und 1974.

IV. Triangulation von Arbeitsabläufen und Labors: Transfektion definiert zelluläre Onkogene und vice versa

Scolnicks zweite Arbeit zur Transfektion erschien im Mai 1978. Um das neu gewonnene Vertrauen in die experimentelle Technik zu erläutern, verwies er auf einen weiteren Verfahrensschritt: „[Eine] kurze Behandlung der Zellen mit hohen Konzentrationen von Dimethylsulfoxid (DMSO) nach Präzipitierung der zur Transfektion vorgesehenen DNS mit Calciumphosphat führte zu einer deutlichen Vermehrung der Foci.“[36] Die Chronologie legt jedoch eine andere Interpretation nahe: Diese Zellbehandlung war bereits seit 1976 bekannt, aber Scolnick interessierte sich erst ab Ende 1977 dafür.[37] Mit höchster Wahrscheinlichkeit war es also nicht die technische Innovation selbst, die Scolnicks Aufmerksamkeit erregte.[38] 1978 definierte er Transfektion als Produktionsmittel für *Foci* und bezog sich dabei auf van der Ebs Arbeiten. Forschungsobjekt, Methoden und Akteure hatten gewechselt. Der Eindruck eines fundamentalen Wandels spiegelt sich auch in den Forschungsberichten wider.[39]

In der Zwischenzeit kam es zu erheblichen Veränderungen in Scolnicks Labor, weil das VCP unversehens vor dem Zusammenbruch stand.[40] 1975 fällte eine vom Direktor des NCI berufene gutachterliche Kommission ein kritisches Urteil, was übrigens der Skepsis vieler Molekularbiologen entsprach.[41] Das Unternehmen sei zu teuer, die Suche nach Krebs-Impfstoffen sei fragwürdig, und die Grundlagenforschung werde aufs Spiel gesetzt. Die Forschung konzentriere sich auf

36 Lowy et al. 1978, 292.

37 Vgl. NCI Annual Reports of Activities. Fiscal Year 1976 und 1977.

38 Die Verbesserung war nicht sogleich evident. Es mußten lokale Nachbesserungen vorgenommen werden, um die Technik zu *domestizieren*. Laut Scolnick wurden Nerz-Zellen und NIH/3T3-Zellen durch Maus-Zellen (C 127) ersetzt, weil sie die starke Behandlung mit DMSO besser vertrugen. Leider ist dieser Teil der Geschichte in den Quellen nicht dokumentiert. Die Laborbücher jener Zeit sind unauffindbar.

39 Der im Sommer 1977 geschriebene Bericht sieht das Forschungsziel darin, „die Ätiologie von Neoplasien bei Nagern und Primaten herauszufinden“. Das Mäuse-Modell wird als Schritt in Richtung einer Identifizierung menschlicher Onkogene angesehen. Die Arbeit dreht sich hauptsächlich um die Hybrdisierung von Nukleinsäuren und in vitro Proteinbiosynthese. 1978 heißt es, man habe „zwei große Projekte“. Das erstere dient der Identifizierung eines vermuteten transformierenden Proteins aus dem murinen Sarkom-Virus anhand immunologischer Methoden. Das zweite geht um die „Anwendung rekombinanter DNS-Technologie beim Genom von RNS-Tumorviren“. In dieses Projekt fällt der neuerliche Gebrauch der Transfektion. Vgl. NCI Annual Reports of Activities. Fiscal Year 1977 und 1978.

40 Siehe dazu Gaudillière 1992, 232–240.

41 Vgl. Zinder Report. US-Senate, Subcommittee on Health. 93rd Congress. National Cancer Act of 1974. Hearings of January 30, 1974, 103–142.

RNS-Viren und vernachlässige das Wissen um DNS-Viren. Schließlich werde es von einer Handvoll Wissenschaftler mit extern gelenkten Interessen geleitet.

Auf diese Kritik änderte sich zunächst wenig. Doch 1977 wurde der Pathologe A. C. Upton zum neuen Direktor des NCI bestellt. Upton beeilte sich, die Bedenken des Kongresses bezüglich des Nutzens des *National Cancer Plan* zu berücksichtigen, und ging sogleich an eine Neustrukturierung des NCI. Das VCP war insofern betroffen, als vornehmlich mit Virologen besetzte Gutachter-Kommissionen gebildet und etliche Verträge mit Privateinrichtungen nicht weiter verlängert wurden. Zudem schickte man verschiedene Leiter des Programms in Pension und Forschungsgruppen wurden neu zusammengestellt.[42] 1978 wurde das Programm endgültig aufgegeben und die Tumorviren-Forschung wurde in ein kleineres Programm namens *Biological Carcinogenesis Branch* eingegliedert. Hierbei handelte es sich nicht bloß um administrative Einschnitte. Der Bezug zu medizinischen Fragestellungen, etwa die großen Reihenuntersuchungen, wurde radikal in Frage gestellt, während Molekular-Virologie als „Grundlagenforschung" und rekombinante DNS-Technologie erheblich aufgewertet wurden.

Auch Scolnick war betroffen. Seine Gruppe verließ Meloy und kehrte ins Stammhaus nach Bethesda zurück, wodurch die Verbindungen zu Meloy-Wissenschaftlern und zu Aaronsons Gruppe gelockert wurden. Neue Kontakte ergaben sich mit nachrückenden jungen Wissenschaftlern.[43] Durch diese Veränderungen entstand ein ganz neues Interesse am „Basteln" mit DNS und auch für die Arbeiten von van der Eb. Doch liefern sie keine Erklärung dafür, wie Scolnick und seine Mitarbeiter die technischen und epistemischen Unsicherheiten bewältigten, die aus dem Umgang mit Transfektion resultierten.

V. Die Domestizierung der Transfektion durch Kombinieren von Arbeitsschritten

Scolnicks neuer Assay war eigentlich eine operationale Definition des Harvey-Sarkom-Virus. Seit 1973 wurden diese Viren routinemäßig dadurch erzeugt, daß Zellen mit dem Moloney-Leukämie-Virus, einem Vorläufer des Harvey-Sarkom-Virus, superinfiziert wurden. Es ließ sich nicht vermeiden, daß stets eine

42 Beispielsweise wurde Huebners Labor aufgelöst und seine Gruppe wurde der Abteilung von Todaro unterstellt.

43 Beispielsweise ging Thomas Shih an die Harvard Medical School zu John Coffin, um DNS-*Fingerprinting* zu erlernen; Esther Chang machte sich im Labor von Wallace Rowe am *National Institute for Allergy and Infectious Disease* mit Klonierungs-Techniken vertraut. Am NIH galt Rowe als prominenter Verfechter einer breiten Anwendung rekombinanter DNS-Techniken zur Erforschung pathogener Viren. Siehe Krimsky 1985.

Mischung aus beiden Virusarten entstand. Reinigungsversuche erwiesen sich als recht kompliziert, und so waren mehrere Tests für die immer wieder auftretende Kontaminierung entwickelt worden. Diese Versuche erinnerten an eine Idee aus der Onkogen-Theorie, nämlich daß die Zellzerstörung und -transformation im vorliegenden System verschiedenen Viren zuzuschreiben sei: erstere dem Leukämie-Virus, letztere dem Sarkom-Virus.[44] Folgerichtig wurde die Zelltransformation als ein Test für dieses Virus betrachtet. 1977 erinnerten sich Scolnick und seine Mitarbeiter an die Transfektion als einen möglichen Test für die Kontaminierung mit dem Sarkom-Virus. So suchten sie nach einem Weg, die transformierende Fraktion von der *plaque*bildenden Fraktion zu trennen. Die Kalibrierung der *Foci*bildung mit isolierter *DNS* beruhte somit auf der Transformation von NIH/3T3-Zellen nach Inkubation mit Sarkom-Viren.

Im Gegensatz zu früheren Resultaten wurde die Verknüpfung des Harvey-Sarkom-Virus mit der Transfektion nun interessant, weil sich mit ihr ein neues Forschungsobjekt ergab: ein DNS-Segment, welches das Onkogen für das Harvey-Sarkom-Virus enthielt.[45] Diese Verankerung war stark genug, um sich auch auf das Onkogen des Sarkom-Virus selbst auszuwirken. Zusammenfassend bezeichnete Scolnick das transformierende Gen als *Foci* erzeugendes DNS-Segment: Das Onkogen wurde damit zur DNS, „sichtbar" gemacht durch Transfektion. Diese Behauptung überspielte zum einen alternative Erklärungen, die sich aus den Unwägbarkeiten der Transfektion ergaben und überführte zum anderen das virale Onkogen in einen Gegenstand, den man mit der Technik der rekombinanten DNS bearbeiten konnte.

Legitimiert wurde diese Verschiebung dadurch, daß man die mit der Transfektion verbundenen Unsicherheiten durch *Triangulation,* d. h. eine Einbettung in andere Experimentalsequenzen eindämmte. Scolnick verband die Transfektion mit bereits gut etablierten Experimenten (siehe Abb. 3). Erstens testete man mit einer DNS-Probe Homologien zwischen transformierender DNS und einem endogenen Ratten-Virus, von dem man annahm, daß es der Ursprung für einige Sequenzen im Genom des Sarkom-Virus sei. Das Experiment führte zu der Annahme, daß die *foci*bildende Fraktion die Ratten-Sequenz enthielt, daß man es also mit einem viralen Onkogen zu tun hatte, das dem Rattengenom entstammte. Zweitens legte ein anderes Experiment nahe, daß Infektiosität und *Foci*bildung durch unterschiedliche Enzyme blockiert wurden. Auch dieses Ergebnis sprach dafür, daß die DNS des Sarkom-Virus für die Transformation verantwortlich sei.

44 Das Moloney-Leukämie-Virus verursachte keine Zelltransformation vor der Auslösung des Replikationsvorgangs.

45 Andere Interpretationen waren möglich. Scolnick diskutierte einen möglichen Effekt der murinen DNS. Dagegen bemerkte Weinberg später, daß die DNS des Moloney-Leukämie-Virus ebenfalls Gene enthalten könnte, die an der Transformation beteiligt sind.

Ich möchte nachdrücklich betonen, daß die Verbindung dieser Experimente weder als unabhängige Bestätigung im Sinne einer logischen Komplementarität noch als historische Folge zu verstehen ist, sondern als kontextuelle Vernetzung, die auf einer Reihe von Entscheidungen basierte. Es wären auch andere Vorgehensweisen möglich gewesen. Das wird in Abbildung 3 deutlich. Die dem Experimentalsystem innewohnenden Unwägbarkeiten wurden durch eine ergänzende Sequenz von Experimenten, anhand derer Transfektion und das neue DNS-Onkogen definiert wurden, reduziert.[46] Durch ihre Vernetzung wurde der Möglichkeitshorizont eingeschränkt. So basierte die Schlußfolgerung aus dem ersten Experiment auf dem Ergebnis des zweiten und vice versa.[47] Diese Entscheidungen wurden entweder im Arbeitsprozeß oder als Entscheidungen zweiter Ordnung nach der experimentellen Tätigkeit getroffen. Triangulation fand somit sowohl auf der Ebene der schriftlichen Verarbeitung der Experimente als auch im Arbeitsprozeß selbst statt, wie etwa die Verwendung ähnlicher Fraktionen in verschiedenen Experimental-Sequenzen zeigt.

Ein Entscheidungsprozeß kann Triangulation genannt werden in Anlehnung an jene Sequenz von Arbeitsschritten, die dazu dienen, anhand der „Zeichnung und Messung einer Serie von Dreiecken ein Territorium oder eine Region zu überschauen und zu vermessen."[48] Analog dazu könnte man sagen, daß Triangulation eine Repräsentationstechnik ist, die ein Modell oder eine Inskription herstellt, welches vom Kontext der ursprünglichen Hervorbringung abgetrennt wird. Dieses kann dann zirkulieren und für ein „Territorium" stehen, d. h. für eine Experimental-Landschaft. Nach Susan Leigh Star hat Triangulation im Kontext wissenschaftlicher Praxis zwei Bedeutungsebenen: erstens „die unabhängige Anwendung derselben Methode auf das gleiche Objekt" durch verschiedene Benutzer, wodurch die Verläßlichkeit gesteigert wird; zweitens die Anwendung „verschiedener Methoden zur Beschreibung desselben Objekts", wobei die Validität durch den

46 Scolnick erwähnt kurz einige Elemente dieser Sequenz: „Durch Geschwindigkeits-Zentrifugation konnte die *focus*bildende nicht von der *plaque*bildenden Aktivität getrennt werden. [...] Die chronisch mit Harvey-Sarkom-Viren und Moloney-Leukämie-Viren infizierten NIH/3T3-Zellen wurden bereits beschrieben. [...] *Foci* wurden gewöhnlich erst fünf bis sechs Tage nach Zugabe der DNS beobachtet; die Zählung erfolgte drei bis vier Tage danach. Abweichungen von dieser Regel werden extra vermerkt. [...] Die Verdauung durch Xho1 wurde anhand einer vollständig verdauten Ad2DNA überprüft, die J. Hauser zur Verfügung stellte." (Lowy et al. 1978, 292f.)

47 „Die *focus*bildende Aktivität ist viral bedingt. [...] Die Identifizierung des Harvey-Virus erfolgte durch Hybridisierung viraler RNS mit den rattenspezifischen Sequenzen im Harvey-Virus (die Daten werden nicht gezeigt). [...] Zusätzlich legte die Nukleinsäure-Hybridisierung der zellulären RNS (aus *Foci*, die durch die isolierte *focus*bildende Fraktion gebildet waren) mit rattenspezifischen Sequenzen aus dem Harvey-Sarkom-Virus nahe, daß diese Zellen alle Ratten-Sequenzen enthalten, die im Sarkom-Virus vorhanden sind." (Ebenda, 295.)

48 Oxford Dictionary.

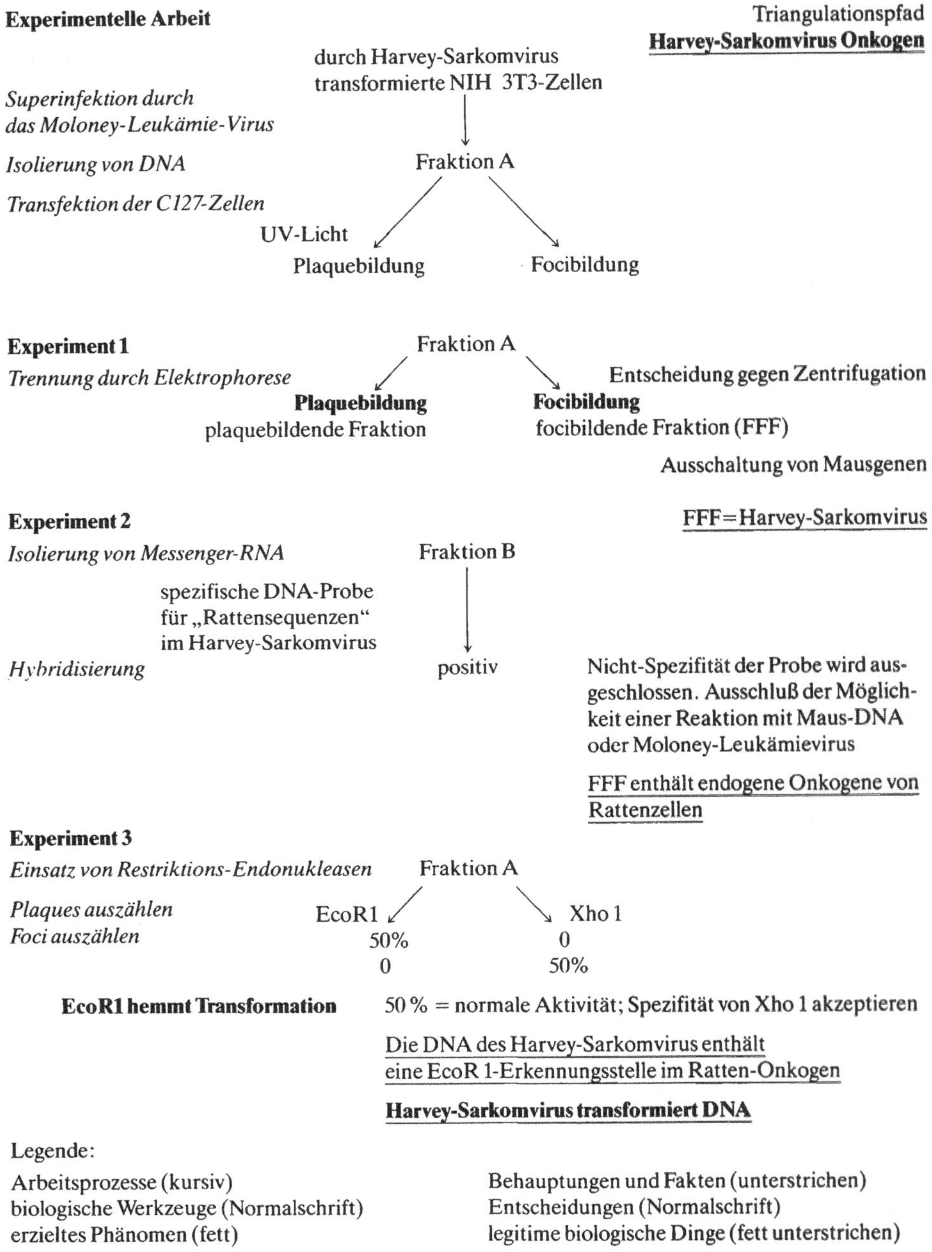

Abb. 3: Aufbau eines sinnvollen Transfektionsversuchs für Maus-Onkogene: Triangulation von Experimentalverläufen.
Quellen: Lowy et al. 1978; Scolnick et al. 1976.

Vergleich von Werkzeugen getestet wird.[49] Star hat epistemologische Konnotationen ausgeblendet. Sie versteht Triangulation als kulturelle Praxis, die Legitimität in bestimmten sozialen Kontexten erzeugt. Am Beispiel der Debatten um die cerebrale Lokalisation geistiger Funktionen im 19. Jahrhundert hat Star den Begriff Triangulation eingeführt, um die Kombination physiologischer Forschung und klinischer Praxis bei der „Erhärtung" von Ergebnissen zu charakterisieren.

Ich möchte hinzufügen, daß Triangulation zur Bewältigung von Unsicherheiten hilfreich ist, gerade weil „Evidenzen" sich schlecht in einen einzigen Plan oder ein Interpretationsschema einpassen lassen und keine eindeutige Wahl zwischen alternativen Möglichkeiten bieten. Indem sie die Arbeit verschiedener Wissenschaftler zu verschiedenen Zeiten koordiniert, hilft sie, Regresse zu beenden und durch Stabilisierung sowie Kalibrierung neue Experimentalserien zu ermöglichen. Triangulation ist also nicht ein Interpretationsverfahren, das es mit verschiedenen Aspekten eines bereits gegebenen Objekts zu tun hat. Vielmehr handelt es sich um einen kollektiven Prozeß, bei dem Methoden und Objekte sich gegenseitig definieren. Dabei ist Triangulation nicht auf das Zusammenspiel von Akteuren aus verschiedenen sozialen Kontexten wie Klinik und Labor beschränkt. Sie tritt auch in einem einzigen sozialen Raum auf, wenn verschiedene Forschungskulturen und -stile miteinander konkurrieren, wenn Wissenschaftler sich über ihre Arbeitsstrategien zu verständigen haben. Je nach den betroffenen Einrichtungen, Akteuren und benutzten Ressourcen kann man somit zwischen verschiedenen Arten von Triangulation unterscheiden.

Scolnicks erneute Beschäftigung mit Transfektion kann die kurzfristige Koordination von Arbeitssequenzen innerhalb eines Teams verdeutlichen. Solch eine interne Triangulation kann entweder erreicht werden durch die Diskussion über Materialien, Resultate und Ergebnisse innerhalb einer Laborgruppe.[50] Es kann aber auch ein einzelner Wissenschaftler seine eigenen Aktivitäten untereinander koordinieren. So beruhte das erste Experiment (Abb. 3) auf der Wahl der Untersuchungstechnik (die Zentrifugation funktionierte nicht und wurde ausgeschlossen), Beobachtungsentscheidungen (die Bestimmung der Anzahl von *Foci,* welche jede der Fraktionen induziert) und interpretativen Festlegungen (die Eliminierung der Mausgene, weil sie wahrscheinlich nichts mit dem Vorgang zu tun haben). All diese Entscheidungen beruhten jedoch keineswegs auf klaren Ergebnissen. So gab Scolnick die Zentrifugation auf, weil er daran glaubte, daß die

49 Star 1986, 29.

50 In diesem Falle waren es vielfältige Diskussionen der Autoren (D. R. Lowy, E. Rands, E. M. Scolnick), der verschiedenen Mitarbeiter am Tumorvirus-Genlabor (H. Young, W. P. Parks, C. Chen) und den Meloy-Laboratorien (C. Schumaker).

Trennung *foci*bildender und *plaque*bildender Prozesse möglich sei. Dieser Glaube wurde durch das Langzeitprogramm einer Suche nach Onkogenen befestigt. Im gleichen Zusammenhang wurde die mögliche Beteiligung des Leukämie-Virus durch eine technische Entscheidung ausgegrenzt: Es wurde keine Zeit an ein Hybridisierungsexperiment verschwendet, das zwar möglich gewesen wäre, aber viel Aufwand erfordert hätte.

VI. Die Verbindung von Transfektion und Krebs beim Menschen durch Kombination von Laboratorien

Diese erste Triangulation rechtfertigte hauptsächlich die Etablierung eines Transfektionstests für virale Onkogene. Sie veränderte die materielle Definition des Sarkom-Virus, tangierte jedoch nicht die Metapher vom viralen Onkogen. Ab 1978 wurde Transfektion dann zu einer bloßen Technik, die gerade noch im „Material und Methoden"-Teil Erwähnung fand. Technische Assistenten führten die Routinebestimmung der *Foci* aus, doch das System war nach wie vor heikel.[51] Eine weitere interne Triangulation schuf dann ein robusteres System durch die komplementäre Anwendung von drei Praktiken, oder besser: drei Sets von Methoden und Objekten. Dazu zählten die immunologische Untersuchung eines vermutlich transformierenden Proteins namens p21, der Transfektionstest und die Kartierung der DNS des Sarkom-Virus durch rekombinante DNS-Techniken. Kalibrierung bedeutet, daß die Resultate aus der einen Prozedur als Standards für die Stabilisierung einer zweiten angewendet wurden. Eine solche gegenseitige Verstärkung basierte auf der Annahme, daß alle drei Methoden Aspekte eines einzigen Zusammenhangs seien. Diese zweite Triangulation war komplexer, bot jedoch ähnliche sozio-kognitive Verfahren zur Reorganisation der materiellen Welt, in der wir uns hier bewegen. Im folgenden möchte ich auf die Art der Lösung hinweisen, die sich 1980 abzeichnete. Scolnick und seine Mitarbeiter förderten kein virales Onkogen ans Tageslicht, sondern ein transformierendes Gen namens *ras,* das zum Genom der Rattenzelle gehörte. Dieses „normale" Gen war genau in der Mitte des endogenen Rattenvirus lokalisiert, das man vorher für den Ursprung des Sarkom-Virus-Onkogens gehalten hatte. Damit ersetzten gewissermaßen zelluläre Onkogene die viralen, und zwar in dem

51 1979 führte die Suche nach dem Onkogen des Harvey-Sarkom-Virus zu Problemen. Einerseits konnten Transfektionen, die zeigen sollten, daß das zum Harvey-Sarkom-Virus homologe endogene Ratten-Virus tatsächlich ein transformierendes Virus war, nicht vollendet werden. Andererseits lösten klonierte Fragmente aus dem Sarkom-Virus zwar Transformation aus, aber es schien das ganze Genom erforderlich zu sein, um einen signifikanten Effekt zu erzielen.

Moment, als das eine staatlich geförderte Forschungsprogramm *(Biological Carcinogenesis)* das andere (VCP) ersetzte.

Doch die Neudefinition von Onkogenen konnte nicht in den beengten Verhältnissen von Scolnicks Labor abgeschlossen werden. In den frühen 80er Jahren wurden weitere Forschungsgruppen durch eine externe Triangulation eingebunden, was zur Stabilisierung der Verbindung zwischen Transfektion und menschlichem Krebs führte. 1981 nahm Scolnick ein Angebot des Pharmakonzerns Merck an und wurde Leiter eines neu eingerichteten Zentrums für molekularbiologische Krebsforschung. Ein zentrales Anliegen bestand in der Entwicklung von biologischen Werkzeugen, d. h. von DNS-Proben und monoklonalen Antikörpern unter Ausnützung der Erkenntnisse über das *ras*-Gen. Im gleichen Jahr erzielten drei Labors positive Transfektionsresultate mit DNS aus Zellen eines menschlichen Gallenblasenkarzinoms.[52] Zwei von ihnen meldeten Anfang 1982, daß die DNS-Sequenz aus dem transformierenden Gen des Karzinoms Strukturähnlichkeiten mit dem *ras*-Onkogen aufwies. Diese kollektive Verkoppelung der Resultate marginalisierte Scolnicks Verknüpfung von Tumorviren und Transfektion und etablierte Transfektion als ausreichende Testmethode für menschliche Onkogene.

Am Beispiel der Zusammenarbeit mit Robert Weinbergs Gruppe am MIT kann die kollektive Unsicherheitsbewältigung erläutert werden, durch welche die Arbeit verschiedener Labors koordiniert wurde. Ursprünglich waren die Strukturähnlichkeiten zwischen dem Krebsgen und dem *ras*-Gen durchaus umstritten.[53] Zur weiteren Klärung entschlossen sich Scolnick und seine Mitarbeiterin Esther Chang Anfang 1982, das *ras*-Gen an Weinberg zu senden. Im Gegenzug überließen dieser und sein Mitarbeiter Cliff Tabin Esther Chang das Blasenkrebs-Gen. Da Scolnick zu dem Zeitpunkt bereits bei Merck war, wechselte Chang in Douglas Lowys Labor am NCI. Weinbergs *ras*-Untersuchungen beschleunigten ihre eigenen Versuche, Analogien zwischen menschlichen Zellgenen und murinen *ras*-Genen zu finden. Das Grundschema stammte aus der Theorie über die Herkunft des Harvey-Sarkom-Virus. Chang versuchte zu zeigen, daß normales menschliches *ras* Zelltransformation hervorrufen konnte, wenn es an einige virusaktivierende Sequenzen gekoppelt wurde.[54] Weinbergs Gruppe wählte einen anderen Weg. Sie suchte nach einer Mutation, welche die Struktur des normalen menschlichen *ras* veränderte. Man einigte sich zunächst darauf, daß Chang und Tabin gemeinsam abnorme Fragmente des Gallenkrebs-

52 Wigler in Cold Spring Harbor, Weinberg am Massachusetts Institute of Technology und Cooper in Harvard.

53 Vgl. Angier 1988.

54 Vgl. Chang et al. 1982.

gens klonierten. Bei ihren Arbeiten mit dem Gallen-Onkogen stellte Chang fest, daß ihre Klons, die mit denen von Tabin äquivalent zu sein schienen, keineswegs die von Tabin behaupteten positiven Resultate bei der Transfektion erbrachten. Tabin und Weinberg entschieden sich, Changs Resultate zu ignorieren und setzten die Suche nach einer Mutation fort. Ihre Resultate wandten sich gegen Changs Vermutung, daß die Aktivierung des normalen *ras* zur Transfektion führen könnte.

Den abschließenden Artikel verfaßten alle beteiligten Wissenschaftler gemeinsam, und sie kamen zu dem vorsichtigen Ergebnis, daß zwei Aktvierungsmechanismen möglich seien.[55] Doch die Hierarchie war klar. Changs Schema war effektiv, aber es war bloß ein Konstrukt, während Tabins Mechanismus in menschlichen Zellen vorkam.[56] Changs frühere Experimente wurden auf eine Weise mit denen von Tabin verknüpft, die nahelegte, daß die Übertragung des murinen Modells auf menschliches *ras* ein Labor-Artefakt ohne metaphorischen Wert war. Die externe Triangulation führte zu einer neuen Ordnung. Man kann sich fragen, was passiert wäre, wenn Scolnick nicht zu Merck gegangen oder wenn Chang Lowys Gruppe näher gestanden hätte. Wie dem auch sei, die Hauptkonsequenz der Zusammenarbeit beider Labors bestand darin, daß Krebs, Transfektion und das *ras*-Gen eng miteinander verbunden wurden. Diese Assoziation materialisierte sich in Form einer neuen DNS-Probe, die in die Forschung Eingang fand. Die Verschiebung von Praktiken und Strategien in der Krebsforschung zwischen 1982 und 1984 hatte einen schlagenden Effekt: die *ras*-Mutation wurde in 15–20 % aller *in vitro* gezüchteten menschlichen Krebszellen gefunden. Die Bedeutung dieses Faktums, nämlich seine Beziehung zu NIH/3T3-Zellen und menschlichem Krebs, ist nach wie vor Gegenstand der Forschung.

VII. Schluß

Diese Studie hat sich mit einigen wenigen Sequenzen einer experimentellen Arbeit befaßt, die man als „Transfektion" bezeichnet und die in den späten 70er Jahren am *National Cancer Institute* ausgeführt wurden. Die Analyse der Herausbildung des Transfektionsversuchs als eines Modellsystems zur Identifizierung

55 Vgl. Tabin et al. 1982.

56 „Diese Experimente [nämlich Changs] sind besonders einschlägig, weil einige von ihnen eine Aktivierung des *ras* und des menschlichen c-*ras*-Proto-Onkogens zeigen. [...] Das heißt, daß das *ras*-Proto-Onkogen durch einen zweiten unabhängigen Mechanismus aktiviert werden kann, der im Prinzip ebenso effektiv für die Bildung eines Onkogens ist wie der hier beschriebene." (Tabin et al. 1982, 148.)

von Krebsgenen hat mehrere Ebenen freigelegt, auf denen bei der experimentellen Arbeit Ungewißheiten auftreten können. Auf einer ersten Ebene führte die Variabilität und schlechte Reproduzierbarkeit der Transfektion zu technischen Unsicherheiten, die es notwendig machten, lokale Standards zur Beendigung des „experimentellen Regresses“ einzuführen. Auf einer zweiten Ebene führte die Tatsache, daß ein Labor-Phänomen – die Zelltransformation – als Modell für menschlichen Krebs galt, zu Unsicherheiten über den Status des Verfahrens, was zu komplexen Untersuchungen über „artifizielle“ und „natürliche“ Karzinogenese Anlaß gab. Was Transfektion bedeutete, war demnach eine offene Frage, und die Entscheidungen, die zu ihrer Beantwortung führten, hatten nicht nur für die Technik, sondern auch für den Untersuchungsgegenstand Konsequenzen.

Im ersten Teil dieser Studie habe ich gezeigt, daß das Vertrauen in das neue System darauf beruhte, daß man es gegen die bereits etablierte Verwendung der Zelltransformation kalibrierte. Lokale Experimentaltraditionen, Forschungsziele und Untersuchungsprozeduren sowie Referenzobjekte waren für die Arbeitsorganisation maßgebend, teils im positiven, teils im negativen Sinne. Wo das Transfektionsverfahren sich nicht in die lokalen Praktiken einfügte, wurden auch keine Anstrengungen unternommen, es weiterzuentwickeln. Hingegen habe ich im zweiten Teil der Studie jene Triangulationspfade aufgezeigt, die zur Bewältigung der Unsicherheiten eingesetzt wurden, und die schließlich zu einer Eingrenzung von Handlungsmöglichkeiten beitrugen, indem sie Experimentalsequenzen, einzelne Wissenschaftler und ganze Laboratorien durch ein Netzwerk von Entscheidungsprozessen miteinander verknüpften. Triangulation galt es dabei nicht als ein Verfahren der Interpretation aufzufassen, sondern als eine Serie von sowohl sozialen als auch kognitiven Verschiebungen im Rahmen einer Reihe von praktischen Entscheidungen, die nicht nur die Arbeitsmittel, sondern auch die Ergebnisse und deren mögliche Bedeutungen betrafen. Durch diese Triangulation wurden heterogene Laboraktivitäten koordiniert, und sie trug dazu bei, regressive Versuche zu beenden, die technischen Mittel für weitere Versuchsreihen zu stabilisieren, zu kalibrieren sowie robustere Fakten zu produzieren.

(Übersetzung: Michael Hagner und Hans-Jörg Rheinberger)

Literatur

Aaronson, Stuart A. (1968): Basis for the Acquisition of Malignant Potential by Mouse Cells Cultivated in vitro. Science 162, 1024–1026.

Aaronson, Stuart A. (1971): Chemical Induction of Focus Forming Virus from Nonproducer Cells Transformed by Murine Sarcoma Virus. Proceedings of the National Academy of Sciences (US) 68, 3069–3072.

Abrahams, P. J./van der Eb A. J. (1975): In Vitro Transformation of Rat and Mouse Cells by DNA from Simian Virus 40. Journal of Virology 16, 206–209.

Abrahams, P. J., et al. (1975): Transformation of Primary Rat Kidney Cells by Fragments of Simian Virus 40 DNA. Journal of Virology 16, 818–823.

Angier, Natalie (1988): Natural Obsessions, New York.

Chang, Esther H., et al. (1982): Tumorigenic Transformation of Mammalian Cells Induced by a Normal Human Gene Homologous to the Oncogene of Harvey Murine Sarcoma Virus. Nature 297, 479–483.

Collins, Harry (1985): Changing Order, London.

Cooper, Geoffrey M./Temin, Howard E. (1974): Infectious Rous Sarcoma Virus and Reticuloendotheliosis Virus DNAs. Journal of Virology 14, 1132–1141.

Gaudillière, Jean-Paul (1992): Oncogenes as Metaphors for Human Cancer. Articulating Laboratory Practices and Medical Demands, in: Ilana Löwy (ed.), Medicine and Change: Historical and Sociological Studies of Medical Innovation, Paris, 213–247.

Gaudillière, Jean-Paul (1994): NCI and the Spreading Genes: About the Production of Mice, Viruses and Cancer. Sociology of Science Yearbook 1994 (im Druck).

Graham, F. L./van der Eb, A. J. (1973a): A New Technique for the Assay of Infectivity of Human Adenovirus 5 DNA. Virology 52, 456–467.

Graham, F. L./van der Eb, A. J. (1973b): Transformation of Rat Cells by DNA of Human Adenovirus 5. Virology 54, 536–539.

Graham, F. L./van der Eb, A. J./Heijnicker, H. L. (1974): Size and Location of the Transforming Region in Human Adenovirus 5. Nature 251, 687–691.

Gross, Ludwig (1970): Oncogenic Viruses, New York.

Hill, Miroslav/Hillova, Jana (1971): Production virale dans les fibroblastes de poule traités par l'acide desoxyribonucléique de cellules XC de rat transformées par le virus de Rous. Comptes Rendus de l'Académie des Sciences (Paris) 272, 3094.

Hill, Miroslav/Hillova, Jana (1972): Recovery of the Temperature-Sensitive Mutant of Rous Sarcoma Virus from Chicken Cells Exposed to DNA from Hamster Cells Transformed by the Mutants. Virology 49, 309–313.

Huebner, Robert/Todaro, George (1969): Oncogenes of RNA Tumor Viruses as Determinants of Cancer. Proceedings of the National Academy of Sciences of the United States of America 64, 1089.

Krimsky, Sheldom (1985): Genetic Alchemy: The Social History of the Recombinant DNA Controversy, Cambridge, Mass.

Levy, Jay A./Kazan, P. A./Varmus, H. E. (1974): The Importance of DNA Size for Successful Transfection of Chicken Embryo Fibroblasts. Virology 61, 297–302.

Lowy, Douglas R./Rands, E./Scolnick, Edward M. (1978): Helper-Independant Transformation by Unintegrated Harvey Sarcoma Virus DNA. Journal of Virology 26, 291–298.

Macdonald, F./Ford, C. H. J. (1991): Oncogenes and Tumor Suppressor Genes, London.

Pickering, Andrew (ed.) (1992): Science as Practice and Culture, Chicago.

Ruddon, Raymond W. (1987): Cancer Biology, New York – Oxford.
Scolnick, Edward M./Stephenson, John R./Aaronson, Stuart A. (1972): Isolation of Temperature-Sensitive Mutants of Murine Sarcoma Virus. Journal of Virology 10, 653–657.
Scolnick Edward M., et al. (1973): Studies of the Nucleic Acids Sequences of Kirsten Sarcoma Virus: A Model for Formation of Mammalian RNA-Containing Sarcoma Virus. Journal of Virology 12, 458–463.
Scolnick, Edward M./Bumgartner, Sandra J. (1975): Isolation of Infectious Xenotropic Mouse Type-C Virus by Transfection of a Herterologous Cell with DNA from a Transformed Mouse Cell. Journal of Virology 15, 1293–1296.
Scolnick, Edward M./Goldberg, R. J./Williams, D. (1976): Characterization of Rat Genetic Sequences in Kirsten Sarcoma Virus: Distinct Class of Endogenous Rat Type-C Viral Sequences. Journal of Virology 18, 559–566.
Star, Susan Leigh (1986): Triangulating Clinical and Basic Research: British Localizationists, 1870–1906. History of Science 24, 29–48.
Stephenson, John R./Aaronson, Stuart A. (1973): Expression of Endogenous RNA C-type Virus Group Specific Antigens in Mammalian Cells. Journal of Virology 12, 564–569.
Tabin, Clifford, et al. (1982): Mechanism of Activation of a Human Oncogene. Nature 300, 143–149.

Klaus Amann

Menschen, Mäuse und Fliegen

Eine wissenssoziologische Analyse der Transformation von Organismen in epistemische Objekte[1]

I. Einleitung

Die soziologische Wissenschaftsforschung hat sich in den letzten zwanzig Jahren in weiten Teilen von einer Untersuchung der institutionellen und normativen Bedingungen von Forschung zu einer Analyse der Produktionsformen und Strukturen wissenschaftlichen Wissens gewandelt. Die empirischen Eigenheiten der disziplinären Gegenstände und die praktische Logik ihrer experimentellen Konstitution und Bearbeitung wurden zum Gegenstand einer *Wissenssoziologie naturwissenschaftlichen Wissens*.[2]

Ein konstitutives Merkmal dieses Wandels ist die Auflösung der traditionellen, in der philosophischen Erkenntnistheorie entwickelten Unterscheidung eines Entdeckungs- und eines Begründungszusammenhangs wissenschaftlichen Wissens. Die von der funktionalistischen Wissenschaftssoziologie übernommene Arbeitsteilung zwischen philosophischer Erkenntnistheorie auf der einen und soziologischer Analyse der institutionellen und normativen Erkenntnisbedingungen auf der anderen Seite wurde durch empirische Analysen historischer und zeitgenössischer Wissensproduktion radikal in Frage gestellt. Neben den frühen Arbeiten von Ludwik Fleck waren es auch die Arbeiten von Thomas Kuhn, die andere Unterscheidungen für die Analyse (natur-)wissenschaftlichen Wissens einforderten.

1 Dieser Aufsatz basiert auf einem Vortrag, der auf dem Lübecker Symposium „Experimentalsysteme in den biologisch-medizinischen Wissenschaften: Objekte, Differenzen, Konjunkturen" gehalten wurde und zuerst in der *Zeitschrift für Soziologie* 23, 1994, 22–40, erschienen ist. Ich danke den Teilnehmern des Lübecker Symposiums, insbesondere Hans-Jörg Rheinberger, für Diskussionen und Anmerkungen zu früheren Versionen. Mein besonderer Dank gilt außerdem Stefan Hirschauer für eine intensive Beratung bei der endgültigen Fassung dieses Beitrags.

2 Vgl. dazu Knorr-Cetina; Mulkay (1983a), Pickering (1992) und insbesondere Heintz (1993), die eine ausführliche Darstellung der verschiedenen neueren Ansätze in der Wissenschaftsforschung geben.

Der Übergang von *externen* Betrachtungen der Strukturen und Institutionalisierungsformen von Wissenschaft zur Betrachtung als Tätigkeiten mit empirisch zu untersuchenden Eigenheiten fand unter dem Einfluß erkenntnistheoretischer Überlegungen statt.[3] Wissenschaftshistorisch und erkenntnistheoretisch argumentierende Relativierungen einer aus den wissenschaftlichen Begründungszusammenhängen kausal ableitbaren *Logik der Forschung,* der erkenntnistheoretische Nachweis der Unterdeterminiertheit von wissenschaftlichen Theorien durch Beobachtungen bzw. der Theoriegeladenheit wissenschaftlicher Datenproduktion eröffneten u. a. die Möglichkeit, naturwissenschaftliche Wissensproduktion als eine an lokale Kontexte gebundene und soziale Tätigkeit zu betrachten und diese soziologische black box mit empirischen Mitteln zu durchleuchten.[4]

Wenn empirische Beobachtungen – wissenschaftliche Tatsachen – in unterschiedlichen Theorien (Erklärungsmodellen) unterschiedliche, aber theoriebezogen konsistente Bedeutungen erlangen können und umgekehrt formulierte wissenschaftliche Tatsachen stets als Resultat theorieabhängiger Beobachtungen und nicht mehr in einem naiven Sinne als Deskriptionen gesehen werden können, ihr Gegenstand somit nicht mehr als Entdeckung eines objektiv Vorhandenen zu bestimmen ist, dann werden verschiedene praktische Konsequenzen für die Untersuchung und Darstellung moderner Wissenschaften möglich.

Unter anderem wurden folgende Strategien daraus abgeleitet: aus wissenschaftshistorischer Perspektive eine Strategie, die rekonstruktiv Abfolgen von Erklärungsmodellen, Theorien und damit verbundenen Formen der wissenschaftlichen Praxis sowie die Untersuchung von Übergangsphasen zum Gegenstand machen kann; aus wissenschaftshistorischer wie -soziologischer Perspektive die systematische Suche und Analyse *offener* Situationen im Forschungsprozeß, nämlich dort, wo eine Differenz zwischen Interpretationen von wissenschaftlichen Beobachtungen expliziert und als Kontroverse ausgetragen wird;[5] aus wissenssoziologischer Perspektive die mikroskopische Analyse naturwissenschaftlichen Wissens.[6]

Gemeinsam ist vielen der jüngeren Arbeiten eine Hinwendung zu empirischen Bearbeitungen ihrer Fragestellungen, die sich nicht allein auf die Explora-

3 In diesem Zusammenhang sind u. a. die Arbeiten von Quine (1953), Feyerabend (1975) und Hesse (1980) relevant.

4 Vgl. dazu Knorr-Cetina; Mulkay 1983b.

5 Siehe MacKenzie 1981; Pickering 1984; Collins 1985.

6 Bloor (1976) bestimmt diese Wissenssoziologie zuerst als ein „strong programme", das dann durch das sog. Interessenmodell (Barnes/MacKenzie 1979) interpretiert wird. Vgl. dazu auch Heintz 1993, 535ff. Andere Arbeiten wie Latour/Woolgar 1979, Lynch 1985 und Knorr-Cetina 1981 folgen diesem Ansatz nur bedingt.

tion der Darstellungsebene der Wissensproduzenten beschränken, sondern in die Mikroprozesse der jeweiligen Lebenswelten Einblick zu nehmen versuchen.[7]

Zu letzteren gehören insbesondere die Arbeiten von Latour und Woolgar, Lynch und Knorr-Cetina, die die wissenschaftliche Arbeit in Forschungslaboren in den Mittelpunkt der Analyse stellen.[8] Die Konzeption vom Labor als Ort und sozialer Form der Wissensproduktion wird von diesen Autoren in unterschiedlicher Weise weiterentwickelt. Bei Latour sowie Law und Callon werden die Verknüpfungen zwischen Akteuren und *natürlichen* Gegenständen, zwischen Macht und Wissen als zu sozialen Beziehungen gewebtes und mit rhetorischen und (macht-)politischen Mitteln verwobenes Netzwerk konzipiert und exemplarisch rekonstruiert.[9] *Technische* und *soziale* Beziehungen werden auf epistemologischer Ebene ebensowenig unterschieden wie menschliche und nicht-menschliche Akteure im Sinne semiotischer Konzepte egalisiert werden.

Lynch und andere ethnomethodologische Autoren wie Livingston oder Garfinkel verstehen ihre Beiträge als Teil der „ethnomethodological studies of work", in denen sie die besondere Form wissenschaftlicher Laborarbeit zu ihrem Gegenstand machen.[10]

Knorr-Cetina schließlich erweiterte den Laborstudienansatz zu einer kulturanalytischen Konzeption, die im folgenden Hintergrund meiner Darstellung sein wird. Sie entwickelte auf der Grundlage von Laborstudien in der Elementarteilchenphysik und der Molekularbiologie[11] das Konzept *epistemischer Kulturen*.[12] Vorrangig geht es dabei um die Systematik der unterscheidbaren kulturellen Ordnungen, mit denen etwa in biologischen oder physikalischen Kontexten Wissen erzeugt wird. Sichtbar gemacht wird die „disunity of the sciences" (Knorr-Cetina) nicht nur als eine Oberflächendifferenz ihrer Forschungspraxis, sondern als Unterschiedlichkeit ihrer Erkenntniskulturen. Der empirische Vergleich von Forschungsfeldern wird fruchtbar gemacht, um diese systematischen Differenzen herauszuarbeiten.[13]

Die Mikroanalysen wissenschaftlicher Laborarbeit handelten sich in unterschiedlicher Weise den Vorwurf ein, zugunsten der Detaillierung und Präzisierung lokaler Ereignisse die translokalen, universellen Ordnungsmuster von Wis-

7 Oder sie tun dies in einer spezifischen Weise, indem sie Darstellungspraktiken diskursanalytisch behandeln (z. B. Mulkay et al. 1983).

8 Vgl. Latour/Woolgar 1979; Lynch 1985; Knorr-Cetina 1981.

9 Vgl. Latour 1987; Law/Callon 1988.

10 Vgl. Lynch 1992; Livingston 1986; Garfinkel et al. 1981.

11 Vgl. z. B. Knorr-Cetina 1992b, Amann/Knorr-Cetina 1988.

12 Vgl. Knorr-Cetina 1994.

13 Dieses Vorgehen wird in Knorr-Cetina (1992b) auf weitere Bereiche ausgedehnt; vgl. auch Knorr-Cetina/Amann 1992.

senschaft, Themen, die bislang in der Wissenschaftsforschung bearbeitet wurden, aus dem Blick zu verlieren.[14] Hinzu kommen kritische Auseinandersetzungen mit den unterschiedlichen Konzeptionen von Konstruktivismus, die (nicht nur) in der neueren Wissenschaftsforschung und -theorie Verwendung finden.[15]

Nicht nur aus dieser Kritik wird deutlich, daß sich neben den – hier nicht weiter explizierten – Differenzen zwischen den aufgeführten Autoren und Arbeiten eine dem wissenssoziologischen Vorgehen gegenüber indifferente oder ablehnende Wissenschaftsforschung identifizieren läßt.

Diese eher traditionell orientierten wissenschaftssoziologischen Ansätze adaptieren zwar z. T. einen erkenntnistheoretischen Relativismus etwa in Form des radikalen Konstruktivismus, halten jedoch u. a. an der kognitiven Einheit der Wissenschaft fest und explorieren jenseits dieser Voraussetzung die sozialen Dimensionen von Wissenschaft. Sie interessieren sich insbesondere für Fragen, die eine stärker makroskopische Betrachtung von übergreifenden Entwicklungstendenzen ganzer Wissenschaftsbereiche oder des Wissenschaftssystems schlechthin erfordern und an der Unterscheidung von gesellschaftlichen Funktionssystemen orientiert sind.[16]

Die Vermittlung zwischen diesen letztgenannten Ansätzen und der Wissenssoziologie naturwissenschaftlichen Wissens ist von verschiedenen wechselseitigen Miß- und Unverständnissen gekennzeichnet, die einer eigenen Analyse bedürften und die hier nicht versucht werden soll.[17] Ich will dagegen im weiteren ethnographisches, mit mikroanalytischen Verfahren gewonnenes Datenmaterial als Basis für die Interpretation *translokaler Entwicklungen* in der Molekularbiologie benutzen. Dazu werde ich aus den Innenansichten lokaler Forschungsprozesse eine Systematik für deren wissenssoziologische Rekonstruktion entwickeln. Mit dieser Rekonstruktion soll die Leerstelle zwischen einer wissenssoziologischen Entzifferung naturwissenschaftlicher Tatsachenproduktion und einer von *außen,* d. h. einer das Wissenschaftssystem und seine Eigenheiten beschreibenden Makroperspektive gefüllt werden. Ich werde mich dazu einer *kulturalistischen*

14 Vgl. Nowotny 1984; Cozzens/Gieryn 1990.

15 So zuletzt Sismondo 1993; vgl. dazu Knorr-Cetina 1993 und 1989. Darauf kann in diesem Zusammenhang nicht näher eingegangen werden.

16 Um nur einige exemplarische Beispiele zu nennen: Hohn/Schimank 1990; Nelkin 1987; Luhmann 1990.

17 Einen Beitrag zu dieser Debatte liefern Hasse et al. (1993). – Dies bedeutet nicht, daß gerade an den Stellen, an denen es um die empirische Analyse konkreter Wissenschaftsfelder geht, keine konsens- oder anschlußfähigen Resultate vorliegen (vgl. dazu Bonß et al. 1993). Entsprechendes kann man u. U. auch von einem Vergleich der noch nicht publizierten Resultate aus dem von Zimmerli geleiteten Projekt zur Technologisierung der Biologie und den in diesem Aufsatz diskutierten Phänomenen erwarten.

Perspektive bedienen. In deren Mittelpunkt rücken die besonderen Objekte der Molekularbiologie, deren Konstitution und Transformation.

In Anlehnung an Knorr-Cetina verstehe ich als epistemische Kultur der Molekularbiologie diejenigen Einheiten wissenschaftlicher Praxis, die – empirisch nachvollziehbar – zusammenhängende Formen, Strukturen und Mechanismen der Wissenserzeugung, Stabilisierung und Diffusion bilden. Der praktische Zugang zu diesen Einheiten erfolgt über eine Exploration der Arbeitsplätze, der Orte, an denen die Gegenstände und Themen wissenschaftlichen Wissens in materialer und symbolischer Weise bearbeitet werden. Diese Arbeitsplätze sind in den experimentellen Wissenschaften Laboratorien.

Über solche Zugänge und mehrjährige ethnographische Beobachtungen in molekularbiologischen Forschungslaboren in Deutschland ist die empirische Grundlage dieses Aufsatzes entstanden. Neben einer detaillierten Untersuchung der praktischen Strukturen von Wissensprozessen[18] ermöglichten diese Beobachtungen einen Einblick in übergreifende Entwicklungen innerhalb der modernen (Molekular-)Biologie. Mein Ziel ist, einen zentralen Aspekt ihrer epistemischen Kultur in den Mittelpunkt der folgenden Argumentation zu rücken: *die materiale und symbolische Transformation natürlicher Objekte in epistemische Dinge.*

Naturwissenschaftliches Experimentieren und Wissen ist für uns in selbstverständlicher Weise mit der Vorstellung verbunden, daß das erstere an der Gegenständlichkeit der Welt seinen Ausgang nimmt und das letztere in irgendeiner systematischen Weise ein Resultat dieses gegenstandsorientierten Tuns ist. Für den soziologischen Beobachter im molekularbiologischen Forschungslabor ist die Vielfalt und Massivität solchen Tuns nicht nur ein Grund für anfängliche Verstehensprobleme gegenüber dem konkreten Forschungsalltag. Sie bedeutet auch eine konzeptuelle Herausforderung, eine feldadäquate Rekonstruktion der Einheiten der beobachteten Wissensprozesse zu entwickeln. Gegenüber einer Trennung in Elemente der Theorie, handelnde Akteure, technische Innovationen und Gegenstände wissenschaftlichen Wissens, die jeweils für sich genommen zum Thema gemacht werden könnten, legt eine empirische Analyse der entsprechenden disziplinären Praktiken die wissenssoziologische Rekonstruktion *experimenteller Modellsysteme* als zentrale Einheiten molekularbiologischer Wissensprozesse nahe.

Experimentelle Modellsysteme werde ich als den Kern einer besonderen *materialen Gestalt und Gestaltung* molekularbiologischer Forschungsgegenstände betrachten. Bei ihrer wissenssoziologischen Analyse werden die dazugehörigen empirischen und theoretischen Gegenstände als eine neue Ordnung der Dinge (Foucault) bestimmt. Die These dieses Aufsatzes ist folgende: Mit der Moleku-

18 Siehe Amann 1990.

larbiologie befindet sich ein zentraler Bereich der modernen Biologie auf dem Weg zu einer Techno-Wissenschaft, zu einer Wissenschaft, die ihre Gegenstände – Lebewesen und Teile davon – nicht nur mit immer raffinierteren technischen Apparaturen behandelt, zerlegt, prozessiert, analysiert und verändert. Sie konstituiert vielmehr in einem elementaren und neuen Sinn bio-logische Objekte als *Technofakte,* die nicht mehr als Veränderungen einer wie auch immer zu bestimmenden *natürlichen Natur* beschrieben werden können und mit denen zugleich die bisherige (epistemologische und disziplinäre) Ordnung der Biologie ins Wanken gerät.

Es geht dabei um mehr und um anderes als die populärwissenschaftlich verbreiteten angsterzeugenden Thesen von der „Technisierung des Lebendigen" oder von der „Verlegung der Schöpfung ins Labor" implizieren.[19] Aus der Beobachtung lokaler Forschungspraxis wird vielmehr die Etablierung einer neuen Ordnung, einer neuen Bio-Logie sichtbar. Im Mittelpunkt dieser neuen Ordnung stehen Modellsysteme, d. h. epistemische Objekte und Identitäten, die die sog. natürlichen Objekte – Pflanzen und Tiere, Menschen, Mäuse und Fliegen – als in einer externen Natur vorfindliche Einheiten biologischen Wissens ablösen. Dieser Prozeß ist weder abgeschlossen, noch ist er ohne weiteres als Entwicklungslinie in die Zukunft der Disziplin prognostisch zu verlängern. Gleichwohl können verschiedene Elemente dieser neuen Ordnung klar bestimmt werden.

II. Von den *natürlichen Arten* zur gentechnischen Grenzüberschreitung

Bevor ich die Argumente und empirischen Anhaltspunkte für meine These darlege, sei – in starker Verkürzung – das im beginnenden 19. Jahrhundert etablierte Bild der Wissenschaft vom Lebendigen wiedergegeben, das uns heute aus unserer Schulbildung vertraut ist.

Für den Übergang von der Naturgeschichte zur modernen Biologie als der Wissenschaft vom Lebendigen gibt Michel Foucault in seiner *Ordnung der Dinge* eine auf die neue Ordnungs-Logik der Biologie orientierte Darstellung. Er hebt dabei die neue Konzeption der Lebewesen als organisierte Entitäten hervor, die nun aufgrund der unterschiedlichen Organisation ihrer elementaren Lebensfunktionen in hierarchische Klassifikationen geordnet werden und aufgrund von sichtbaren und unsichtbaren Merkmalen voneinander zu unterscheiden sind. Eine Ordnung, in der nicht mehr die Geschichte einer Pflanze oder eines Tieres geschrieben wird, zu der es auch gehörte, „zu sagen, welches ihre Elemente und

19 Formulierungen, wie man sie stellvertretend für andere bei Herbig 1982 findet.

ihre Organe, welches die Ähnlichkeiten, die man in ihnen finden kann, welches die Kräfte, die man ihnen zuschreibt, die Legenden oder Geschichten, mit denen sie vermischt werden, die Wappen, auf denen sie zu sehen sind, und die Medikamente, die man aus ihrer Substanz herstellt, die Nahrungsmittel, die sie bieten, gewesen sind“[20].

Die sezierende und mit den Mitteln der Biochemie und Physik ausgestattete Biologie folgt – neben den Aufgaben des Sammelns, Ordnens und Benennens der Vielfalt des Lebendigen – den früh identifizierten Lebensfunktionen und ihren (mikro-)biologischen Realisierungsformen. Taxonomische Unterscheidungen und funktionale Strukturen sind dabei auch Möglichkeiten der Abgrenzung, Unterscheidung und Etablierung subdisziplinärer Einheiten der Biologie.

Funktionale Prinzipien wie Fortpflanzung, Verdauung, Atmung, Körperbau sind zum einen Ähnlichkeiten und Differenzen, die als Elemente von Taxonomienbildung fungieren. Mit diesen wird über die Individuen und Arten hinweg ein Gewebe von funktionalen Beziehungen etabliert. Zum anderen lassen diese Taxonomien die natürlichen Unterschiede als Unterschiede wirklicher Tiere und Arten fortbestehen und ermöglichen, individuelle Veränderungen als individuelle Variationen zu identifizieren. Dieses Bild einer Ordnung des Reiches des Lebendigen wird mit Darwin und der Evolutionstheorie zu einem einheitlichen, über die Zeit sich entwickelnden Stammbaum alles Lebendigen, einer natürlichen Ordnung, geformt.

Die moderne Genetik startet auf diesem Boden der natürlichen Vielfalt des Lebendigen und der Unterscheidbarkeit von Arten, baut aber auf die individuellen Variationen als Mutationen, um von ihnen zur Charakterisierung der artspezifischen Normalität zu gelangen. Sie nutzt die sichtbaren Variationen natürlicher Lebewesen sowohl als genealogischen Effekt – zur Untersuchung der Organisation der Reproduktionsmechanismen (Mendel) – als auch als Zeichen genetischer Veränderungen. Sie befreit sich schrittweise von der Beschränkung natürlicher Variationsbreiten der Arten, zum einen durch Zuchtwahl, zum anderen durch eigene Mutationsstrategien.[21]

Mit der Etablierung der DNS als Baustoff und Substanz der Chromosomen, als Träger der Erbinformation und als Bauplan des Lebendigen durch die Molekularbiologie ist ein Punkt in der Entwicklung der modernen Biologie erreicht, an dem die Grundfrage „Was ist Leben?“[22] mit der Entzifferung der genetischen

20 Foucault 1971, 169.

21 Kohler (1993) zeigt in seiner Geschichte der Drosophila-Forschung, wie durch die Entwicklung entsprechender Mutationsstrategien eine massive Ausweitung der Forschung an der Fruchtfliege zu Beginn dieses Jahrhunderts erfolgen konnte.

22 Die Ausgangsfrage für Erwin Schrödinger (1949).

Schriftrolle eine mögliche Antwort finden kann. Die biochemische und biophysikalische Bearbeitung dieser Schriftrollen zeigt die Chance einer großen neuen Vereinheitlichung: Leben als Variation des Immergleichen von vier Aminosäuren in Form von Nukleinsäuremolekülen.

Merkmale und Funktionen, die zusammen Phänotypen bilden, lösen sich in die einheitliche Sprache, das einheitliche Alphabet der Gene auf. Die Strategien der Entzifferung der Texte, die mit Hilfe dieses Alphabets geschrieben sind, lösen den molekularbiologischen Forschungsprozeß schrittweise von den besonderen Organismen und führen zur Akkumulation eines exponentiell wachsenden Korpus von molekulargenetischen und -biologischen Techniken.

In der klassischen Genetik, insbesondere bei der Arbeit mit der Fruchtfliege Drosophila melanogaster, wurde ein umfangreiches Wissenskorpus über den Zusammenhang von Veränderungen bestimmter chromosomaler Abschnitte und Veränderungen des Phänotyps erarbeitet. Genetische Karten dokumentieren dieses Verhältnis von Merkmalen und genetischem/chromosomalem Ort. Weniger umfassend, aber ebenfalls intensiv sind die Arbeiten an der Maus. Hier werden systematisch Mutationen als Ausgangspunkt für die Etablierung von Tierstämmen genutzt, die einen materiellen Fundus für Forschungsarbeiten bilden.

Aus der Virologie und Bakteriologie kommen Entwicklungen, die Grundlage einer Gentechnologie werden: die Herauslösung und die Vervielfältigung von DNS-Stücken unabhängig von ihrem Ursprungsorganismus. Erst aus der Zusammenführung von Genetik und Gentechniken ergibt sich eine neue Ebene der Beschäftigung mit dem Lebendigen: Biologie als Arbeit am genetischen Material. Wo zuvor ein Vergleich auf die Merkmals- und funktionale Ebene beschränkt war, ergibt sich nun ein basales Vergleichen: die Parallelisierung von Genstrukturen verschiedenster Organismen.

Die Gentechniken überschreiten scheinbar mühelos die innerdisziplinären Schranken der Biologie. Mit ihnen findet eine Homogenisierung der Forschungspraxis quer zu den bisherigen Unterscheidungen statt. Sowohl die professionsbiographische Herkunft von Biologen – und selbst das ist keine Beschränkung mehr, es gibt im molekularbiologischen Labor Mediziner, Chemiker und Physiker ebenso wie Tierernährungskundler – als auch der Ursprung des Untersuchungsmaterials wird irrelevant. Es entsteht ein interdisziplinärer Diskurs entlang sich überlagernden Praktiken.

Im folgenden werde ich solche Praktiken und die Systematik der verschiedenen Grenzüberschreitungen auf der Grundlage eines umfangreichen ethnographischen Datenkorpus skizzieren. Dabei wird deutlich werden, daß nicht die Exegese fachwissenschaftlicher Lektüre oder die Durchführung von Experteninterviews, sondern nur eine detaillierte *Vor-Ort* Exploration diese Systematik entziffern kann.

III. Modellsysteme als Technofakte und epistemische Objekte

Ich werde mich in der weiteren Darstellung zwischen zwei Blickwinkeln auf aktuelle Entwicklungen in der Molekularbiologie bewegen. Auf der einen Seite stehen Beobachtungen, die *translokale Voraussetzungen für Lokales* beschreiben. Auf der anderen Seite stehen Beobachtungen, die die lokale Organisation von Forschungs- und Wissensprozessen beschreiben.

Dazu werde ich im folgenden Abschnitt den Übergang von der Untersuchung von Organismen als vorgegebenen Einheiten der Natur zur Bearbeitung von biologischem Untersuchungsmaterial darstellen. In Verbindung damit steht die Etablierung von komplexen analytischen Mitteln als laborinterne und externe Infrastruktur von molekularbiologischen Laboratorien. In einem weiteren Abschnitt werde ich zwei miteinander zusammenhängende neue Strukturelemente darstellen, die erkennbar machen, wie die Transformation natürlicher in epistemische Objekte in der materialen Organisation des Forschens vollzogen wird. Die Folge ist das Verschwinden von natürlichen Organismen als Lieferanten biologischen Materials und als direkte Referenzobjekte des Wissensprozesses, wie zugleich die Entstehung neuer Einheiten. Schließlich werde ich Verknüpfungspunkte zwischen der analytischen Infrastruktur und diesen Strukturelementen exemplarisch aufzeigen, an denen die neuen biologischen Objekte Grundlagen für die Darstellung neuen Wissens liefern.

1. Biologisches Material und analytische Infrastruktur

Vor der Etablierung von biologischen Technofakten stand die Entwicklung von vielfältigen Verfahren der Umwandlung lebendiger Organismen in biologisches Material. Diese Umwandlung setzt zweierlei voraus. Zum einen erfordert sie eine tayloristische Betrachtung von Organismen: Organismen können danach (auch) als primäre Produktionszusammenhänge von Organen, Zellen oder Biomolekülen (Nukleinsäuren – DNS, RNS – und verschiedenste Proteingruppen) verstanden werden, die durch Zerlegung von Organismen in funktionale oder stoffliche Bestandteile gewonnen (isoliert, gereinigt etc.) werden können. Zum anderen bedarf sie der Etablierung einer technischen Bearbeitungsstruktur, in die Isoliertes und Extrahiertes eingeführt und mit gegenüber seinem primären Zusammenhang autonomen Verfahren prozessiert werden kann.

Diese Voraussetzungen sind in den untersuchten Laboratorien gegeben. In den beobachteten Experimenten besteht eine weitgehende Indifferenz der verwendeten allgemeinen gentechnischen Verfahren gegenüber der Herkunft des Materials aus verschiedenen Organismen. Für die Verfahren sind Fragen der

Verfügbarkeit, der Leichtigkeit des Gewinnens, der Stabilität und der Reinheit der Materialien vorrangig vor den Details ihrer Herkunft.[23]

Sichtbar wird die Autonomie auch in der technischen Identität der Laborordnungen in unterschiedlichen Laboratorien, die unabhängig von den konkreten Organismen, den *Lieferanten* des Materials, verfügbar sind. Die Erzeugung und Erhaltung einer massiven Infrastruktur durch ein Netz von Laboratorien ist das Resultat der biotechnischen Innovationen der letzten fünfzig, insbesondere aber der letzten zwanzig Jahre.[24] Mit ihnen hat ein Laboratorisierungsschub biologischer Forschung auf breiter Front stattgefunden.

Wir haben es mit einer doppelten Autonomie der Verfahren zu tun: sie sind zum einen als technische Verfahren in Prozeduren und Apparaturen stabilisiert; und sie sind zum anderen in ihrer Verwendung in vielfältiger Hinsicht unabhängig von den Unterscheidungen zwischen den Objektklassen der Biologie. Als die in molekularbiologischen Laboren arrangierten analytischen Mitteln bilden sie einen stabilen apparativ-technischen Rahmen, in dem sich nun weitere Strukturierungen bestimmen lassen.[25]

2. *Modellsysteme, Biotope und Laboratope*

In den Laboren stoßen wir u. a. auf routinisierte Sprechweisen, mit denen unterschiedliche Phänomene der Forschungspraxis als „Modellsystem" charakterisiert werden. „Mein Modellsystem ist F9" oder „Dazu verwende ich das Reticolozyten-System" oder „In unserem Modellsystem ist das sehr schwierig darzustellen" sind Beispiele solcher Sprechweisen, die sich in vielfältiger Weise im ethnographischen Datenmaterial zeigen.

Modellsysteme erlauben offenbar theoretische und praktische Operationen als deren Gemeinsamkeit angesehen werden kann, daß sie an denjenigen Objekten, für die sie ein Modell sind, entweder nicht möglich oder zu aufwendig wären. So wird die Maus als das Modellsystem für die Untersuchung der Säugetierentwicklung und damit letztlich für die Entwicklung des Menschen, die in vitro Differenzierung von Zellen, die als Zellinien in Laboren kultiviert werden als das Modellsystem für die Mausentwicklung, eine isolierte und gereinigte DNS in einem Transkriptionssystem als das Modell für Differenzierungsprozesse in Körperzellen betrachtet.

23 Damit soll selbstverständlich nicht behauptet werden, daß die Wahl des Materials für die konkreten Wissensprozesse irrelevant wäre.

24 Einen kurzen Überblick über die zentralen Innovationen in der Molekularbiologie mit den Hinweisen auf die zugehörigen Fachpublikationen seit 1938 gibt Witkowski 1988.

25 Zu den wissenssoziologischen Eigenheiten dieses Rahmens vgl. Amann 1990.

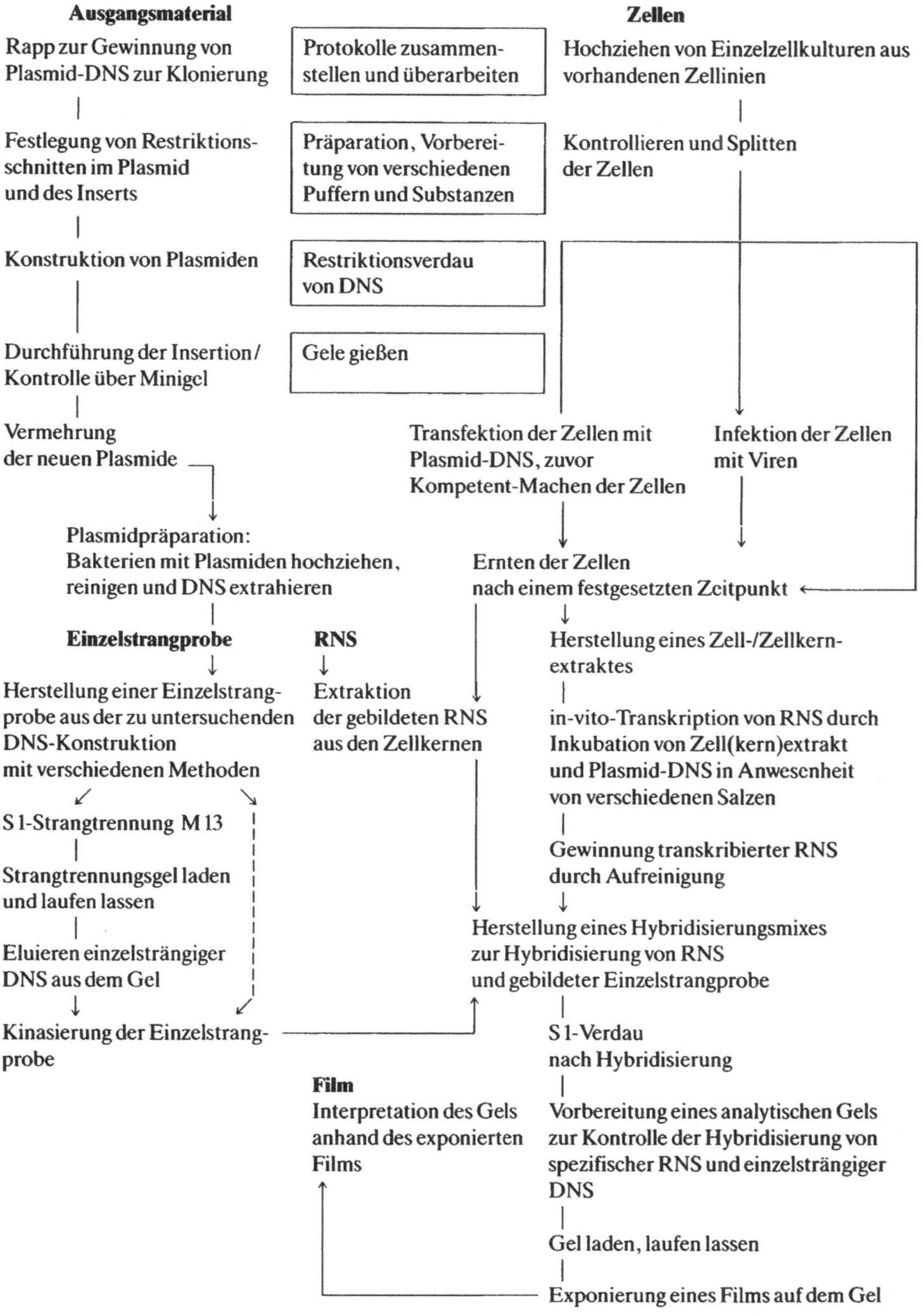

Abb. 1: Prozessierung von biologischem Material (schematisch).

Ist das Modellsystem *die Maus,* so wird diese Maus als ein *natürlicher* Ersatz für die – aus verschiedensten Gründen nicht zu verwendenden – Menschen und als Prototyp für Säugetiere verstanden.[26] Zu zeigen ist hier, daß dieses Repräsentationsverhältnis zwischen verschiedenen biologischen Objekten, der Modellcharakter, lediglich einen Darstellungsaspekt der jeweiligen Teilbereiche der Molekularbiologie zeigt. Handelte es sich bei diesen Modellsystemen lediglich um eine – möglicherweise vorübergehende – technische oder soziale Schwierigkeiten überbrückende Forschungsstrategie, mit der ersatzweise andere Organismen statt der *eigentlich* interessierenden in ihre materialen Komponenten zerlegt werden, so ergäbe sich daraus keine systematisch neue Perspektive auf die Gegenstände der Biologie.

Neue Struktureinheiten werden Modellsysteme jedoch als instrumentell-technische *Rekonstruktionen oder Rekonfigurationen* der biologischen Gegenstände. Ich betrachte sie als komplexe Einheiten von experimentellen *Modellierungsprozessen* im Labor und nicht als natürliche Repräsentationssysteme. Das biologische Labor gewinnt mit ihnen jenseits seiner Eigenschaft als ein technisches Arrangement zur Dekonstruktion von Lebewesen, das zur Produktion eines Wissens um deren Eigenschaften und Funktionsweisen genutzt werden kann, die Bedeutung einer *zweiten Natur.* Es tritt als Bezugsgröße der Wissensproduktion an die Stelle einer *natürlichen Natur,* in der wir noch mit vertrauten oder unvertrauten Organismen eine Lebenswelt bewohnen.

In dieser Lebenswelt, in der wir uns etwa als Teil der Biotope eines Wohnhauses begreifen können, das neben uns die Mäuse im Keller, die Fliegen an der Lampe, die Bakterien im Darm und die Viren im Krankenbett umfassen kann – befinden sich die genannten Organismen in einem Zustand, den man gegenüber der zweiten Natur des Labors als primären Produktionszusammenhang biologischen Materials beschreiben könnte.[27] Nicht nur die Organismen, sondern auch das Wissen und unsere Erfahrungen aus der Mitwohnerschaft mit den genannten Lebewesen wird bei der Gewinnung von biologischem Material nahezu irrelevant und verschwindet mit der Lebendigkeit der getöteten Organismen aus der Wissenschaft vom Lebendigen.

Die zweite Natur im Labor bildet die lokal stabilisierte Umwelt für den epistemologisch bedeutsamen Übergang von der Maus als lebensweltlichem Organismus zu einem Modellsystem mit dem Namen Maus. In den letzten Zuckungen

26 Dafür gibt es eine Reihe ausformulierter theoretischer wie forschungstechnischer Gründe: z. B. die evolutionäre Nähe der Maus zum Menschen einerseits, die leichte Handhabbarkeit der Maus gegenüber anderen Säugern andererseits.

27 Dieses Beispiel soll deutlich machen, daß mit primär weder *ursprüngliche* noch *wilde* Natur oder ähnliches assoziiert werden sollte.

eines getöteten Tieres liegen die letzten sichtbaren Ähnlichkeiten biologischen Materials mit dem lebensweltlich erkennbaren Tier. Die entscheidenden Möglichkeiten jeder analytischen labor-wissenschaftlichen Bearbeitung beginnen mit dem Ende des Lebens: Lebendigkeit ist insbesondere für die epistemischen Objekte der modernen Biologie eine vorübergehende Erscheinung.

Aber nicht erst der Tod und die Zerlegung markieren den Bruch, durch den sich der Objektcharakter von Labortieren und anderen Tieren unterscheiden. Auch wenn die in lebensweltlichen oder *natürlichen* Konfigurationen wie dem eben beschriebenen Biotop des Hauses vorkommenden, *Hausmäuse* genannten Mitbewohner dem unbedarften Besucher eines Labors noch als Verwandte der Labormäuse erscheinen mögen, so sind sie dies für uns in keinem wissenssoziologisch vernünftigen Sinn mehr.

Die Unterstellung einer Verwandtschaftsbeziehung zwischen der Maus im Keller und der Maus im Laborstall verkennt gerade die wissenschaftlichen Rekonfigurationsleistungen der Laborbiologie, die beide voneinander trennt und sie wechselseitig als fundamental unterschiedene Objekte konstituiert. Die Identifizierung beider Objekttypen miteinander ist bestenfalls das Resultat einer theoretischen Operation, die praktische Nichtunterscheidbarkeit unter Umständen das Resultat einer Unaufmerksamkeit der Tierpfleger oder Wissenschaftler, die einen Stall offengelassen haben. Plakativ gesagt: Natur im ursprünglichen Sinne des Wortes hat als Gegenstand keinen Platz (mehr) innerhalb der Grenzen des Labors.[28] Modellsysteme haben als ihr strukturelles Resultat die Autonomisierung von Lebewesen aus ihren bisherigen Existenzbedingungen, deren Rekonfiguration als epistemische Dinge, und ihre dauerhafte Erhaltung als epistemische Objekte innerhalb von lokalen Labor-Infrastrukturen, die eine zweite Natur etablieren.

Mein Bild des molekularbiologischen Labors zeigt nun zweierlei: auf der einen Seite das komplexe Arrangement einer technischen Infrastruktur zur Gewinnung und Analyse biologischen Materials. Auf der anderen Seite eine Autonomisierung der Bezugsobjekte des Wissensprozesses, die zugleich die Konstitution lokal prozessierter neuer biologischer Objekte darstellt.

Um dieses lokale Prozessieren zu ermöglichen, werden Räume innerhalb von Laboren etabliert, die ich im Unterschied zu *Biotopen* als *Laboratope* bezeichne.[29]

28 Was nicht heißt, daß man in Laboren keine Hausmäuse finden könnte. Ich selbst habe meine erste Maus im Labor, eine Hausmaus, unter einem Schreibtisch am Butterbrot eines Wissenschaftlers nagen sehen.

29 Dabei will ich zugunsten der begrifflichen Gegenüberstellung die Bildung eines Sprachhybrids aus griechischen und lateinischen Stämmen hinnehmen.

Laboratope sind Umwelten für die neuen Objekte, die Technofakte der Biologie, die innerhalb von Laboratorien *erzeugt* werden.[30]

Es geht nun nicht mehr nur darum, daß einzelne Lebewesen technisch verändert oder Teile von ihnen modifiziert und isoliert behandelt werden können. Diese neuen Objekte sind vielmehr Elemente in wissenschaftlich-technisch durchstrukturierten Umwelten. Sie sind beispielsweise nur dann und nur so lange *lebendig,* wie innerhalb von Laboratorien entsprechende technische Arrangements aufrechterhalten werden.

Man könnte nochmals einwenden, daß die Identität der Lebewesen im Labor nach wie vor gewahrt bleibt: in den Tierställen sind Lebewesen versammelt, deren Vorfahren irgendwann *wild* gelebt haben. Sie werden gezüchtet und *verbraucht.* Züchtung ist – zumindest für unsere Gesellschaftsform – eine auch lebensweltlich etablierte Praxis, die hier lediglich für andere Zwecke und an anderen Lebewesen optimiert erscheint.[31] Diese Beobachtung scheint auf einen unveränderten Kern von natürlichem und Labortier hinzuweisen: fortbestehende Lebendigkeit. Die weitere Beobachtung ergibt ein anderes Bild, das den Bezug zwischen beiden Objektformen schrittweise auflöst. Am Ende des Auflösungsprozesses steht als ein Resultat die Rekonfiguration von Lebewesen als epistemische Objekte, als Produkte und Träger wissenschaftlichen Wissens.

Um von Organismen zu diesen neuen Objekten zu kommen und in lokalen Wissensprozessen über die dafür notwendigen stabilen Infrastrukturbedingungen zu verfügen, bedurfte es einer Reihe von Rekonfigurationsschritten im Umgang mit *natürlichen* Organismen. Diese Rekonfigurationen sind für die jeweiligen Lebewesen vielfältig und unterschiedlich weit gediehen und könnten sowohl disziplingeschichtlich als auch einzelfallorientiert rekonstruiert werden.

Ich will die wichtigsten für das hier weiter zu verfolgende Beispiel der Maus zumindest nennen. Es sind infrastrukturelle Rahmenbedingungen, die heute als gegeben angesehen werden können:

- die Systematisierung der Züchtung durch professionelle und kommerzielle Labors,

30 Ich betrachte hier lediglich diejenigen Entwicklungen innerhalb der Molekularbiologie, die gegenüber einem *Rücktransport* ihrer neuen Objekte in Biotope gegenwärtig indifferent sind. Allerdings vermute ich, daß der zentrale Punkt in der laufenden öffentlichen Debatte über die Freisetzung gentechnisch veränderter Organismen mit der von mir vorgenommenen Unterscheidung zwischen *Organismen* und biologischen *Technofakten* genauer bestimmt werden könnte.

31 Die Tierzucht als Grundlage menschlicher Ernährung hat in Form der modernen Tierstallproduktion einige Parallelen zum Laboratop der Wissensproduktion. Auch hier werden natürliche Organismen über gezielte Mechanismen der Zuchtwahl und der Organisation des Tierstalls (Ernährung, Beleuchtung etc.) zu Produktionsstätten von Lebensmitteln und erlangen eine zweite Natur als Produktionsmittel. Siehe auch Latours Arbeit über Pasteur (1988), in der die Verwissenschaftlichung der Tierhaltung durch Laboratorisierung analysiert wird.

- die Erzeugung von reinen Rassen durch Züchtungsverfahren,
- die Standardisierung von Haltungsbedingungen,
- die Dokumentation von Forschungsergebnissen an und mit Varianten,
- die Erhaltung und *Pflege* der Varianten,
- die rigorose Kontrolle des Zugangs von neuem Material in die forschungsinterne Prozessierung.

Die Maus ist wohl das mit Abstand am besten untersuchte Säugetier. Umfangreiche Literatur findet sich zur Entwicklung oder zur Genetik der Maus; ebenso zur Haltung, zur Manipulation, zur Züchtung. Ohne Maus keine Reproduktionsmedizin, keine Tests medizinisch-pharmazeutischen Wissens und Könnens. Aber eine Integration *wilder* Mäuse oder Hausmäuse, ihr Transport in lokale Laboratope ist meines Wissens nirgendwo Praxis in Laboren, die wie die Molekularbiologie an Mäusen Forschung betreiben. Was wir dagegen finden, sind Mäusefabrikationsstätten wie etwa das US-amerikanische Jackson Labor oder international operierende Firmen, die über Kataloge Mäuse als käufliche Ware anbieten, entweder als Lebend-Material oder als DNS-Substanz. In deren Katalogen sind verschiedenartigste Produkte im Angebot und die jeweiligen Produkteigenschaften spezifiziert. Selbst über Waren, die nicht (mehr) hergestellt werden, finden wir Informationen wie etwa: „ausgestorben". Diese Produktionsstätten sind Teil der Infrastruktur (Ökologie und Ökonomie) von Laboratopen.[32]

Neben diesen Produktionsstätten gehört als ein weiteres Element die Tätigkeit von Klassifikationsinstitutionen zur äußeren Infrastruktur der molekularbiologischen *Mausforschung*. Diese sorgen für die Einhaltung und Weiterentwicklung der Benennung von Bestandteilen des genetischen Materials, das weltweit in Laboren analysiert, auf der genomischen Karte der Maus lokalisiert und dann allgemeinverbindlich eingetragen wird.

Das Labortier Maus, dem wir heute in Forschungslaboratorien begegnen, ist demnach schon immer ein wissenschaftliches Produkt, das einen Namen bzw. eine Stamm-Nummer und eine Vielzahl forschungsrelevanter Eigenschaften besitzt, die ihm abgerungen und/oder zugefügt wurden. Das gilt auch für die Wildtyp-Maus, die als Kontrollorganismus Verwendung findet und keinesfalls irgendeine von Wissenschaftlern im Institutskeller gefangene Maus ist, sondern eine wohldefinierte Rasse, bei deren Selektion u. a. auf ihre Pflegeleichtigkeit unter Laborbedingungen geachtet wurde.

32 Bislang meines Wissens nicht Gegenstand soziologischer Untersuchung.

3. *Die lokale Etablierung von Laboratopen und ihre Einbettung in eine analytische Infrastruktur*

Die bisherigen Ausführungen bezogen sich vorrangig auf infrastrukturelle Voraussetzungen für die jeweils lokalen Möglichkeiten der Teilhabe an der Erforschung von Objekten einer zweiten Natur. Anders gesagt: in der Schaffung und Erhaltung dieser Infrastruktur stecken die Bedingungen, daß nicht mit beliebigen zweiten, idiosynkratischen Naturen inkommensurable Erkenntnisse generiert werden. Um auf der Ebene der Wissensproduktion mit diesen neuen Objekten zu Resultaten zu kommen, für die Geltung beansprucht werden kann, muß auf lokaler Ebene ein funktionsfähiges Arrangement von Laboratopen und analytischer Infrastruktur erzeugt werden.

Als Gründungspaar einer Mauszucht im eigenen Haus (Forschungsinstitut) bedürfen die dafür erworbenen Exemplare einer Reihe von Behandlungen, um sie zu den Ureinwohnern eines Laboratops innerhalb eines konkreten Labors zu machen: den Abschluß gegen eine verschmutzende Umwelt einschließlich aller Personen im Labor, eine lokale Tierstallinfrastruktur mit Pflege, Zucht, Buchhaltung, Beauftragtem für den Tierschutz etc.

Die auf einen oder wenige Stämme mit „homogenisiertem genetischem background"[33] konzentrierte Tierhaltung schafft die lokale Voraussetzung für die Kontrolle wichtiger Randbedingungen des weiteren experimentellen Geschehens. Jedes weitere Ergebnis, das mit dem darauf errichteten lokal spezifizierten System gewonnen werden kann, ist auf den Nachweis angewiesen, daß die erzeugten und beschriebenen Effekte keine Effekte einer von bestimmten Normierungen abweichenden genetischen, hygienischen oder gar epidemiologischen Ursache – der Durchseuchung eines Tierstalls mit Krankheitserregern – sind. Die Kontrollmaus (häufig die Wildtyp-Maus) muß ebenso wie die untersuchte Maus ein immer wieder mit einem Standardtyp hinreichend identisches Exemplar darstellen.

Die Produkte („Bewohner") der Laboratope stehen in einer systematischen Wechselwirkung mit den analytischen Bearbeitungsverfahren biologischen Materials. Sie werden dabei als Material benutzt und verbraucht.[34] Sie werden nicht nur in einem theoretischen Sinne in ihre Bestandteile aufgelöst, sondern

33 Mit diesem Teilnehmerbegriff ist u. a. die Praxis der Etablierung von sog. Inzuchtstämmen gemeint, deren genetische Varianz durch Züchtung minimiert wurde.

34 Die ethische Problematik dieses Umgangs mit Lebewesen erscheint mir aus meinen Beobachtungen durchweg mit einem überaus hohen Maß an Verantwortung und Bewußtsein für das einzelne Tier verknüpft: es gibt systematische Kontrollen und Überlegungen, das Ausmaß der Verwendung von Tieren so gering wie möglich zu halten. Dies wird diejenigen allerdings kaum beruhigen, die Tierversuche per se für verwerflich halten.

sind das Ausgangsmaterial, das nun immer wieder neu gewonnen werden kann und muß, um gentechnische Untersuchungen durchzuführen. Dabei kommt es zu einer weiteren Rekonfiguration im Prozeß ihrer Analyse, die die ursprünglichen Bewohner nun zu Repräsentanten experimenteller Effekte und Resultate macht.

In den beobachteten Laboren geht es in weiten Bereichen um zwei Klassen von Materialien, die aus Mäusen (aber auch Zellen und Bakterien) präpariert werden: sog. Schnittpräparate (nur von Mäusen) und DNS- bzw. RNS-Fraktionen.

Schnittpräparate sind das Produkt von getöteten Mäusen oder Mausembryonen, die mit Schneideapparaturen in hauchdünne Scheiben geschnitten wurden. Auf diesen Schnitten oder Scheiben werden mit verschiedensten Visualisierungstechniken Körperbaustrukturen und molekulare Strukturen sichtbar gemacht.

Diese Objekte sind in einem doppelten Sinne Repräsentationen. Sie sind zum einen materiale, *wirkliche* Teile eines in seiner körperlichen Struktur erkennbaren, früher lebendigen Objektes und zum anderen Repräsentationen experimenteller Prozesse und Resultate. Mit ihnen kann *gezeigt* werden, daß, wo und wann sich bestimmte molekulare Objekte und Effekte in dem untersuchten Exemplar finden lassen, die mit weiteren Verfahren zu einem etablierten wissenschaftlichen Faktum transformiert werden. Sie sind im Prinzip – als gelungene Repräsentationen – Endprodukte eines experimentellen Durchgangs.

Im Gegensatz dazu sind Nukleinsäuren (DNS, RNS) autonomisierte Objekte weiterer Bearbeitung, die den vollständigen Übergang vom Laboratop der Mäuse zur analytischen Infrastruktur der Arbeitsbank vollziehen. Mit ihrer Extraktion wird die Körperlichkeit des Labortieres endgültig verlassen. Sie können nun beispielsweise als „5d un poly-A+-RNA“[35] in gentechnischen Apparaturen und Experimenten isoliert, aufgereinigt, fraktioniert, hybridisiert, zu c-DNS-Banken transformiert, sequenziert, in eine Proteinsequenz übersetzt oder mit anderen Nukleinsäuren verglichen werden. Dabei werden wiederum eine Vielzahl bildlicher Repräsentationen erzeugt.

In Laboratorien, in denen wir solche Prozessse der Etablierung von Mäusen als Modellsysteme und Bewohner eines Laboratops beobachten können, haben bereits die neuen biologischen Objekte ihren zentralen Platz eingenommen. Sie sind im oben genannten Sinn autonome wissenschaftliche Objekte und sind mit technischen Apparaturen und Vorkehrungen vernetzt, mit denen sie stabil gehalten werden.

Wir können nun vorläufig experimentelle Wissensprozesse im molekularbiologischen Labor als die Etablierung von verschiedenen Objektklassen fassen, deren Einheitlichkeit in der Erzeugung von Artefakten, von laborintern handhabbarem

35 Dies als Beispiel der Bezeichnung für eine RNS-Fraktion aus einem bestimmten Maustypus (un), die zu einem gegebenen Zeitpunkt (5d(ays)) gewonnen wurde.

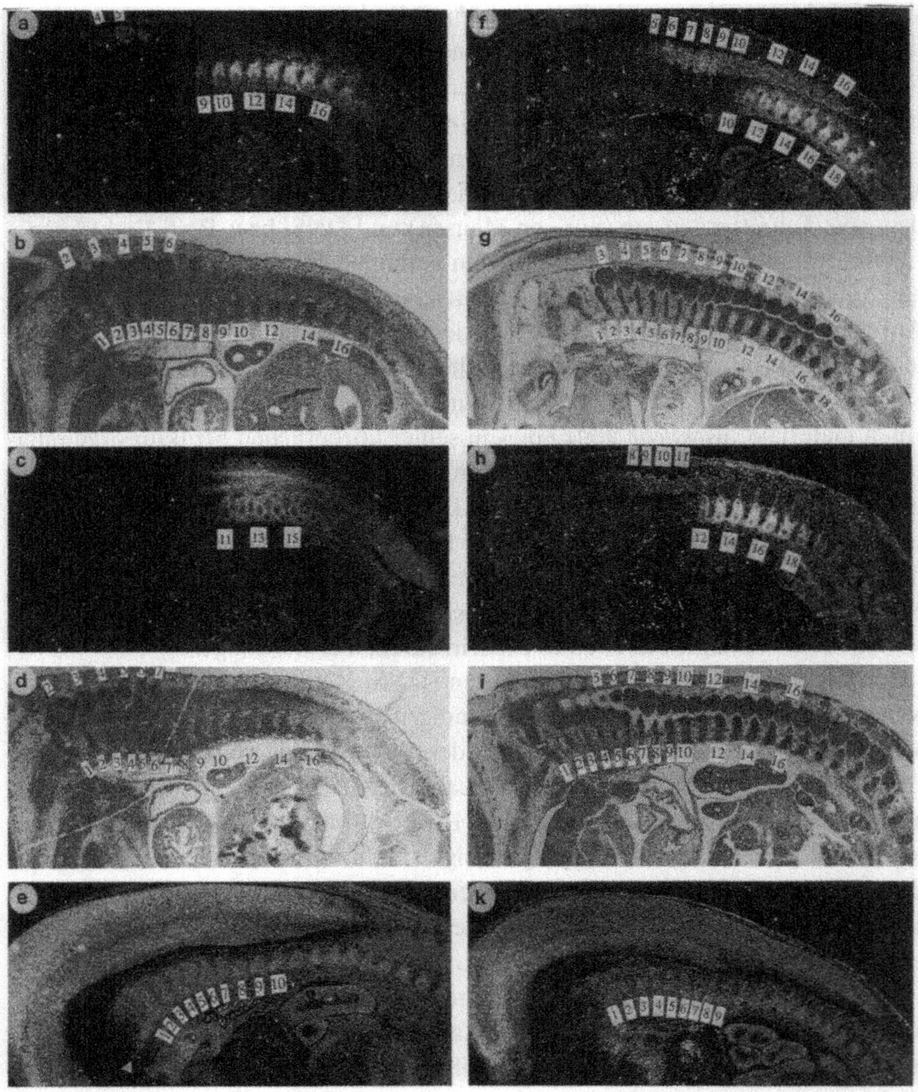

Figure 6. *Hox* Gene Expression in RA-Exposed Embryos

Day 12.5 embryos exposed to RA on day 7, 4 hr (a–e) or unexposed (f–k) were analyzed as described in the text. (b), (d), (g), and (i) are bright-field exposures of (a), (c), (f), and (h), respectively. The probes were specific for the following genes: *Hox-1.1*, (a) and (f); *Hox-3.1*, (c) and (h); and *Hox-1.5*, (e) and (k). Spinal ganglia and prevertebrae are numbered; in the dark-field exposures the first number indicates the anterior boundary of expression. The arrowhead in (e) points out the RA-induced *Hox-1.5* expression domain ventral to the basioccipital bone anlage. Note the anterior shifts of expression domains induced by RA exposure as discussed in the text.

Abb. 2: Embryoschnitte – Bilder aus einer molekularbiologischen Publikation (aus: Cell, Vol. 67: 95, Oct. 1991).

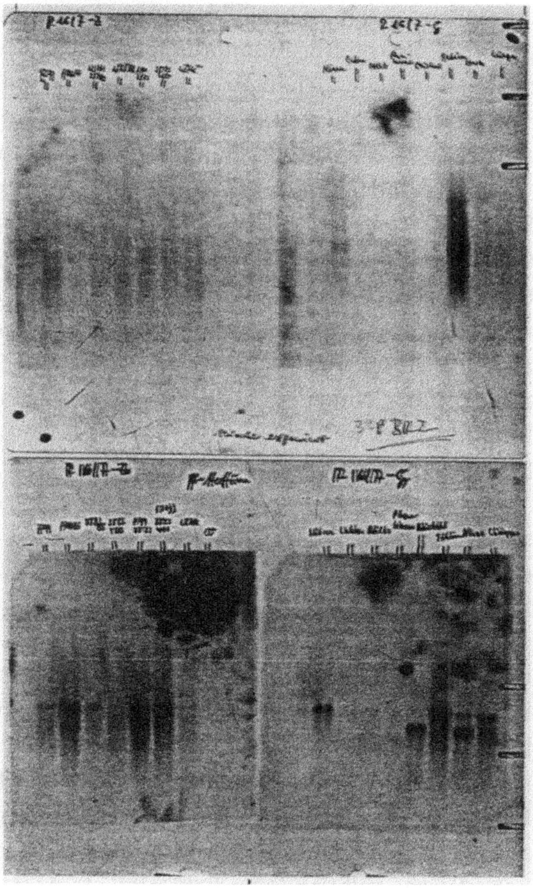

Abb. 3: RNS-Analyse (Northernblot) – unveröffentlichte visuelle Repräsentation aus einem Experiment.

Material besteht.[36] Zielprodukt ist jeweils zugleich ein materiales Substrat, ein epistemisches Ding, und ein immaterielles, symbolisches Produkt: Wissen.

IV. Laboratope als lebendige Fabriken: Die Verknüpfung von Modellierungs- und Produktionssystemen

Nachdem ich ausgehend vom Teilnehmerbegriff des Modellsystems eine wissenssoziologische Kontextierung seines Gebrauchs skizziert habe, will ich nun die systematische Bedeutung dieser Erweiterung klären. Ich betrachte dazu noch einmal die Struktur des molekularbiologischen Wissensprozesses von den experi-

36 Artefakt heißt hier Kunstprodukt und hat nicht die Teilnehmerbedeutung eines unerwünschten (Täusch-)Effekts eines Experiments.

mentellen Verfahren der Objekttransformation und Neukonstitution aus. Zu ihr gehören: die interne Etablierung einer analytischen Infrastruktur zur Prozessierung biologischen Materials, die Existenz von translokalen Infrastrukturen zur Stabilisierung einer zweiten Natur, die Unterhaltung von lokalen Laboratopen als Voraussetzung zur Teilhabe an den dazugehörigen Wissensprozessen.

Daraus entstehen in den Laboren Einheiten, die im wissenssoziologischen Sinne *Modellierungssysteme* sind. In ihnen werden z. B. Mäuse als epistemische Objekte modelliert. Es sind Systeme, in denen aus einzelnen Mäusen Träger theoretischer Eigenschaften werden. Sie sind nicht mehr nur passive *natürliche* Objekte, die in experimentellen Arrangements etwas von ihrem inneren Zusammenhalt preisgeben. Sie bringen als Resultat ihrer Modellierung vielmehr ein theoretisches Konzept zur körperlichen Erscheinung und liefern sich selbst als Material. Sie werden in ihrer zu (visuellen) Repräsentationen aufbereiteten Form zu empirischem Beweismaterial.

Damit Mäuse (oder andere Tiere) diese Leistung vollbringen können, müssen sie in den skizzierten Hinsichten transformiert und in ein technisches System eingebettet werden. Dazu gehört, daß sie in eine praktische Relation zu den Bewohnern anderer Laboratope (meist innerhalb desselben Labors) gebracht werden. Mäuse sind in den betrachteten Forschungskontexten ein Objekttypus, der in einem Laboratop eine neue Identität erhält und gewinnt. Daneben gibt es beispielsweise als sog. Zellinien etablierte Körperzellen unterschiedlicher Herkunft und insbesondere Bakterien, die Forschungs- und Produktionsaufgaben übernehmen müssen. Mäuse werden zu einer Kategorie von Bezugsobjekten der Forschung. Innerhalb von Modellierungssysteme liefern sie Materialien zu ihrer eigenen Erforschung. Andere Laboratope im Kontext der untersuchten Labore beherbergen zelluläre oder bakterielle Systeme. Diese bakteriellen Systeme etwa können so ins Labor integriert sein, daß sie selbst nicht vorrangig der *eigentliche* Gegenstand der Forschung sind.[37] Sie sind dann die mit gentechnischen Mitteln systematisch veränderten lebendigen Fabriken oder Produktionssysteme, mit denen Material, beispielsweise Nukleinsäuren (genomische Sequenzen) aus der Maus prozessiert werden können. Sie könnten im Prinzip ebenso Sequenzen aus menschlichen oder anderen tierischen Organismen verarbeiten.[38] Die für diese Systeme notwendigen Laboratope werden mit Hilfe von Gefrierschränken,

37 Was nicht bedeutet, daß dieselben Bakterien in anderen Kontexten nicht doch der Kern eines Modellsystems sein könnten: etwa für den Test der Funktion einer Nukleinsäuresequenz, die selbst aus einem anderen, z. B. tierischen Organismus stammt.

38 Im Prinzip heißt, daß es natürlich sehr unterschiedlich konstruierte Fabrikationssysteme sind, die jeweils biologisches Material produzieren. Bekanntestes Produkt solcher Systeme ist das biotechnisch hergestellte Humaninsulin.

Warmräumen, Nährlösungen und Schüttelkolben etabliert, in denen die jeweiligen Exemplare massenhaft bevorratet, angezüchtet, vervielfältigt und zum Arbeiten gebracht werden: zur Vervielfältigung und Transformation von genetischem Material.[39] Ihre Bewohner fristen ein kontrolliertes Dasein innerhalb vollständig artifizieller Laboratope. Sie sind eingebunden in eine Forschungsökologie und -ökonomie, die neue Lebensfunktionen von den Bewohnern verlangt: z. B. die Produktion *fremder* Substanzen, eine entgrenzte Lebensfähigkeit, die Konzentration auf eine Lebensfunktion, die Suspendierung von evolutionären Mechanismen bzw. die Instrumentalisierung isolierter Mechanismen wie etwa Selektionsdruck.

Diese Laboratope sind hochempfindliche künstliche Produktionssysteme. Hilfsmittel zu ihrem Erhalt sind biologische und biochemische Substanzen, die als biologische Werkzeuge zur Aufrechterhaltung des Laboratops, aber auch zur systematischen Dekonstruktion seiner Bewohner genutzt werden können.

Ihre Unterscheidbarkeit als Exemplare mit reduzierten, arbeitsteilig organisierten und exakt zugeschnittenen Eigenschaften macht sie zu keinen neuen Arten im Sinne der klassischen Systematik. Die neuen taxonomischen Ordnungsmuster, die für diese biologischen Technofakte etabliert wurden, sind vielmehr technischen Spezifikationen vergleichbar, wie man sie beispielsweise für Elemente elektronischer Schaltungen in der Elektrotechnik kennt. Ihre Individualität und Identität ergibt sich einerseits in rudimentärer Weise aus dem Ursprungsstamm eines Bakteriums, andererseits aber aus einer forschungstechnischen Biographie.[40] Sie haben eine lokale Nummer, einen Konstrukteur, eine Referenz und Spezifikationen ihrer Haltungsbedingungen (vgl. Abb. 4).

In dieser Form werden sie als Werkzeuge charakterisiert und in Datenbanken registriert, viele auch als kommerzielle Systeme in Katalogen beschrieben und zum Kauf angeboten. In ihrer Existenz sind sie vollständig abhängig von der Sorge der Laboratorien und ihrer Produzenten. Sie sind nicht rückführbar in lebensweltliche Biotope.[41]

An diesem Beispiel wird deutlich, daß der Produktionsaspekt und der Modellierungsaspekt von Technofakten voneinander unterscheidbar werden. Die Voraussetzung für die kontinuierliche Produktion biologischen Materials mit (bio)-technischen Verfahren liegt im Übergang von einem ursprünglich, d. h. im Kon-

39 Neuere Entwicklungen, deren Erfinder 1993 mit dem Nobelpreis honoriert wurden, substituieren teilweise diese lebendigen Fabriken durch biochemische Prozeßautomaten: PCR-Maschinen.

40 Wobei auch hier wiederum gilt, daß es sich um nur wenige unterschiedliche Stämme handelt, die durch Generationen von Laboratorien domestiziert, selegiert und buchstäblich auf elementare Teile „zurückgestutzt“ worden sind.

41 Hoffentlich nicht rückführbar – wie u. a. auch die Kritiker der Gentechnik einfordern.

Plasmid-Name :	Py CAT (-PvuII-4)
Ausgangs-Plasmid :	PyF9-1 CAT
Labor-Nummer :	403
Bakterienstamm :	E.coli HB101
Resistenz :	amp.
Beschreibung :	Böhnlein et al. (1985)

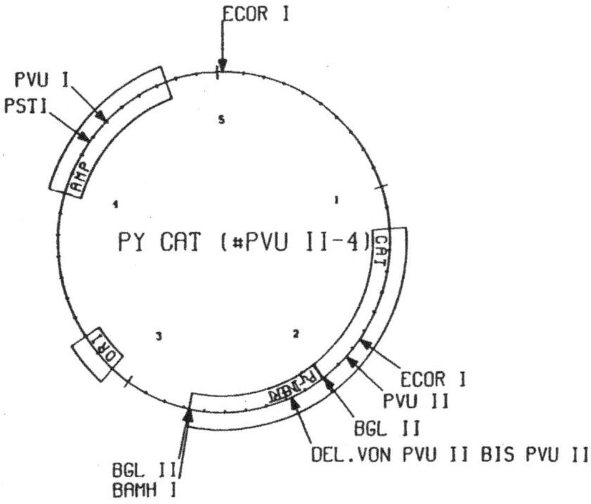

Abb. 4: Plasmidkarte – lokale Datenbankeinträge für ein gentechnisches Instrument.

stitutionsprozeß epistemisch definierten und etablierten Ding zu materialen Objekten, zu technischen Apparaturen. Die Besonderheit dieser Materialisierungen ist, daß sie das Resultat eines Transformationsprozesses sind, in dem sie über eine Phase der Abtrennung und Aufspaltung *natürlicher* Einheiten zum Kern von Modellierungssystemen und damit zu Gegenständen von Wissensprozessen werden, aus denen schließlich rekonfigurierte technische Einheiten (Technofakte) entstehen, die in eine wissensbasierte Produktionslogik eingebettet sind und als materiale Wissensprodukte Realität gewinnen.

Mäuse erscheinen gegenüber Bakterien als ungleich komplexere Organismen, deren Transformation in ein nahezu vollständig kontrollierbares technisches Ding gegenwärtig unwahrscheinlich erscheint.[42] Die Erzeugung von Produktionssystemen, die neben dem Laboratop der Maus noch weitere Räume innerhalb von Laboren strukturieren, macht es jedoch möglich, über eine temporäre, vollständige Entleiblichung biologischen Materials aus der Maus und durch seine

42 Wenngleich auch ein Biologe mir gegenüber genau solche (für ihn überaus bedenkliche) Visionen als Perspektive dieser Molekularbiologie formuliert hat.

Prozessierung in artifiziellen Laboratopen wie denen von bakteriellen Systemen eine neue Qualität biologischen Wissens zu etablieren. Diese entsteht u. a. dadurch, daß technische Möglichkeiten entwickelt wurden, mit denen über die Grenzen von Arten und Klassen hinweg nicht nur Merkmale und Realisierungen von Lebensfunktionen verglichen werden können, sondern auch *natürliche* Merkmalsdifferenzen von Lebewesen in experimentell-technische Instrumente zur Wissensproduktion transformiert werden können. Menschen, Mäuse und Fliegen können nicht mehr nur verglichen, sie können zur wechselseitigen *materialen Ressource ihrer Erforschung* gemacht werden.

So haben beispielsweise zu Beginn der 80er Jahre Drosophila-Genetiker – nun ausgestattet mit den technischen Möglichkeiten der Molekularbiologie und nicht allein der klassischen Genetik – die (Teilstücke der) DNS eines Genes identifizieren und isolieren können, dessen Defekt eine Desorganisation der Fliege erzeugt.[43] Dieses Gen(stück) konnte dann als in ein Bakterium integriertes DNS-Stück durch andere Forschungslaboratorien bezogen werden. Gentechnische Verfahren ermöglichten es zu diesem Zeitpunkt, beliebige DNS-Stücke als Detektoren oder Sonden für die Suche nach ähnlichen Sequenzen in verschiedensten Organismen zu verwenden. Vorausgesetzt, man gehörte zu denjenigen, die diese Sonde bekamen und die zugleich über ein Laboratop verfügten, in dem die gerade beschriebenen Verfahren einer Extraktion von genetischem Material aus einem bestimmten Organismus bereits funktionierten, konnte nun die Suche beginnen. Im April 1985 erschien, als „article" in *Nature* veröffentlicht, eine Publikation, die den Erfolg dieser Strategie demonstrierte.[44]

Die dazugehörige experimentelle Arbeit vollzieht einen wichtigen und großen Schritt weg von einer Beschränkung der molekularbiologischen Forschung in den Grenzen *natürlicher* Arten, hin zu einer *experimentellen wie konzeptuellen Transformation* von unterschiedlichen Tierarten zu Modellierungssystemen. Aus einer verglichen etwa mit der Erfindung von Nukleinsäure-Sequenzierungstechniken unscheinbaren Erweiterung technischer Möglichkeiten folgen aber auch disziplinäre, die soziale Organisation der Wissensprozesse verändernde Konsequenzen.

Es verändert sich also nicht nur der Gegenstand der jeweiligen Spezialisten von einem *externen* oder *natürlichen* Objekt zu einem Träger epistemischer Eigenschaften, auch subdisziplinäre Grenzziehungen entlang den *natürlichen* Einheiten wie Maus, Fliege oder Hefepilz werden obsolet. Die Arbeit mit und an einem

43 Vgl. dazu eine populärwissenschaftliche Darstellung des Entdeckers W. Gehring in *Bild der Wissenschaft* (1984) oder den Fachartikel McGinnis et al. 1984a.

44 Vgl. Colberg-Poley et al. (1985); kurz zuvor McGinnis (1984b). – „Article" in *Nature* bedeutet in der community die höchste Priorität einer Veröffentlichung und steht jeweils für einen zentralen Beitrag zur Weiterentwicklung der Disziplin.

bestimmten Organismus ist nun in einer neuen Weise zugleich von praktischer Relevanz und Beliebigkeit. Relevant wird sie dann, wenn dieser Organismus den Kern eines lokal etablierten Modellierungssystems bildet. Dieses System kann dann zum Arbeiten gebracht werden und dazu dienen, mit vielfältigen Importen aus sehr unterschiedlichen Zusammenhängen neue Erkenntnisse zu produzieren.

Entscheidend wird es für die Forschung, über ein Arrangement von Laboratopen zu verfügen, mit dessen Hilfe biologisches Material erzeugt, prozessiert und die Resultate in einem lokal handhabbaren Modellsystem integriert werden können.[45] Daraus ergeben sich veränderte Kommunikations- und Interaktionsbeziehungen, die nun nicht mehr vorrangig entlang der traditionellen Differenzierungen der Biologie verlaufen, sondern an genetischen Mustern, ihren Ähnlichkeiten und Differenzen entlang entstehen. Die technischen Eigenlogiken der jeweiligen Systeme sind an der Bearbeitung von bestimmten Materialien orientiert, deren Eigenschaften weitgehend unabhängig von konkreten Organismen erscheinen. Die Einführung der Gentechniken hat zu einer großen Vereinheitlichung der technischen Infrastrukturen geführt: „Du kannst überall auf der Welt hingehen. Die molekularbiologischen Labore sehen alle gleich aus", so ein Laborleiter im Gespräch.

Die Unterschiede, und damit auch verschiedene Zugangsmöglichkeiten und Teilhabe von Forschergruppen an der Forschungsfront ergeben sich nun nicht allein aus den materialen Ressourcen der Labore oder dem Wissen um die Besonderheiten eines für die Fachwelt interessanten Organismus oder bestimmter Funktionskomplexe. Mitentscheidend wird, daß für einen gewählten Organismus lokal Rekonfigurationsleistungen realisiert und Produktions- und Verarbeitungsverfahren für biologisches Material verfügbar sind, mit deren Hilfe neues Wissen generiert und dargestellt werden kann.

In molekularbiologischen Laboren, so eine der Konsequenzen dieser Überlegungen, werden Mäuse nicht nur als *Modellsysteme für andere Säuger* analysiert. Als Exemplare einer Kategorie innerhalb der biologischen Systematik erleiden sie im Prozeß ihrer infrastrukturellen *Disziplinierung* in Laboren einen drastischen Bedeutungs- und körperlichen Identitätswandel. Die Hausmaus wird durch Labormäuse ersetzt, die Produkte und Bestandteile von Laboratopen sind. Als Labormaus ist ihre natürliche Herkunft gegenüber ihrer Züchtungsbiographie rudimentär. Hergebrachte Klassifikationen werden durch neue, davon radikal verschiedene ersetzt. Während die bereits erwähnte Veränderung der Klassi-

45 Bei genauerer Betrachtung unterschiedlicher Modellsysteme wird deutlich, daß es für deren Wahl komplexer Entscheidungsprozesse bedarf und zum Zeitpunkt einer Entscheidung für ein bestimmtes System keine genaue Perspektive seiner Leistungsfähigkeit angegeben werden kann. Dies kann hier nicht weiter verfolgt werden, aber vgl. den Beitrag von Gaudillière in diesem Band.

fikationslogik und -praxis im Bereich der bakteriellen Technofakte zunächst als eine Randerscheinung und Nebenfolge der Technisierung biologischer Forschung behandelt werden kann, erscheint die Transformation verschiedener anderer, vor allem höherer Organismen als Modellsysteme die bisherige Klassifikationspraxis der Biologie an zentralen Stellen zu untergraben. Aus der einheitlichen Art der taxonomisch identifizierten Maus, z. B. mus musculus, werden komplexe, autonome Taxonomien generiert und mit Technofakten bevölkert. Es handelt sich um *reverse Taxonomien*, Ordnungen, die das klassische Taxonomieprinzip verkehren: wo traditionell die *natürliche* Einheit des Klassifizierten intendiert war, wird Variabilität maximiert. Diese Variationen können nur noch in geschlossenen Systemen von Laboratopen als Bestandteile einer systematischen und geplanten Variabilität erhalten bleiben: durch den Ausschluß beinahe aller *natürlichen* Selektionsmechanismen in Anpassung der laborinternen zweiten Natur an die Variationen.

Zu dieser neuen Klassifikationspraxis kommt die Reorganisation der Forschungslandschaft. Die jeweiligen Modellierungssysteme sind als Ganzes ein Mittel der Teilnehmer, um ihre soziale Zugehörigkeit und professionelle Identität zu charakterisieren. „Mausleute" oder „Drosophilaleute" als Selbst- und Fremdcharakterisierungen verweisen als relevante Teilnehmer-Unterscheidungen nicht auf die Tiere, forschungspraktisch bedeutsam ist die Arbeit in und mit einem bestimmten System. Damit verbunden sind bei den Teilnehmern insbesondere komplexe Vorstellungen davon, welche (erkenntnispraktischen) Leistungsmerkmale unter dem Aspekt biologischer Wissensproduktion die jeweiligen Modellsysteme aufweisen.[46]

Diese Systeme werden als Modellierungssysteme zu wechselseitigen Lieferanten von Materialien und Wissen über ihre wissenschaftlich-technische Weiterentwicklung. Sie sind die signifikanten Einheiten der Wissensproduktion und der Prozessierung epistemischer Objekte.

Natürliche Lebewesen werden im molekularbiologischen Labor demnach nicht nur getötet und aufgelöst, sondern als *wirkliche Objekte* und epistemische Dinge rekonfiguriert. Einem *ursprünglichen* Organismus wird dabei nicht allein eine wissenschaftliche Beschreibung als Text angefügt, es werden vielmehr aufgrund von Veränderungen in der *wirklichen Welt* neue biologische Objekte konstituiert, die nun den experimentellen und den epistemischen Raum der Biologie füllen. Beide Räume sind autonome Orte, isoliert von unserer natürlichen Lebenswelt und den taxonomischen Räumen der bisherigen Biologie. Die jeweiligen Model-

46 Dazu gehört auch, daß bestimmte Systeme soziale Probleme haben oder bekommen können: Mäuse als Teil von Versuchssystemen müssen verstärkt gerechtfertigt werden, Fliegen oder Hühnereier bislang nicht.

lierungssysteme, heißen sie nun Maus, Fruchtfliege oder Hefepilz, konstituieren biologische Identitäten als Technofakte, die eine Neue Biologie möglich machen.

V. Zusammenfassung

Die hier vorgelegte Interpretation von Entwicklungen, wie sie sich innerhalb der Molekularbiologie nachzeichnen lassen, verfolgte zwei Ziele.

(1) Mit ihr sollte gezeigt werden, wie durch eine spezifische Form der Laboratorisierung und Technisierung in zentralen Forschungsbereichen der modernen Biologie eine neue Ordnung der Dinge entsteht. Eine Ordnung, die nicht allein durch ein umfangreiches Rearrangement (oder eine Revolution) in den theoretischen Strukturen der Biologie entstanden ist. Der durch wissenschaftsinterne wie wissenschaftspolitische Faktoren angetriebene Laboratorisierungsschub hat nicht nur eine immense Zahl weltweit vernetzter bio- und gentechnisch arbeitender Labore hervorgebracht, sondern auch etwas, das als eine *neue Ordnung neuer Dinge* beschrieben werden kann. Die epistemischen Dimensionen dieser neuen Dinge habe ich an einigen Beispielen aus dem Kontext ihrer materialen Produktionszusammenhänge heraus skizziert. Ihr zentrales Merkmal ist die systematische und tendenziell vollständige Abkopplung von den *natürlichen* Einheiten der bisherigen Biologie als der Wissenschaft vom Lebendigen. Diese Abkopplung bleibt auf der Oberfläche des Geschehens in den Forschungslaboren und der publizierten Texte verborgen: die Objekte werden immer noch als Mäuse, Fliegen, Bakterien oder Hefepilze bezeichnet. Darunter – und wie man nur im entsprechenden ethnographischen Material sehen kann: in alltäglichen Umgangsweisen – sind neue Objekte mit neuen Identitäten entstanden. Diese neuen Objekte lassen sich nun nicht mehr entlang der *natürlichen* Struktur der disziplinären Gegenstände klassifizieren, ebensowenig wie die disziplinäre Kommunikation die Grenzziehungen entlang von Arten oder biologischen Funktionen reproduziert.

Ich habe am Beipiel der Maus versucht zu zeigen, daß *Maus* in der Molekularbiologie einen anderen Referenten hat als das possierliche Tierchen, dessen Anblick manche Menschen auf den Tisch jagt. Zum einen hat es die explizite, von den Teilnehmern mit dem Begriff des Modellsystems belegte Bedeutung eines (technisierten) Systems, mit dessen Hilfe allgemeine Eigenschaften von Säugetieren bestimmt werden sollen. Zum anderen steht *Maus* für ein bestimmtes biologisches Modellierungssystem für epistemische Objekte.

Das Modellsystem Maus habe ich als komplexes epistemisches Modellierungssystem rekonstruiert, das einheitsstiftend und differenzbildend in der dazugehörigen epistemischen Kultur wirkt. Die Welle der Laboratorisierung der Biologie hat, in ihrer Bedeutung möglicherweise vergleichbar mit der Etablierung wissenschaftlichen Sammlungen, Museen und Archive für die moderne Biologie, stabile Orte einer wissenschaftlich-technischen zweiten *Natur* hervorgebracht. Diese Laboratorien sind keine Umzäunungen oder Einfriedungen der wilden Natur, keine bloßen Domestikationsanstalten. Sie sind autonome Produktionsstätten, deren interne Ordnungen, deren analytische Infrastruktur und deren zu Produktionsinstrumenten verwandelte biologische Objekte Materialisierungen wissenschaftlichen Wissens zur Verfügung stellen. In artifiziellen Nischen, Laboratopen, mit reduzierten, transformierten und kontrollierten Lebensbedingungen werden Exemplare biologischer Technofakte als die *eigentlichen* Gegenstände der Erkenntnisproduktion im Rahmen der zweiten Natur des Labors identisch reproduzierbar gemacht.[47]

Erst die auf Dauer gestellten, über *alte* Artenschranken hinweg operierenden und vernetzten Forschungslaboratorien mit einer sie ergänzenden industriellen Infrastruktur, die standardisierte biomolekulare Bauteile, Organismen und technische Apparaturen zu stabilen Konditionen bereitzustellen vermag, sichert den Erkenntnisfortschritt dieser neuen Biologie.[48] In der Debatte um die Freisetzung entsprechender Laboratopbewohner in die *alte* Natur zeigen sich zugleich prinzipielle Schwierigkeiten, die Bedeutung des an dieser zweiten Natur erworbenen Wissens in eine Abschätzung der Folgen für die Umgebung zu bestimmen.

(2) Am Beispiel der Vielschichtigkeit der Grenzüberschreitungen, die sowohl die Grenzen der biologischen Objekte, der Forschungsverfahren und -konzepte, als auch der disziplinären (Teil-)Bereiche betreffen, wird verständlich, weshalb differenzierungstheoretische Betrachtungen von Wissenschaft für wissenssoziologische Untersuchungen unterkomplex erscheinen.[49] Es ist sicherlich kein Zufall, daß wir in der Gesamtschau zitierter Arbeiten in den gesamten Naturwissenschaften unter den zwanzig am höchsten zitierten Arbeiten seit Jahren (mit für Soziologen „traumhaften" Häufigkeiten zwischen 500 und 7 500 Zitaten pro Jahr) ausschließlich für die Molekularbiologie grundlegende gentechnische

47 Freilich gibt es auch – durch dieselben technischen Verfahren ermöglichte – Formen der Konservierung einer als *ursprünglich* betrachteten Natur *da draußen:* Genarchive von Wildpflanzen und Wildtieren; und selbst von *vom Aussterben bedrohten* Menschen werden solche Archive angelegt und gepflegt.

48 Mancher Biologe mag sich an die Katastrophe eines ausgedehnten Brandes im Jackson-Labor erinnern, bei der ein Teil dieser Infrastruktur ein Raub der Flammen wurde, was bei manchem Projekt zu größeren Schwierigkeiten führte.

49 Vgl. dazu Knorr-Cetina 1992a.

Methodentexte finden.[50] Dies verweist uns auf die neue, fundierende Rolle der gentechnischen Verfahren für einen großen Bereich der Lebenswissenschaften. Sie verweist aber zugleich auf die Aufhebung (sub-)disziplinärer Grenzen und deren fortgesetzte Neuziehung. Bevor sich diese neuen sozialen Einheiten auf der Oberfläche disziplinärer Strukturen zeigen, kann durch die hier gewählte ethnographische Perspektive die Systematik der Veränderungen gezeigt werden.

An der Seite, möglicherweise an der Stelle der bisherigen Unterscheidungen in der Biologie und ihren Nachbardisziplinen erkennen wir eine zusehends vereinheitlichte Technowissenschaft, deren Basis die Konstruktion von verschiedensten Modellierungssystemen bildet. Mit diesen werden neue Unterscheidungen in den Wissensprozeß eingeführt, die entlang ihrer experimentellen Verwendungen und Spezifikationen verlaufen. Mediziner, die eine Krankheit erforschen, Genetiker, die an der Fruchtfliege ein Gen nach dem anderen beschreiben, Molekularbiologen, die Differenzierungsprozesse in der Knochenentwicklung der Maus studieren und Embryologen, die sich mit Mausmutanten beschäftigen, formieren neue Einheiten des biologischen Wissenssystems.[51]

Menschen, Mäuse und Fliegen werden von lebensweltlich unterschiedenen Identitäten zu externen Einheiten einer neuen Technowissenschaft, in der auch für den einzelnen Naturwissenschaftler wichtiger als die Arbeit mit und an einem bestimmten Organismus wird, welche Kenntnisse er in der technischen Beherrschung biologischer Modellsysteme hat.

Für die wissenssoziologische Analyse der epistemischen Kultur der neuen Biologie zeigt sich, daß eine mikrosoziologische empirische Strategie nicht nur in den Details und Verästelungen des lokalen Forschungsalltags eine Rekonstruktion von Wissensprozessen leisten kann. Sie ist auch geeignet, aus dieser Rekonstruktion heraus übergreifende Strukturen disziplinärer Wissenskulturen in den Blick zu bekommen. Wir können am Beispiel der Molekularbiologie deutlich machen, daß kulturanalytische ethnographische Verfahren ein soziologisches Entdekkungspotential besitzen, das uns mehr und anderes über die Logik moderner Forschung enthüllt als eine externalistische Betrachtung disziplinärer Wissensgebäude.

50 Eigene unveröffentlichte Auswertung (mit freundlicher Unterstützung von M. Winterhager).

51 Eine entsprechende Publikation ist etwa unter dem Titel „Waardenburg's syndrome patients have mutations in the human homologue of the Pax-3 paired box gene" (Tababehij 1991) in *Nature* erschienen und nennt Autoren aus dem Department of Medical Genetics eines Krankenhauses, eines universitären Center for Audiology und zwei molekularbiologischen Forschungseinrichtungen.

Literatur

Amann, Klaus (1990): Natürliche Expertise und Künstliche Intelligenz – eine Untersuchung naturwissenschaftlicher Laborarbeit. Dissertation Universität Bielefeld.

Amann, Klaus/Knorr-Cetina, Karin (1988): The Fixation of (Visual) Evidence. Human Studies 11, 133–169.

Barnes, Barry/MacKenzie, David (1979): On the Role of Interests in Scientific Change, in: Roy Wallis (ed.), On the Margins of Science: The Social Construction of Rejected Knowledge (Sociological Review Monograph 27), Keele, 49–66.

Bloor, David (1976): Knowledge and Social Imagery, London.

Bonß, Wolfgang/Hohlfeld, Rainer/Kollek, Regine (Hrsg.) (1993): Wissenschaft als Kontext – Kontexte der Wissenschaft, Hamburg.

Colberg-Poley, Annamaris M./Voss, Stefan/Chowdhury, Kamal/Gruss, Peter (1985): Structural Analysis of Murine Genes Containing Homoeo Box Sequences and Their Expression in Embryonal Carcinoma Cells. Nature 314, 713–718.

Collins, Harry (1985): Changing Order. Replication and Induction in Scientific Practice, London.

Cozzens, Susan/Gieryn, Thomas (1990): Theories of Science in Society, Bloomington – Indianapolis.

Feyerabend, Paul (1975): Against Method, London. (dt. 1976: Wider den Methodenzwang, Frankfurt a. M.)

Fleck, Ludwik (1980): Entstehung und Entwicklung einer wissenschaftlichen Tatsache (1935), Frankfurt a. M.

Foucault, Michel (1971): Die Ordnung der Dinge, Frankfurt a. M.

Garfinkel, Harold/Lynch, Michael/Livingston, Eric (1981): The Work of a Discovering Science Construed with Materials from the Optically Discovered Pulsar. Philosophy of the Social Sciences 11, 131–158.

Gehring, Walter J. (1984): Ein Tier nimmt Gestalt an. Bild der Wissenschaft, Heft 11, 79–89.

Hasse, Raimund/Krücken, Georg/Weingart, Peter (1993): Laborkonstruktivismus: Eine wissenschaftssoziologische Reflexion. IWT-Papers 1/93, Bielefeld.

Herbig, Jost (1982): Der Bio-Boom, Hamburg.

Heintz, Bettina (1993): Wissenschaft im Kontext. Neuere Entwicklungstendenzen der Wissenschaftssoziologie. Kölner Zeitschrift für Soziologie und Sozialpsychologie 45, 528–552.

Hesse, Mary (1980): Revolutions and Reconstructions in the Philosophy of Science, Brighton.

Hohn, Hans-Willi/Schimank, Uwe (1990): Konflikte und Gleichgewichte im Forschungssystem: Akteurskonstellationen und Entwicklungspfade in der staatlich finanzierten außeruniversitären Forschung, Frankfurt a. M.

Knorr-Cetina, Karin (1981): The Manufacture of Knowledge, Oxford. (dt. 1984: Die Fabrikation von Erkenntnis. Frankfurt a. M.)

Knorr-Cetina, Karin (1989): Spielarten des Konstruktivismus. Soziale Welt 40, 86–96.

Knorr-Cetina, Karin (1992a): Zur Unterkomplexität der Differenzierungstheorie. Empirische Anfragen an die Systemtheorie. Zeitschrift für Soziologie 21, 406–419.

Knorr-Cetina, Karin (1992b): The Couch, the Cathedral, and the Lab: On the Relationship between Experiment and Laboratory Science, in: A. Pickering (ed.), Science as Practice and Culture, Chicago, 113–138.

Knorr-Cetina, Karin (1993): Strong Constructivism – From a Sociologist's Point of View: A Personal Addendum to Sismondos Paper. Social Studies of Science 23, 553–563.

Knorr-Cetina, Karin (1994): Epistemic Cultures: How Scientists Make Sense (in Vorbereitung).

Knorr-Cetina, Karin/Amann, Klaus (1992): Konsensprozesse in der Wissenschaft, in: Hans Joachim

Giegel (Hrsg.), Kommunikation und Konsens in modernen Gesellschaften, Frankfurt a. M., 212–235.

Knorr-Cetina, Karin/Mulkay, Michael (eds.) (1983a): Science Observed. Pespectives on the Social Study of Science, London – Beverley Hills.

Knorr-Cetina, Karin/Mulkay, Michael (1983b): Emerging Principles in Social Studies of Science, in: dies. (eds.), Science Observed. Pespectives on the Social Study of Science, London – Beverley Hills, 1–18.

Kohler, Robert E. (1993): Drosophila: A Life in the Laboratory. Journal of the History of Biology 26, 281–310.

Kuhn, Thomas (1962): The Structure of Scientific Revolutions. Chicago. (dt. 1967: Die Struktur wissenschaftlicher Revolutionen, Frankfurt a. M.)

Latour, Bruno/Woolgar, Steve (1979): Laboratory Life. The Construction of Scientific Facts, Beverley Hills – London.

Latour, Bruno (1987): Science in Action, Cambridge, Mass.

Latour, Bruno (1988): The Pasteurization of France, Cambridge/Mass.

Law, John/Callon, Michel (1988): Engineering and Sociology in a Military Aircraft Project: A Network Analysis of Technological Change. Social Problems 35, 284–297.

Livingston, Eric (1986): The Ethnomethodological Foundations of Mathematics, London.

Luhmann, Niklas (1990): Die Wissenschaft der Gesellschaft, Frankfurt a. M.

Lynch, Michael (1985): Art and Artifact in Laboratory Science: A Study of Shop Work and Shop Talk in a Research Laboratory, London.

Lynch, Michael/Livingston, Eric/Garfinkel, Howard (1983): Temporal Order in Laboratory Work, in: Karin Knorr-Cetina/Michael Mulkay (eds.), Science Observed. Perspectives on the Social Study of Science, London – Beverley Hills, 205–238.

Lynch, Michael (1992): Extending Wittgenstein: The Pivotal Move from Epistemology to the Sociology of Science, in: Andrew Pickering (ed.), Science as Practice and Culture, Chicago, 215–265.

MacKenzie, David (1981): Statistics in Britain, 1865–1930: The Social Construction of Scientific Knowledge, Edinburgh.

McGinnis, William/Levine, Michael S./Hafen, E./Kuroiwa, A./Gehring, Walter J. (1984a): A Conserved DNA Sequence in Homeotic Genes of Drosophila antennapedia and Bithorax Complexes. Nature 308, 428–433.

McGinnis, William/Hart, Charles P./Gehring, Walter J./Ruddle, Frank H. (1984b): Molecular Cloning and Chromosome Mapping of a Mouse DNA Sequence Homologous to Homeotic Genes of Drosophila. Cell 38, 675–680.

Mulkay, Michael/Potter, Jonathan/Yearley, Steve (1993): Why an Analysis of Scientific Discourse is Needed, in: Karin Knorr-Cetina/Michael Mulkay (eds.), Science Observed. Pespectives on the Social Study of Science, London – Beverley Hills, 171–203.

Nelkin, Dorothy (1987): Selling Science, New York.

Nowotny, Helga (1984): Leben im Labor und Draußen. Wissenschaft ohne Wissen? Anmerkungen zu neueren Ansätzen innerhalb der Wissenschaftssoziologie. Soziale Welt 33, 208–220.

Pickering, Andrew (1984): Constructing Quarks: A Sociological History of Particle Physics, Chicago.

Pickering, Andrew (ed.) (1992): Science as Practice and Culture, Chicago.

Quine, Willard Van Orman (1953): Two Dogmas of Empiricim, in: ders., From a Logical Point of View, Cambridge/Mass., 20–46.

Schrödinger, Erwin (1951): Was ist Leben? Die lebendige Zelle mit den Augen des Physikers betrachtet, München.

Sismondo, Sergio (1993): Some Social Constructions. Social Studies of Science 23, 515–553.

Tassabehji, Mayada/Read, Andrew P./Newton, Valerie E./Harris, Rodney/Balling, Rudi/Gruss, Peter/Strachan, Tom (1991): Waardenburg's Syndrome Patients Have Mutations in the Human Homologue of the Pax-3 Paired Box Gene. Nature 355, 635–638.
Witkowski, Jan (1988): Fifty Years on: Molecular Biology's Hall of Fame. Tibtech 6, 234–243.

Rudolf Stichweh

Zur Analyse von Experimentalsystemen

I. Objekte – Modelle – Modellobjekte

In einer klassischen epistemologischen Vorstellung hatte es die Wissenschaft mit materiellen Objekten und symbolischen Modellen (dieser Objekte) zu tun. Diese Unterscheidung wird eingeebnet, wenn einerseits die zu untersuchenden Objekte so ausgewählt, purifiziert und materiell transformiert werden, daß sie im Forschungsprozeß nicht nur sich selbst vertreten, sondern sich zugleich als Modelle einer allgemeineren Klasse von Objekten eignen, wenn andererseits die Manipulation dieser physischen Modelle an die Stelle von oder zumindest neben die Manipulation von Symbolen tritt. Das Verfolgen von Fragen oder Problemstellungen hat dann die Form, daß es sich als eine solche Manipulation physischer Modelle vollzieht. Zugespitzt könnte man auch sagen: der nächste sich aufdrängende Schritt im experimentellen Prozedere definiert oder *ist* die Fragestellung, die gerade als forschungsleitende fungiert.

Eine Voraussetzung für diese Entwicklung ist die Technisierung und Instrumentenabhängigkeit moderner Naturwissenschaft.[1] Technisierung bettet das physische Modell in einen instrumentellen Hintergrund ein, der es veränderbar und dadurch befragbar macht und der zugleich als technischer Hintergrund des experimentellen Geschehens als in seiner Funktionsweise zur Zeit unproblematisch behandelt werden kann. *Technizität* meint genau diesen Sachverhalt des temporären Absehenkönnens von Erklärungs- und Wahrheitsfragen hinsichtlich eines fungierenden instrumentellen Hintergrunds.[2] Damit ist Technizität aber auch ein variabler Status, weil von Entscheidungen, die jeweils auch anders ausfallen können, abhängig ist, welche der in einem Forschungsprozeß fungierenden Bedingungen man als unproblematisch erachten will.[3]

1 Siehe dazu näher Stichweh 1988b.
2 Zu diesem Begriff von Technik vgl. Luhmann 1975, 70–73.
3 Vgl. Rheinberger 1992a, 69–72.

II. Experimentalsysteme

In einer Hinsicht scheinen sich alle Texte dieses Bandes einig: Sofern sie den Begriff Experimentalsystem überhaupt verwenden, verstehen sie darunter etwas, das sich von dem hergebrachten Nachdenken über Labor und Experiment dadurch trennt, daß es nicht länger hinreicht, ein Experimentalsystem als *eine komplexe Konfiguration von Instrumenten* zu beschreiben. Experimentalsysteme schließen vielmehr wissenschaftliche Methoden und weiterhin informellere und implizitere Weisen des Wissens (‚tacit knowledge', ‚know-how') ein.[4] Vor allem aber sind *Objekte* in der technisch präparierten Form von Modellobjekten ein unübersehbarer Teil von Experimentalsystemen. Die begriffliche Option für *System* scheint vor allem durch diesen Sachverhalt der Inklusion von Gegenstand und Instrument in ein und dieselbe stabile und evolutionsfähige Konfiguration motiviert zu sein.

Das weist auf eine epistemologisch auffällige Eigenschaft von Experimentalsystemen hin: Sie bestehen aus Instrumenten und Modellobjekten. Instrumente aber sind technisch vergegenständlichtes Wissen über den Gegenstand der Erkenntnis, sind technifizierte Kausalhypothesen. Modellobjekte wiederum sind als technische Zubereitungen des Gegenstandes zu verstehen. Also wird der herkömmliche Hiatus von Erkenntnis und Gegenstand in Experimentalsystemen dadurch überbrückt, daß sich die beiden Seiten dieses Hiatus in Experimentalsystemen auf der Ebene von Techniken begegnen. Erkenntnis und Gegenstand sind gewissermaßen *ontisch undifferenziert,* sie interagieren deshalb miteinander und bringen auf diese Weise neue Erkenntnisse und Instrumente, neue Modellobjekte und Gegenstände hervor.

Eine Frage, die sich unmittelbar aufdrängt und die hier nur notiert werden kann, weil sie auch in diesem Band in keiner Weise beantwortet wird, ist: Seit wann eigentlich gibt es Experimentalsysteme und in welchen Disziplinen sind sie beobachtbar? Es besteht offensichtlich ein Bedarf für eine vergleichende Geschichte von Experimentalsystemen, die diese als eine relativ späte Emergenz in der Evolution des Wissenschaftssystems der modernen Gesellschaft begreift und also statt der Geschichte des einzelnen Experimentalsystems die Geschichte der Evolution von Experimentalsystemen schreibt. Damit verbunden wäre eine vergleichende Epistemologie, die sich für epistemologisch relevante Unterschiede zwischen Typen von Disziplinen (u. a. in Hinsicht auf die Frage des Vorkommens von Experimentalsystemen) interessiert.

Eine nächste Frage schließt sich an: Inwiefern haben wir es mit Systemen zu

4 Siehe in diesem Band insbesondere den Beitrag von Chadarevian.

tun? Was rechtfertigt diesen Titel und welche Ansprüche werden mit ihm erhoben? Ein erstes Motiv für den Systembegriff scheint darin zu liegen, daß es sich bei Experimentalsystemen um einen einigermaßen kohärenten und evolutionsfähigen Zusammenhang von heterogenen Bestandteilen handelt. Ob dies nun *offene* oder *geschlossene* Systeme sind, kann – wie auch sonst in der Systemtheorie – als eine Variable behandelt werden.[5] Geschlossenheit eines Systems als die Voraussetzung seiner Offenheit gegenüber einer Umwelt – in dieser Kopplung der beiden Begriffe und in der darin liegenden Frage nach der Umwelt von Experimentalsystemen scheinen mir die eigentlich spannenden Anschlußfragen zu stecken. Zu Fragen dieses Typs aber findet sich in dem vorliegenden Band nicht viel. Wie hat man sich die Umwelt von Experimentalsystemen vorzustellen? Ich denke, daß diese Problemstellung deshalb für die Analyse von Experimentalsystemen so wichtig ist, weil es in ihr darum geht, wie eigentlich der ganze Rest der Wissenschaftssoziologie und Wissenschaftstheorie in die Analyse hineingeholt werden kann. *Differenzen* und *Konjunkturen* sind zwei Begriffe, mittels deren Rheinberger Zusammenhänge dieses Typs anspricht.[6] Darauf komme ich gleich zurück.

Zur These der ‚Systemhaftigkeit' der Experimentalsysteme steht die Behauptung, diese seien die „kleinste(n) funktionelle(n) Einheiten der Forschung"[7] in einem spannungsreichen, wenn nicht widersprüchlichen Verhältnis. Gegen letztere Behauptung spricht allein schon die wiederholt konstatierte potentielle Langlebigkeit der Experimentalsysteme. Rheinberger selbst zitiert die Bemerkung Alfred Hersheys, der Traum des Wissenschaftlers vom Glück sei es, „ein Experiment zu haben, das funktioniert, und unaufhörlich mit ihm weitermachen".[8] Chadarevian verweist auf Max Perutz' Röntgenstrukturanalyse von Hämoglobin, an der dieser seit mehr als 50 Jahren arbeitet.[9] Als kleinste funktionelle Einheit des wissenschaftlichen Arbeitsprozesses scheint sich insofern eher das – erst in diesem Jahrhundert prominent werdende – *Projekt* anzubieten, das eine Elementarisierung der Forschung unter dem Druck wissenschaftsexterner Imperative induziert.[10] Diese Durchsetzung von Projektförmigkeit der Forschung ist gewissermaßen ein sich u. a. innerhalb von Experimentalsystemen vollziehender Mikroresponse auf strukturelle Veränderungen der Makroumwelt derselben Experimentalsysteme.

5 Vgl. Luhmann 1984.
6 Vgl. auch Rheinberger 1992b; 1993; 1994.
7 Rheinberger 1992a, 25 und wiederholt; vgl. in diesem Band auch den Beitrag von van Heteren.
8 Rheinberger 1992a, 21.
9 Siehe den Beitrag von Chadarevian in diesem Band.
10 Einige Überlegungen dazu in Stichweh 1988a, 75–78; 1994.

III. Differenzen

Die Hervorbringung von Differenzen ist die Form, in der sich die Reproduktion von Experimentalsystemen vollzieht. Damit bewegen wir uns im Bereich der „normal science", in dem sich die Bewegung von Experimentalsystemen in Termini eines „evolutionären Drift" beschreiben läßt. An diesem Befund hinsichtlich Differenzen als Reproduktionsform ändert sich auch dadurch nichts, daß in vielen Fällen das Ziel eines experimentellen Vorgehens ja gerade die Stabilisierung von *Konstanzen* ist. Die Unterscheidung Differenz vs. Konstanz wird insofern durch den Begriff der Differenz übergriffen, da auch eine Konstanz eine Differenz zu der Erwartung der *Zufälligkeit* des Geschehens konstituiert. Konstanzen sind deshalb als informative Differenzen zu verstehen – im Sinne der Batesonschen Definition von Information als einer „difference which makes a difference".[11]

IV. Konjunkturen

Konjunkturen als der andere Leitbegriff für die Dynamik von Experimentalsystemen beschreibt offensichtlich Strukturumbrüche, die sich nicht aus der normalen Dynamik von Experimentalsystemen ergeben. Da wir oben von „normaler Wissenschaft" gesprochen haben, liegt es nahe, den Begriff der Konjunktur mit Vorstellungen über Phasen „revolutionärer" Wissenschaftsentwicklung (Kuhn) zu verbinden. Damit ist noch nicht die Frage beantwortet, welches eigentlich die Mechanismen der Erzeugung von Konjunkturen sind.

Während die Reproduktion eines Experimentalsystems durch Differenzen hindurch an eine internalistische Dynamik denken läßt, die allerdings unter dem Druck von Umweltbedingungen abläuft, die es näher zu bestimmen gälte, drängt es sich für Konjunkturen stärker auf, Ereignisse in der Umwelt eines Experimentalsystems als Ursache zu vermuten, die zudem als externe Ereignisse aus der Binnensicht des gerade betrachteten Experimentalsystems als *zufällig* erscheinen. *Labore* als organisationssoziologisch – und nicht primär epistemologisch – zu beschreibende Einheit einer Mehrzahl experimenteller Aktivitäten – mit einer hierarchischen oder heterarchischen organisatorischen Struktur – sind einer der Umweltfaktoren, an die hier zu denken ist.[12] Bei *Personen* handelt es sich um eine andere Klasse von Systemen in der Umwelt von Experimentalsystemen, in denen sich bedingt durch die Zufälle von Lernprozessen und in assoziati-

11 Bateson 1973, 286.
12 Vgl. mit einer anderen Option den Beitrag von Amann in diesem Band.

ven bewußtseinsmäßigen Verknüpfungen eine Konjunktur anbahnen und ansatzweise vollziehen kann. *Dyaden von Personen* und *Beziehungen wissenschaftlicher Kollaboration* öffnen diesen personalen Faktor bereits stärker zur Seite der Bildung eines Sozialsystems hin. *Unscharfe Begriffe* (oder „boundary concepts" oder „Metaphern") bilden einen Mechanismus, der in diesem Band wiederholt diskutiert wird.[13] Unscharfe Begriffe scheinen kurzfristig eine strukturelle Kopplung zweier Experimentalsysteme herbeizuführen. Unmittelbar danach trennen sich die beiden Experimentalsysteme wieder und der jetzt in den Systemprozeß inkorporierte ‚unscharfe Begriff' wirkt sich innerhalb des Experimentalsystems als Mechanismus des Generierens von (oder der Anreicherung mit) Ungewißheit aus. Insofern haben wir es gleichsam mit einem energetischen Impuls zu tun, da diese Ungewißheit in Versuche der Wiedergewinnung von Bestimmtheit umgesetzt werden muß, worin sich eine Art von Entropie des Experimentalsystems verkörpert.

Ich will diese Diskussion hier nicht weiterführen. Es dürfte aber deutlich sein, wie sehr das Desiderat an dieser Stelle das Einarbeiten eines Modells der Makroumwelt aller Konjunkturen und Differenzen in die Theorie der Experimentalsysteme ist. Dieses Modell der Makroumwelt wäre ein Modell des Wissenschaftssystems und seiner gesellschaftlichen Einbettung und in ihm würden neben vielen anderen Komponenten wissenschaftliche Werte, disziplinäre Problemhorizonte, disziplinäre und transdisziplinäre Theorien, politisch beeinflußbare szientifische Problemformulierungen und schließlich Strukturen der wissenschaftlichen Kommunikation und Publikation eine Rolle spielen.

Literatur

Bateson, Gregory (1973): Steps to an Ecology of Mind. Collected Essays in Anthropology, Psychiatry, Evolution and Epistemology, London.

Löwy, Ilana (1993): Unscharfe Begriffe und föderative Experimentalstrategien. Die immunologische Konstruktion des Selbst, in: Hans-Jörg Rheinberger/Michael Hagner (Hrsg.), Die Experimentalisierung des Lebens. Experimentalsysteme in den biologischen Wissenschaften 1850/1950, Berlin, 188–206.

Luhmann, Niklas (1975): Macht, Stuttgart.

Luhmann, Niklas (1984): Soziale Systeme: Grundriß einer allgemeinen Theorie, Frankfurt a. M.

Rheinberger, Hans-Jörg (1992a): Experiment, Differenz, Schrift: Zur Geschichte epistemischer Dinge, Marburg.

Rheinberger, Hans-Jörg (1992b): Experiment, Difference, and Writing: I. Tracing Protein Synthesis. II. The Laboratory Production of Transfer RNA. Studies in History and Philosophy of Science 23, 305–331; 389–422.

13 Vgl. auch Löwy 1993.

Rheinberger, Hans-Jörg (1993): Experiment and Orientation: Early Systems of in vitro Protein Synthesis. Journal of the History of Biology 26, 443–471.

Rheinberger, Hans-Jörg (1994): From Microsomes to Ribosomes: ‚Strategies' of ‚Representation' 1930–1955. Journal of the History of Biology (im Druck).

Stichweh, Rudolf (1988a): Differenzierung des Wissenschaftssystems, in: Renate Mayntz et al., Differenzierung und Verselbständigung. Zur Entwicklung gesellschaftlicher Teilsysteme, Frankfurt a. M., 45–115.

Stichweh, Rudolf (1988b): Technik, Naturwissenschaft und die Struktur wissenschaftlicher Gemeinschaften. Wissenschaftliche Instrumente und die Entwicklung der Elektrizitätslehre. Kölner Zeitschrift für Soziologie und Sozialpsychologie 40, 684–705 (auch in: Stichweh 1994).

Stichweh, Rudolf (1994): Wissenschaft, Universität, Professionen: Soziologische Analysen, Frankfurt a. M.

Michael Wetzel

Der Wissenschaftler und sein Double

Anmerkungen zum Begriff des Medialen im naturwissenschaftlichen Denken

> Alles ist ja nur symbolisch zu nehmen, und überall steckt noch etwas Anderes dahinter. Jede Lösung eines Problems schafft ein neues Problem.
>
> Johann Wolfgang Goethe

Das 19. Jahrhundert ist nicht nur das Zeitalter der Industrialisierung, des naturwissenschaftlichen Fortschritts und der nationalen Staaten: Es ist auch und nicht zuletzt das Jahrhundert der Medien. Zwar leidet das Bewußtsein für diesen historischen Einschnitt oft darunter, daß erst im 20. Jahrhundert die Bedeutung neuer Techniken der Datenverarbeitung und -distribution für die Genese der Moderne erkannt und gern als Errungenschaft dieser späteren Epoche beansprucht wurde, die genannten Faktoren ökonomischer, szientischer und politischer Entwicklung sind jedoch ohne den medialen nicht denkbar. Gerade der neue, seit 1800 zunehmend technische Charakter macht das Spezifische der zweiten, der industriellen Moderne aus: Das Apparathafte ist es, was kapitalistische Produktivität, empirische Objektivität und völkische Identität entstehen läßt.

Die Telegraphie läßt Botschaften in Sekundenschnelle und über unüberschaubare Weiten hin übertragbar werden; die Photographie hält Bilder mit eineindeutiger Genauigkeit und Reproduzierbarkeit fest und eröffnet zugleich mit ihrer „Lichtschrift“ neue Möglichkeiten der Strahlentechnik (wie z. B. die Röntgenologie); das Grammophon leistet die gleiche Vervielfältigung im akustischen Bereich, während das Telephon den Schall von seiner räumlichen Begrenzung befreit. Die Reihe läßt sich beliebig fortsetzen, alle Bereiche der Datenspeicherung und der Kommunikation werden so automatisiert und damit dem neuen Standard von Präzision und Geschwindigkeit unterworfen. Nicht zu vergessen ist dabei aber, daß, bevor diese neuen Technologien zu Massenmedien wurden, sie immer schon den avanciertesten Stand der Erforschung des Physikalischen darstellten. Zum Beispiel die Entwicklungsgeschichte, an deren Ende die Erfindung des Kinos stand, ist kein Bemühen um den Unterhaltungswert bewegter Bilder, sondern die Geschichte einer genauen und minutiösen Analyse körperlicher Bewegungsprozesse.

Die modernen Medien sind in den Labors derjenigen Wissenschaftler entstanden, für die sich alle komplexen Vorgänge der Natur auf einfache mechanische Vorgänge reduzieren ließen. Das Stetige, statistisch Meßbare ist der neue Gegenstand einer mechanistischen Naturbetrachtung, die auch das Objekt Mensch nur nach physiologischen Kriterien erfaßt. Die neue Ideologie des Medialen heißt Positivismus. Gefeiert wird der Triumph des Wirklichen, das sich mittels maschineller Materialitäten gegen Wille und Vorstellung durchzusetzen beginnt. Das Gehäuse subjektiver Innerlichkeit wird gesprengt durch die revolutionäre Kraft einer Naturmacht, deren physikalisch-chemische Signale sich an physiologisch durchtrainierte Sinnesarmaturen wenden. „The pencil of nature" nennt Talbot, einer der Erfinder der Photographie, sein neues Verfahren, in dem er den Griffel der Natur selbst sich auf die Oberfläche der Repräsentation senken und dort alles aufzeichnen sieht, was sich der teilnahmslosen Linse an Lichtimpulsen darbietet: „Denn das Instrument", schreibt Talbot in seinem gleichnamigen Propagandawerk über die phantastischen Anwendungsweisen der Photographie, „registriert alles, was es wahrnimmt, und einen Schornsteinaufsatz oder einen Schornsteinfeger würde es mit der gleichen Unparteilichkeit festhalten wie den Apoll von Belvedere." Das Antlitz der Dinge schreibt sich ein – wie das Gesicht Jesu Christi in das Mailänder Schweißtuch –, um in seinem Abbild, seinem Konterfei, seiner Silhouette wiedererkennbar, identifizierbar, verfolgbar zu werden. Eine lückenlose Entwicklungskette schließt sich zwischen den Anfängen der Verdoppelung des Visuellen etwa durch den noch mechanisch funktionierenden „Physionotrace" über die Entwicklung von stereotypen Physiologien und physiognostischen Mischphototechniken, den Standardisierungen des französischen Polizeiphotographen Bertillon und den Bewegungsoptimierungen eines Muybridge oder Gilbreth, bis hin zu den Rasterfahndungsstrategien des BKA: Das Objekt des Wissens wird gestellt wie ein gejagtes Tier, die Arretierung des flüchtigen Augenblicks auf dem Bildträger kommt schon dem Todesurteil gleich.

Auf den ersten Blick scheint damit die Idee einer transzendentalen Wende des Denkens, wie sie Kant in seiner revolutionären *Kritik der reinen Vernunft* formuliert hatte, kaum daß sie ihr Haupt erhoben hat, schon wieder vom Geist der Zeit nivelliert zu sein. Die Zumutung der subjektivistisch gewendeten kopernikanischen Wende, nach der unsere Begriffe sich nicht nach den Dingen richten, sondern immer den apriorischen Formen derselben eingedenk bleiben sollen, verstummt vor dem erkräftigten Zuspruch der Dinge an sich, die sich selbst zu einer Repräsentation verhelfen. Die Welt, so wie sie an sich selbst ist; dieses transzendentalphilosophische Paradoxon, das allenfalls im Reich der Ideen gleich neben der spekulierenden Einbildungskraft angesiedelt ist, wird auf einmal auf den silbernitratgeschwärzten Photoflächen sichtbar und auf wachsbeschichteten Tonträgern hörbar. „Die Hand der Natur hat sie abgedruckt", schreibt Talbot von den seinem Buch beigegebenen Abbildungen, „ohne Unterstützung durch irgend jemanden."

Aber der Eindruck trügt: Denn letztendlich sind es die Medien, die diese Geschichten schreiben, sie sind Interfaces, Schnittstellen der Begegnung von Mensch und Welt, und werden, in dem Maße wie sie fetischisiert selbst die Tische zum Tanzen bringen, auch zu den Zaubermitteln, die man nicht wieder los wird. Denn die viel größere Krise als alle Ungenauigkeit der Beobachtung im Zeitalter bloßer Augen und offener Ohren ist die Entdeckung, daß das Medium selbst die Botschaft ist, d. h., daß die angeblich objektive Realität vermittelnde technische Apparatur selbst konstitutiv ist für den Effekt, den sie repräsentiert. Man könnte es als Kants Rache bezeichnen, jedenfalls hat keine philosophische Figur im Laufe des 19. Jahrhunderts metaphysischer Entzauberung sich besser bewahrheiten und durchsetzen können als das transzendentalphilosophische Denken Kants, in dem nur an die Stelle des Subjekts die rekursive Funktion des Mediums gesetzt werden mußte (oder die vielleicht das Subjekt selbst schon als Apparat gemeint hat).

Dieses double bind zwischen objektiver Realität und medialer Repräsentation hat vor allem die Naturwissenschaften markiert und die biologisch-medizinischen Disziplinen in besonderem Maße vor ein Dilemma gestellt. In dem Maße, wie die Erkenntnis des Lebens und speziell des menschlichen Organismus voranschreitet, nimmt der Anteil apparativer Konstellationen zu, die nicht neutral außerapparative Wesenheiten vermitteln, sondern nur wieder weitere medientechnische Zusammenhänge eröffnen. Und nicht zuletzt die medizinische Alltagspraxis überzeugt davon, daß dieser Maschinenpark keinesfalls die Funktion von gnoseologischen Prothesen vertritt, mit deren Hilfe das ärztliche Subjekt um so schneller zum Ziel von Diagnose und therapeutischer Intervention eilt, sondern durchaus eine autonome transzendentale Bedingung der Möglichkeit von Erkenntnis darstellt, der sich die subjektive Interpretation des Analysebefundes nur noch als hermeneutisches Supplement, gleichsam als Dolmetscherfunktion der Übersetzung in menschliche Alltagssprache anfügt.

Aporetischer aber als die Delegation von Entscheidungen an Apparate ist deren Nichtentscheidbarkeit. Der Traum von der erlösenden Wendung zu den Dingen oder Sachen selbst war immer nur ein philosophischer Traum. Ob nun Edmund Husserl von transphänomenalen Wesenheiten schwärmte oder Henri Bergson auf Photographien die Häutchen der tatsächlichen Dinge sich ablagern sah, die Metaphysik des 19. Jahrhunderts liebte die heroische Geste eines Durchdringens des sprichwörtlichen „Schleiers der Maya". Für die empirischen Naturwissenschaften war die Durchsetzung gegenüber spekulativen Systemen von Materie und Geist hingegen immer schon eine Sache des kalkulierten Einsatzes von Medien. Vor allem die optischen Instrumente einer Armierung des biologisch-medizinischen Blicks spielen eine inaugurale Rolle in der Erschütterung der morphologischen Taxonomien des 18. Jahrhunderts. Die hinweisende Geste der Mikroskopierenden auf ‚Linse' und ‚Objektträger' wiederholte gleichsam die revolutionäre Urszene eines Galilei vor seinem Fernrohr – mit der einen kleinen aber entscheidenden Differenz: daß im Kleinen, dem Mikrokosmos des Präparats, die zu beobachtende Welt erst zugerichtet werden mußte, die im Großen sich um den teleskopischen Einblick kaum kümmerte. Vergleichbar ist aber die ernüchternde Einsicht, daß – ohne wieder in gottesfürchtige Glaubensätze zu verfallen – letztlich nur die Evidenz der Netzhautabbildung bleibt, die mit jeder Wendung des Perspektivs neue Irritationen erfährt und nirgends für das wirklich Reale einen Beweis hat.

Karl Kraus' böser Satz über die Psychoanalyse, daß sie nur die Symptome heile, die sie selbst erzeuge, trifft gewissermaßen auf die biologisch-medizinischen Wissenschaften generell zu. Ihr Gegenstand – nicht wie er an und für sich, unabhängig von seiner Beobachtung und experimentellen Erforschung existiert, sondern als Phänomen, das dank bestimmter instrumenteller Hilfsmittel und im Zusammenhang genau definierter und als solche wiederholbarer Versuchsanordnungen erscheint – wird durch die wissenschaftlichen Verfahren konstruiert, gleichsam ‚erzeugt'. Und dennoch ist das sog. epistemische Ding ein Drittes zu bloßer Einbildung und reinem Ansichsein. In ihm tut sich eine Zwischenwelt auf, vergleichbar dem von Humboldt für die Geisteswissenschaften so benannten Bereich der Sprache, eine – übertragen gesprochen – Sprache der Dinge, die weder mit der Materie des Objekts noch mit dem Geist des Subjekts zu verwechseln ist, eine Art Immaterialität dinglicher Bedeutung, für die sich im Laufe des 20. Jahrhunderts schließlich der Begriff der Information durchgesetzt hat.

Informationen sind der eigentliche Gegenstand wissenschaftlicher Erkenntnisprozesse. Sie werden von Experimentalsystemen auf der Grundlage objektiv gegebener Daten erarbeitet oder ‚erhoben', d. h. als Abhub oder Relief der Materialien sichtbar gemacht, wobei eben gerade diese Sichtbarkeit an den gezielten Einsatz von Medien, von Instrumenten der Visualisierung gebunden ist, die das epistemische Ding als Träger der Information erzeugen. Diese mediale Erzeugung ist eine Veränderung des realen Zustandes, weshalb immer wieder Klagen über die Willkür des experimentellen Eingriffs zu hören sind. Sie ist aber keine Projektion subjektiver Vorurteile, sondern eine durchaus objektive, aber virtuelle Realität. Der Gegenstand wird in eine künstliche Lage versetzt, die aber aussagekräftig ist über potentielle Reaktionen. Schließlich geht es für das szientifische Wissen nicht um Wirkliches, sondern um Mögliches, nicht um die bloße Einsicht in das Bestehende, sondern um Voraussicht (französisch: savoir = prévoir).

Im Kontext der biologisch-medizinischen Wissenschaften ergibt sich dabei das spezifische Phänomen, daß gerade dort, wo es um das Leben als reine Naturkraft geht, das Artifizielle der Laborsituation als störend empfunden wird und reduziert werden soll, während bei den Untersuchungen menschlicher Mechanismen das Verfahren nicht künstlich genug und dem sog. wirklichen Leben nicht fern genug gewählt sein kann. Bezeichnenderweise ist in den vorstehenden Untersuchungsbeispielen vom „juste milieu" eines simulierten Bewegungsraums etwa der mikroskopierten Zellen einerseits und vom „dekontextualisierten Milieu" eines von der Gedächtnisforschung angestrebten semantischen Vakuums andererseits die Rede. Der größte Unsicherheitsfaktor ist der Sinn als anthropomorphe Neigung, die bedeutungsmäßige Verweisung von Phänomenen in nicht-phänomenologischen, nicht-gegebenen, sondern vorausgesetzten und narrativen Kontexten abzuschließen, einzufangen und damit gegenüber sinnlos erscheinenden Konstellationen aleatorischer Fakten abzudichten. Wie aber gerade die Psychoanalyse gezeigt hat, die – wie ihr Begründer Freud schon 1879 im Bericht über sein Physiologie-Examen bei Brücke ankündigt – immer von den konkreten auf die „großen und schwierigen Apparate" schließt, ist die Generalformel vom anthropologischen Faktor inkorrekt: Feind der exakten Beobachtung sind das Bewußtsein und seine Rationalisierungsmechanismen, während das unbewußte Funktionieren der Seele gerade in Analogie zu automatischen Prozessen erfolgt bzw. in Rapport zu den mechanisierten Abläufen der Naturprozesse steht.

In umgekehrtem Sinne erfüllt sich daher das Ideal wissenschaftlicher Objektivität gerade auf dem transzendentallogischen Umweg einer Überbelichtung der subjektiven, menschlichen, situativen Faktoren bzw. Rahmenbedingungen. So wie das vorweisbare Resultat von Experimenten durch die Meßtechnik der benutzten Instrumente, durch ihre Darstellungsweise und ihre Leistung bestimmt wird, so hängen diese Momente wiederum von den Umständen des apparativen Einsatzes ab, den Subjekten, den Orten, den Weisen etc., d. h. all dem, was in der Informatik auf der Benutzerebene diskutiert wird und in der Sprachtheorie unter dem Stichwort der Performanz, die gegenüber dem konstativen Wert von Aussagen auch ein Wörtchen mitzureden hat. Es gibt Fragen der Syntax von Apparaten, Fragen ihrer semantischen Relevanz, aber auch das pragmatische Problem der adäquaten Nutzung. Um den inneren Rahmen der rein virtuellen Hochkapazität einer Maschine schreiben sich weitere Rahmen der Auswahl, der Installation, des Verstehens, der Auswertung, der Kommunikation unter den Benutzern, der Ortsverteilung, der politischen, ökonomischen und nicht zuletzt militärischen Relevanz etc., Rahmen, die – wie von Chadarevian am Beispiel der molekularbiologischen Forschung in Cambridge gezeigt – bis hin zu Fragen der Einrichtung eines Labors und der Lage einer für alle Forscher gemeinsamen Kantine führen können. Und in der Mitte dieser *mise en abyme* von sich einschachtelnden Rahmen zeichnet sich nicht etwa das Feld einer letztendlich doch möglichen Präsenz des Dings an sich ab, das hier seine letzte Hülle fallen läßt und vor dem wissenschaftlichen Aufwand kapuliert; was übrigbleibt und mit dem Parusieeffekt einer Remanenz lockt, ist der experimentalsystemtheoretisch umzingelte Schauplatz einer Bedingung der Möglichkeit von Erscheinung, einer Be-Deutung als En- oder Monogramm des Seins.

Die grundlegende Einsicht aller modernen Experimentalsysteme betrifft folglich den Verzicht auf die vermeintliche Evidenz realer Gegenwart. Wie bereits einer der Väter des physikalischen Experimentalismus, Georg Christoph Lichtenberg, bei seiner Suche nach einer Repräsentation der elektromagnetischen Kraft erkannte, bleiben dem Beobachter angesichts der Geschwindigkeit und Komplexität dieser materiellen Ereignisse nur Spuren, Signaturen der sich darin schon wieder entziehenden Dinge. Das zurückbleibende Bild ist, mit anderen Worten, als Schrift zu lesen, als Textur einer Erzählung, die den Wissenschaftler in ein Abenteuer ohne Ende verstrickt, das Abenteuer seiner eigenen Praxis, der Organisation des Laborbetriebes und des Experimentverlaufs, die Auswertung der Daten und ihre Darstellung durch Modelle, deren Anschaulichkeit immer auch Spiegel der eigenen Wahrnehmungsweise ist und damit Verhüllung der Dinge. Die Referenz der Modelle wurzelt – worauf nicht zuletzt Rheinbergers Leseanweisung hinweist – nicht im Original eines ontischen Referenten, sondern in der Referenz auf andere Modelle und deren Referenzen, in Referenzen ohne Referenten. Daher ist noch einmal an die Analogie zum Sprachmodell zu erinnern: Die Objektwelt der Experimentalsysteme ist aufgebaut wie eine Sprache, wobei dieses „wie“ das ganze Spektrum der signifikanten Verweisung auf Signifikanten und die Gefahr des Alphabetismus ahnen lassen soll.

Die Molekularbiologie ist sicherlich einer der prekärsten Orte, an dem die Reichweite und Geltung dieser Übertragung auf die Probe gestellt wird. Seitdem das Modell der chiffrierten Schrift für das Verständnis der Chromosomen einschlägig wurde, sind Semiotechniken auch für Biologen obligat. Die entscheidende Differenz zwischen einem *wie* und einem *als* Schrift läßt aber für die signifikanten Ketten ganz unterschiedliche Zeichensysteme in Frage kommen: die graphische Kombinatorik von Signalen oder die alphabetische Artikulation von Bedeutungseinheiten. Definiert man die Bedingungen für Schrift als Zusammenspiel sich bahnender Spuren, so führt die Analogie in eine ganz andere Richtung, als wenn man Schrift im konventionellen Sinne als Aufzeichnung einer sprachlichen Botschaft versteht. Reine Dechiffriermodelle konkurrieren hier mit Hermeneutiken, die hinter der dokumentarischen Oberfläche nach dem einen Sinn und dem Einheit stiftenden Autor suchen. Der grundlegende Einschnitt wird aber markiert durch die Digitaltechnik, die Erzeugung komplexer Struktur durch die Kombination einfacher diskreter Schritte, wie sie seit Erfindung der Turingmaschine für die Rechnergenerationen bis heute verbindlich bleiben sollte. Das „semantische Vakuum“ erreicht hier ein Höchstmaß, in dem von einer „Lesbarkeit der Welt“ zwar noch die Rede sein kann, die jedoch – wie der Philosoph Hans Blumenberg am Ende seines gleichnamigen Buches konstatiert – nicht mehr erkennen läßt, für wen geschrieben wurde, an wen sich der Text richtet. So wie heute Rechner mit Rechnern kommunizieren und ihre artifizielle Intelligenz der menschlichen nur durch Interfaces vermittelbar ist, so schreibt sich auch der genetische Code nicht als lesbare Repräsentation seiner Wahrheit, sondern für sich selbst, als autoreferentielle Anweisung zur Selbsthervorbringung. Deshalb kommt es auch darauf an, nicht zu lesen, sondern zu schreiben, wie umgekehrt alles mimetisch magische Denken nach Benjamins treffendem Diktum darin besteht, zu lesen, was nie geschrieben wurde.

Angesichts dieser – streng genommen – Unlesbarkeit der Naturschriften, mit denen der Wissenschaftler umgeht, indem er sie fortschreibt, optiert Blumenberg entschieden für eine Metaphorologie als „Verfahren der Sichtung von notwendigen Wagnissen und unverantwortlichen Suggestionen“. Sie spielt die Rolle des *Interfaces* in der szientifischen Kommunikation, wohl wissend um die Unangemessenheit und Vermessenheit der Bilder, aber zugleich um ihre transzendentale Notwendigkeit. Die Aufgabe einer Sprachkritik darf sich nicht darin szientistisch mißverstehen, daß sie die unverzichtbare und unüberwindliche Metaphorizität des Sprechens etwa in der Tradition von der Logik von Port-Royal bis hin zum Begriffsrigorismus des frühen Wittgenstein einem Sprachexorzismus durch logistische Reinigung unterwirft und damit wieder eine außersprachliche angemessene Präsenz des Gegenstandes suggeriert, sondern sie muß – wie der französische Epistemologe Gaston Bachelard es als Aufgabe einer „Psychoanalyse der objektiven Erkenntnis“ formuliert hat – verhindern, daß sich unmittelbare Metaphern zu einem autonomen Denken entwickeln, und vielmehr den Sinn für den Sinn in seiner disseminativen Vieldeutigkeit schulen, die sich aus den Topologien seiner Konfigurationen ebenso ableitet wie aus den Tropologien seiner Schlüsse.

Eine temporalontologische Reformulierung des Problems dieser Verschiebungen und Wendungen unterstreicht noch einmal, daß sich der Gegenstand nicht im reinen Licht seiner Enthüllung zeigt, sondern aus einem raum-zeitlichen Prozeß der Ausdifferenzierung, des Aufschubs, der Adaptation seines Erkenntnismodells in einem experimentellen Setting hervorgeht: als Spur von dem, was sich an die Stelle von etwas setzt, das unwiederbringlich verschwunden ist: als Re-Präsentation einer Absenz, die nie gegenwärtig gewesen ist. Repräsentation heißt Verweisung einer Referenz ohne Referenten, d. h. einer unendlichen Kette supplementärer Aussagen, die nur im Kontext begrenzter Situationen und utilitär definierter Interessen entscheidbar ist. Der amerikanische Semiologe Charles Sanders Peirce hat an dieser notwendigen Einschränkung, in der sich nicht zuletzt die soziale Relevanz und Legitimation aller Forschung zu Wort meldet, seinen Begriff des Pragmatismus exemplifiziert, der nicht ein Anderes an Bedeutungen negiert, sondern schlicht an Handlungsbedürfnisse innerhalb gesellschaftlicher Konventionen appelliert. Seine konzeptuelle Trias von Induktion, Deduktion und Abduktion erweitert im dritten Moment gleichwohl den geschlossenen Kanon wissenschaftlicher Argumentation, um ein an Sherlock Holmes' Kunst des Kombinierens geschultes Prinzip des Schließens von Hypothetischem auf Hypothetisches zu propagieren. Peirce, ein Meister der „Triangulationen" des Wissens, sah so genau voraus, daß die fortlaufende Einbettung einzelner Experimentalsysteme in andere nicht so sehr der Potenzierung von Spuren oder ihrer Transformation in Gegenwärtigkeiten dient, als vielmehr durch die Gegebenheit von Spuren die Aufgabe einer Spurensicherung postuliert. Anders ausgedrückt: Jedes Experiment führt zu ebensovielen Ergebnissen wie Fragen, die die realen Fakten einerseits dem symbolischen Zusammenhang einer Interpretation integrieren und andererseits imaginäre Konstellationen für dieselben fingieren, deren Verifizierung bzw. Validisierung wiederum anderen Experimenten aufgegeben ist. Konjunkturen sind folglich abhängig von der Einlösung bzw. der Erfolgsquote von Konjekturen, die für jede Wissenschaftsnarration den möglichen Gegenstand gleichsam als potenziell gegeben projizieren oder – wie man heute sagt – simulieren und den Forschungsprogreß so offen für seine Ränder halten. Spurensicherung umfaßt daher immer zwei Momente, einerseits die Fixierung und Isolierung der Zeugnisse, die in der Spur von etwas Abwesendem gegeben sind, sowie die Auswertung dieser Daten zum Zwecke der Rekonstruktion der ‚Ereignisse', andererseits aber die Überschreitung der vertikalen Ursachenkette in Richtung auf horizontal parallel bzw. randständig als virtuelle Ursachen sich abspielende Ereignisse und Tatsachen.

Entsprechend ist bei allen Medien die Doppelfunktion der Speicherung und der Übertragung von Daten bestimmend. Sie haben Mitteilungswert, müssen dazu aber über eine Technik dauerhafter Aufzeichnung verfügen, und umgekehrt muß jedes Datum, um gespeichert werden zu können, in ein anderes Medium als Support (Aufzeichnungs-, Datenträger) übertragen werden. Das Beispiel der Photographie ist hierfür typologisch. Nicht eine Verbesserung der seit Jahrhunderten bekannten Optik fein geschliffener Linsen führt zum Durchbruch, sondern die chemische Erfindung einer Technik der Erhaltung von Dauerspuren auf dem Bildträger, durch die das Bild unendlich reproduzierbar und distribuierbar wird. Ebenso gewinnt die Mikroskopie im Verbund mit dieser Konservierungstechnik ein überzeugendes Medium für den ärztlichen Blick, der im *blow up* der belichteten Platte mehr Informationen gespeichert hat, als das menschliche Auge durch das Perspektiv wahrnehmen kann. Und noch Freuds Diskurs über den psychischen Apparat (bis hin zu seinem Aufsatz über den sog.

„Wunderblock") insistiert auf dieser Doppelfunktion: nicht nur der unbegrenzten Aufnahme von neuen Eindrücken, sondern der gleichzeitigen Übertragung auf ein System der Bahnung von Gedächtnisarchiven.

Das mit dem Konzept der Spur assoziierte Schriftmodell beschränkt sich also nicht auf das Signifikat einer *scriptura scripta*, sondern impliziert immer auch eine *scriptura scribens*, gewissermaßen einen Spinozismus der Spurensicherung, in dem jedes Signifikat wieder zum Signifikanten wird, jede Schrift zur Schreibung, jede Spur zur Bahnung neuer Spuren, die sich an die Stelle dessen setzen, wovon die Spur als Spur zeugt. Dieses supplementäre und supplementierende Aufschreiben macht die Daten überschreibbar, ja der Aufschreibungsapparat erweist sich selbst – im Kampf mit dem Verschwinden der Spur, den nur zu bekannten Problemen der ‚Deterioration', d. h. der Auslöschung von Präsenz – als ständige, repetierende Neueinschreibung, die speichert, indem sie fortwährend überträgt.

Die Konstruktion des Gegenstandes wissenschaftlich experimenteller Forschung, die Repräsentation des „epistemischen Dings", läßt sich folglich mit einer kinematographischen Projektion vergleichen, in der ein Erkenntnisapparat zwar fortwährend reale Daten speichert und reproduziert, das Erscheinen des sog. Wirklichen aber einer medialen Simulation von virtueller Realität zu verdanken ist. Wie die neueren Entwicklungen der Theorie filmischer Realitätskonstruktion vor allem im französischen und angloamerikanischen Diskussionszusammenhang gezeigt haben, läßt sich dieser Effekt jedoch nicht allein auf den apparativen Aspekt zurückführen. Die Erkenntnisse einer *Apparatus-Theorie* sind zwar unverzichtbar in Hinsicht auf die Dekonstruktion der referentiellen Illusion, dergegenüber schon die Physiologie eines Johannes Müller Anfang des 19. Jahrhunderts zeigen konnte, daß einundderselbe Reiz je nach den betroffenen Nervenbahnen unterschiedliche Realitätsvorstellungen hervorrufen kann; die systematische Verschaltung solcher Experimente zeigt jedoch, daß die mediale Konstruktion von Realität sich nicht rein auf dieses Funktionieren apparativer Übertragungen beschränkt, sondern das Mediale hinsichtlich seiner Überdeterminiertheit und vor allem seiner Veränderbarkeit, seiner historischen Konjunkturen und Paradigmenwechsel als *Dispositiv* erweist. Mit diesem Begriff wird nicht nur der transzendentalen Orientierung von Repräsentation als Bereitstellung, als multifaktoriellem Komplex eines systematischen Engineerings Rechnung getragen, sondern auch der virtuelle, konjekturale Charakter einer Spurensicherung deutlicher. Um noch einmal an die Triangulation von Peirce zu erinnern: Es sind drei Dimensionen der Repräsentation zu berücksichtigen, nicht nur das präsente Bild (*icon*), nicht nur die fakultative Referenz (*index*), sondern auch die systemimmanente Interpretation (*symbol*), die – kantisch gesprochen – Bilder und Begriffe zu Ideen synthetisiert. Das mediale Dispositiv läßt sich demnach als M.A.C.-System formulieren, als Trias aus den *Materialien* der Aufzeichnung, den *Apparaten* der Wahrnehmung und den *Codes* der Interpretation.

Der mediale Komplex ist nicht einfach auf die hardware der Apparatur beschränkt, sondern betrifft im erweiterten Kontext auch die software seiner Einbettung im wissenschaftlichen Diskurs von Konjunkturen und Paradigmenwechseln. Man kann deshalb die drei Ebenen unterscheiden, die im Dispositiv zusammenwirken und zusammen im M.A.C.-System formulierbar sind: 1. die Materialien der Aufzeichnung und Kommunikation (Stein oder Papier z. B. für Aufschriften, Zelluloid für Filmbilder etc.), 2. die Apparaturen, die diese Datenverarbeitung bewirken (im buchstäblichen Sinne: die Maschinen, die aufschreiben, ablichten, umschalten etc.), 3. die Codes, die diese Prozesse regeln und damit die Logik der Forschung bzw. das sog. Paradigma repräsentieren. Je nach Gesichtspunkt lassen sich ganz unterschiedliche Mediengeschichten und Konjunkturen schreiben, entscheidend ist aber, daß in der Konstruktion von Wirklichkeit alle drei Momente zusammenwirken. Die Fabrikation des Realen unterliegt dieser Triangulation von Trägern der Repräsentation, von Mechanismen der Datenerhebung und von Informationssystemen als symbolischen Strukturen.

Rein formallogisch sind damit zugleich die drei Kriterien der Aufzählbarkeit, der Entscheidbarkeit und der Berechenbarkeit von Fakten gegeben. Wirklich gegeben ist damit aber nur ein System, eine transzendentale Bedingung der Möglichkeit von Erkenntnis. Man kennt Norbert Wieners sibyllinische Antwort auf die Frage nach dem Gegenstand der Kybernetik: „Die Information ist die Information.“ Das Ding als Ding dagegen wäre gerade das, was sich nicht aufzählen, nicht entscheiden und nicht berechnen läßt: das Ereignis als wirkliche *Gabe*, unwissenschaftlich ausgedrückt: als Überraschung.

Es ist sicherlich eine der tiefsten – und speziell für die biologisch-medizinischen Wissenschaften nur schwer auszuhaltenden – narzißtischen Kränkungen, weniger daß die Resultate experimenteller Anstrengung ein reales Ansich verfehlen, als vielmehr daß in ihnen gerade nur wieder der vom Experimentator an das Objekt gerichtete Anspruch repräsentiert wird, freilich nicht als gelungenes Spiegelbild eines besseren, mehr wissenden Selbst, sondern als unheimlicher Doppelgänger eines maschinellen Monstrums. Das große Mißverständnis der modernen Wissenschaft, alles sichtbar machen zu können, zerstört mit diesem totalitären Leistungsanspruch die eigene Basis von In-Formation und Imagination. Denn – wie Paul Virilio in seinem jüngsten Buch über „L'art du moteur“ noch einmal eindringlich in Erinnerung gerufen hat – es gibt im Zustand der ubiquitären Information keine Fakten mehr und – umgekehrt formuliert – keine Bildlichkeit ohne Grenzen, ohne Verhüllung, ohne den *Entzug* der Sichtbarkeit als Konstituens des Zeigens. Die wortwörtlich *apokalyptische*, d. h. den letzten Schleier fortreißende Vision einer Industrialisierung des Vergessens kontinuierte die Proliferation der Doppelgänger: eine ganze geklonte Phalanx von Experimentalsystemen, die nur noch eins produzieren: Experimentalsysteme.

Autorenverzeichnis

Klaus Amann, Fakultät für Soziologie, Universität Bielefeld

Soraya de Chadarevian, Department of History and Philosophy of Science, University of Cambridge, UK

Jean-Paul Gaudillière, INSERM, Hôpital Necker-Enfants Malades, Paris

Michael Hagner, Institut für Geschichte der Medizin, Georg-August-Universität Göttingen

Andreas Hartmann, Göttingen

Lily E. Kay, Program in Science, Technology and Society, Massachusetts Institute of Technology, Cambridge, MA

Hans-Jörg Rheinberger, Institut für Medizin- und Wissenschaftsgeschichte, Medizinische Universität zu Lübeck, z. Z. Wissenschaftskolleg zu Berlin

Rudolf Stichweh, Max-Planck-Institut für Europäische Rechtsgeschichte, Frankfurt a. M.

A. H. A. C. van Bakel, Faculteit der Medische wetenschappen, Katholieke Universiteit Nijmegen

Godelieve van Heteren, Faculteit der Medische wetenschappen, Katholieke Universiteit Nijmegen

Bettina Wahrig-Schmidt, Institut für Medizin- und Wissenschaftsgeschichte, Medizinische Universität zu Lübeck

Michael Wetzel, Wissenschaftliches Zentrum für Psychoanalyse, Psychotherapie und psychosoziale Forschung, Universität Gesamthochschule Kassel

Namenverzeichnis

Printed and bound by CPI Group (UK) Ltd, Croydon, CR0 4YY

30/09/2026

14973049-0003